普通高等教育系列教材

SolidWorks 2015 基础教程
第5版

江 洪 于文浩 蒋 侃 等编著

机械工业出版社

SolidWorks 是优秀的三维机械设计软件，在我国越来越受到广大用户的欢迎，开设此门课的高等院校也越来越多。

本书用图表和实例生动地讲述了 SolidWorks 2015 常用的功能，使读者可以边学边操作，加深记忆和理解。每章都有上机练习题，便于巩固所学的知识。本书的配套光盘中附有上机练习题的答案和操作视频，方便读者更好地学习。

本书可作为高等院校机械专业的 CAD/CAM 课程教材，也可作为广大工程技术人员的自学用书和参考书。

图书在版编目（CIP）数据

SolidWorks 2015 基础教程 / 江洪等编著. —5 版. —北京：机械工业出版社，2016.2（2024.1 重印）
普通高等教育系列教材
ISBN 978-7-111-52858-6

Ⅰ. ①S… Ⅱ. ①江… Ⅲ. ①计算机辅助设计－应用软件－高等学校－教材
Ⅳ. ①TP391.72

中国版本图书馆 CIP 数据核字（2016）第 021359 号

机械工业出版社（北京市百万庄大街 22 号　邮政编码 100037）
策划编辑：和庆娣　　责任编辑：和庆娣
责任校对：张艳霞　　责任印制：邹　敏

北京富资园科技发展有限公司印刷

2024 年 1 月第 5 版·第 10 次印刷
184mm×260mm · 18 印张 · 446 千字
标准书号：ISBN 978-7-111-52858-6
　　　　　ISBN 978-7-89405-987-1（光盘）
定价：55.00 元（含 1DVD）

电话服务　　　　　　　　　网络服务
客服电话：010-88361066　　机 工 官 网：www.cmpbook.com
　　　　　010-88379833　　机 工 官 博：weibo.com/cmp1952
　　　　　010-68326294　　金 书 网：www.golden-book.com
封底无防伪标均为盗版　　　机工教育服务网：www.cmpedu.com

前　言

　　SolidWorks 是优秀的三维机械软件，其易学易用、全中文界面、价格适中等特点吸引了越来越多的广大工程技术人员和大专院校的学生。

　　SolidWorks 每个版本升级后一些命令的运算法则会改变，因此有可能出现在低版本中生成的模型，在高版本中只是打开，不做任何修改，重新建模会出错的情况。所以读者应该注意所使用的软件版本，当然也可以自己修改低版本的模型，使之能在高版本中通用。

　　本次改版的指导思想是循序渐进地讲透基本知识、由创建简单模型到创建生产实际需要的复杂模型，从而增强动手能力，并适应当代企业的需求，跟上 SolidWorks 2015 的更新，培养读者的自学能力以及满足国家标准来绘制二维工程图。重新编写的内容反映了当今重创新、重基础、重理论的指导思想。

　　本书的特点具体如下。

　　1）简洁，用图表和实例生动地讲述 SolidWorks 的常用功能。

　　2）结合具体的实例来讲述，将重要的知识点嵌入到具体实例中，使读者可以循序渐进，随学随用，边看边操作，动眼、动脑、动手，符合教育心理学和学习规律。

　　3）实例来源于工程实际，具有一定的代表性和技巧性。每章都有大量的上机练习题和答案，且部分习题用二维工程图给出，既锻炼了看图能力，又培养了空间想象力，便于巩固所学的知识。在本书的配套光盘上还附有"思考与练习"的答案，方便读者更好地学习。

　　4）符合时代精神，体现了创新教育常用的扩散思维方法：一题多解及精讲多练。

　　若无特殊说明，书中数字单位均为毫米。

　　本书主要由江洪、于文浩　蒋侃编写，参与编写的还有郦祥林、邓小雷、琚龙玉、刁怀伟、周扬扬、郭子权、刘爱松、郭清清、钱宽、杨勇福、沈健、李重重、许荣洲、王吴杰、葛攀雷、王子豪、黄建宇、田舟、唐建、马龙飞、邹南南、唐伟、朱超、冯霄、赖泽豪、曹威、孙阿潭。

　　由于时间仓促，难免有疏漏之处，恳请广大读者批评指正。

编　者

目 录

前言
第1章 SolidWorks 基础 ... 1
1.1 SolidWorks 基本操作 ... 1
- 1.1.1 进入 SolidWorks 和新建文件 ... 1
- 1.1.2 保存文件和打开文件 ... 4
- 1.1.3 关闭文件和退出 SolidWorks ... 5

1.2 SolidWorks 用户界面 ... 6
- 1.2.1 菜单 ... 6
- 1.2.2 工具面板 ... 7
- 1.2.3 鼠标和快捷键 ... 8
- 1.2.4 多窗口显示和任务窗格 ... 9

1.3 模型显示 ... 10
- 1.3.1 视图显示类型 ... 10
- 1.3.2 模型编辑外观 ... 13

1.4 思考与练习 ... 16

第2章 草图 ... 17
2.1 绘制草图的基本知识 ... 17
- 2.1.1 草图的自由度 ... 17
- 2.1.2 草图绘制过程 ... 18
- 2.1.3 草图对象的选择和删除草图实体 ... 21

2.2 草图绘制工具 ... 22
- 2.2.1 直线和直线转到圆弧 ... 22
- 2.2.2 常用草图绘制工具 ... 24
- 2.2.3 草图几何约束 ... 26

2.3 草图编辑工具 ... 29
- 2.3.1 等距草图实体 ... 29
- 2.3.2 镜像草图实体 ... 30
- 2.3.3 常用草图编辑命令 ... 31

2.4 草图的尺寸标注 ... 32
- 2.4.1 基本尺寸标注方法 ... 33
- 2.4.2 草图尺寸编辑修改 ... 35

2.5 草图的合法性检查与修复 ... 36
- 2.5.1 自动修复草图 ... 36
- 2.5.2 检查草图合法性 ... 37

2.6 草图实例 ·· 39
2.7 思考与练习 ·· 44

第 3 章 基准面/基准轴 ··· 47
3.1 基准面 ·· 47
3.1.1 基准面基础知识 ··· 47
3.1.2 创建基准面实例 ··· 47
3.2 基准轴 ·· 52
3.2.1 基准轴基础知识 ··· 52
3.2.2 创建基准轴实例 ··· 52
3.3 思考与练习 ·· 54

第 4 章 基本特征 ·· 55
4.1 拉伸/切除拉伸 ··· 56
4.1.1 拉伸的类型 ··· 56
4.1.2 编辑特征 ··· 58
4.1.3 拉伸/切除拉伸实例 ··· 61
4.2 旋转/切除旋转 ··· 65
4.2.1 旋转/切除旋转的基本知识 ··· 65
4.2.2 旋转实例 ··· 68
4.3 圆角和抽壳 ·· 69
4.3.1 圆角和抽壳的基本知识 ··· 69
4.3.2 圆角和抽壳实例 ··· 70
4.4 倒角/圆顶/异型孔 ·· 73
4.4.1 倒角的基本知识 ··· 73
4.4.2 圆顶的基本知识 ··· 75
4.4.3 异型孔的基本知识 ··· 76
4.4.4 修改模型实例 ··· 78
4.5 镜像和阵列 ·· 82
4.5.1 镜像 ··· 82
4.5.2 阵列 ··· 82
4.6 实体移动/复制和凹槽/唇缘 ·· 83
4.6.1 实体移动/复制 ··· 84
4.6.2 凹槽/唇缘 ··· 84
4.7 实例 ·· 84
4.7.1 撞块 ··· 84
4.7.2 切割组合体 ··· 87
4.7.3 综合组合体 ··· 89
4.8 思考与练习 ·· 94

第 5 章 装配 ·· 99
5.1 装配体操作 ·· 99

V

5.2 配合方式 ··· 101
   5.2.1 标准配合 ·· 101
   5.2.2 对齐条件 ·· 102
   5.2.3 组合体的装配 ·· 102
5.3 干涉检查 ··· 104
   5.3.1 干涉体积检查 ·· 104
   5.3.2 电机转子装配干涉检查 ·· 105
   5.3.3 运动碰撞检查 ·· 105
5.4 装配体制作实例 ·· 106
   5.4.1 自下而上设计——螺栓装配 ··· 106
   5.4.2 自上而下设计——后轴承盖钻模装配 ·· 108
5.5 创建爆炸视图 ·· 113
5.6 思考与练习 ·· 115

第6章 扫描 ·· 122
6.1 扫描的基本知识 ·· 122
   6.1.1 扫描路径 ·· 122
   6.1.2 随路径变化 ··· 125
   6.1.3 穿透和重合 ··· 129
   6.1.4 生成扫描的步骤 ··· 131
6.2 用一条引导线扫描（竖扫）·· 131
6.3 使用多条引导线扫描（横扫）··· 132
6.4 笔筒综合实例 ·· 134
   6.4.1 设计思路 ·· 135
   6.4.2 创建基体模型 ·· 136
   6.4.3 创建蒂部曲面 ·· 138
   6.4.4 创建插笔口 ··· 139
   6.4.5 创建底座 ·· 141
   6.4.6 创建叶子 ·· 144
   6.4.7 创建壳体 ·· 146
6.5 思考与练习 ·· 148

第7章 放样 ·· 152
7.1 放样的基本知识 ·· 152
7.2 放样凸台/基体 ·· 155
   7.2.1 四棱锥 ·· 156
   7.2.2 与面约束有关的放样 ··· 158
   7.2.3 中心线控制放样 ··· 160
7.3 切除放样 ··· 163
7.4 点心盘综合实例 ·· 165
   7.4.1 设计思路 ·· 165

	7.4.2 创建盘体	166
	7.4.3 创建盘盖	173
	7.4.4 创建手提	177
7.5	思考与练习	182
第8章	**工程图**	**186**
8.1	零件图	186
	8.1.1 生成视图	186
	8.1.2 生成剖视图	187
	8.1.3 添加尺寸	188
	8.1.4 添加注释和尺寸公差	190
8.2	装配图	193
	8.2.1 生成装配视图	193
	8.2.2 生成局部剖视图	193
	8.2.3 添加螺纹线和中心线等	195
	8.2.4 添加零件序号	196
	8.2.5 添加明细栏	197
8.3	思考与练习	199
第9章	**钣金**	**203**
9.1	钣金基础知识	203
9.2	钣金工具应用	203
	9.2.1 钣金工具	203
	9.2.2 基体－法兰/薄片工具	204
	9.2.3 绘制的折弯工具	205
	9.2.4 边线法兰工具	206
	9.2.5 斜接法兰工具	207
	9.2.6 褶边工具	209
	9.2.7 转折工具	211
	9.2.8 断开边角工具	212
	9.2.9 薄片工具和加入切除特征	213
	9.2.10 加入孔特征	214
	9.2.11 闭合角工具	215
	9.2.12 切口工具	215
	9.2.13 通风口工具	217
	9.2.14 插入折弯工具	218
9.3	参数介绍	218
9.4	成型工具	219
9.5	使用镜像	226
9.6	使用阵列	227
9.7	在展开状态下设计	229

9.8 放样折弯ꢀ231
9.9 实例ꢀ233
  9.9.1 长尾夹ꢀ233
  9.9.2 钣金五角星ꢀ239
9.10 上机练习ꢀ245

第 10 章ꢀ工艺品建模和渲染ꢀ247

10.1 设计思路ꢀ247
10.2 创建大"心"模型ꢀ249
10.3 创建小"心"模型ꢀ265
10.4 渲染ꢀ275
10.5 思考与练习ꢀ279

第1章 SolidWorks 基础

本章将介绍 SolidWorks 的一些基本操作，读者只有熟练地掌握这些基础知识，才能正确快速地掌握和应用 SolidWorks。这些基础知识包括：如何进入和退出 SolidWorks；如何新建文件、打开文件和保存文件；如何使用菜单栏、工具栏、快捷键和鼠标；如何设定多窗口环境；如何显示和控制模型；如何对模型进行外观编辑（颜色和纹理编辑）；如何使用过滤器选择对象等。

1.1 SolidWorks 基本操作

万丈高楼平地起，Solidworks 最常用的建模方法就好像是高楼的基础。本节的宗旨是把基础打牢，结合实例介绍 Solidworks 的应用经验和一些技巧性的内容。

1.1.1 进入 SolidWorks 和新建文件

1. 进入 SolidWorks

当正确安装了 SolidWorks 2015 后，在 Windows 环境下双击桌面上的 SolidWorks 2015 快捷图标，如图 1-1 中箭头所示；或者单击"开始"→"所有程序"→"SOLIDWORKS 2015"→" SOLIDWORKS 2015 x64 Edition "，如图 1-2 中①～④所示，系统开始启动 SolidWorks 2015。

图 1-1 双击桌面上的 SolidWorks 2015 快捷图标

图 1-2 启动 SolidWorks 2015

启动结束后系统进入 SolidWorks 2015 界面，如图 1-3 所示。

图 1-3　进入 SolidWorks 2015 界面

2. 新建文件

单击工具栏中的"新建"按钮，如图 1-4 中①所示；或者按组合键<Ctrl+N>。系统弹出"新建 SolidWorks 文件"对话框，在新建文件对话框中有"零件""装配体""工程图"3 种格式的文件可以选择创建。单击"零件"按钮，再单击"确定"按钮完成新文件创建的操作，如图 1-4 中②③所示。

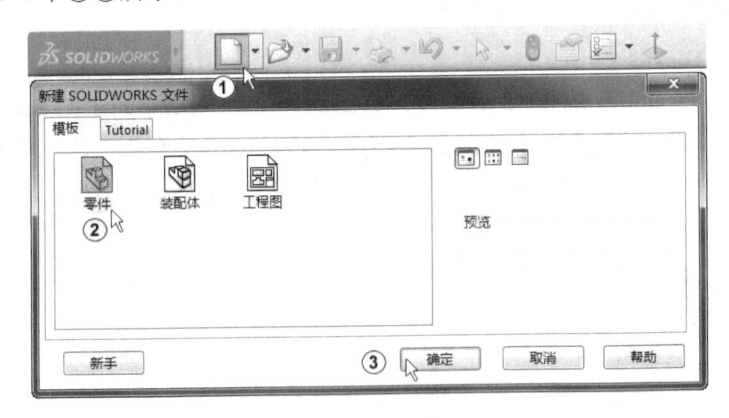

图 1-4　新建文件

SolidWorks 提供了 3 种基本文件格式：零件、装配体和工程图，在新建文件时要确定文件的类型，表 1-1 是对这 3 种文件格式的说明。

表 1-1　新建文件的 3 种格式

文件类型	扩展名	说明
零件	SLDPRT	建立零件模型
装配体	SLDASM	建立装配体零件，生成部件或整体模型
工程图	SLDDRW	生成工程图

3. 零件文件

SolidWorks 的 3 种文件格式提供了不同的操作环境和功能选项。在零件环境下可以建立产品零件的各种外观特征和结构特征，在零件环境中包括特征、曲面等多种建模工具。此外零件环境中还有钣金、模具等建模工具。如图 1-5 中①所示。

4. 装配体文件

装配体操作环境的主要功能是将产品中独立的零件用配合关系组装在一起，成为一个整体。装配体环境中还提供了爆炸视图、焊接、管道等与装配相关的工程工具。如图1-5中②所示。

5. 工程图文件

工程图是三维模型的二维展示，表示出模型的几何公差、加工要求等信息，是企业产品信息的主要载体。SolidWorks 工程图与三维模型是相互关联的，二维工程图及其特征尺寸直接由三维模型转换而来。在工程图环境中提供了丰富的工程标注、材料明细栏等工具。如图1-5中③所示。

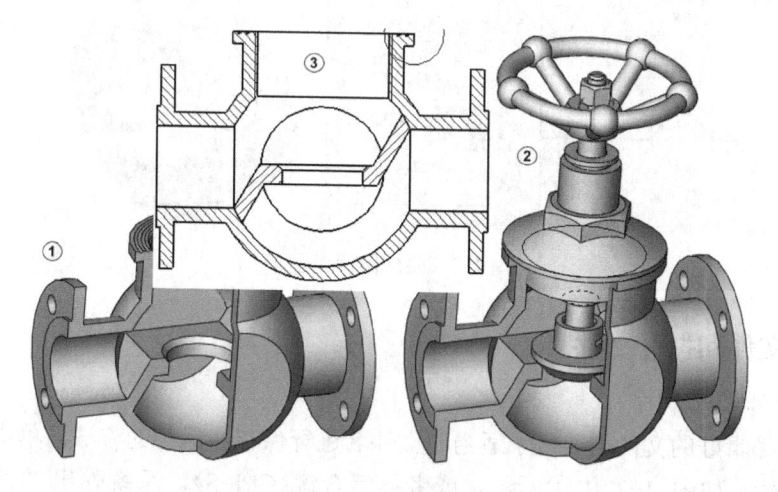

图1-5 SolidWorks 的3种基本文件

6. 建立圆筒模型

（1）进入零件文件界面后，从特征管理器中选择"右视基准面"→"正视于"，如图1-6中①②所示；单击"草图"，切换到草图绘制面板，如图1-7中③所示；单击"圆"按钮，如图1-6中④所示；在绘图区中单击确定圆心，如图1-6中⑤所示，向远离圆心的位置移动鼠标到一定的距离后单击，如图1-6中⑥所示，绘制出一个小圆；在绘图区中再次单击圆心，如图1-6中⑦所示，向远离圆心的位置移动鼠标，到一定的距离后单击，如图1-6中⑧所示，绘制出一个大圆；单击"确定"按钮，如图1-6中⑨所示。

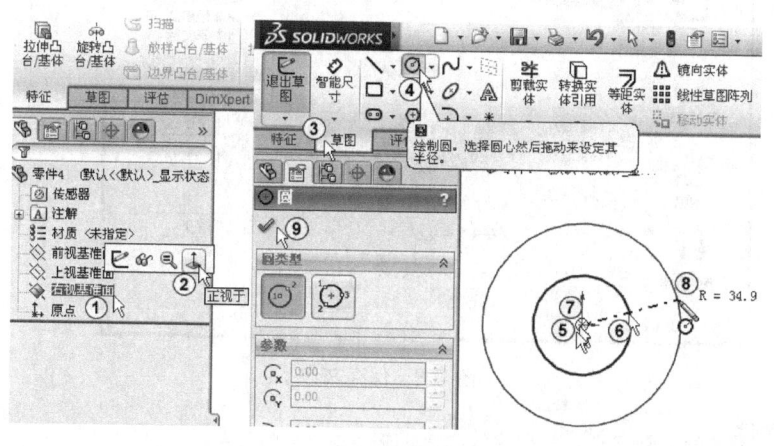

图1-6 绘制两个同心圆

3

（2）单击"特征"，切换到特征面板，如图 1-7 中①所示；单击"拉伸凸台/基体"按钮，如图 1-7 中②所示；系统弹出"凸台-拉伸"属性管理器，在"深度"文本框中输入 30，如图 1-7 中③所示，其他采用默认设置，拉伸后的预览图如图 1-7 中④所示；单击"确定"按钮，如图 1-7 中⑤所示，完成拉伸操作。

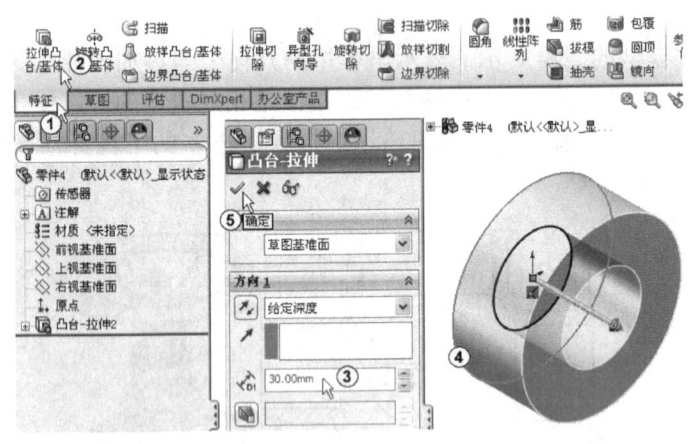

图 1-7　生成圆筒模型

1.1.2　保存文件和打开文件

1. 保存文件

对于已经编辑好的文件需要赋予适当的文件名进行保存。保存的方法：单击工具栏中的"保存"按钮，如图 1-8 中①所示，或者按组合键<Ctrl+S>。系统弹出"另存为"对话框，单击"保存在(I)"后的按钮，如图 1-8 中②所示，选择想要保存文件所在的地方，如图 1-8 中③所示，在"文件名(N)"文本框中输入想要保存文件的名称，如图 1-8 中④所示。然后单击"保存"按钮，如图 1-8 中⑤所示，完成对文件的保存。

图 1-8　保存文件

2. 打开文件

对于已存在的文件可以进行打开浏览和编辑。打开的方法：单击工具栏中的"打开"按

4

钮 ![]，如图 1-9 中①所示，或者按组合键<Ctrl+O>。系统弹出"打开"对话框，单击"查找范围"后的按钮 ![]，如图 1-9 中②所示，选择文件所在的分区，如图 1-9 中③所示，在对话框中找到需要的文件，如图 1-9 中④所示，选中右上方的"缩略图"复选框可以预览要打开的文件，如图 1-9 中⑤所示。再单击"打开"按钮，如图 1-9 中⑥所示，就可以打开选中的文件并进行浏览或编辑了。

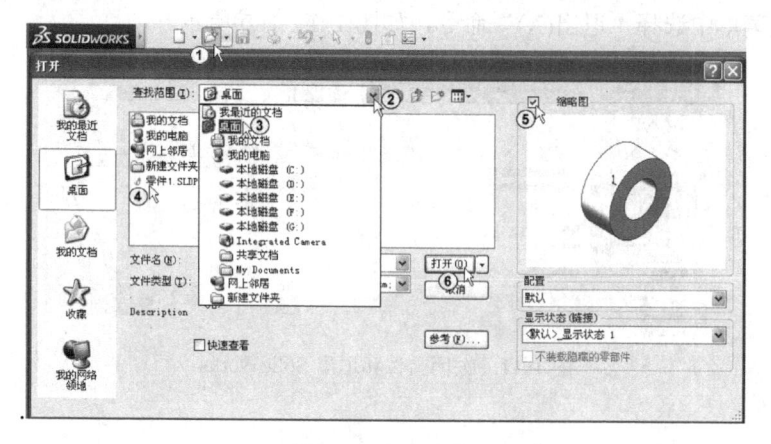

图 1-9　打开文件

3. 文件格式

SolidWorks 提供了很多的文件格式兼容性能，在打开或保存文件时都可以在"文件类型"或"保存类型"列表中进行选择，选择打开或保存的文件类型。如图 1-10 中①所示列出了 SolidWorks 打开文件所支持的文件格式，保存文件所支持的格式如图 1-10 中②所示。

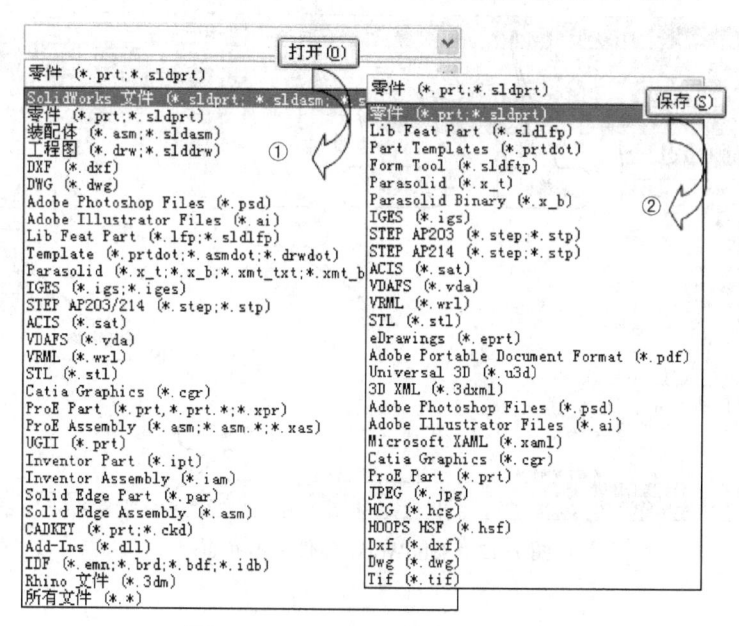

图 1-10　SolidWorks 支持的文件格式

1.1.3　关闭文件和退出 SolidWorks

1. 关闭文件

关闭文件的方法是单击绘图区中右中上角的"关闭"按钮 ![]，或者按组合键<Ctrl+W>。

如图 1-11 中①所示。

2．退出 SolidWorks

退出 SolidWorks 的方法是单击窗口右上角的"关闭"按钮，如图 1-11 中②所示。或者单击窗口左上角的 SOLIDWORKS 徽标按钮，如图 1-11 中③所示，在屏幕最上方显示出菜单栏 文件(F) 编辑(E) 视图(V) 插入(I) 工具(T) 窗口(W) 帮助(H)。在菜单栏中选择"文件(F)"，如图 1-11 中④所示，在弹出的下拉菜单中选择"退出(X)"命令，如图 1-11 中⑤所示。

图 1-11　关闭文件和退出 SolidWorks

1.2　SolidWorks 用户界面

图 1-12 所示是选择了新建"零件"文件后，SolidWorks 的初始工作环境界面。其中包括了菜单栏、工具面板、状态栏等。在图形区中已经预设了 3 个基准面和位于 3 个基准面交点的原点，原点是固定不动的，是建立零件的基本参考点。

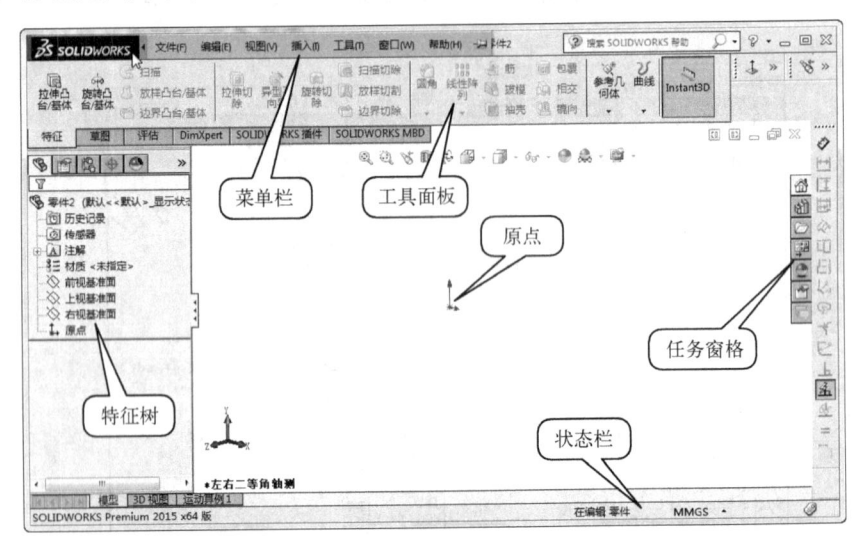

图 1-12　SolidWorks 零件基本界面

1.2.1　菜单

通过菜单可以找到建模的所有命令，默认菜单处于隐藏状态，将指针悬停在屏幕左上角的 SOLIDWORKS 徽标上可显示菜单。单击图钉按钮 以固定菜单，菜单栏一直固定在窗口顶端，按钮变为 ，若再次单击菜单栏右侧的按钮 ，则菜单栏又处于隐藏状态。

1.2.2 工具面板

通过单击工具面板中的按钮来调用命令是一种快捷方便的操作方法。但由于 SolidWorks 的命令很多，在正常情况下面板中很难涵盖所有的 SolidWorks 命令，用户可以调整面板中的按钮以适应日常工作的需要。

在面板中单击鼠标右键，如图 1-13 中①所示。弹出工具栏的下拉菜单，这些菜单左边的复选框若有勾 ☑，系统将显示对应的工具栏；这些菜单左边的图标若被选中按下，如图 1-13 中②所示，系统将显示对应的工具栏，如图 1-13 中③所示。在面板中单击鼠标右键，取消复选框中的勾，则对应的工具栏将被隐藏。

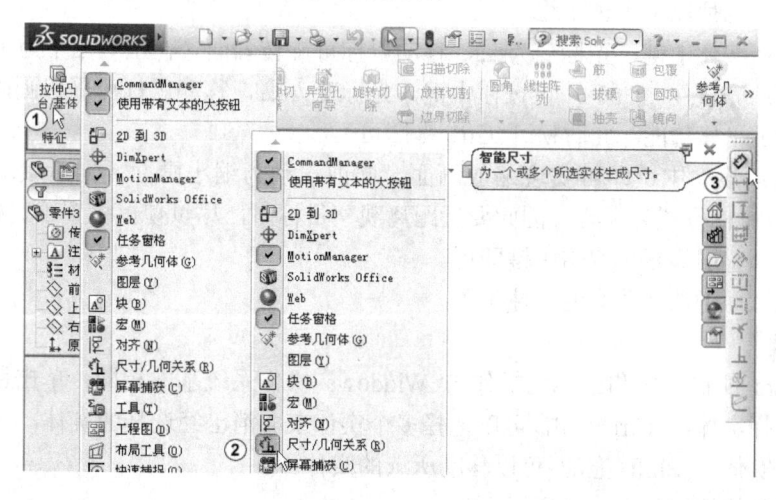

图 1-13 自定义工具栏

选择菜单"工具"→"自定义"命令，如图 1-14 中①②所示。在弹出的"自定义"对话框中已默认为"工具栏"选项卡，选中欲显示的工具栏（如标准视图）后，如图 1-14 中③④所示。在窗口中会显示该工具栏，单击"确定"按钮关闭对话框，如图 1-14 中⑤⑥所示。这种方法对于自定义命令按钮、菜单栏、鼠标笔势、快捷键等同样有效。

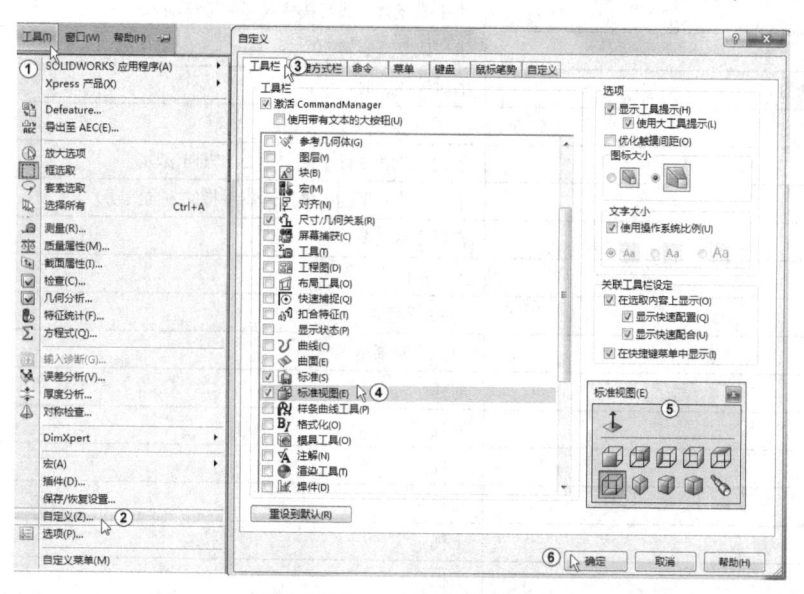

图 1-14 显示工具栏

工具栏可依个人操作习惯自由摆放。拖动工具栏的起点或边沿，如图1-15中所示，可移动工具栏。若想将工具栏移回到其先前位置，双击起点或标题栏。

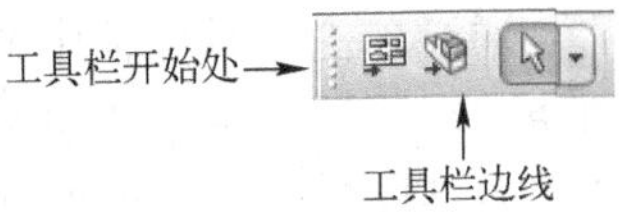

工具栏开始处
工具栏边线

图1-15 移动工具栏

1.2.3 鼠标和快捷键

1. 鼠标

鼠标左键：单击时用于选择对象、菜单项目、图形区域中的实体；双击则对操作对象进行属性管理。

鼠标中键：包括以下多种用途。

（1）旋转：按住中键，光标变为 ，移动鼠标可旋转画面（在工程图中为平移画面）。

（2）平移：先按住〈Ctrl〉，再按住中键，光标变为 ，移动鼠标可平移画面（待光标改变后，即激活了平移功能，此时松开〈Ctrl〉键即可）。

（3）缩放：滚动中键即可实现缩放画面，向前滚动为缩小画面，向后滚动为放大画面（缩放画面是以鼠标位置为中心，因此要近距离观察目标时，尽量使鼠标置于目标位置处）。

（4）居中并整屏显示：双击中键即可。

鼠标右键：用于选择关联的快捷菜单。

2. 快捷键

SolidWorks的快捷键和鼠标的操作与Windows操作系统基本相同，单击鼠标左键选择实体或取消选择实体，〈Ctrl+单击〉可以选择多个实体或取消已经选择的实体，〈Ctrl+拖动〉可以复制所选的实体，〈Shift+拖动〉可以移动所选的实体。

常用的默认快捷键如表1-2所示。

表1-2 常用的默认快捷键

快 捷 键	功 能
〈Ctrl+方向键〉	平移模型（或者〈Ctrl+鼠标中键的移动〉）
旋转模型	
〈方向键〉	水平或竖直（或者按住鼠标中键移动）
〈Shift+方向键〉	水平或竖直旋转90°
〈Alt+左或右方向键〉	顺时针或逆时针
显示模型	
〈Shift+Z〉	放大（或者鼠标中键向手心的方向滚动）
〈Z〉	缩小（或者鼠标中键向远离手指的方向滚动）
〈f〉	整屏显示全图
〈Ctrl+Shift+Z〉	上一视图
视图定向	
〈空格键〉	视图定向菜单
〈Ctrl+1〉	前视
〈Ctrl+2〉	后视
〈Ctrl+3〉	左视
〈Ctrl+4〉	右视
〈Ctrl+5〉	上视
〈Ctrl+6〉	下视
〈Ctrl+7〉	等轴测

（续）

快 捷 键	功　能
	文件菜单项目
〈Ctrl+N〉	新建文件
〈Ctrl+O〉	打开文件
〈Ctrl+W〉	从 Web 文件夹打开
〈Ctrl+S〉	保存
〈Ctrl+P〉	打印
	额外快捷键
〈F1〉	在 PropertyManager 或对话框中访问在线帮助
〈F2〉	在 FeatureManager 设计树中重新命名一项目（对大部分项目适用）
〈Ctrl+Tab〉	在打开的 SolidWorks 文件之间循环
〈A〉	直线到圆弧/圆弧到直线（草图绘制模式）
〈Ctrl+Z〉	撤销
〈Ctrl+X〉	剪切
〈Ctrl+C〉	复制
〈Ctrl+V〉	粘贴
〈Delete〉	删除

1.2.4　多窗口显示和任务窗格

1．多窗口显示模型

SolidWorks 的画面可像窗口软件一样分割成多个不同的画面显示，实现多窗口显示模型的方法如下。

打开刚生成的圆筒零件。单击窗口左上角的徽标按钮 ![SOLIDWORKS]，单击菜单栏中的"窗口"，如图 1-16 中①②所示。在弹出的菜单中选择"视口"→"四视图"命令，如图 1-16 中③④所示。分割后的各绘图窗口的视角方向及模型显示方式都互相独立，互不影响。可以分别设置各种不同的显示方式及观察方向。在某一窗口绘制的图形，将同时出现在各个窗口中。

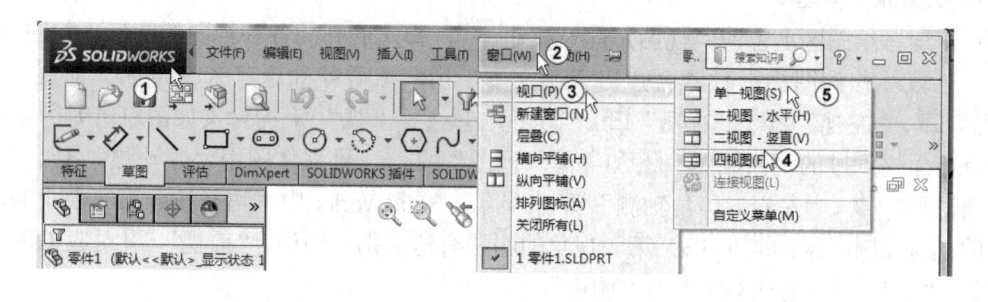

图 1-16　四视图菜单

系统将以选中的显示方式显示出模型视图，如图 1-17 所示。再次选择菜单"窗口"→"视口"→"单一视图"命令，如图 1-16 中⑤所示，系统回到刚打开圆筒零件时的状态。

9

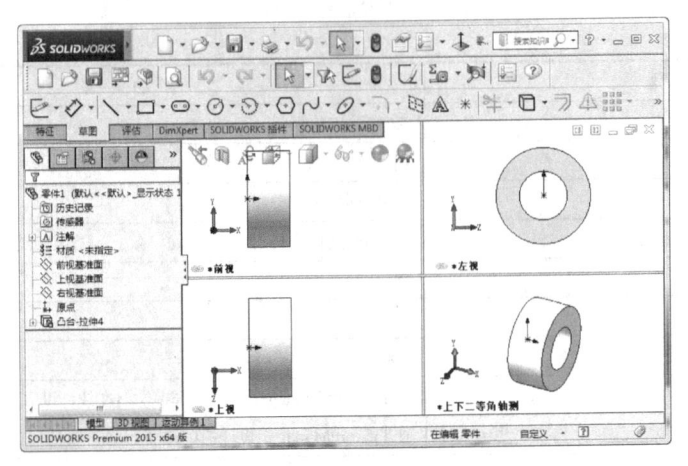

图 1-17　四视图窗口显示模型

2. 任务窗格

打开或新建 SolidWorks 2015 文件时，默认状态会出现任务窗格，它位于屏幕的右边。其中有 7 个图标，它们是"SolidWorks 资源"、"设计库"、"文件探索器"、"视图调色板"、"外观、布景和贴图"、"自定义属性"和"SolidWorks Forum"。分别单击任务窗格中不同的图标，对应地展开不同的内容。在绘图区中任意位置单击鼠标，会折叠任务窗格显示的内容。

1.3　模型显示

SolidWorks 中选择合适的方式显示几何模型是展开工作的重要环节，因此掌握和控制模型的显示方式是重要的操作任务。模型基本操作的两个方面如下。

（1）视图的显示控制，调整模型的显示形态。
（2）模型的外观（上色与纹理）设定。

1.3.1　视图显示类型

1. 视图显示类型

单击屏幕绘图区上方的"视图定向"按钮，弹出展开的各种视图的图标，如图 1-18 所示。当鼠标移到图标上时皆会弹出说明文本，用户一看就知道其含义，如"前视"、"后视"、"左视"、"右视"、"上视"、"下视"的含义如图 1-19 所示。其中还有前面提到过的"四视图"和"单一视图"。三维立体图用"等轴测"、"上下二等角轴测"、"左右二等角轴测"来显示。SolidWorks 中术语是按照第三视角的习惯定义的，与我国国家标准（GB）第一视角的叫法有些区别，例如，"前视"对应 GB 中的"主视"，"上视"对应 GB 中的"俯视"。

图 1-18　视图定向图标

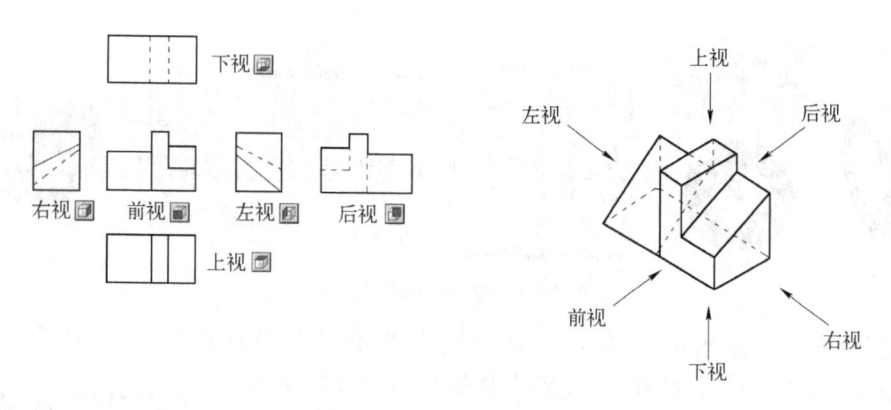

图 1-19　各视图方向示意

2. 正视于

必须先选取一个要从该面的垂直方向观看的模型平面或基准面，"正视于"按钮才呈可选状态。在视图定向中有一个"正视于"按钮，当选择模型的一个平面后，单击这个"正视于"按钮，选中的模型平面就会调整为平行于屏幕而面向用户，用户可以从**正面**观察模型的平面；再单击一次"正视于"按钮，则变成从**背面**观察模型的平面，这是一个很好的观察模型的命令。

@经验　选择模型表面后，第一次选择"正视于"命令，将使该模型表面的正面面向用户，再次选择"正视于"命令，将调整为模型表面的反面面向用户。

可以用正视于命令将模型定向显示，选择要定向模型的前面和上视面，选择时按住<Ctrl>键，然后单击"正视于"按钮，系统将调整模型，以先选择的面为前视的方向，后选择的面为上视方向显示出来，如图 1-20 所示。

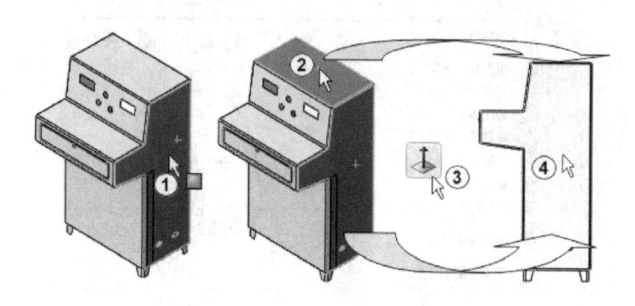

图 1-20　用正视于定向视图

3. 改变标准视图定向

在建好模型后，常常发现视图的方向不是所需要的方向，怎么改变这个标准视图方向，使其成为想要的视图方向呢？单击"方向"对话框中的"更新标准视图"按钮可以达到这个目的。

重新打开刚生成的圆筒零件，拟将模型的"右视"方向改为"前视"方向。操作步骤：单击选择圆筒的右端面，单击"正视于"按钮，如图 1-21 中①②所示，结果如图 1-21 中③所示。按空格键，在弹出的"方向"对话框中单击"更新标准视图"按钮，系统弹出提示，如图 1-21 中④⑤所示。单击"前视"（不要双击），如图 1-21 中⑥所示。系统弹出"SOLIDWORKS"的对话框，单击"是(Y)"按钮，标准视图将对应于此视图并全部更新，按<Ctrl+7>组合键后可看到结果，如图 1-21 中⑦⑧所示。单击工具栏中的"另保存"按钮，在"文件名"文本框中输入"零件 1-2.SLDPRT"，单击"保存"按钮。

图 1-21 改变标准视图方向

按空格键，在弹出的"方向"对话框中单击"重设标准视图"按钮，弹出"SolidWorks"的对话框，单击"是(Y)"按钮可以恢复默认设定，所有改变后的标准模型视图方向恢复为刚开始的默认设定，如图 1-22 所示。按<Ctrl+7>组合键后可看到结果。若单击"否(N)"按钮则关闭对话框而并不恢复默认设定。

4. 视图调整

图 1-22 "SolidWorks"对话框

在建模过程中需要通过不同的角度或比例来观察模型，这就需要对视图进行不断地调整。在绘图区任意位置单击鼠标右键，在弹出的快捷菜单中选择"平移"，按住鼠标左键不放拖动鼠标，则模型随之平移，如图 1-23 中①②所示。单击"选择"按钮或"重建模型"按钮可退出平移状态，如图 1-23 中③④所示。"旋转"等操作与"平移"操作类似。

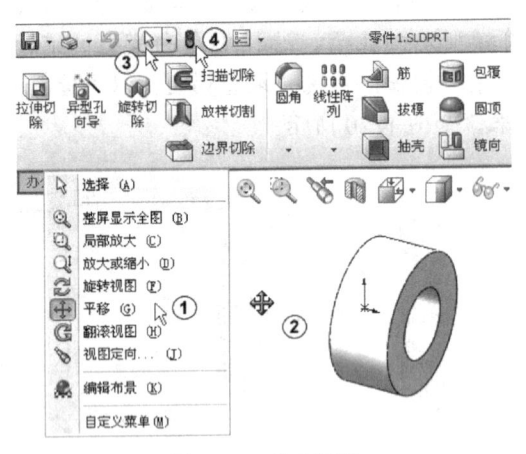

图 1-23 移动视图

常用的调整视图的工具有：上一视图、整屏显示全图、局部放大、放大或缩小、旋转模型和平移模型，其功能如表 1-3 所示。

表 1-3 视图工具及功能

工具图标	名　称	功　能
	上一视图	显示上一视图
	整屏显示全图	在图形区中整屏显示模型全图
	局部放大	放大鼠标指针拖动选取的范围，如单击左下角一点（按住不放），然后拖到右上角一点后放开鼠标，则矩形框内的模型被放大到全屏
	放大或缩小	动态缩放，按住鼠标左键向上，视图连续放大，向下连续缩小
	旋转视图	单击"旋转视图"按钮后，按住鼠标左键不放拖动鼠标，则模型随之旋转
	平移	单击"平移视图"按钮后，按住鼠标左键不放拖动鼠标，则模型随之平移

12

除了使用上述工具对视图进行操作外，还可以利用鼠标加键盘组成的快捷方式对视图进行操作。

5. 模型显示方式

单击工具栏中的"显示样式"按钮，弹出展开的 5 种视图显示样式，如图 1-24 所示。

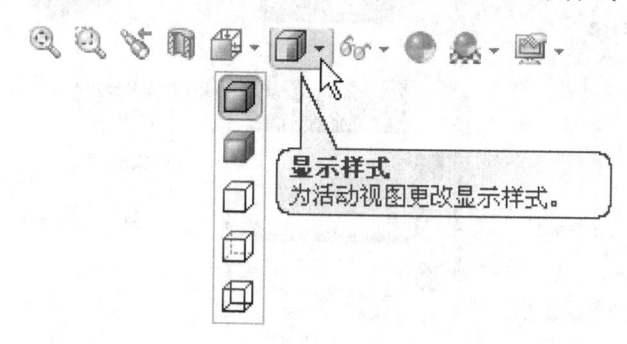

图 1-24 视图显示样式

模型的显示方式如表 1-4 所示。

表 1-4 模型的显示方式

显示方式	显示效果	显示方式	显示效果
线架视图		隐藏线可见	
消除隐藏线		带边线上色	
上色视图		剖面视图	

1.3.2 模型编辑外观

1. 编辑颜色

在 SolidWorks 中可以单击"编辑外观"按钮对模型整体或模型表面进行颜色和纹理编辑。

重新打开刚生成的圆筒零件，单击屏幕绘图区上方的"编辑外观"按钮，如图 1-25 中①所示。系统弹出"颜色"属性管理器，选择"基本"选项卡，在其中选择一种颜色，如图 1-25 中②③所示。然后单击"确定"按钮，如图 1-25 中④所示，即可看到模型的颜色发生了变化。

13

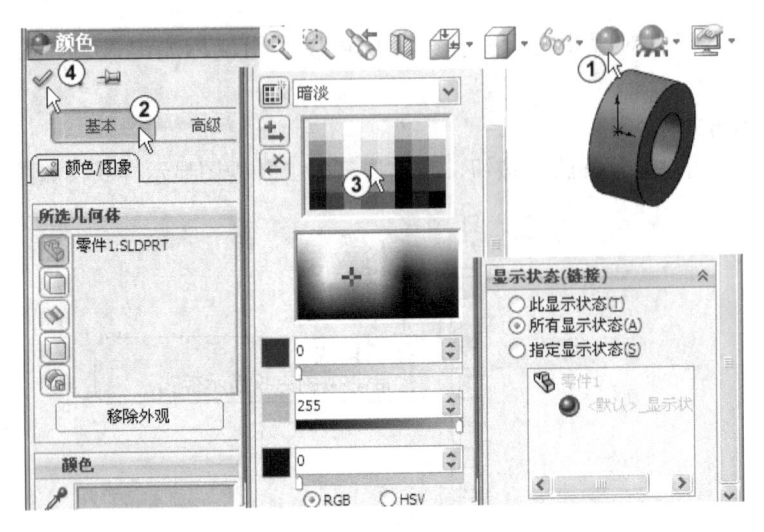

图 1-25 编辑颜色

2. 编辑图案

(1) 单击屏幕绘图区上方的"编辑外观"按钮，在弹出的"颜色"属性管理器中选择"高级"选项卡，此时系统默认选择中了"颜色/图像"，如图 1-26 中①②所示，还可以对"照明度""表面粗糙度"等进行编辑。在"外观"栏中单击"浏览"按钮，如图 1-26 中③所示。

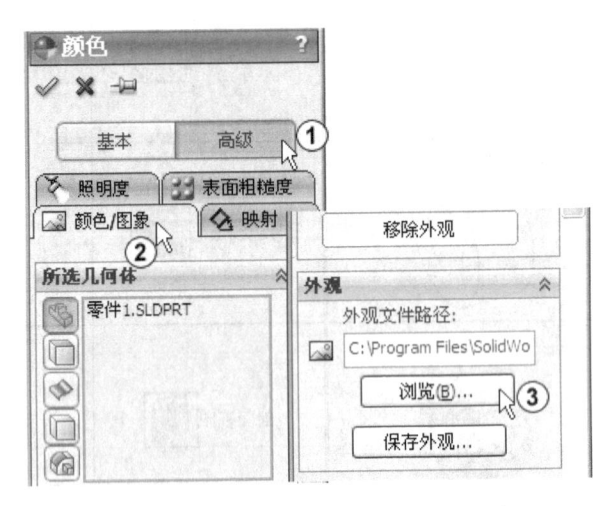

图 1-26 选择模型外观中的高级选项

(2) 系统弹出"打开"对话框，单击"查找范围"后的按钮，双击"data"，如图 1-27 中①②所示；依次双击"Images"和"textures"，如图 1-27 中③④所示；双击"pattern"，如图 1-27 中⑤所示；单击"文件类型"后的按钮，选择"JPEG 图像文件"，如图 1-27 中⑥⑦所示；选择"neon.jpg"文件，单击"打开"按钮，如图 1-27 中⑧⑨所示。

(3) 这时在模型上显示出比例拖动框，将鼠标移到框的角上，鼠标光标变成十字形，向外拖动图案纹理变粗，向内拖动图案纹理变细，拖动鼠标将图案纹理调整到合适大小，然后单击"确定"按钮，系统弹出"另存为"对话框，单击"保存"按钮，如图 1-28 所示。

14

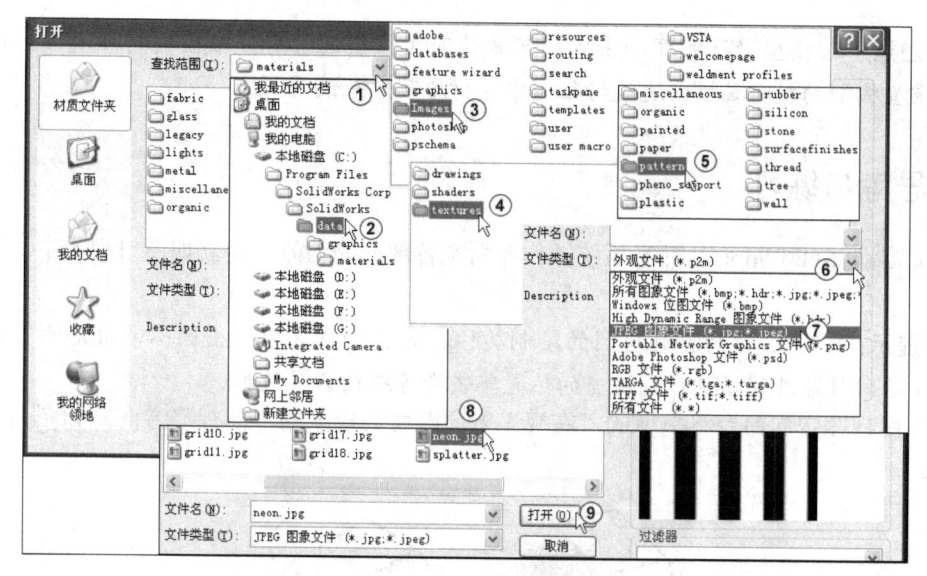

图 1-27　查找外观图像文件

图 1-28　"另存为"对话框

系统弹出如图 1-29 所示的对话框，单击"是(Y)"按钮，完成对模型赋予外观（纹理）的操作。

图 1-29　对模型赋予纹理

⚠️**注意**：对模型进行纹理的设定，只是改变了模型的外观，模型的材料属性并没有改变，要设置模型的材料属性需通过特征树中的材质节点来设置。

1.4 思考与练习

（1）启动 SolidWorks，熟悉系统操作界面及各部分的功能，建立如图 1-30 中①所示的模型。

⚠️**提示**：六多边形的绘制与圆的绘制类似，先在绘图区中单击圆心，确定六多边形的中心，然后向屏幕外移动鼠标到适当的位置单击即可给出六多边形。

（2）用视图定向命令将模型的"右视"方向改变为模型的"前视"方向，如图 1-30 中②所示。

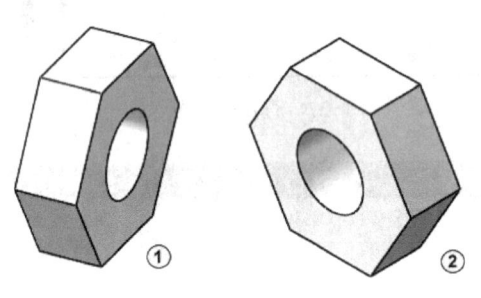

图 1-30 练习模型

（3）单击"显示样式"中的各个按钮，体会每个按钮的含义。

（4）将练习模型以"二视图-竖直"（按钮 ▣）显示，并将图片"checker2.jpg"贴在模型上以改变其外观，如图 1-31 所示。

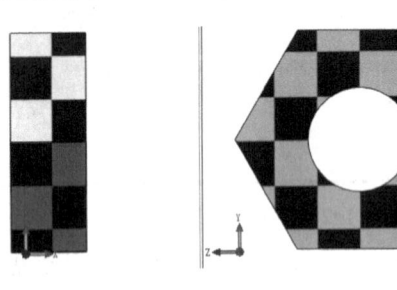

图 1-31 二视图-竖直

第 2 章 草　　图

草图是由点、直线、圆弧等基本几何元素构成的封闭的或不封闭的几何形状。草图中包括形状、几何关系和尺寸标注 3 方面的信息。草图分为二维和三维两种。大部分 SolidWorks 的特征都是由二维草图绘制开始。草图是三维设计的基础，必须十分熟练地掌握。

2.1　绘制草图的基本知识

在介绍具体的草图绘制方法之前，先对草图绘制的基本概念进行必要的说明，对草图绘制中要用到的专门术语进行解释。这样有利于读者领会，尽快掌握草图绘制知识。

2.1.1　草图的自由度

在机械类产品中，基本构架支撑运动部件，运动部件完成产品功能。运动和固定的主要知识基础是约束度和自由度。约束度与自由度是相对的概念，一个物体的约束度与自由度之和等于 6。完全自由的空间物体有 6 个方向的自由度，即 3 个坐标方向的移动自由度和围绕 3 个坐标轴的旋转自由度。

通常在平面上绘制直线、矩形、圆弧等（可将这些对象称为草图实体）。平面上的草图实体只有 3 个自由度，即沿着 X 和 Y 轴的移动及图形可变的大小。图形具有的自由度与对图形所附加的控制条件有关，添加了控制条件的图形自由度会减少。通常在参数化软件中用以限制图形自由度的方法是标注尺寸和添加几何约束。

1. 点的自由度

点包括平面上任意的草图点、线段端点、圆心点或图形的控制点等。坐标原点（3 个坐标平面的共有点）是系统默认的固定点，如图 2-1 中①所示。其他没有限制的点可以沿水平方向和垂直方向任意移动，如图 2-1 中②所示。若要限制点的移动，可以添加水平约束或标注垂直方向的尺寸（点只能沿水平方向移动），如图 2-1 中③④所示；若同时标注垂直和水平方向的尺寸，则点被固定，自由度为 0，如图 2-1 中⑤所示。

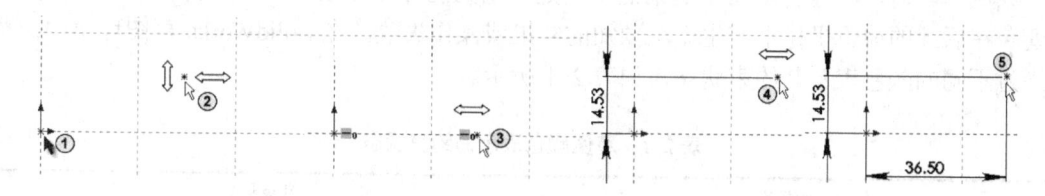

图 2-1　点的自由度

2. 直线的自由度

没有任何限制的直线可以沿水平方向和垂直方向任意移动、旋转及沿长度方向伸缩，如图 2-2 中①所示。固定一个端点后，直线只能旋转和伸缩，如图 2-2 中②所示。若给定角度，直线只能伸缩，如图 2-2 中③所示；若给定长度，直线只能旋转，如图 2-2 中④所示；

若给定长度和角度，直线被完全固定，自由度为 0，如图 2-2 中⑤所示。若固定两端点，直线被完全固定，如图 2-2 中⑥所示。

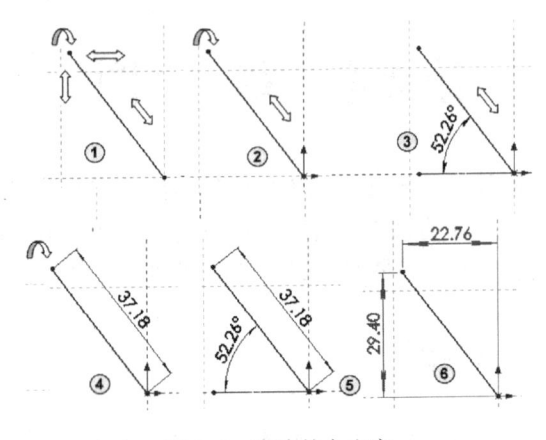

图 2-2 直线的自由度

3．圆的自由度

没有任何限制的圆可以沿水平方向和垂直方向任意移动、也可以任意调整圆的大大小，如图 2-3 中①所示。添加直径后，圆只能任意移动圆心，如图 2-3 中②所示。确定圆心位置后，圆被完全固定，如图 2-3 中③所示。

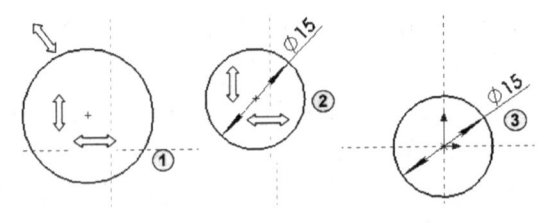

图 2-3 圆的自由度

传统的参数化造型中的草图必须是完全定义的，即草图实体的平面位置和角度都必须完全确定。变量化技术解决了完全定义草图的难题。当然变量化技术并不是帮助人们自动地为草图添加尺寸和几何约束，而是将没有明确定义的草图尺寸作为变量存储起来，暂时以当前的绘制尺寸赋值，这样不会影响利用草图生成特征和其后的装配工作。

SolidWorks 支持变量化设计，利用变量化设计可以有效地提高几何建模的速度，方便易用。绘制草图时，尽量将草图中的某点与固定不动的坐标原点重合，尽量将草图完全定义，以避免在后续的编辑操作中产生无法预知的结果或操作失败。在 SolidWorks 草图环境中，草图通过不同的颜色表示其约束状态，如表 2-1 所示。

表 2-1 草图颜色表示的约束状态

草图的颜色	约束状态
黑色	草图实体完全定义
蓝色	草图实体欠约束
红色	过约束，存在重复或矛盾的约束

2.1.2 草图绘制过程

SolidWorks 中的草图绘制极为方便快捷，支持参数化，同时支持变量设计，从而可以通过几何关系和尺寸改变草图形状。为了发挥变量化的灵活性，在 SolidWorks 中只需绘制出尺寸大致相当的图形，然后标注合适的尺寸，再添加几何约束就可以完成图形的精确设定。

草图绘制的基本过程：选择绘制草图的面→绘制图形→添加几何关系→标注尺寸→检查草图合法性→修复草图，如图 2-4 中①～⑥所示。如果模型简单或者是熟练的高手，常常会省去第⑤和第⑥步。

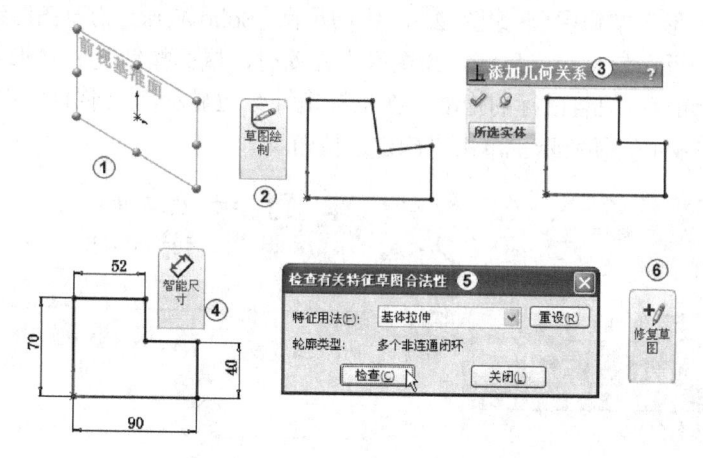

图 2-4　绘制草图的步骤

绘制一个矩形的过程如下。

（1）新建文件。

启动 SolidWorks 后，单击工具栏中的"新建"按钮或者按组合键<Ctrl+N>，在弹出的"新建 SolidWorks 文件"对话框中选择"零件"，单击"确定"按钮完成新文件创建的操作。

（2）指定绘制草图基准面。

SolidWorks 提供了一个初始的绘图参考体系，包括一个原点和 3 个坐标平面。对于新建的零件，可以利用 3 个基准平面中的任意一个作为草图绘制的参考平面。在建模过程中还有 3 种平面可以作为草图绘制基准平面：一是已有模型的平面；二是创建出的基准平面；三是拉伸出来的直线曲面。

在"草图"面板中单击"草图绘制"按钮，如图 2-5 中①②所示。系统提示选择绘制草图基准平面，选择"前视基准面"后即进入草图绘制界面，如图 2-5 中③④所示。

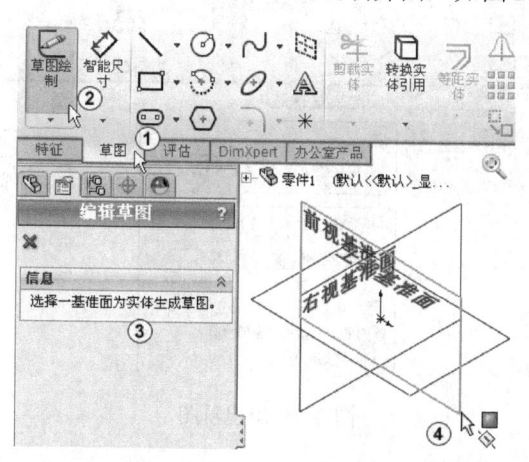

图 2-5　选择绘制草图基准面

19

(3) 绘制草图几何形状。

SolidWorks 提供了非常实用的草图实体绘制工具和草图实体编辑工具，这些命令集中于"草图"工具栏中。绘制时可以用"草图"工具栏中的工具绘制，也可以用"面板栏"中的"草图"工具绘制。

初始环境中的坐标原点在草图绘制环境下显示为红色，可作为草图绘制的原点。

单击"边角矩形"按钮▢，如图 2-6 中①所示。SolidWorks 为草图绘制过程提供了许多智能化、直观的反馈信息。当鼠标在绘图区中移动时，鼠标指针变成形状，单击原点来确定矩形的第一个角点；随着鼠标的拖动，在鼠标指针旁边显示出矩形的尺寸，单击确定矩形的另一点，如图 2-6 中②③所示。单击"确定"按钮✔。

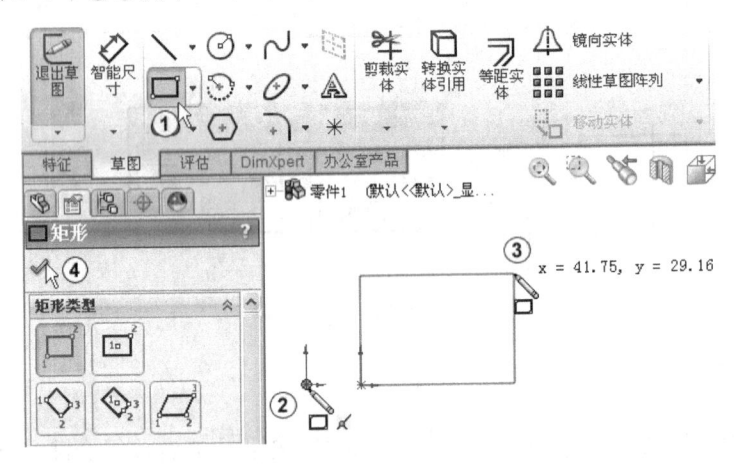

图 2-6 绘制矩形

单击工具栏中的"保存"按钮💾或者按组合键<Ctrl+S>，保存文件。

(4) 结束草图绘制。

草图绘制完毕后，结束草图绘制的方式如下。

1) 单击"退出草图"按钮，如图 2-7 中①所示。

2) 单击"选择"按钮或"重建模型"按钮，如图 2-7 中②③所示。

图 2-7 退出草图

3) 在绘图区任意位置单击鼠标右键，从弹出的快捷菜单中选择"退出草图"或"选择"按钮，如图 2-7 中④⑤所示。

4）单击绘图区域右上角的"草图确认区"，如图 2-7 中⑥所示。

5）可按〈Esc〉键。

6）选择菜单"插入"→"退出草图"命令。

2.1.3 草图对象的选择和删除草图实体

1. 草图对象的选择

选择是 SolidWorks 默认的工作状态，草图环境也不例外。进入草图绘制环境后，"选择"按钮处于激活状态（呈按下状态），鼠标指针形状为，只有在选择其他命令后，选择按钮才暂时关闭。

（1）选择预览。

当鼠标指针接近被选择的对象时，该选择对象改变颜色，说明鼠标已拾取到对象，这种功能称为选择预览。此时单击鼠标就可以选中对象，选中对象后对象会变为另一种颜色，说明此对象已被选中。当选择不同类型的对象时，鼠标指针就会显示出不同的形状。表 2-2 列出了草图实体对象类型与鼠标指针的对应关系。

表 2-2 草图实体对象类型与鼠标指针的对应关系

选择对象类型	鼠标指针	选择对象类型	鼠标指针
直线		抛物线	
端点		样条曲线	
面		圆和圆弧	
椭圆		点和原点	
基准面		草图文字	

（2）选择多个操作对象。

很多操作需要同时选择多个对象，可以采用以下两种选择方法。

1）按住〈Ctrl〉键不放，依次选择多个草图实体。

2）按住鼠标左键不放，拖曳出一个矩形，矩形所包围的草图实体都将被选中。

第一种方法的可控性较强，而第二种方法更为快捷。若要取消已经选择的对象，使其恢复到未选择状态，同样可以在按住〈Ctrl〉键的同时再次选择要取消的对象。

注意：框选选择对象时，根据鼠标指针的拖动方向可分为两种情况：1）由左向右拖动鼠标框选草图实体，框选框显示为实线，框选的草图实体只有完全被框选住才能被选中，如图 2-8 中①~③所示。2）由右向左拖动鼠标框选草图实体，框选框显示为虚线，只要草图实体有部分在框选内，该草图实体即被选中，如图 2-8 中④~⑦所示。

2. 删除草图实体的 3 种方法

（1）右击草图实体，从弹出的快捷菜单中选择"删除"命令，如图 2-9 中①②所示，结果如图 2-9 中③所示。

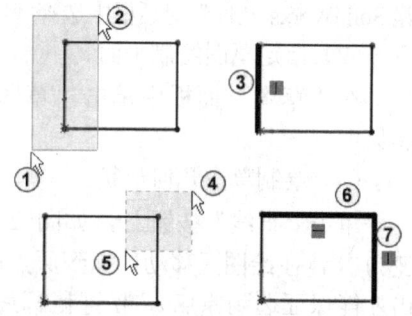

图 2-8 不同框选方向的不同结果

图 2-9　从快捷菜单中删除草图实体

（2）选取实体，然后按<Delete>键，可直接删除。

（3）单击面板中的"剪裁实体"按钮，从弹出的"剪裁"属性管理器中选择最后一项"剪裁到最近端"，如图 2-10 中①②所示。选中要删除的实体，如图 2-10 中③所示，结果如图 2-10 中④所示。单击"确定"按钮。

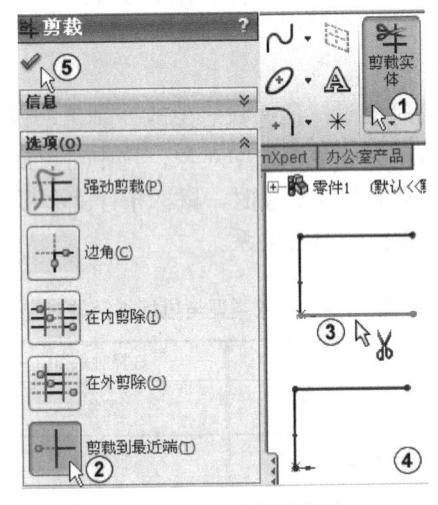

图 2-10　删除草图实体

2.2　草图绘制工具

草图的绘制是三维绘图的基础和开始，草图是由直线、圆弧、曲线等基本几何元素组成的。本节主要学习常用的"草图"工具栏，并通过图表的方式介绍其命令的使用。

2.2.1　直线和直线转到圆弧

绘制一个由直线组成的草图的过程如下。

（1）新建文件。

启动 SolidWorks 后，单击工具栏中的"新建"按钮或者按组合键<Ctrl+N>，在弹出的"新建 SolidWorks 文件"对话框中选择"零件"，单击"确定"按钮完成新文件创建的操作。

（2）指定草图绘制平面。

在"草图"面板中单击"草图绘制"按钮，选择"前视基准面"后即进入草图绘制界面。

（3）绘制草图几何形状。

单击"直线"按钮，如图 2-11 中①所示。弹出"插入线条"属性管理器，鼠标指针变为，在绘图区移动鼠标到原点后单击鼠标确定起点（注意一定要出现锁点图标后再单击才能保证选到原点），松开鼠标后水平移动鼠标到另一位置后单击鼠标（注意一定要出现锁点图标后再单击鼠标才能保证绘出的是水平线），松开鼠标后向上移动鼠标到另一位置

22

后再次单击鼠标（注意一定要出现锁点图标 | 后再单击鼠标才能保证绘出的是竖直线），如图 2-11 中②～④所示。松开鼠标后向左下方移动鼠标到另一位置后单击鼠标，松开鼠标后向左上方移动鼠标到另一位置后再次单击鼠标，如图 2-11 中⑤⑥所示。向左移动鼠标画出一条水平线，向下移动鼠标画出一条竖直线，如图 2-11 中⑦⑧所示。按<Esc>键结束绘制直线，单击"确定"按钮✓，如图 2-11 中⑨所示，关闭"插入线条"属性管理器。

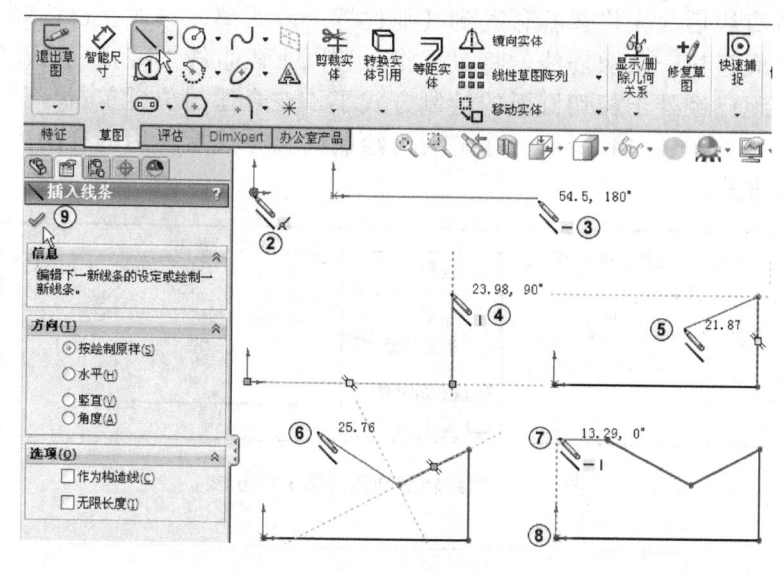

图 2-11　绘制草图

（4）保存文件。

单击工具栏中的"保存"按钮或者按组合键<Ctrl+S>，保存文件。

（5）线条属性。

选择刚绘制的最下方的水平直线，如图 2-12 中①所示。在系统弹出的"线条属性"属性管理器中显示各种控制直线的选项，如呈现直线的各种几何约束状态，如图 2-12 中②所示，以及直线的角度和长度参数值、直线的额外参数。还可以将直线设为水平、竖直、固定等几何约束关系，也可以将直线转换为构造几何线，如图 2-12 中③④所示。或者将直线设为无限长度的线条。

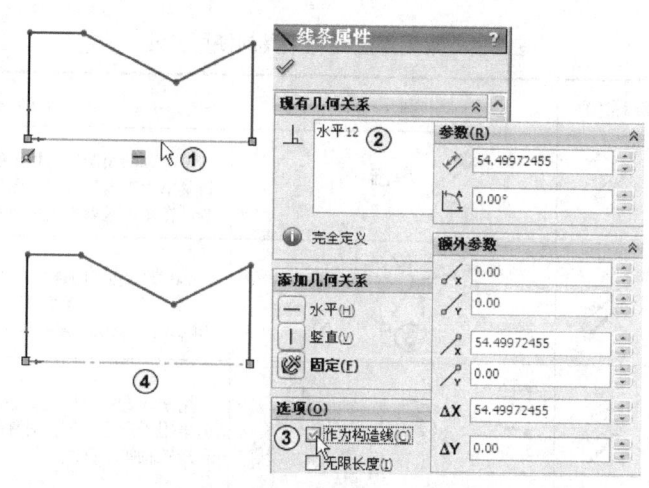

图 2-12　"线条"属性管理器

23

（6）直线转到圆弧绘制。

为了提高草图绘制效率，SolidWorks 在草图中还提供了直线绘制与圆弧绘制自动转换的技术。在绘制直线时可以直接切换到圆弧绘制，而不需要在工具栏中选择圆弧绘制工具。如图 2-13 所示，当完成一段直线绘制后，右击，在弹出的快捷菜单中选择"转到圆弧"命令，在合适的位置单击就绘制出一条圆弧线。还有一种切换的方法是在绘制一条直线后，先将鼠标移动到其他位置一段距离，这时在已绘制直线的终点与鼠标指针之间存在一条橡筋线，将鼠标指针移回上段直线的终点，再次移开鼠标指针后，可以发现已经处于相切圆弧的绘制方式了，在合适的位置单击，就可以完成相切圆弧的绘制，如图 2-14 所示。在转换为绘制圆弧方式后，用同样的方法还可以转回到直线绘制方式。

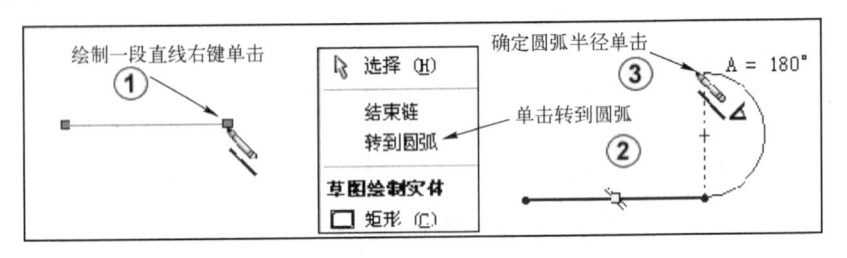

图 2-13　直线转到圆弧的第 1 种方法

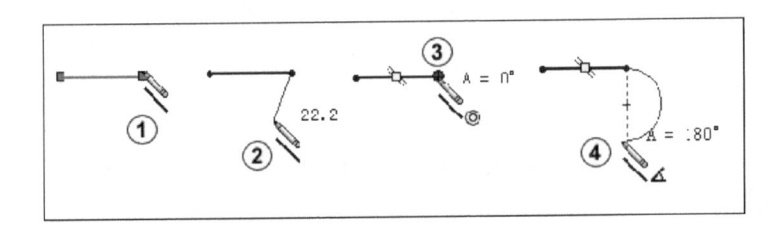

图 2-14　直线转到圆弧的第 2 种方法

2.2.2　常用草图绘制工具

常用草图绘制工具的使用方法如表 2-3 所示。

表 2-3　常用草图绘制工具的使用方法

草图工具	几何图形	鼠标指针	绘制步骤	绘制方法
✳	点		单击	单击草图绘制工具栏上的"点"按钮 ✳ 或选择菜单"工具"→"草图绘制实体"→"点"命令，在图形区域单击以放置点
╲	直线		①②③④	单击草图绘制工具栏上的"直线"按钮 ╲ 或选择菜单"工具"→"草图绘制实体"→"直线"命令，在图形区域单击鼠标，确定方向和长度
┆	中心线		①②③④	用法同直线一样。中心线不能用于建立特征，但可用于定位、制作对称的草图实体、镜像草图和旋转轴等辅助线

(续)

草图工具	几何图形	鼠标指针	绘制步骤	绘制方法
⊙	圆			单击草图绘制工具栏中的"圆"按钮⊙或选择菜单"工具"→"草图绘制实体"→"圆"命令，在图形区域单击确定圆心，拖动或移动指针来设定半径
	圆心/起/终点画弧			单击草图绘制工具栏上的"圆心/起/终点画弧"按钮或选择菜单"工具"→"草图绘制实体"→"圆心/起/终点画弧"命令。在图形区域单击确定圆弧圆心，到圆弧开始点的位置单击，拖动鼠标至圆弧的终点单击
	切线弧			单击草图绘制工具栏上的"切线弧"按钮或选择菜单"工具"→"草图绘制实体"→"切线弧"命令。在直线、圆弧、椭圆或样条曲线的端点处单击，到圆弧的终点单击
	三点圆弧			单击草图绘制工具栏上的"三点圆弧"按钮或选择菜单"工具"→"草图绘制实体"→"三点圆弧"命令。单击圆弧的起点位置，再单击圆弧的结束位置，单击确定圆弧的半径
	矩形			单击草图绘制工具栏上的"边角矩形"按钮□或选择菜单"工具"→"草图绘制实体"→"边角矩形"命令。单击确定矩形的第一个角点，单击确定矩形的另一点
	平行四边形			单击草图绘制工具栏上的"平行四边形"按钮或选择菜单"工具"→"草图绘制实体"→"平行四边形"命令。单击确定平行四边形的第一个角，确定四边形一边的方向，单击确定边长；确定另一边方向，单击确定边长
	多边形			单击草图绘制工具栏上的"多边形"按钮⊙或选择菜单"工具"→"草图绘制实体"→"多边形"命令。在特征管理区中为边数指定数值，单击图形区域以定位多边形中心，然后拖动鼠标确定多边形内切圆或外切圆半径
	部分椭圆			单击草图绘制工具栏上的"部分椭圆"按钮或选择菜单"工具"→"草图绘制实体"→"部分椭圆"命令。单击图形区域以放置椭圆的中心，拖动一段距离并单击来定义椭圆的一个轴，再拖动鼠标一段距离并单击来定义第二个轴。绕圆周拖动指针来定义椭圆的范围，然后单击来完成椭圆的绘制
	椭圆			单击草图绘制工具栏上的"椭圆"按钮或选择菜单"工具"→"草图绘制实体"→"椭圆"命令。单击图形区域来放置椭圆中心，拖动鼠标一段距离并单击以设定椭圆的长轴，再拖动鼠标一段距离并再次单击以设定椭圆的短轴

(续)

草图工具	几何图形	鼠标指针	绘制步骤	绘制方法
∪	抛物线			单击草图绘制工具栏上的"抛物线"按钮∪或选择菜单"工具"→"草图绘制实体"→"抛物线"命令。单击第1点,确定抛物线的中心点;单击第2点,确定其焦距;单击第3点,确定其起点;单击第4点,确定其终点
A	文本			单击草图绘制工具栏上的"文字"按钮A或选择菜单"工具"→"草图绘制实体"→"文字"命令。选择一条曲线作为路径,其名称出现在"曲线"框中,在"文字"框中键入文字,编辑文字属性,单击按钮✓
∼	样条曲线			单击草图绘制工具栏上的"样条曲线"按钮∼或选择菜单"工具"→"草图绘制实体"→"样条曲线"命令。单击起点,向上拖动鼠标一段距离单击,向下拖动鼠标一段距离单击,向上拖动鼠标一段距离双击
	草图图片			单击草图绘制工具栏上的"草图图片"按钮或选择菜单"工具"→"草图绘制工具"→"草图图片"命令,在弹出的"打开"对话框中选择需要的图片,单击"打开"按钮

2.2.3 草图几何约束

在 SolidWorks 中可以通过尺寸和几何约束共同完成草图的约束定义。为草图添加几何关系可以很容易控制草图形状,表达造型与设计意图。草图中的几何实体之间的几何约束类型如表 2-4 所示。

表 2-4 草图实体之间的几何约束类型

	点	直 线	圆或圆弧
点	水平、竖直、重合	中点、重合	同心、重合
直线	中点、重合	水平、竖直、平行、垂直、相等、共线	相切
圆或圆弧	重合、同心	相切	全等、相切、同心、相等

1. 建立几何约束

(1) 单击面板上的"显示/删除几何关系"下的按钮 ▼ ,从弹出的下拉列表中单击"添加几何关系"按钮 ,如图 2-15 中①②所示。或者选择菜单"工具"→"几何关系"→"添加"命令。

(2) 系统弹出"添加几何关系"属性管理器,在绘图区中选择要添加几何关系的草图实体,如图 2-15 中③所示。

(3) 在"添加几何关系"属性管理器中选择"水平"约束,如图 2-15 中④所示。

(4) 单击"确定"按钮✓，如图 2-15 中⑤所示，结果如图 2-15 中⑥所示。

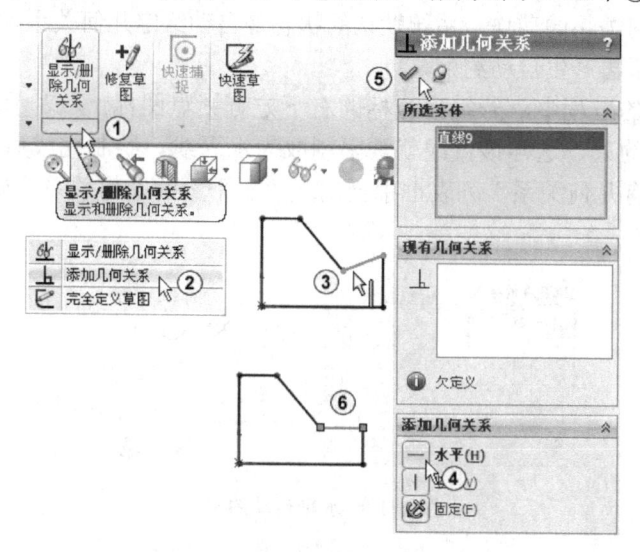

图 2-15 添加水平几何约束

> **注意：**
> 在为直线建立几何关系时，此几何关系相对于无限长的直线，而不仅仅是相对于草图线段或实际边线。因此，在希望一些项目互相接触时，它们可能实际上并未接触到。
> 同样地，当生成圆弧或椭圆段的几何关系时，几何关系是对于整圆或椭圆的。
> 如果为不在草图基准面上的项目建立几何关系，则所产生的几何关系应用于此项目在草图基准面上的投影。

（5）在绘图区中选择要添加几何关系的草图实体，单击"添加几何关系"按钮，如图 2-16 中①②所示。

（6）在"添加几何关系"属性管理器中选择"竖直"约束，单击"确定"按钮✓，如图 2-16 中③～⑤所示。

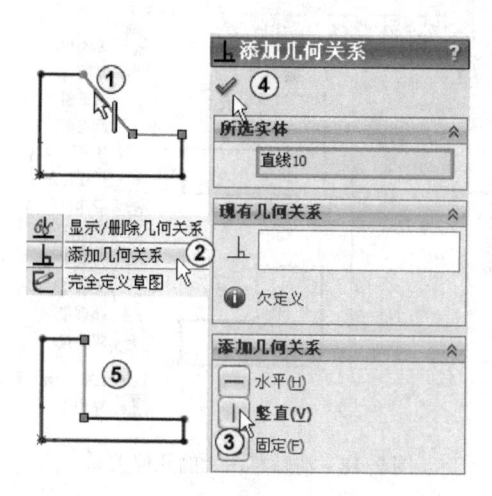

图 2-16 添加竖直几何约束

2. 自动给定几何关系

自动给定几何关系是指在绘制图形的过程中，即控制其相关位置，系统会自动赋予其几

27

何意义，不需要用户再利用添加几何关系的方式给予图形几何限制，这样可免去用户对每个绘制的像素添加几何关系的动作。系统默认的状态是自动给定几何关系，只要在绘图时按住〈Ctrl〉键，系统将不再产生自动约束。

在绘制水平线的过程中，若笔形光标的右下方有锁点图标 ━，表示系统会自动给该直线赋予一个水平的约束，这样该直线就被限制成为水平线。绘制完成后在"线条属性"属性管理器中的"现有几何关系"列表框中会出现"水平"的几何关系，如图 2-17 中①～③所示。

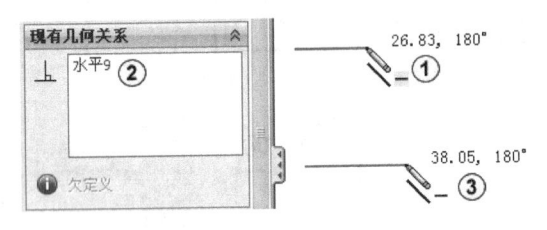

图 2-17 水平自动约束

如果取消"自动几何关系"，则在绘图过程中锁点图标为 ━，可见它的背景没有填充颜色，绘制时系统并未真正赋予草图几何关系。

3. 清除屏幕上的草图几何关系

系统默认的状态是显示草图几何关系，如图 2-18 中①所示。当草图很复杂时，会显得比较乱，清除草图上的几何关系的过程如下。

单击窗口左上角的按钮 ⅗ SOLIDWORKS，选择"视图"→"草图几何关系"命令，如图 2-18 中②～④所示，结果如图 2-18 中⑤所示。

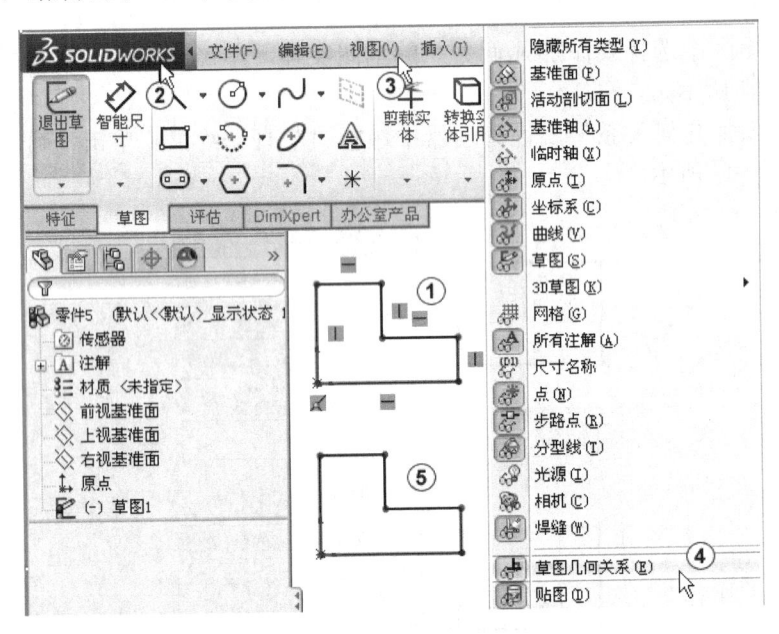

图 2-18 清除草图上的几何关系

4. 显示和删除几何关系

（1）在绘图区选择某一个草图实体后，如图 2-19 中①所示。单击面板上的"显示/删除几何关系"按钮或者选择菜单"工具"→"几何关系"→"显示/删除"命令，在"显示/删除几何关系"属性管理器中列出了选中草图实体的几何关系，如图 2-19 中②③所示。

（2）选中该几何关系，然后单击"删除"按钮，如图 2-19 中④⑤所示。

（3）单击"确定"按钮 ✓ 完成删除几何关系操作。为了验证确实不存在水平约束了，可在绘图区选择角点后按住鼠标不放进行拖动，结果如图 2-19 中⑥⑦所示。

（4）连续单击工具栏中的"撤销"按钮 或者按组合键<Ctrl+Z>，可依次取消上一步的操作。

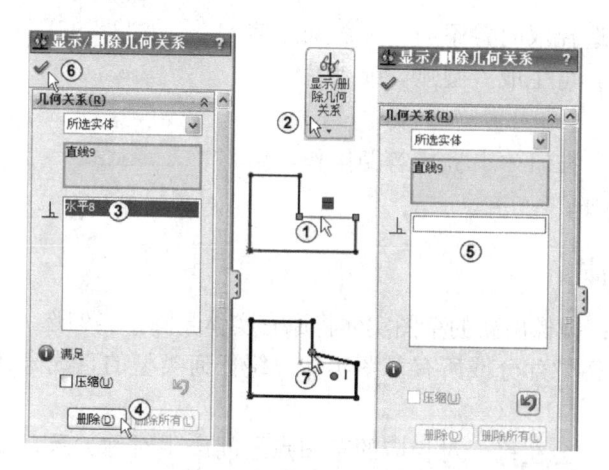

图 2-19　显示或删除几何关系

（5）若在绘图区没有选择任何草图实体，单击"尺寸/几何关系"工具栏中的"显示/删除几何关系"按钮，在"显示/删除几何关系"属性管理器中列出了当前草图的全部几何关系。用户可在属性管理器中选择想要删除的几何关系后单击"删除"按钮删除。

2.3　草图编辑工具

草图编辑包括圆角、倒角、剪裁、延伸、镜像、移动、旋转、复制、阵列、等距、分割等。编辑命令位于"草图"工具栏中，相应的命令位于"工具"→"草图绘制工具"子菜单中。

2.3.1　等距草图实体

等距实体功能可以按特定的距离等距一个或多个草图实体、所选模型边线或模型面，也可等距样条曲线或圆弧、模型边线组、环等草图实体。但不能等距套合样条曲线产生的曲线或会产生自相交几何体的草图实体。

等距实体操作方法如下。

（1）在打开的草图中，选择一个或多个草图实体或一条模型边线，如图 2-20 中①所示。

（2）在"草图"面板中单击"等距实体"按钮，或选择菜单"工具"→"草图绘制工具"→"等距实体"命令，如图 2-20 中②所示。

（3）在属性管理器设定等距参数（如图 2-20 中③所示）。

等距距离：设定草图实体等距数值。可动态预览，按住鼠标左键并在图形区域中拖动鼠标。释放鼠标键时，等距实体完成。

29

添加尺寸：在草图中显示等距距离尺寸。

反向：更改单向等距的方向。

选择链：生成所有连续草图实体的等距。

双向：在双向生成等距实体。

制作基体结构：将原有草图实体转换到构造几何线。

顶端加盖：通过选择双向并添加一顶盖来延伸原有非相交草图实体。可生成"圆弧"或"直线"为延伸顶盖类型。

（4）单击"确定"按钮，完成等距操作，结果如图 2-20 中④⑤所示。

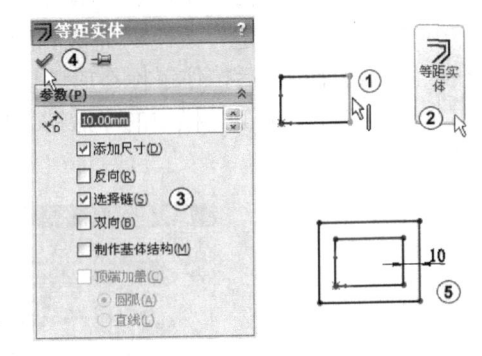

图 2-20　等距实体

2.3.2　镜像草图实体

镜像的功能包括：镜像出新的草图实体将原有实体删除；当勾选"复制"选项时，镜像后保留原有的实体；镜像部分或所有草图实体；绕任何类型的直线来镜像；沿工程图、零件、装配体边线镜像。

生成镜像实体时，会在每一对相应的草图点之间产生对称关系，如果更改被镜像的实体，则其镜像实体也会随着更改。镜像在三维草图中不可使用。

1. 绘制中心线

（1）单击工具栏中的"撤销"按钮或者按组合键<Ctrl+Z>，取消等距的实体，恢复一个矩形的状态。

（2）单击"草图"面板上的"直线"旁的三角形按钮，再单击"中心线"按钮，如图 2-21 中①②所示。用绘制直线的方法绘制出一条垂直的中心线，如图 2-21 中③④所示。双击鼠标，单击"确定"按钮，如图 2-21 中⑤所示。

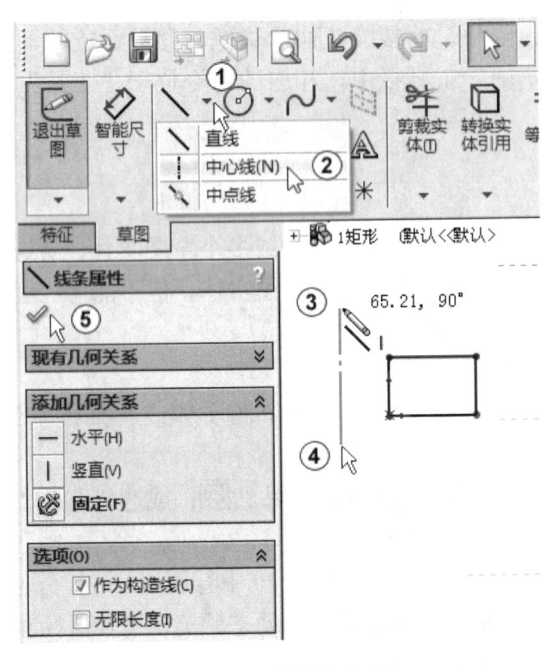

图 2-21　绘制中心线

2. 建立镜像

（1）选择矩形草图实体，如图 2-22 中①②所示。

（2）单击"镜像实体"按钮，弹出"镜像"属性管理器。单击"镜像点："旁的方框，如图 2-22 中③④所示。然后在绘图区选择镜像线，如图 2-22 中⑤所示。

（3）单击"确定"按钮，结果如图 2-22 中⑥⑦所示。

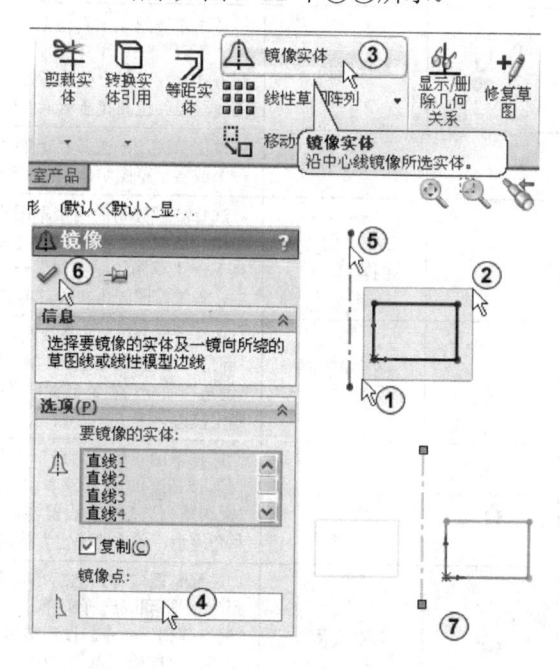

图 2-22 镜像草图

2.3.3 常用草图编辑命令

常用的草图编辑命令按钮的功能如表 2-5 所示。

表 2-5 草图编辑工具

图标	工具名称	鼠标指针	操作对象	操作方法
	等距实体		草图实体	在草图中，选择一个或多个草图实体、一个模型面、一条模型边线或外部草图曲线，单击草图绘制工具栏上的"等距实体"按钮或选择菜单"工具"→"草图绘制工具"→"等距实体"命令。在等距特征管理区中，设置各项参数，单击"确定"按钮或在图形区域中单击
	镜像		直线、圆或圆弧、一组几何轮廓	单击草图绘制工具栏上的"镜向"按钮或选择菜单"工具"→"草图绘制工具"→"镜像"命令，选择要镜像的实体，选择镜像线，单击"确定"按钮
	转换实体引用		当前草图以外的草图图元，模型边线	在草图处于激活状态时，单击模型边线、环、面、曲线、外部草图轮廓线、一组边线或一组曲线。单击草图绘制工具栏上的"转换实体引用"按钮或选择菜单"工具"→"草图绘制工具"→"转换实体引用"命令
	分割实体		草图实体	单击草图绘制工具栏上的"分割实体"按钮或选择菜单"工具"→"草图绘制工具"→"分割实体"命令或用鼠标右键单击草图实体，再选择分割实体。单击草图实体上的分割位置即可。单击分割点，然后按〈Delete〉键，可将两个被分割的草图实体合并成一个实体

31

(续)

图标	工具名称	鼠标指针	操作对象	操作方法
	延伸实体		草图实体	单击草图绘制工具栏上的"延伸实体"按钮或选择菜单"工具"→"草图绘制工具"→"延伸"命令,将指针移到要延伸的草图实体上(如直线、圆弧或中心线),单击草图实体即可
	剪裁实体		草图实体	单击草图绘制工具栏上的"剪裁实体"按钮或选择菜单"工具"→"草图绘制工具"→"剪裁"命令。选择剪裁方式,在草图上移动指针,直到要剪裁(删除)的草图线段以红色高亮显示,然后单击鼠标左键
	构造几何线		草图实体	单击草图绘制工具栏上的"构造几何线"按钮,选择一个或多个草图实体,在图形区域中单击鼠标左键
	绘制圆角		两个相交的草图实体	选择要做圆角的两个草图实体或两个草图实体的交点,单击草图绘制工具栏上的"圆角"按钮或选择菜单"工具"→"草图绘制实体"→"圆角"命令。在特征管理器中,设置草图圆角参数,单击"确定"按钮
	绘制倒角		两个相交的草图实体	选择要做倒角的两个草图实体,单击草图绘制工具栏上的"倒角"按钮或选择菜单"工具"→"草图绘制实体"→"倒角"命令。在特征管理区中,设置草图倒角参数,单击确定按钮
	圆周阵列		草图实体	选择草图实体,然后单击草图绘制工具栏上的"圆周阵列"按钮或选择菜单"工具"→"草图绘制工具"→"圆周阵列"命令。设置半径、角度、中心、数量、间距、总角度值,单击"确定"按钮完成草图圆周阵列
	线性阵列		草图实体	选择草图实体,然后单击草图绘制工具栏上的"线性阵列"按钮或选择菜单"工具"→"草图绘制工具"→"线性阵列"命令。设置实例总数(包括原始草图在内)、间距、角度值,单击"确定"按钮完成草图实体的线性阵列
	交叉曲线		模型的平面或曲面	选择交叉项目,单击草图绘制工具栏上的"交叉曲线"按钮或选择菜单"工具"→"草图绘制工具"→"交叉曲线"命令,在图形区域中单击鼠标左键
	套合样条曲线		草图实体	单击草图绘制工具栏上的"套合样条曲线"按钮或在激活的草图中选择菜单"工具"→"样条曲线工具"→"套合样条曲线"命令,选择要套合到样条曲线的连续草图实体。设置参数,为公差设置数值,单击"确定"按钮
	制作路径		两圆弧和直线相连的草图实体	单击草图绘制工具栏上的"制作路径"按钮或在激活的草图中选择菜单"工具"→"制作路径"命令,选择要制作路径的圆弧和直线组成的链,单击"确定"按钮

2.4 草图的尺寸标注

绘制好的草图轮廓需要进行几何形状和位置尺寸的标注。通常使用的尺寸标注工具是"智能尺寸",它可以根据所标注的尺寸类型来自动调整其标注的方式。用户可以用以下方法调出"智能尺寸"。

(1) 单击"草图"面板中的"智能尺寸"按钮,如图2-23中①所示。

(2) 右击图形区域,然后从弹出的快捷菜单中选择"智能尺寸"命令,如图 2-23 中②所示。

(3) 选择菜单"工具"→"标注尺寸"→"智能尺寸"命令,如图2-23中③~⑤所示。

32

图 2-23 标注尺寸

尺寸标注工具的功能如表 2-6 所示。

表 2-6 尺寸标注工具功能

名 称	按 钮	功 能
智能尺寸		可标注大部分尺寸的智能工具
水平尺寸		标注水平方向的距离
竖直尺寸		标注竖直方向的距离
基准尺寸		参照基准几何对象生成一组尺寸
尺寸链		采用同一基准标注尺寸的方法
水平尺寸链		以水平方向采用同一基准标注尺寸
竖直尺寸链		以竖直方向采用同一基准标注尺寸
倒角尺寸		标注倒角尺寸
完全定义草图		对选择的草图实体自动加上几何形状和位置约束
添加几何关系		添加草图实体之间的几何约束关系
显示/删除几何关系		查看草图实体的几何约束关系

2.4.1 基本尺寸标注方法

单击"智能尺寸"按钮后，鼠标指针变为，选择要标注的对象，然后移动鼠标在放置尺寸的位置单击。常用的标注方法如表 2-7 所示。

表 2-7 常用尺寸标注方法

尺寸类型	标注示例	说 明
直线长度		选择直线，移动鼠标至放置尺寸位置单击
直线高度		选择直线，向水平方向拖动鼠标至尺寸放置位置单击

33

(续)

尺寸类型	标注示例	说　明
直线宽度		选择直线，向竖直方向拖动鼠标至尺寸放置位置单击
圆直径		选择圆，移动鼠标至尺寸放置位置单击
圆弧半径		选择圆弧，移动鼠标至尺寸放置位置单击
角度		分别选择两条直线，移动鼠标至尺寸放置位置单击
平行线距离		分别选择两条直线，移动鼠标至尺寸放置位置单击
点到线的距离		分别选择直线和点，移动鼠标至尺寸放置位置单击
圆弧长度		选择圆弧，再分别选择圆弧的两个端点，移动鼠标至尺寸放置位置单击

(续)

尺寸类型	标注示例	说　　明
两圆之间的圆心距离		分别选择两个圆，移动鼠标至尺寸放置位置单击
两圆之间的最大距离		在标注出两个圆心尺寸的基础上，单击尺寸，尺寸和尺寸线变成绿色，移动鼠标至尺寸线端部，当鼠标指针变成箭头和水平尺寸符号时，按下鼠标左键向外拖动尺寸线至圆边上，用同样方法操作第二条尺寸线
两圆之间的最小距离		在标注出两个圆心尺寸的基础上，单击尺寸，尺寸和尺寸线变成绿色，移动鼠标至尺寸线端部，当鼠标指针变成箭头和水平尺寸符号时，按下鼠标左键向内拖动尺寸线至圆边上，用同样方法操作第二条尺寸线
对称尺寸		选择中心线和直线，移动鼠标至中心线和直线外侧，单击鼠标

2.4.2　草图尺寸编辑修改

SolidWorks 采用变量化技术支持草图的绘制过程，因此用户可以随时对草图进行编辑修改。修改的方法如下。

在编辑草图环境中，双击要修改的尺寸值，如图 2-24 中①所示。系统弹出尺寸"修改"对话框，在对话框中输入修改值，然后单击"确定"按钮 ✓ 完成对尺寸的修改，如图 2-24 中②③所示。结果如图 2-24 中④所示。

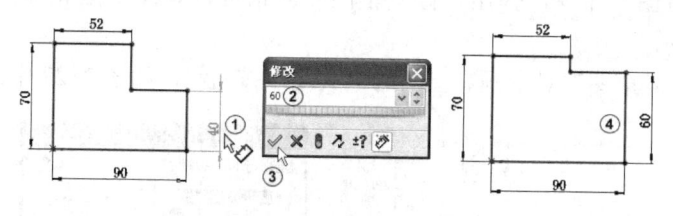

图 2-24　修改尺寸值

选择标注好的尺寸值，会出现尺寸控标，移动这些控标可以改变尺寸标注的结果，如图 2-25 和图 2-26 所示。

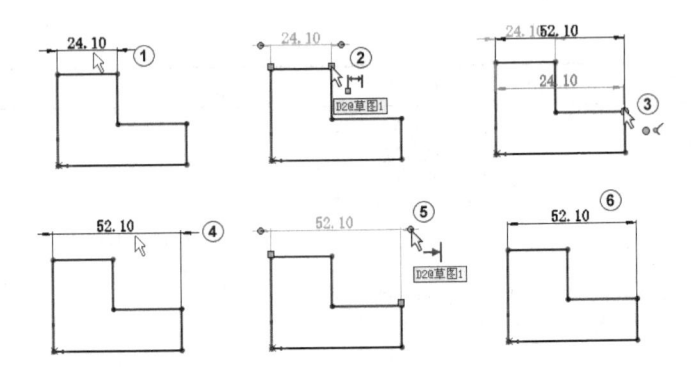

图 2-25　改变箭头方向和标注位置

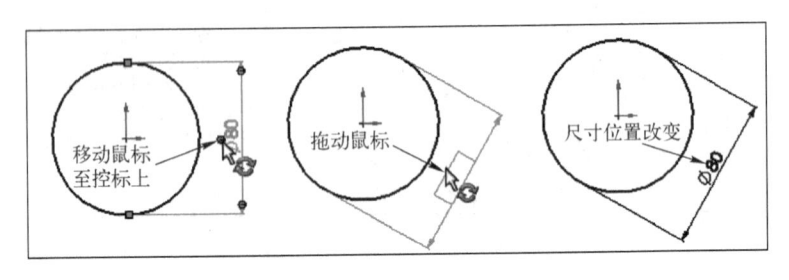

图 2-26　改变尺寸位置

2.5　草图的合法性检查与修复

在草图生成特征的过程中经常会出现错误信息，这主要是因为草图轮廓没有闭合，或者存在重叠、开环轮廓等。为解决这个问题，SolidWorks 提供了特征检查功能。

2.5.1　自动修复草图

对于草图线条重叠的问题，SolidWorks 提供了"修复草图"命令加以解决，该命令位于"草图"面板中。"修复草图"命令可将重叠的线条加以合并，可将共线相连的多段线条合并成一段线条。此外，"修复草图"命令还能弥补草图线条之间小于 0.00001 mm 的缝隙，消除零长度线条等。

自动修复草图的操作方法如下。

（1）在草图环境中，绘制两条重叠的水平线，选择其中的一条，如图 2-27 中①所示。

（2）单击"草图"面板中的"修复草图"按钮，或选择菜单"工具"→"草图绘制工具"→"修复草图"命令，弹出"修复草图"对话框，草图中重叠部分将自动修复，如图 2-27 中②③所示。

（3）单击"修复草图"对话框右上角的"关闭"按钮，如图 2-27 中④所示。

图 2-27　自动修复草图

36

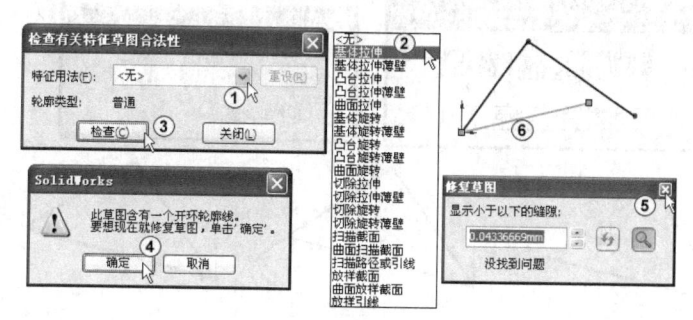

2.5.2 检查草图合法性

1. 检查草图合法性

启动 SolidWorks 后，单击工具栏中的"新建"按钮，在弹出的"新建 SolidWorks 文件"对话框中选择"零件"，单击"确定"按钮完成新文件创建的操作。单击"草图"面板中的"草图绘制"按钮，选择"前视基准平面"后即进入草图绘制界面。单击"直线"按钮，绘制出草图，如图 2-28 中①所示。

单击窗口左上角的按钮，如图 2-28 中②所示。在屏幕最上方显示出菜单栏，单击菜单"工具"→"草图工具"→"检查草图合法性"命令，如图 2-28 中③～⑤所示。

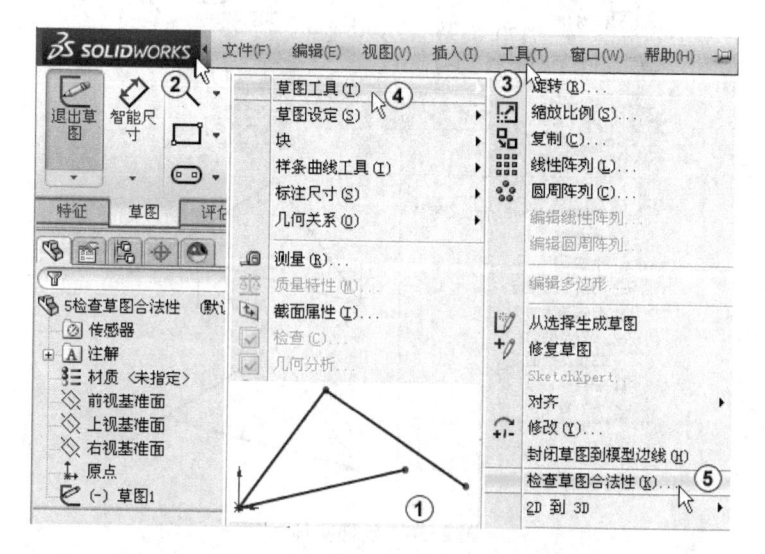

图 2-28 "检查草图合法性"命令

系统弹出"检查有关特征草图合法性"对话框，单击"特征用法"下拉列表中选择"基体拉伸"，如图 2-29 中①②所示。单击"检查"按钮，系统弹出检查结果对话框，检查结果显示"此草图中含有一个开环轮廓线"，单击"确定"按钮，如图 2-29 中③④所示。系统弹出"修复草图"对话框，单击"关闭"按钮，在开环处系统以另一种颜色显示出来，如图 2-29 中⑤⑥所示。

图 2-29 检查草图合法性

2. 延伸草图实体

延伸实体功能可增加直线、中心线、圆弧的长度，可将草图实体延伸到与另一个草图实体相交。

（1）单击"草图"面板中的"延伸实体"按钮，或选择菜单"工具"→"草图绘制工具"→"延伸实体"命令，如图 2-30 中①②所示。

（2）将鼠标移动到要延伸的草图实体上，所选实体以红色显示，移动鼠标到实体的不同方向，可以改变延伸的方向如图 2-30 中③所示。

（3）单击草图实体完成延伸，如图 2-30 中④所示。单击工具栏中的"选择"按钮退出"延伸实体"状态，如图 2-30 中⑤所示。

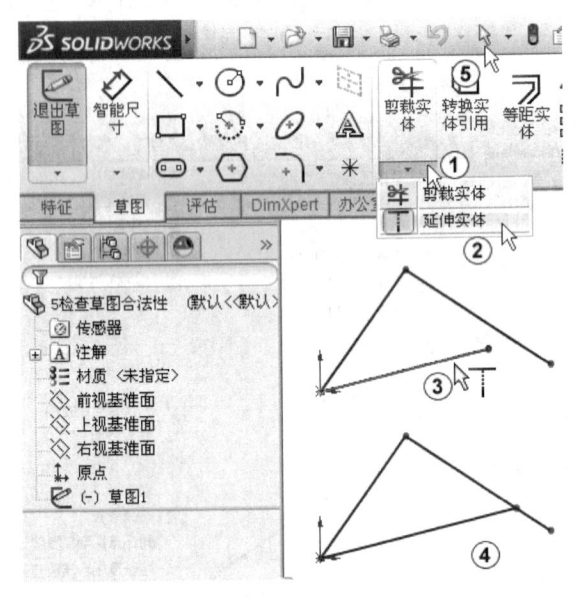

图 2-30 延伸实体

3. 修改草图

对"基体拉伸"特征再次进行草图合法性检查，系统弹出检查结果对话框，单击"确定"按钮，然后在弹出的"修复草图"对话框中单击"关闭"按钮，如图 2-31 中①②所示。系统以另一种颜色显示出有问题的直线，如图 2-31 中③所示。选择有问题的直线的端点，按住鼠标左键不放，将该点拖到另一点，如图 2-31 中④⑤所示。

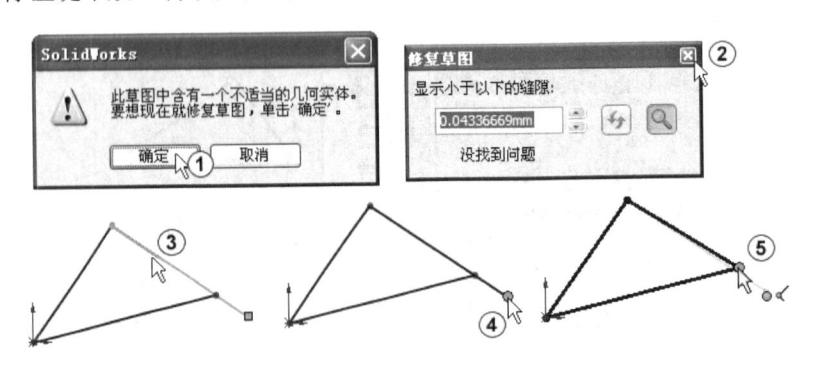

图 2-31 修改草图

4. 再次检查草图合法性

再次选择"基体拉伸"特征，单击"检查有关特征草图合法性"对话框中的"检查"按钮，系统弹出检查结果对话框，单击"确定"按钮，单击"关闭"按钮，如图 2-32 中①～③所示。

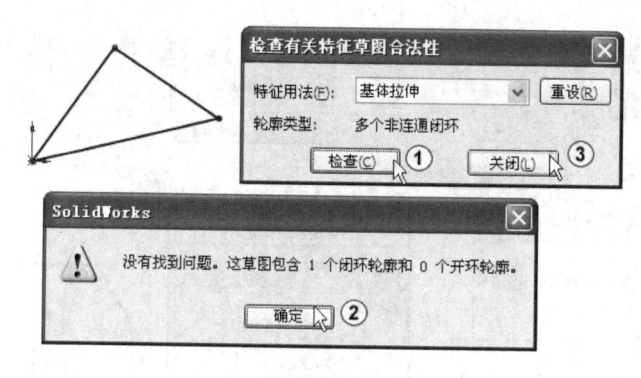

图 2-32　检查草图合法性

2.6　草图实例

【例 2-1】　用 1∶1 的比例绘制如图 2-33 所示的圆弧连接。

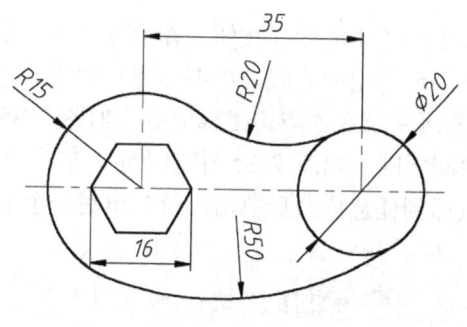

图 2-33　圆弧连接

1. 实例分析

图样上的圆弧按已知条件分为以下 3 类。

（1）已知圆弧：已知其圆心坐标 X，Y 及圆弧半径，如图 2-33 中的 35、30、20、$\phi 10$、$\phi 16$、$\phi 20$、$\phi 30$、R15。

（2）中间圆弧：只知其圆心坐标 X，Y 中的一个（或 X 或 Y）及圆弧半径。

（3）连接圆弧：已知圆弧半径，如图 2-33 中的 R20、R50。

对于中间弧和连接圆弧，只有通过所作圆弧的已知条件和相连圆弧或直线的关系才能确定。

圆弧连接的画法，主要通过添加几何关系和裁剪来实现。此题的关键在于应用"添加几何关系"来实现外接圆和内切圆的绘制。

2. 操作步骤

（1）单击工具栏中的"新建"按钮，在"新建 SolidWorks 文件"对话框中选择零件" 按钮，再单击"确定"按钮。

（2）选择"前视基准面"→"正视于"命令，切换到"草图"面板，如图 2-34 中①～③所示。单击"多边形"按钮，如图 2-34 中④所示，在绘图区中单击坐标原点，向右水平

39

移动鼠标到任意位置后单击,绘制出正六边形,如图 2-34 中⑤⑥所示。单击"确定"按钮 ✓,如图 2-31 中⑦所示。

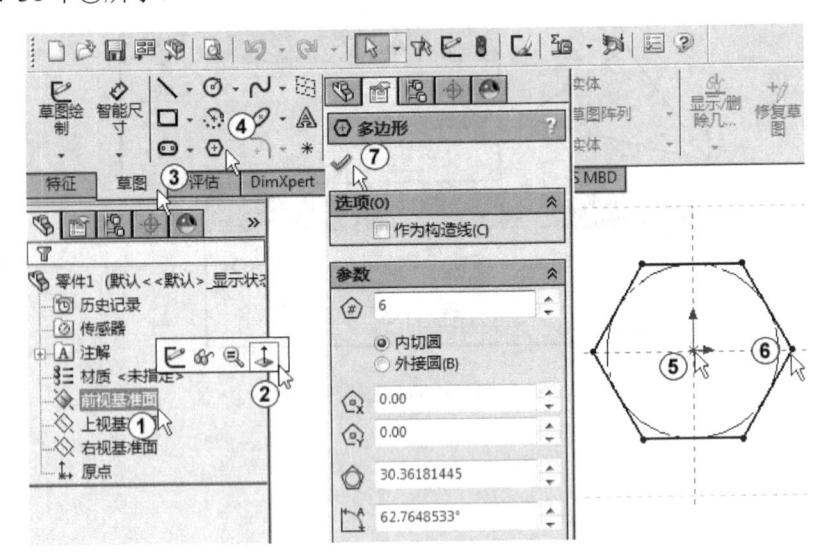

图 2-34 绘制正多边形

(3)单击"草图"面板中的"中心线"按钮,在绘图区中再次单击坐标原点,向右水平移动鼠标到任意位置后单击,绘制出中心线,如图 2-35 中①~③所示。单击"圆"按钮,如图 2-32 中④所示。在绘图区中第 3 次单击坐标原点,如图 2-35 中②所示,向右水平移动鼠标到任意位置后单击,绘制出圆,如图 2-35 中⑤所示。单击中心线的右端点,如图 2-35 中③所示,向右水平移动鼠标到任意位置后单击,绘制出另一个圆,单击"确定"按钮 ✓,如图 2-35 中⑥⑦所示。

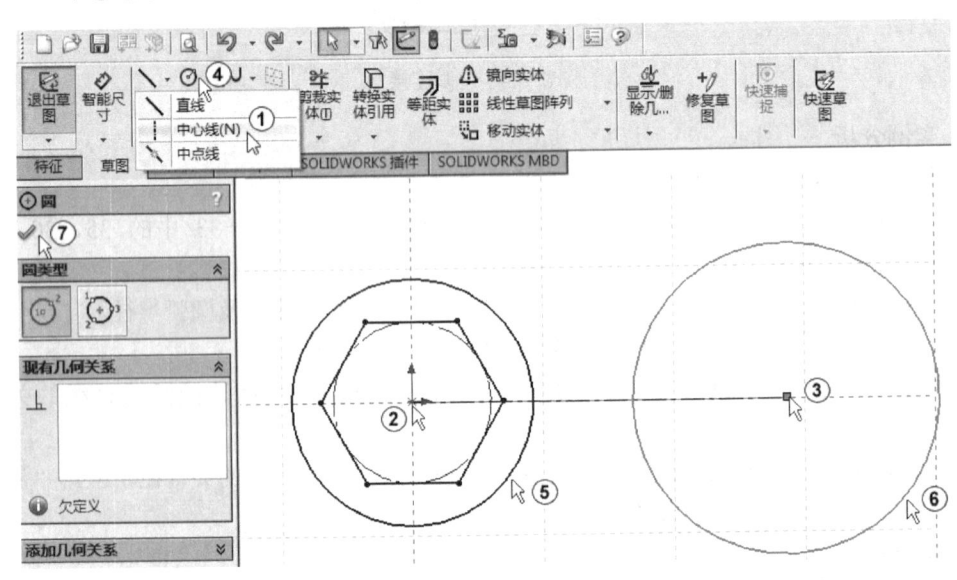

图 2-35 绘制中心线和圆

(4)单击"草图"面板中的"圆"按钮,在绘图区中两个圆的上方适当位置单击,向下垂直移动鼠标到任意位置后单击,绘制出圆,如图 2-36 中①~③所示。单击"显示/删除几何关系"面板上的"添加几何关系"按钮,如图 2-36 中④⑤所示,选择左下方的圆,在系统自动弹出的"添加几何关系"中选择"相切",如图 2-36 中⑥⑦所示。单击"确定"按钮 ✓,结果两圆相切,如图 2-36 中⑧⑨所示。按<Esc>键结束命令。

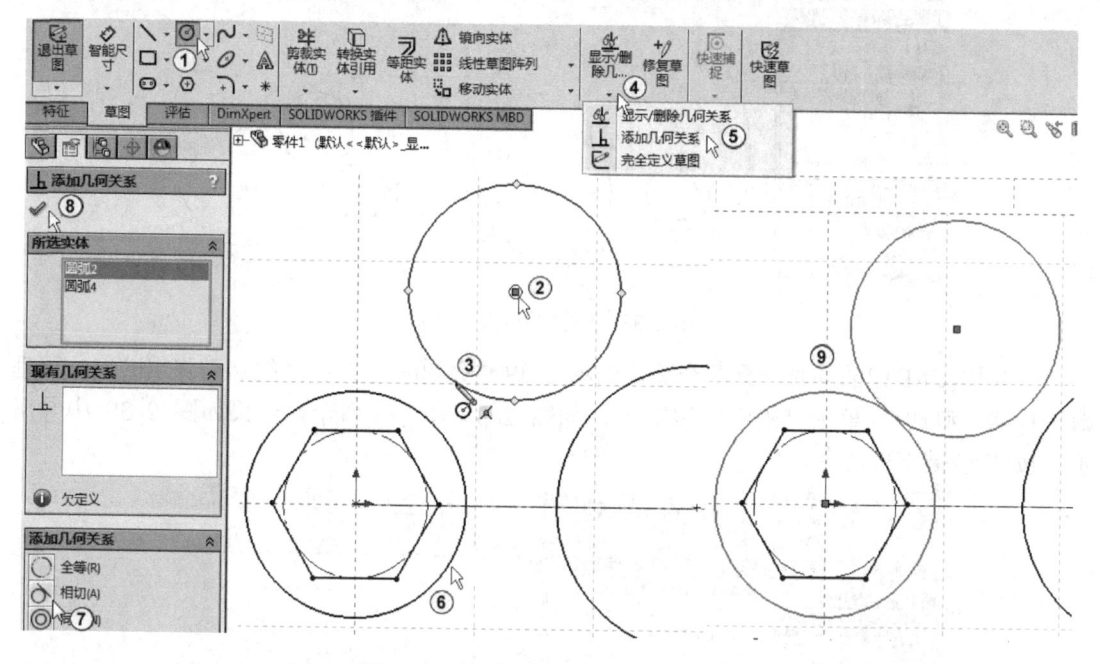

图 2-36 绘制圆和添加"相切"约束

(5) 按<Ctrl>键的同时选择两个圆,如图 2-37 中①②所示。在系统自动弹出的属性管理器中选择"相切",如图 2-37 中③所示,结果如图 2-37 中④所示。按<Esc>键结束命令。

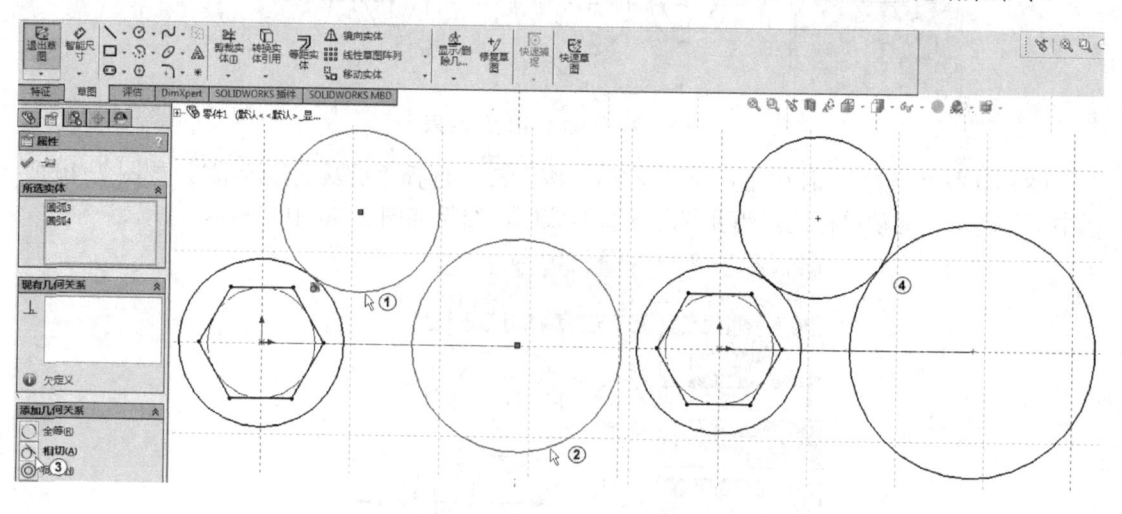

图 2-37 添加"相切"约束

(6) 单击"草图"面板中的"圆"按钮,在绘图区中适当位置单击,向右下方移动鼠标到任意位置后单击,绘制出大圆,如图 2-38 中①~③所示。按<Ctrl>键的同时选择一个圆,如图 2-38 中④所示,在系统自动弹出的属性管理器中选择"相切",单击"确定"按钮 ✓,如图 2-38 中⑤⑥所示,结果如图 2-38 中⑦所示。按<Esc>键结束命令。

41

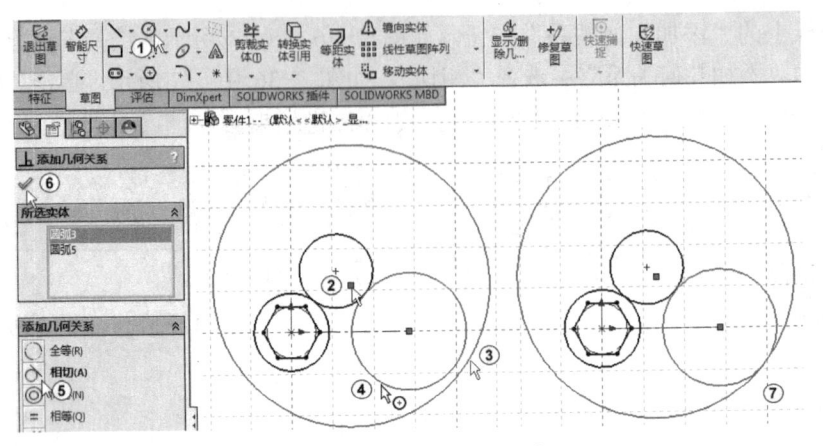

图 2-38 添加"相切"约束

（7）按<Ctrl>键的同时选择两个圆，如图 2-39 中①②所示。在系统自动弹出的属性管理器中选择"相切"，单击"确定"按钮✓，如图 2-39 中③④所示，结果如图 2-39 中⑤所示。按<Esc>键结束命令。

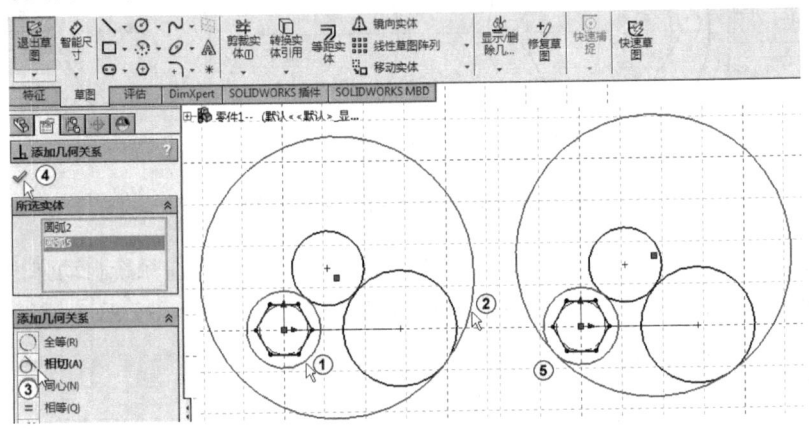

图 2-39 添加"相切"约束

（8）单击"草图"面板中的"剪裁实体"按钮，选择"剪裁到最近端"，如图 2-40 所示中①②所示。移动鼠标选择想要修剪的直线或圆，结果如图 2-40 中③所示。

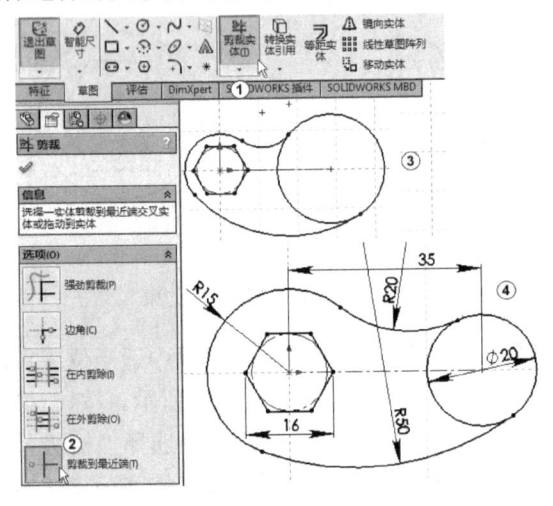

图 2-40 修剪草图并标注尺寸

（9）单击"草图"面板中的"智能尺寸"按钮，标注尺寸，如图2-40中④所示。

【例2-2】 绘制如图2-41所示的顶板。

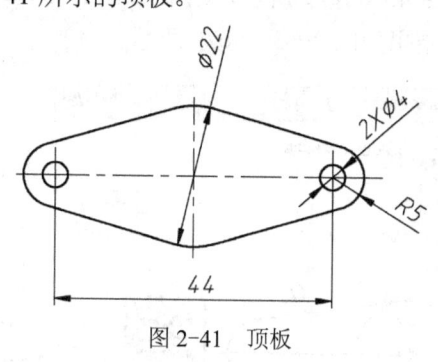

图2-41 顶板

1. 实例分析

分析：此图形上下左右都对称，且有与圆弧相切的直线，中间的圆弧实际上是一个完整的大圆剪切而成。除了用上述实例作的添加"相切"几何关系和剪切的方法绘制外，还可以使用动态镜像、捕捉"相切"和添加"相等"几何关系来绘制。

2. 操作步骤

（1）单击屏幕最上方的"新建"按钮，在"新建 SolidWorks 文件"对话框中选择"零件"按钮，再单击"确定"按钮。

（2）从特征管理器中选择"前视基准面"，单击"正视于"按钮，单击到"草图"面板中的"圆"按钮和"中心线（N）"按钮，绘制出圆心在原点的一个圆和右端点在原点的水平中心线，如图2-42中①所示。

（3）选择菜单"工具"→"草图工具"→"动态镜像"命令，如图 2-42 中②~④所示。选择水平中心线，对称符号出现在直线或边线的两端，如图 2-42 中⑤所示。单击"直线"按钮，单击鼠标右键，从弹出的快捷菜单中选择"快速捕捉"→"相切捕捉"命令，如图 2-42 中⑥⑦所示；鼠标移到圆上任意点单击，如图 2-42 中⑧所示。向左下移动鼠标至任意点单击，如图 2-42 中⑨所示。

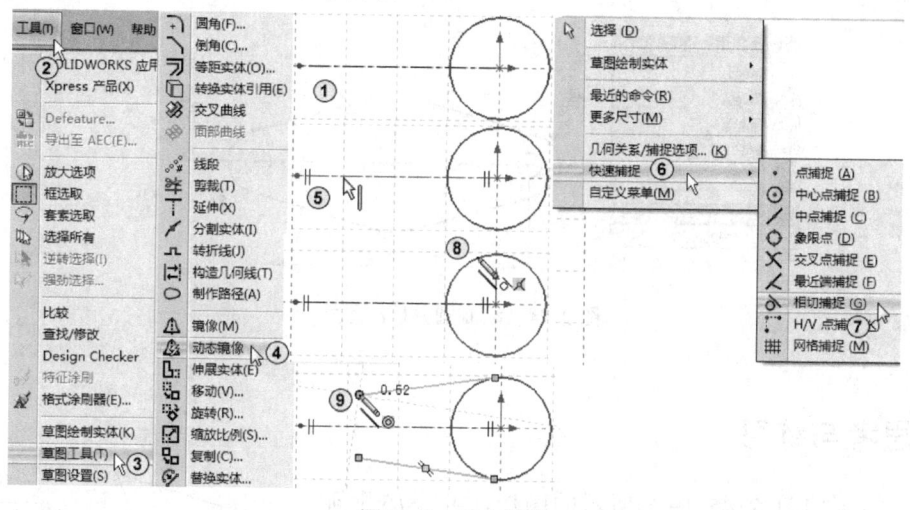

图2-42 动态镜像

（4）按<A>键后移动鼠标到下方直线的端点，如图 2-43 中①所示。弹出对话框，单击"确定"按钮，按<Esc>键，结果如图 2-43 中②③所示。绘制一条通过原点的竖直中心线，单击"镜像实体"按钮 ![], 如图 2-43 中④所示。选择垂直中心线为镜像对称线, 两条斜线和圆弧为要镜像的实体, 如图 2-43 中⑤⑥所示, 结果如图 2-43 中⑦所示。单击"剪裁实体"按钮, 修剪不需要的线, 结果如图 2-43 中⑧⑨所示。

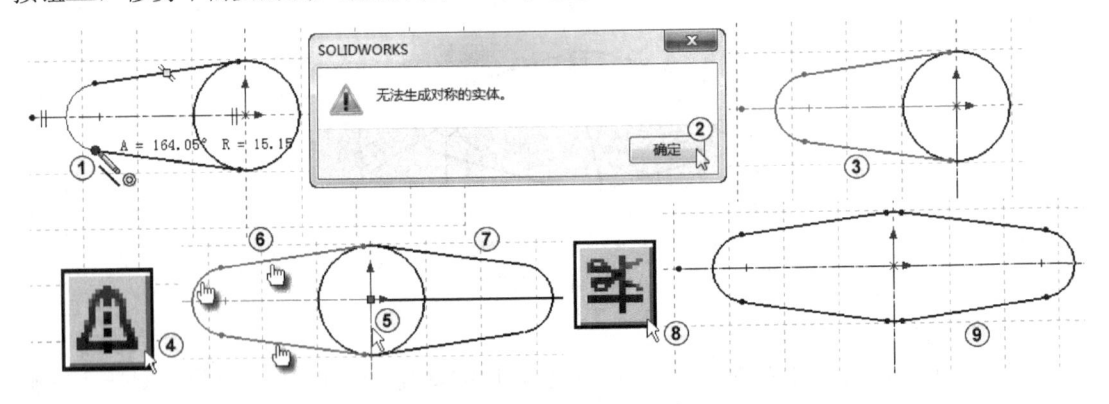

图 2-43　镜像和修剪直线

（5）单击"草图"面板中的"智能尺寸"按钮, 标注尺寸, 如图 2-44 中①所示。单击"草图"面板中"圆"按钮, 与左端圆弧同心处画出一个小圆并标注尺寸, 如图 2-44 中②所示。再次单击"圆"按钮, 与右端圆弧同心处画出另一个小圆, 如图 2-44 中③所示。按〈Ctrl〉键的同时选择另一个小圆, 添加"相等"几何约束, 如图 2-44 中④所示。最终结果如图 2-44 中⑤所示。

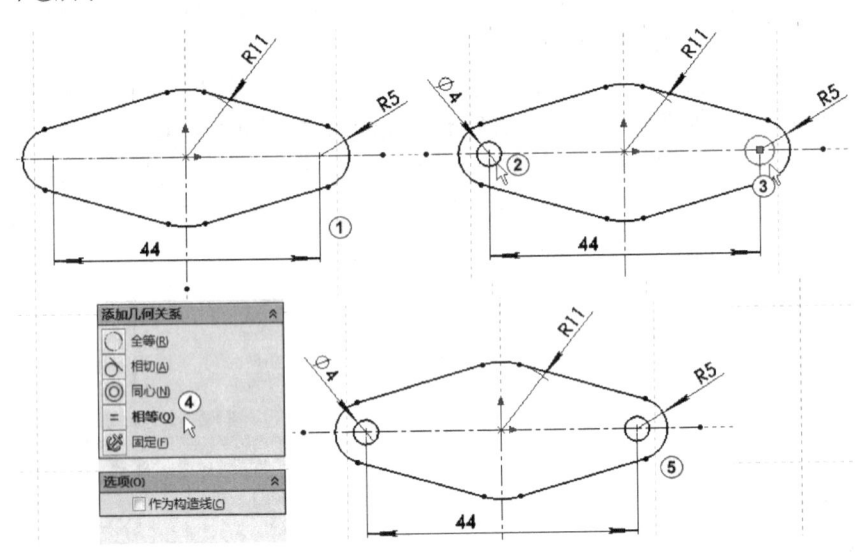

图 2-44　绘制圆并标注尺寸

2.7　思考与练习

（1）绘制如图 2-45 中①所示的图形, 并添加几何关系, 结果如图 2-45 中②所示。

（2）绘制如图 2-46 中①②所示的图形, 进行"修复草图" 和检查草图合法性的练习, 并对草图进行修改, 结

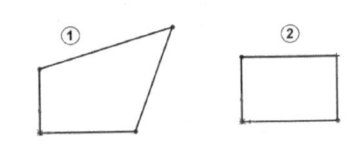

图 2-45　添加几何关系

果如图 2-46 中③④所示。

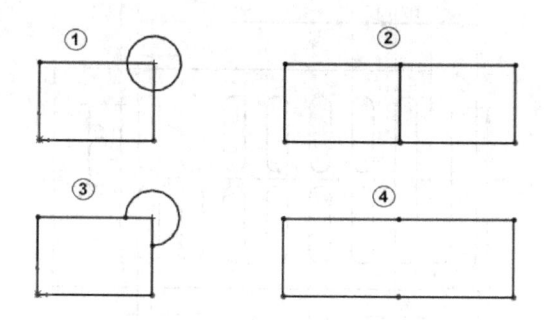

图 2-46　检查草图合法性

（3）按如图 2-47 所示的尺寸，画出下列平面图形的草图。

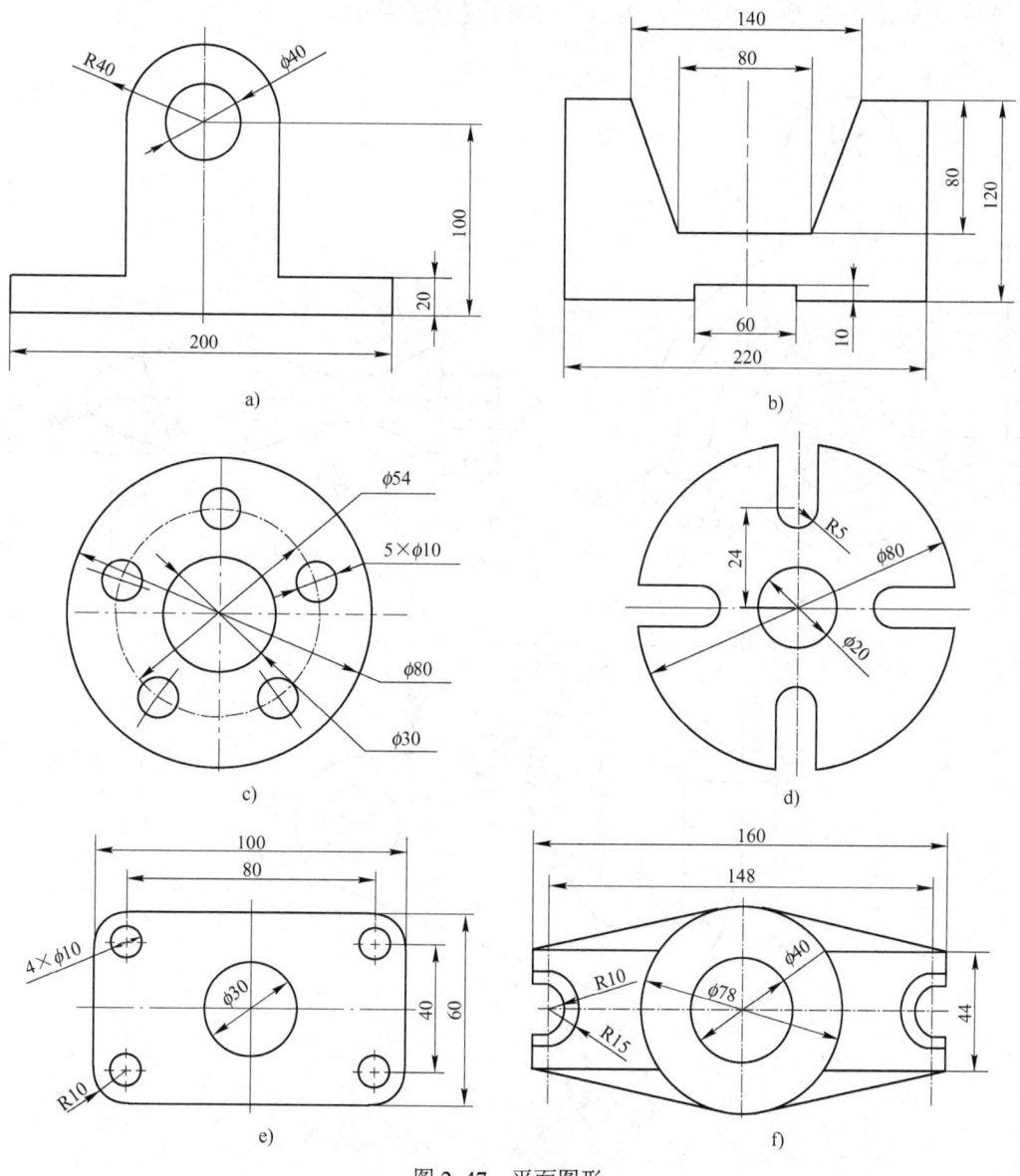

图 2-47　平面图形

g)

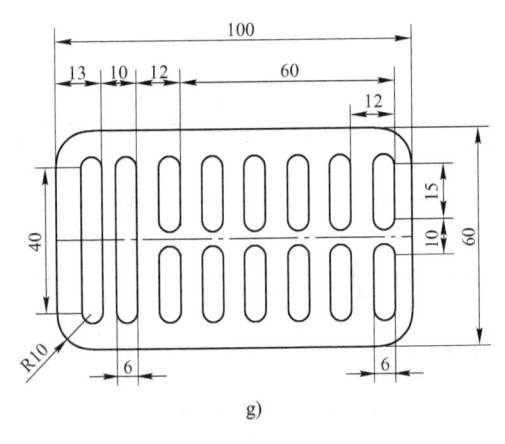

图 2-47 平面图形（续）

（4）按如图 2-48 所示的尺寸，画出下列圆弧连接的草图。

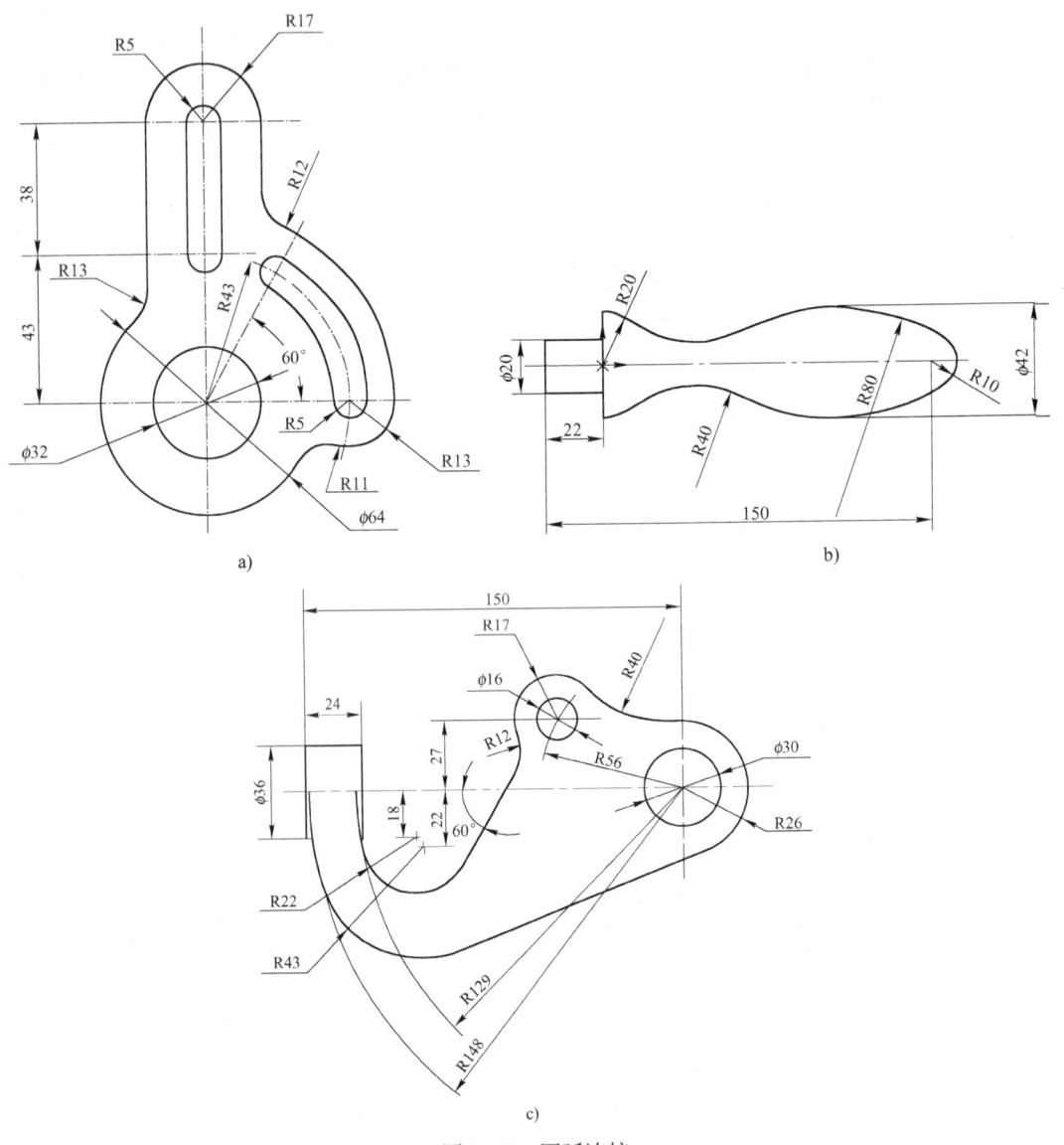

图 2-48 圆弧连接

第 3 章　基准面/基准轴

通常生成模型的第一步就是选择基准面，除了系统已有的 3 种默认的基准面外，还可选择模型上的面。如果没有想要的面，用户就需要自己动手来生成。可见基准面是生成模型的基础。基准轴常用于圆周阵列等特征中，它也是生成模型的基础。本章主要讲述如何生成基准面与基准轴。

3.1　基准面

在模型设计中离不开基准面，基准面是建模中不可缺少的辅助工具。

3.1.1　基准面基础知识

1. 创建基准面的方法

（1）单击"特征"面板中的"参考几何体"→"基准面" 或者选择菜单"插入"→"参考几何体"→"基准面"命令，系统弹出"基准面"属性管理器。

（2）选择生成基准面的方式。

（3）设置基准面参数。

（4）单击"确定"按钮 。

2. 属性管理器及参数

"基准面"属性管理器及参数如表 3-1 所示。

表 3-1　"基准面"属性管理器及参数说明

基准面	属性管理器	生成基准面方式	说明
		重合	生成与参考面重合的基准面
		平行	生成与参考面平行的基准面
		垂直	生成与参考面垂直的基准面
		投影	将选定对象投影到曲面上生成基准面
		相切	生成与圆柱面或圆锥面相切的基准面
		两面夹角	通过一条边线或轴线以选定面为基准生成一个夹角基准面
		偏移距离	生成与参考面等距基准面
		两侧对称	在参考面两侧生成对称基准面

3.1.2　创建基准面实例

（1）选择菜单"文件"→"新建"命令，在弹出的"新建文件"对话框中选择"零件" ，单击"确定"按钮。

（2）从特征管理器中选择"前视基准面"→"正视于" ，单击"草图"面板的"边角矩形"按钮 ，在绘图区绘制一个矩形，如图 3-1 中①所示。

47

（3）单击"特征"面板的"拉伸凸台/基体"按钮，系统弹出"凸台-拉伸"属性管理器，在"方向 1"栏的"终止条件"选择框中选择"两侧对称"，在"深度"文本框中输入 30，如图 3-1 中②③所示。其他采用默认设置，单击"确定"按钮，如图 3-1 中④⑤所示。

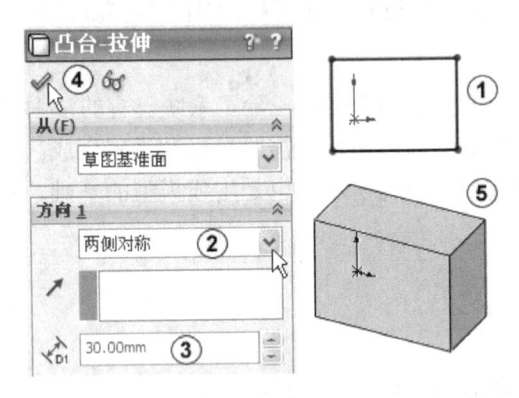

图 3-1　生成长方体

（4）为了使即将要建立的基准面看得清楚，单击"显示样式"中的"线架图"，如图 3-2 中①②所示。

（5）生成一个通过边线（或轴或草图线）及点（或通过三点）的基准面。单击"特征"面板中"参考几何体"→"基准面"按钮，如图 3-2 中③④所示。系统弹出"基准面"属性管理器，在绘图区中选择模型的一条边，系统自动在"第一参考"文本框中出现"边线<1>"，如图 3-2 中⑤所示，选择"重合"约束，如图 3-2 中⑥所示。在绘图区中选择模型的原点，系统自动在"第二参考"文本框中输入"点1@原点"，如图 3-2 中⑦所示，选择"重合"约束，如图 3-2 中⑧所示，其他采用默认设置。单击"确定"按钮完成基准面创建操作，如图 3-2 中⑨所示。

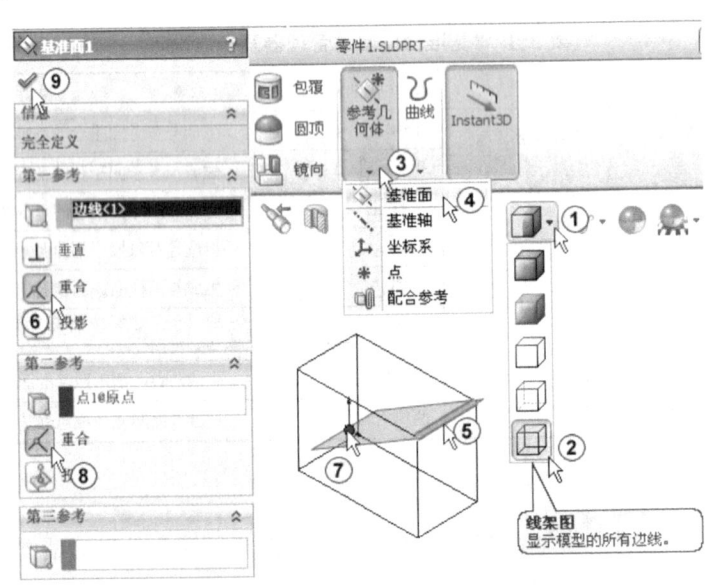

图 3-2　通过直线和点创建基准面

（6）单击工具栏的"撤销"按钮或者按组合键〈Ctrl+Z〉，取消上一步的建立基准面的操作，回到长方体状态。

（7）生成一个通过平行于基准面（或面）和点的基准面。单击"特征"面板中的"参考几何体"→"基准面"，系统弹出"基准面"属性管理器，在绘图区中选择模型的最上面，系统自动在"第一参考"文本框中出现"面<1>"，选择"平行"约束，如图 3-3 中①②所示。在绘图区中选择模型的原点，系统自动在"第二参考"文本框中输入"点1@原点"，选择"重合"约束，如图 3-3 中③④所示，其他采用默认设置。单击"确定"按钮完成基准面创建操作，如图 3-3 中⑤所示。

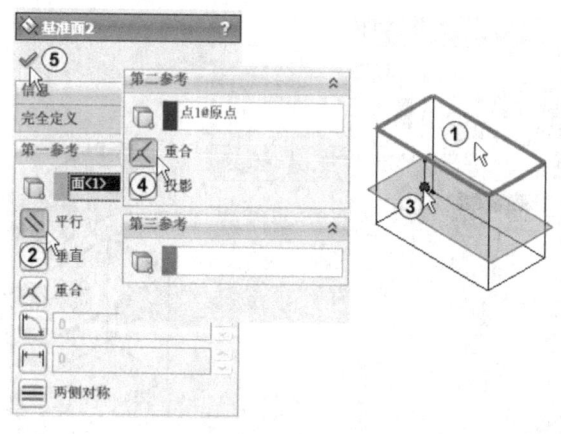

图 3-3　通过点和平行面创建基准面

（8）单击工具栏中的"撤销"按钮或者按组合键<Ctrl+Z>，取消上一步的建立基准面的操作回到长方体状态。

（9）生成一个基准面，它通过一条边线、轴线或草图线，并与一个面或基准面成一定角度。单击"特征"面板中的"参考几何体"→"基准面"，系统弹出"基准面"属性管理器，在绘图区中选择模型的最上面，系统自动在"第一参考"文本框中出现"面<1>"，选择"角度"约束，输入角度值为 60，如图 3-4 中①②③所示。在绘图区中选择模型的边线，系统自动在"第二参考"文本框中出现"边线<2>"，选择"重合"约束，如图 3-4 中④⑤所示，其他采用默认设置。单击"确定"按钮完成基准面创建操作，如图 3-4 中⑥所示。

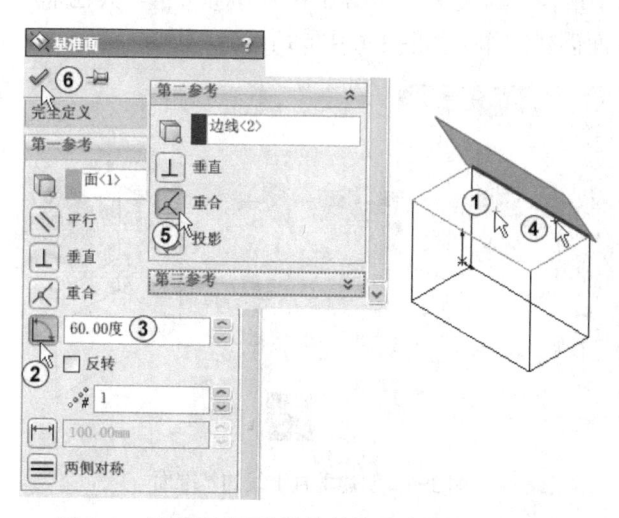

图 3-4　创建通过面的边线并绕边线旋转的基准面

（10）单击工具栏中的"撤销"按钮或者按组合键<Ctrl+Z>，取消上一步的建立基准面的操作，回到长方体状态。

（11）生成平行于一个基准面或面，并等距指定距离的基准面。单击"特征"面板中的"参考几何体"→"基准面"，系统弹出"基准面"属性管理器，在绘图区中选择模型的最上面，系统自动在"第一参考"文本框中出现"面<1>"，选择"距离"约束，输入距离值为 40，如图 3-5 中①②③所示。其他采用默认设置，单击"确定"按钮完成基准面创建操作，如图3-5 中④所示。

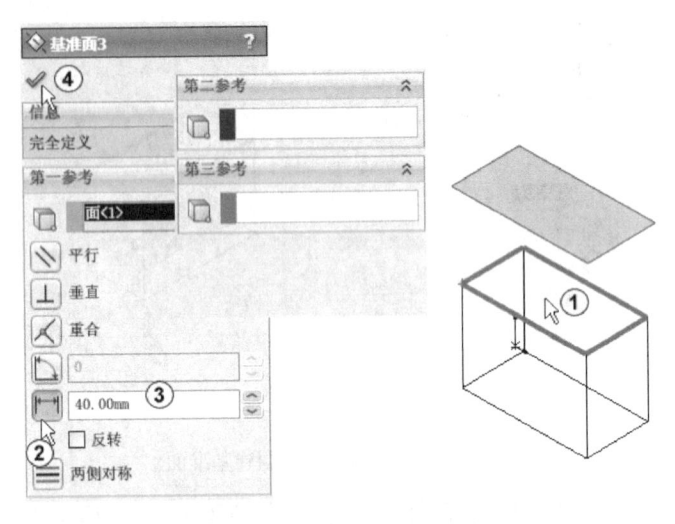

图 3-5　创建与面平行的基准面

（12）单击工具栏中的"撤销"按钮或者按组合键<Ctrl+Z>，取消上一步的建立基准面的操作回到长方体状态。

（13）生成通过一个点且垂直于一边线、轴线或曲线的基准面。单击"特征"面板中的"参考几何体"→"基准面"，系统弹出"基准面"属性管理器，在绘图区中选择模型的一条边线，系统自动在"第一参考"文本框中出现"边线<1>"，选择"垂直"约束，如图 3-6 中①②所示。在绘图区中选择模型的中点，系统自动在"第二参考"文本框中出现"点<1>"，选择"重合"约束，如图 3-6 中③④所示。其他采用默认设置，单击"确定"按钮完成基准面创建操作，如图 3-6 中⑤所示。

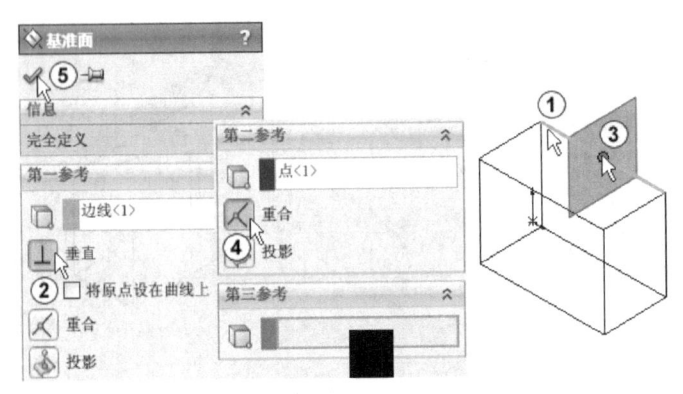

图 3-6　创建垂直于线的基准面

（14）单击工具栏中的"撤销"按钮，或者按组合键<Ctrl+Z>，取消上一步的建立基准面的操作，回到长方体状态。

（15）从特征管理器中选择"前视基准面"→正视于，单击"草图"切换到草图绘制面板，用"圆心/起/终点画弧"按钮和"直线"按钮在绘图区绘制一个半圆形，如图 3-7 中①所示。

（16）单击"特征"面板"拉伸凸台/基体"按钮，系统弹出"凸台-拉伸"属性管理器，在"方向 1"栏的"终止条件"选择框中选择"两侧对称"，在"深度"文本框中输入 30，如图 3-7 中②③所示。其他采用默认设置，单击"确定"按钮，如图 3-7 中④⑤所示。

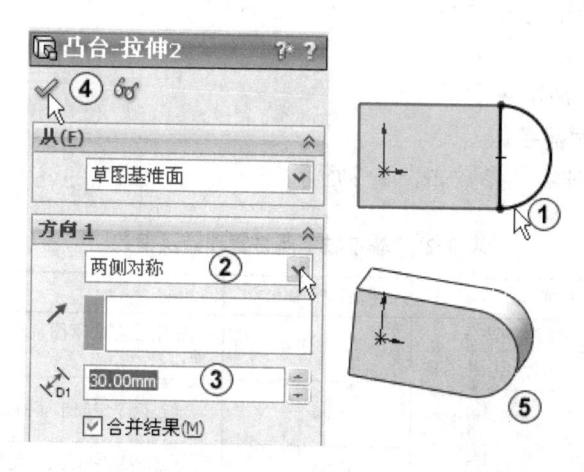

图 3-7　生成半圆柱

（17）在圆形曲面上生成一个基准面。单击"特征"面板中的"参考几何体"→"基准面"，系统弹出"基准面"属性管理器，在绘图区中选择模型的圆柱面，系统自动在"第一参考"文本框中输入"面<1>"，选择"相切"约束，如图 3-8 中①②所示。在特征管理器中选择"上视基准面"，如图 3-8 中③所示。系统自动在"第二参考"文本框中输入"上视基准面"，选择"角度"约束，输入角度值为 30，如图 3-8 中④⑤所示。其他采用默认设置，单击"确定"按钮完成基准面创建操作，如图 3-8 中⑥所示。

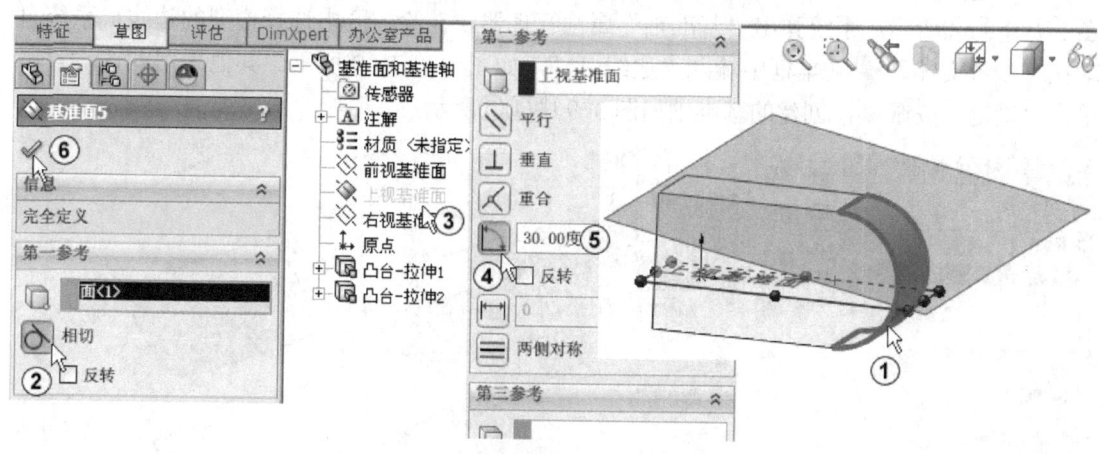

图 3-8　创建曲面切平面的基准面

3.2 基准轴

在建模过程中需要用到基准轴的辅助，如圆周阵列中的中心轴等。

3.2.1 基准轴基础知识

1. 创建基准轴的方法

（1）单击"特征"面板中的"参考几何体"→"基准轴"或者选择菜单"插入"→"参考几何体"→"基准轴"命令，系统弹出"基准轴"属性管理器。

（2）选择生成基准轴的方式。

（3）设置基准轴参数。

（4）单击"确定"按钮。

2. 基准轴属性管理器参数

"基准轴"属性管理器及参数如表3-2所示。

表3-2 "基准轴"属性管理器及参数

基准轴	属性管理器	生成基准轴方式	说明
			使用已有的草图直线、模型边线、临时轴生成基准轴
			通过两个空间平面的交线生成基准轴
			通过两个空间点（包括顶点、中点或草图点）生成基准轴
			通过圆柱或圆锥的轴线生成基准轴
			通过空间一点和平面产生垂直于平面的基准轴

3.2.2 创建基准轴实例

（1）通过直线创建基准轴。单击"特征"面板中的"参考几何体"→"基准轴"，如图3-9中①②所示。系统弹出"基准轴"属性管理器，在绘图区中选择模型的边线，系统自动在"参考实体"文本框中输入"边线<1>"，如图3-9中③所示。其他采用默认设置，单击"确定"按钮，创建的基准轴如图3-9中④⑤所示。

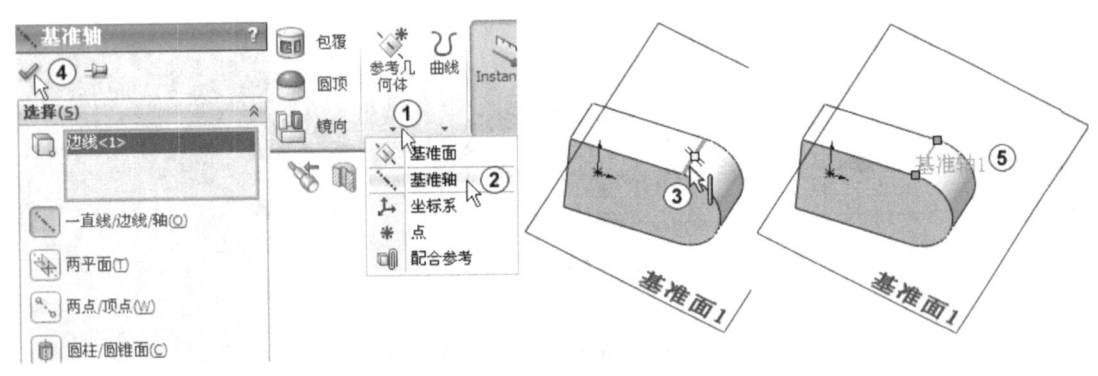

图3-9 选择直线创建基准轴

（2）单击工具栏中的"撤销"按钮或者按组合键<Ctrl+Z>，取消上一步的建立基准轴的操作。

（3）通过两平面创建基准轴。单击"特征"面板中的"参考几何体"→"基准轴"，系统弹出"基准轴"属性管理器，在特征管理器中选择"基准面1"和"前视基准面"，系统自动在"参考实体"文本框中输入"基准面1"和"前视基准面"，如图3-10中①②所示，其他采用默认设置，单击"确定"按钮，结果如图3-10中③④所示。

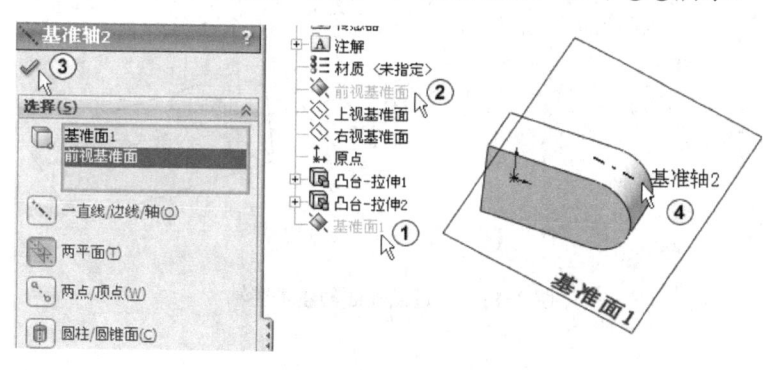

图3-10 通过两平面创建基准轴

（4）单击工具栏中的"撤销"按钮或者按组合键<Ctrl+Z>，取消上一步的建立基准轴的操作。

（5）右击"基准面1"，从弹出的快捷菜单中选择"删除"命令。

（6）通过两顶点创建基准轴。单击"特征"面板中的"参考几何体"→"基准轴"，系统弹出"基准轴"属性管理器，在绘图区中分别选择模型的两个点，系统自动在"参考实体"文本框中输入"顶点<1>"和"顶点<2>"，如图3-11中①②所示。其他采用默认设置，单击"确定"按钮，创建的基准轴如图3-11中③④所示。

（7）单击工具栏中的"撤销"按钮或者按组合键<Ctrl+Z>，取消上一步的建立基准轴的操作。

（8）创建基准轴。单击"特征"面板中的"参考几何体"→"基准轴"，系统弹出"基准轴"属性管理器，在绘图区中选择模型的圆柱面，系统自动在"参考实体"文本框中输入"面<1>"，其他采用默认设置。单击"确定"按钮完成基准轴创建操作。结果如图3-12中②③所示。

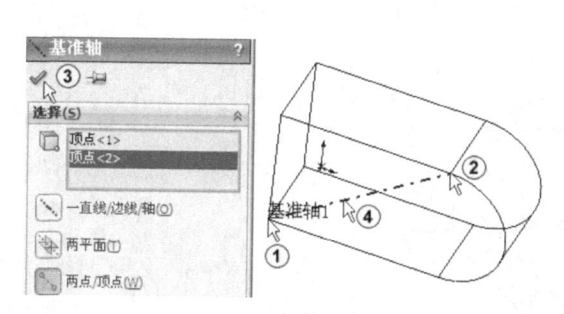

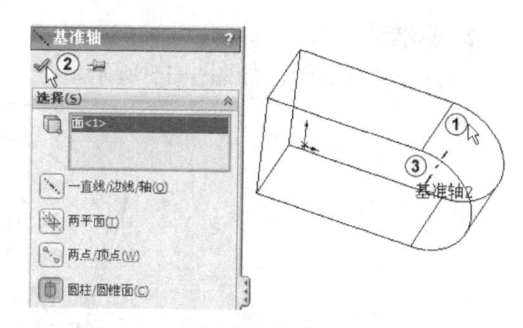

图3-11 通过两顶点创建基准轴   图3-12 通过圆柱体的轴心创建基准轴

（9）单击工具栏中的"撤销"按钮或者按组合键<Ctrl+Z>，取消上一步建立的基准轴的操作。

53

（10）创建基准轴。单击"特征"面板中的"参考几何体"→"基准轴"，系统弹出"基准轴"属性管理器，在绘图区中选择模型的一个面 1 和原点，系统自动在"参考实体"文本框中输入"面<1>"和"点 1@原点"，如图 3-13 中①②所示，其他采用默认设置。单击"确定"按钮，结果如图 3-13 中③④所示。

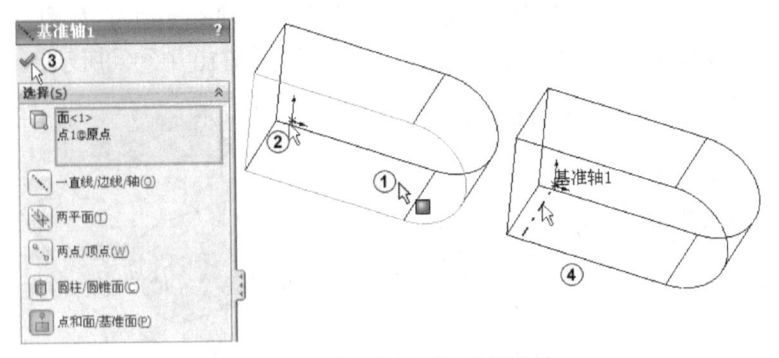

图 3-13　通过点和面创建基准轴

3.3　思考与练习

1．基准面

先创建一个正三棱柱，再添加一个半圆柱，做出各种基准面，如图 3-14 中①②③所示。

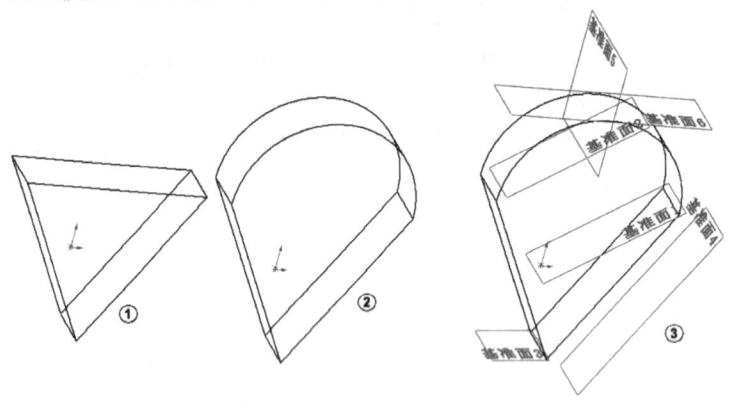

图 3-14　创建基准面

2．基准轴

创建各种基准轴，如图 3-15 所示。

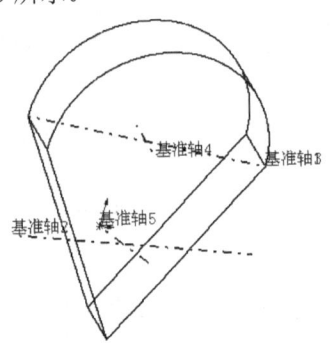

图 3-15　创建基准轴

第4章 基本特征

以草图的形体和尺寸为依据，通过拉伸、旋转、扫描、放样等命令将二维草图转换成三维实体，然后进行切除、倒角、圆角、钻孔等操作，最后进行拔模、抽壳等即可完成 SolidWorks 零件的造型。SolidWorks 通常建立一个个的特征，然后通过"搭积木"将一个个特征组合进来形成零件模型。特征是三维建模的基础，SolidWorks 提供了很多的特征造型命令，这些命令颁布在"特征"栏和"插入"菜单中。

特征命令可以分成基础特征、装饰特征和变换特征。如拉伸/切除拉伸、旋转/切除旋转、扫描/切除扫描、放样/切除放样等属于基础特征；圆角、倒角、抽壳、拔模、筋、圆顶、包覆、异型孔等属于装饰特征；变形、圆周阵列、线性阵列、复制移动等属于变换特征。

建立零件造型的一般步骤如下所示。

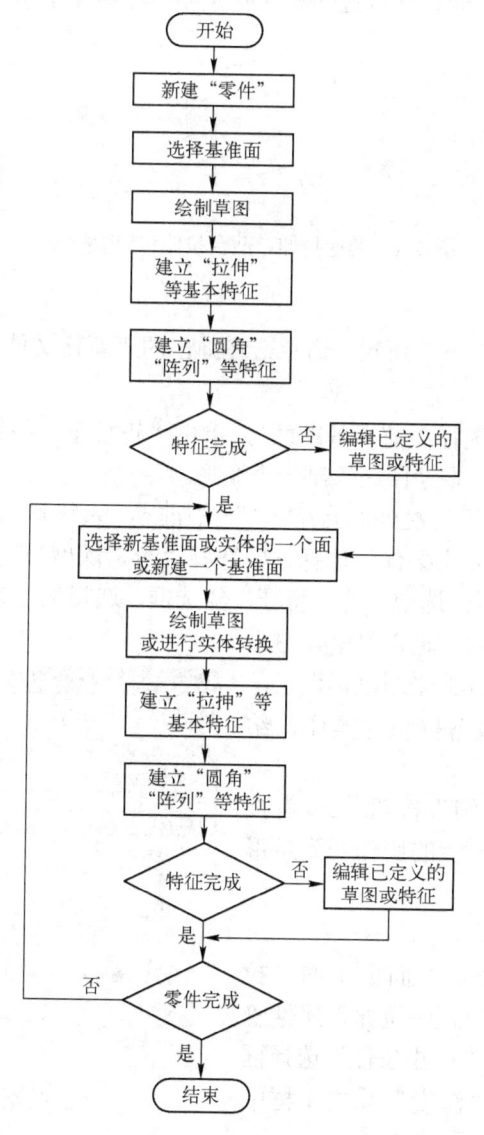

4.1 拉伸/切除拉伸

拉伸◙是将轮廓草图向指定的方向直线延伸形成实体，切除拉伸◙是将轮廓草图从已有实体中切除，它们适合于构造截面相同的实体特征。

创建拉伸/切除拉伸的步骤如下。

（1）绘制拉伸草图。
（2）选择拉伸草图，单击"拉伸"按钮◙或"切除拉伸"按钮◙。
（3）选择"开始条件"。
（4）选择"结束条件"。
（5）输入对应的参数。
（6）单击"确定"按钮✓。

4.1.1 拉伸的类型

拉伸类型可分为薄壁拉伸、凸台拉伸和切除拉伸，如图4-1所示。

图4-1 薄壁拉伸、凸台拉伸和切除拉伸

1. 薄壁拉伸

（1）选择菜单"文件"→"新建"命令，在弹出的"新建文件"对话框中选择"零件"◙，单击"确定"按钮。

（2）从特征管理器中选择"前视基准面"，单击"正视于"按钮↧，单击"草图"面板中的"边角矩形"按钮◻，在绘图区绘制一个矩形。

（3）单击"特征"面板"拉伸凸台/基体"按钮◙，系统弹出"凸台-拉伸"属性管理器，在"方向1"栏的"终止条件"选择框中选择"给定深度"，在"深度"◙文本框中输入20，如图4-2中①所示。选中"薄壁特征"复选框，选择加厚方式为"单向"，单击"反向"按钮◙使壁厚方向向内，输入厚度为3，如图4-2中②～④所示。其他采用默认设置，单击"确定"按钮✓完成薄壁拉伸操作，结果如图4-2中⑤⑥所示。

单击工具栏中的"撤销"按钮◙或者按组合键<Ctrl+Z>，取消上一步的操作回到矩形草图状态。

2. 凸台拉伸

创建拉伸。单击"特征"面板中的"拉伸"按钮◙，系统弹出"凸台-拉伸"属性管理器，在"方向1"栏的"终止条件"选择框中选择"给定深度"，在"深度"◙文本框中

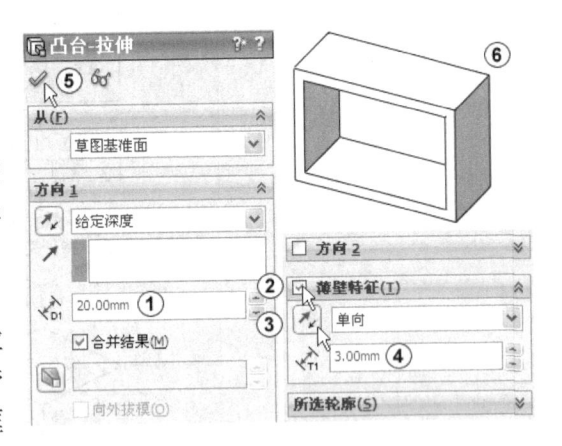

图4-2 薄壁拉伸

输入 20，如图 4-3 中①所示。单击"开始条件"旁的按钮，选择"等距"，输入等距值为 50，如图 4-3 中②③④所示。其他采用默认设置，单击"确定"按钮✓完成拉伸操作，结果如图 4-3 中⑤⑥所示。

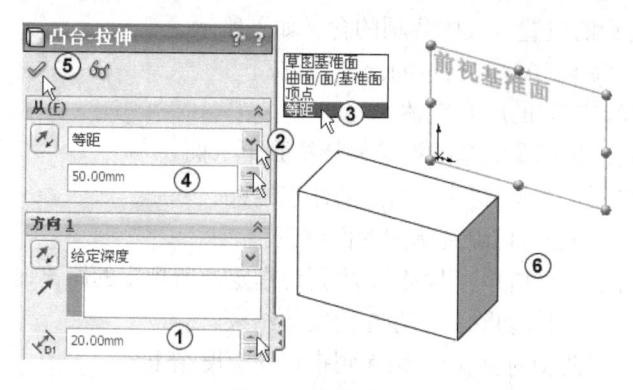

图 4-3 凸台拉伸

- 拉伸的开始条件：指明拉伸开始的位置。开始条件包括"草图基准面""曲面/面/基准面""顶点""等距"。
- 草图基准面：从绘制草图的基准面开始拉伸。
- 曲面/面/基准面：从指定的曲面、面、基准面开始拉伸，需要指定一个曲面、面或基准面。
- 顶点：从指定的顶点开始拉伸，需要指定一个顶点，这个顶点可以是模型的边线顶点或草图中的直线端点等。
- 等距：拉伸从草图基准面等距一段距离开始，需要输入一个距离值，可以单击"反向"按钮，从反向等距开始拉伸。

3．切除拉伸

在刚生成的长方体选择一个面，单击"草图"面板中的"圆"按钮，绘制出一个圆，如图 4-4 中①②所示。再切换回"特征"面板，单击"切除拉伸"按钮，如图 4-4 中③所示，系统弹出"切除-拉伸"属性管理器，在"方向 1"栏的"终止条件"选择框中选择"完全贯穿"，如图 4-4 中④⑤所示，其他采用默认设置，单击"确定"按钮✓完成切除拉伸操作，结果如图 4-4 中⑥⑦所示。

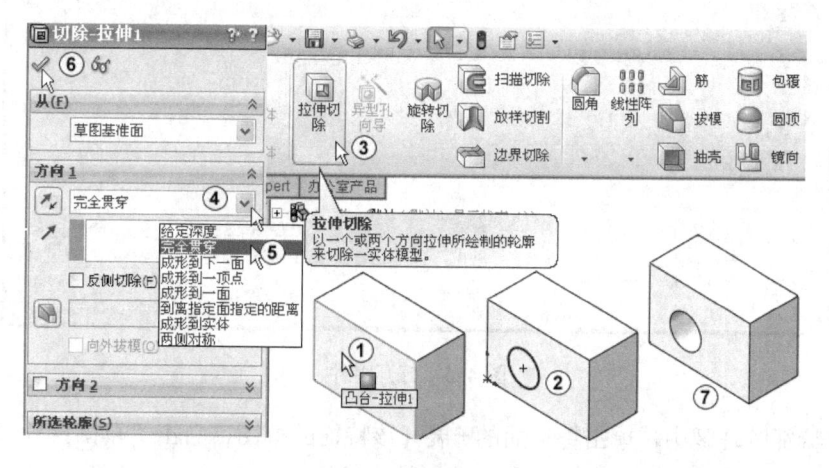

图 4-4 切除拉伸

注意：切除拉伸只能在已有实体的情况下使用，切除拉伸不能空切除（即切除不到实体），否则会出错。

切除拉伸时可以选择不同的终止条件类型。选择不同的终止条件类型，结果不一样。终止条件：指明拉伸终止的位置，其中各项的含义如下所示。

- 给定深度：拉伸/切除到指定的深度结束。
- 完全贯穿：指定方向的所有实体。
- 成形到下一面：从草图的基准面拉伸特征到下一面。
- 成形到一顶点：拉伸/切除到指定的顶点结束。
- 成形到一面：拉伸/切除到指定的面结束。
- 到离指定面指定的距离：拉伸/切除到距指定面所规定的距离时结束。
- 成形到实体：拉伸/切除到已存在的实体结束。
- 两侧对称：以两侧对称拉伸/切除到指定的深度结束。

4.1.2 编辑特征

生成一个特征后，还可以对特征进行一系列的基本操作，包括特征的编辑、压缩、删除、复制。

SolidWorks 特征的编辑主要包括特征草图的编辑、特征参数的编辑及特征尺寸的修改。

1．特征草图的编辑

若要修改特征的草图，用户可以使用以下方法：

第一种方法：

（1）在特征管理区中单击实体特征前面的田，展开该特征的草图，右击该草图，在弹出的快捷菜单中选择"编辑草图"命令。

（2）右击绘图区中相应的特征，在弹出的快捷菜单中选择"编辑草图"命令。

（3）单击工具栏中的"打开"按钮，如图 4-5 中①所示。系统弹出"打开"对话框，选择 D 盘，如图 4-5 中②所示，选择第 1 章中建立的第 1 个"零件 1"，如图 4-5 中③所示，单击"打开"按钮，如图 4-5 中④所示。

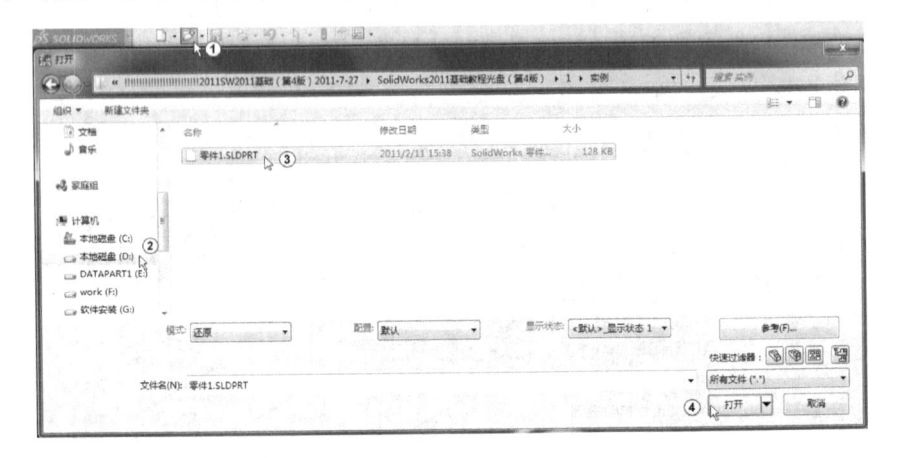

图 4-5 打开零件

（4）在特征管理区中，单击特征面的田展开该特征的草图，右击"草图 1"，在弹出的快捷菜单中选择"编辑草图"命令，如图 4-6 中①~③所示。

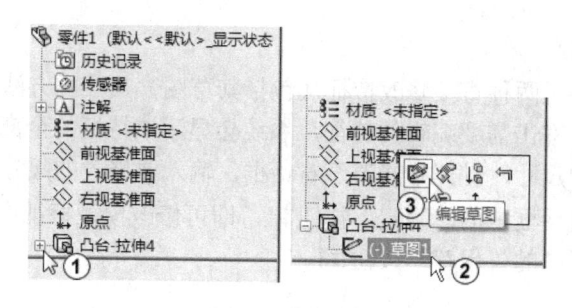

图 4-6 编辑草图

第二种方法：

按组合键〈Ctrl+8〉后可看到草图"正视于"的结果。单击"智能尺寸"按钮，如图 4-7 中①所示，选择小圆，在绘图区中任意位置双击，如图 4-7 中②③所示，在弹出的"修改"对话框中输入小圆直径 24，单击"修改"对话框上方的，如图 4-7 中④⑤所示。选择大圆，在绘图区中任意位置单击鼠标，在弹出的"修改"对话框中输入大圆直径 36，单击"修改"对话框中的"确定"按钮，如图 4-7 中⑥⑦⑧所示。单击"退出草图"按钮，如图 4-7 中⑨所示。

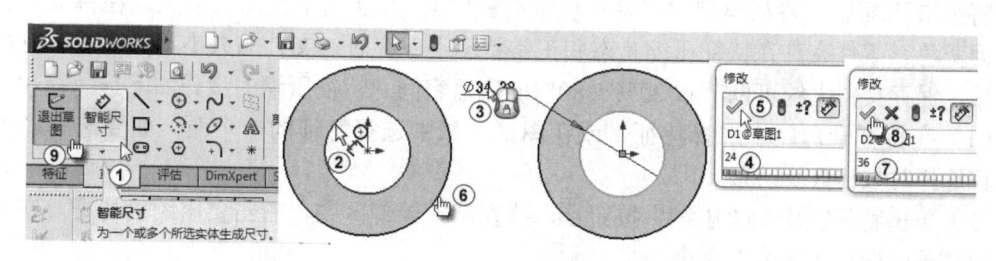

图 4-7 修改草图尺寸

2．特征参数的编辑

草图是控制特征界面形状的，而特征的一些属性参数是在建立特征时定义的。因此，如果要修改拉伸特征的深度，必须编辑其定义才行。其步骤如下。

在特征管理区中，单击想要编辑的特征，在弹出的快捷菜单中选择"编辑特征"命令，如图 4-8 中①②所示。系统弹出"凸台-拉伸"属性管理器，在"方向 1（1）"栏的"终止条件"选择框中选择"两侧对称"，如图 4-8 中③④所示。其他采用默认设置，单击"确定"按钮完成拉伸操作，如图 4-8 中⑤所示。单击"视图定向"→"等轴测"，如图 4-8 中⑥⑦所示。

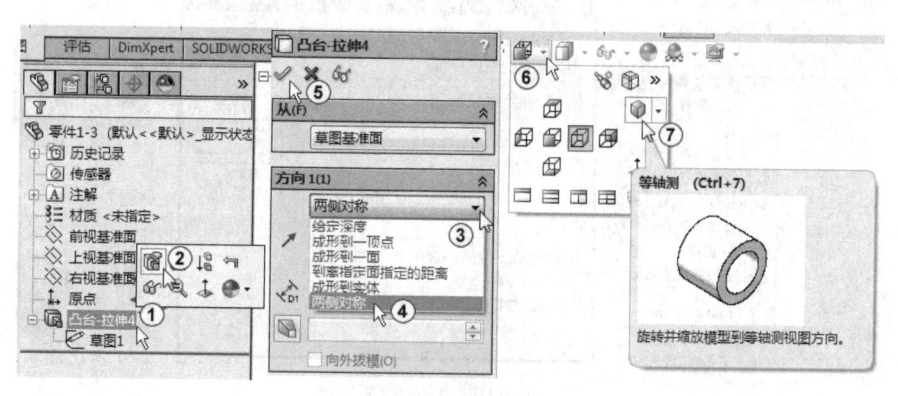

图 4-8 修改特征参数

59

3．特征尺寸的修改

SolidWorks 还提供了两种直接修改特征（包括其草图）尺寸的方法。

在特征管理区中，双击需要编辑的特征，系统会显示该特征的全部尺寸，如图 4-9 中①所示。双击需要修改的尺寸，打开"修改"对话框，输入要修改的尺寸值，如图 4-9 中②③所示。单击"修改"对话框中的"确定"按钮✓，即可修改模型特征中的尺寸，如图 4-9 中④⑤所示。单击工具栏中的"保存"按钮。

图 4-9　修改特征参数

4．特征的压缩和解除压缩

特征被压缩后，将从模型中移除（但没有删除），并从模型视图上消失，在特征管理器显示为灰色。零件文件在特征压缩状态和正常状态下保存时，文件的大小不同，所有特征被压缩后，保存文件大约可以节省 20%～80% 的磁盘空间。特征压缩的步骤如下。

（1）在特征管理区中选择特征，或在图形区域中选择特征的一个面。如要选择多个特征，在选择时按住 <Ctrl> 键。

（2）单击特征栏中的"压缩"按钮，或在特征管理区中，右击要压缩的特征，在弹出的快捷菜单中选择"压缩"命令。

解除特征的压缩方法与特征压缩的方法类似，特征栏上相应的"解除压缩"的按钮为。

5．特征的删除

在特征管理区中选择需删除的特征（这里选择"切除-拉伸 3"），如图 4-10 中①②所示。单击鼠标右键，在弹出的快捷菜单中选择"删除"命令，如图 4-10 中③所示。系统弹出"确认删除"对话框中，单击"是"按钮，如图 4-10 中④所示，结果如图 4-10 中⑤所示。删除特征后，会残留建立草图特征时所绘制的草图。若想删除特征时同时删除草图，则在"确认删除"对话框中选中"同时删除内含的特征"复选框，如图 4-10 中⑥所示。若想删除所有的子特征，选择"也删除所有子特征"复选框。

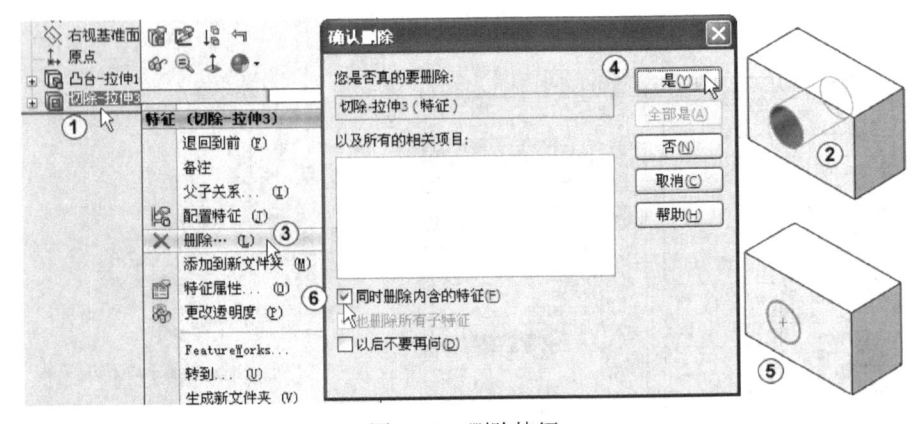

图 4-10　删除特征

4.1.3 拉伸/切除拉伸实例

创建如图 4-11 所示的半圆筒截交模型。本例的目的是使读者熟悉 SolidWorks 的基本操作过程。

（1）打开在第 1 章中建立的已经修改过草图和特征的"零件 1"，选择"前视基准面"，单击"正视于" ，如图 4-12 中①②所示。单击"草图绘制"和"圆"按钮，如图 4-12 中③④所示。单击确定圆心，然后在远离圆心处任意位置单击，如图 4-12 中⑤⑥所示。单击"智能尺寸"按钮 ，如图 4-12 中⑦所示。选择刚绘制的圆，在绘图区中任意位置单击，在弹出的"修改"对话框中输入圆直径 18，单击"修改"对话框中的"确定"按钮 ，如图 4-12 中⑧⑨所示。

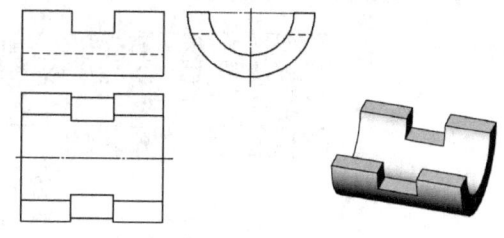

图 4-11 半圆筒截交模型

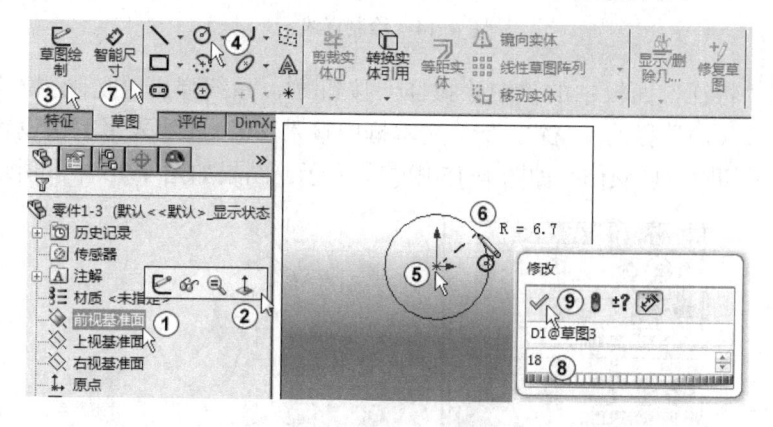

图 4-12 绘制草图

（2）单击"特征"面板."切除拉伸"按钮 ，如图 4-13 中①②所示。系统弹出"切除-拉伸"属性管理器，在"方向 1（1）"栏的"终止条件"选择框中选择"两侧对称"，在"深度" 输入框中输入 40，如图 4-13 中③④所示，其他采用默认设置。单击"确定"按钮 完成切除拉伸操作，结果如图 4-13 中⑤⑥所示。

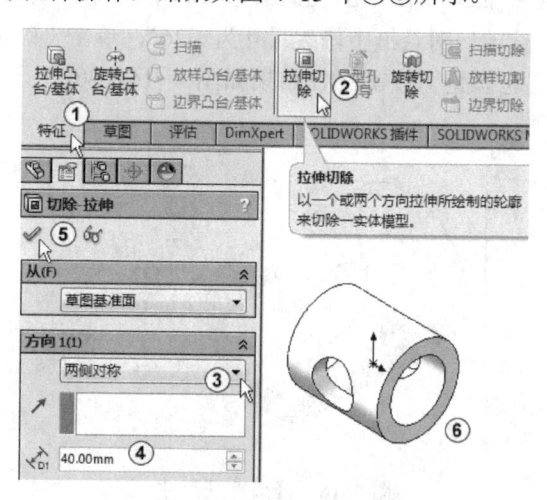

图 4-13 圆筒相贯模型

(3)选择圆筒端面,单击"正视于" ,如图 4-14 中①②所示。单击"草图"面板中的"草图绘制" 中的"直线",如图 4-14 中③④所示。通过"圆心"绘制一条水平线,如图 4-14 中⑤所示。

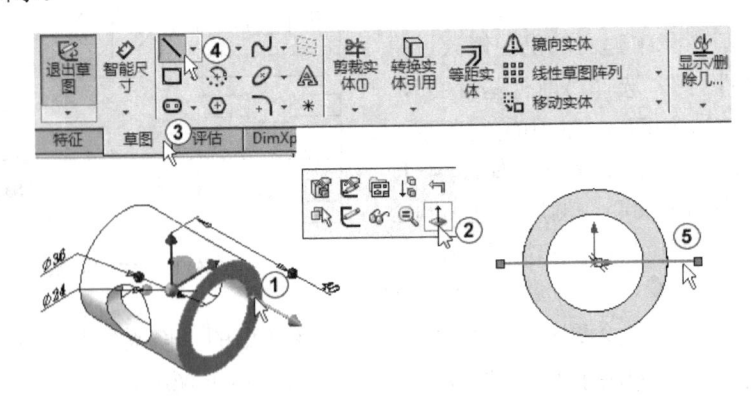

图 4-14 绘制直线

(4)单击"特征"面板中的"切除拉伸"按钮 ,系统弹出"切除-拉伸"属性管理器,在"方向 1(1)"栏的"深度" 文本框中输入 40,其他采用默认设置。单击"确定"按钮 完成切除拉伸操作,如图 4-15 中①②所示。结果如图 4-15 中③所示。

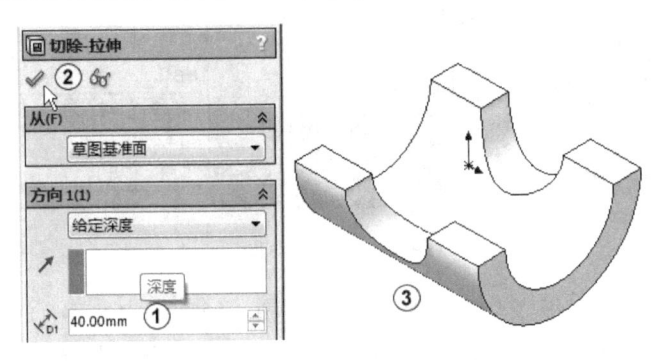

图 4-15 绘制半圆筒草图

(5)双击小圆孔切除特征的草图,出现如图 4-16 中①所示的菜单。在绘图区中,双击尺寸"ϕ18",在弹出的"修改"对话框中修改尺寸为"26",单击"确定"按钮 ,如图 4-16 中②③④所示。单击"重建模型"按钮 ,结果如图 4-16 中⑤所示。选择菜单"文件"→"另存为"命令,保存文件。

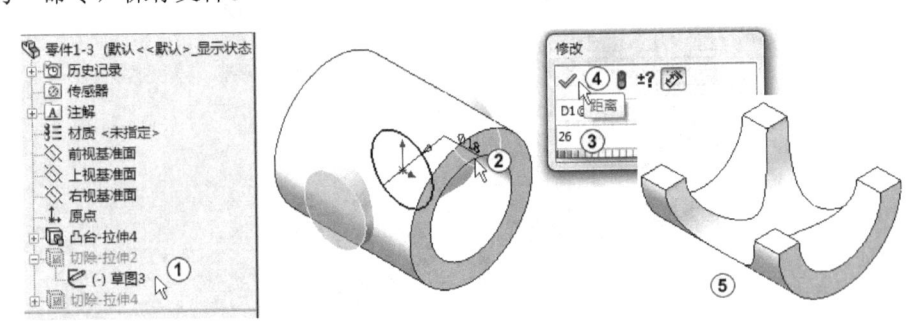

图 4-16 修改特征尺寸

（6）重复上述过程，将φ26改为"φ24"，如图4-17中①所示。单击"标准视图"中的"上视于"按钮，如图4-17中②所示。结果如图4-17中③所示。选择菜单"文件"→"另存为"命令，保存文件。

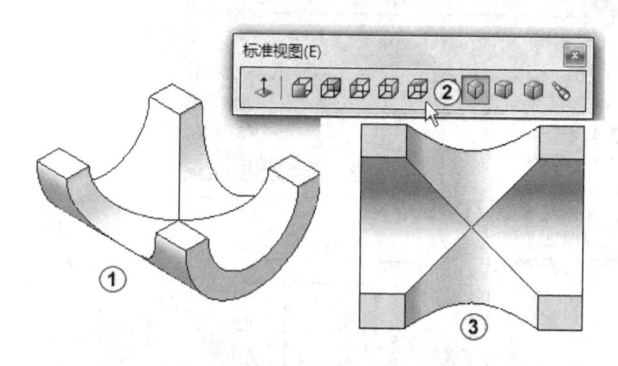

图4-17 修改特征尺寸并用"上视"查看

（7）双击小圆孔切除特征的草图，单击"编辑草图"，如图4-18中①②所示。单击"正视于"按钮，如图4-18中③所示，进入草图绘制界面。右击圆，从弹出的快捷菜单中选择"删除"命令，如图4-18中④⑤所示，从弹出的"草图实体删除确认"对话框中单击"是"按钮，如图4-18中⑥所示。

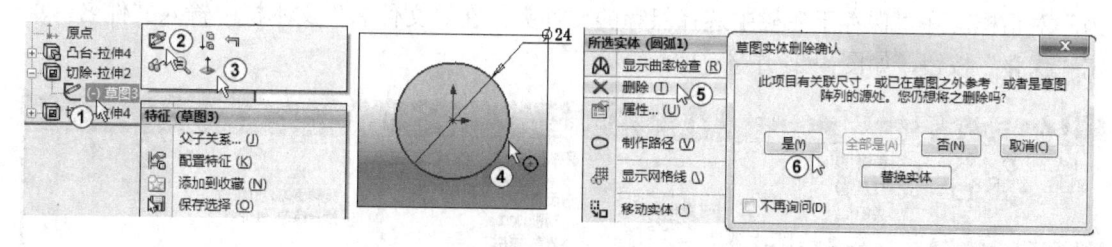

图4-18 删除草图

（8）单击屏幕最左边的"SOLIDWORKS"→"工具"→"选项"命令，如图4-19中①～③所示。在弹出的"系统选项-几何关系"中选择"系统选项"→"几何关系/捕捉"，如图4-19中④⑤所示。勾选"自动几何关系"选项，如图4-19中⑥所示，单击"确定"按钮。

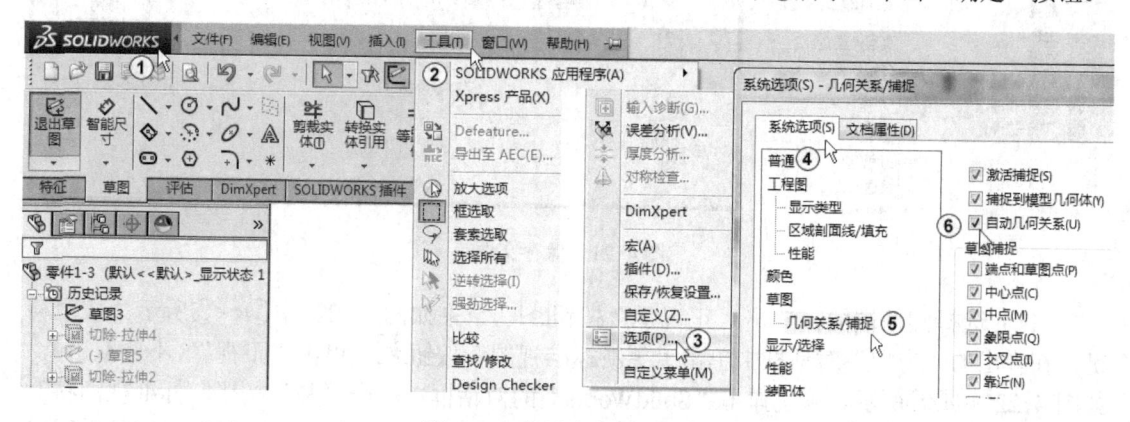

图4-19 设置自动几何关系

（9）单击"3点中心矩形"按钮，如图4-20中①所示。在绘图区中捕捉圆心，水平向右移动鼠标到适当位置时单击，再垂直向上移动鼠标到适当位置时单击，绘制出矩形。单

63

击"智能尺寸"按钮✏标注出矩形尺寸，如图 4-20 中②③所示。单击"重建模型"按钮
❽，结果如图 4-20 中④⑤所示。

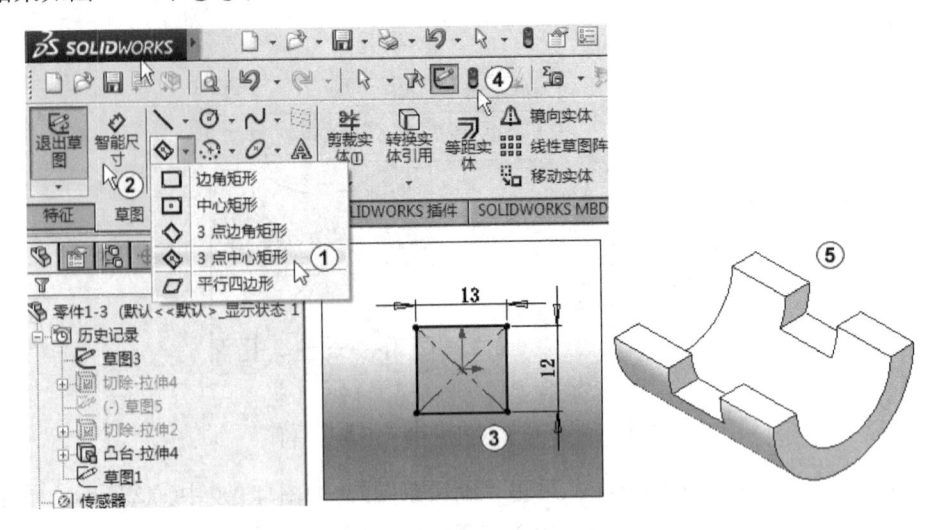

图 4-20　半圆筒截交模型

（10）选择菜单"文件"→"另存为"命令，如图 4-21 中①②所示。系统弹出"另存为"对话框，在"保存于"栏中选择保存的文件夹，在"文件名"文本框中输入文件名，单击"保存"按钮，如图 4-21 中④⑤所示。

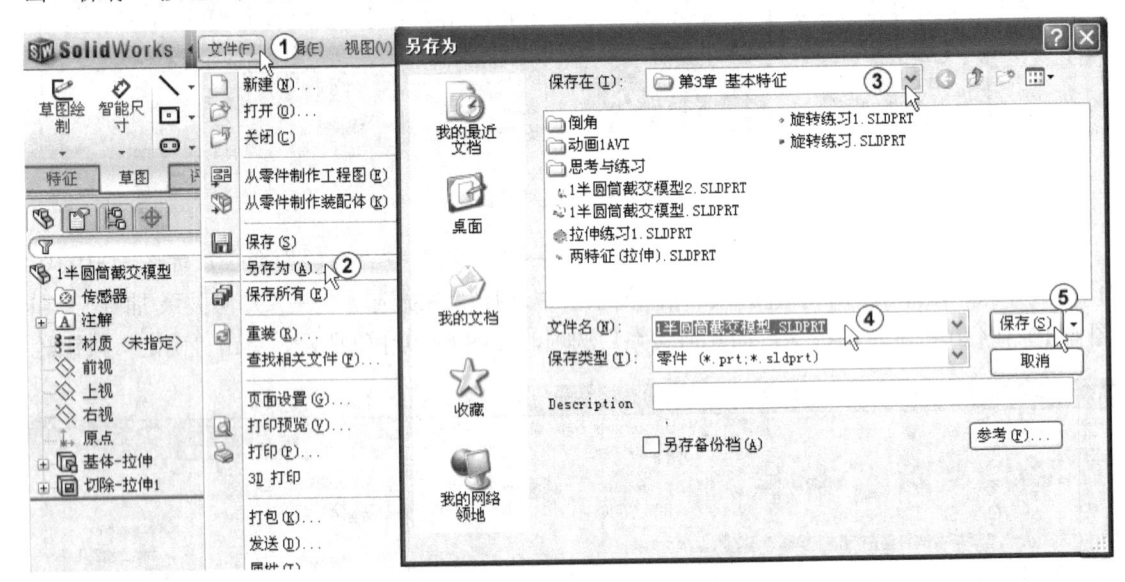

图 4-21　保存文件

（11）选择圆筒端面，单击"正视于"按钮，结果如图 4-22 中①～③所示。按空格键，在弹出的"方向"对话框中单击"更新标准视图"按钮，单击"下视"（不要双击），如图 4-22 中④⑤所示。系统弹出"SolidWorks"的对话框，单击"是"按钮，标准视图将对应于此视图并全部更新，按组合键〈Ctrl+7〉后可看到结果，如图 4-22 中⑥所示。单击屏幕最上方的"另保存"按钮，在"文件名"文本框输入"零件 1-3.SLDPRT"，单击"保存"按钮。

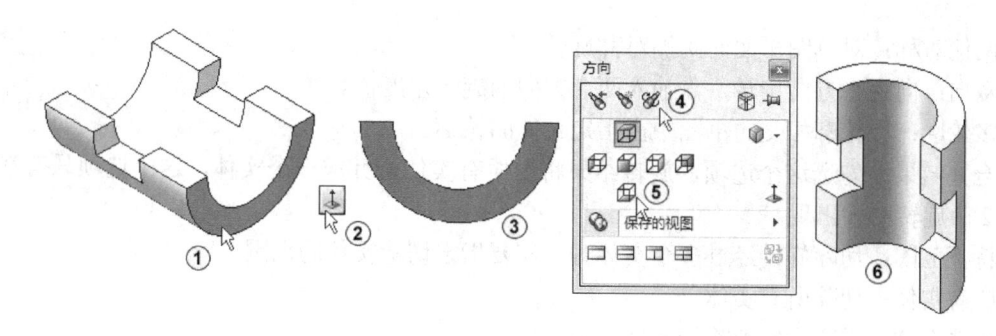

图 4-22　更新标准视图

4.2　旋转/切除旋转

旋转轴应为中心线，如果草图中只有一条，系统会自动捕捉到；如有多条，则要指定哪条线是旋转轴。此外形成实体特征时旋转草图要封闭。

4.2.1　旋转/切除旋转的基本知识

旋转 是将草图轮廓沿指定的旋转轴旋转生成实体特征。切除旋转 是将草图轮廓沿指定的旋转轴旋转生成的特征从已有实体中切除。旋转类型有基体（凸台）旋转、薄壁旋转、切除旋转、曲面旋转，如表 4-1 所示。

表 4-1　旋转类型

序号	旋转类型	模型	序号	旋转类型	模型
1	基体（凸台）		3	切除	
2	薄壁		4	曲面	

1．创建旋转和切除旋转的步骤

（1）绘制旋转/切除旋转草图。
（2）单击"旋转凸台/基体"按钮 或"旋转切除"按钮 。
（3）选择旋转轴。
（4）设置旋转参数。
（5）单击"确定"按钮 。

2．旋转和切除旋转属性管理器参数

旋转轴 ：旋转必须指定旋转轴。旋转轴可以是中心线、实线、模型边线和轴线。
反向 ：使旋转方向反向。
角度 ：输入旋转角度值。
单向：单方向旋转。

两侧对称：对草图平面向两侧对称旋转。

双向：向两个方向旋转，需输入两个方向的旋转角度值。

多轮廓：在轮廓相交的草图中需指定拉伸的轮廓。

合并结果：勾选这个选项，旋转结果将与原有实体合并成一个实体，这个选项只有在创建第 2 个旋转时才出现。

特征范围：切除旋转经过多个实体时，需要指定切除实体的范围。

所有实体：切除所有实体。

所选实体：需要指定切除的实体。

自动选择：由系统自动选择。

薄壁特征：勾选这个选项可创建薄壁特征。

反向：以反向旋转生成旋转特征。

3．凸台/基体旋转

（1）选择菜单"文件"→"新建"命令，在弹出的"新建文件"对话框中选择"零件"，单击"确定"按钮。

（2）从特征管理器中选择"前视基准面"，单击"正视于"按钮，单击"草图"切换到草图绘制面板，单击"草图"面板中的"圆心/起/终点画弧"按钮，在绘图区绘制一个圆心与原点重合的圆弧。用"直线"按钮绘制出一条竖起直线，如图 4-23 中①②所示。

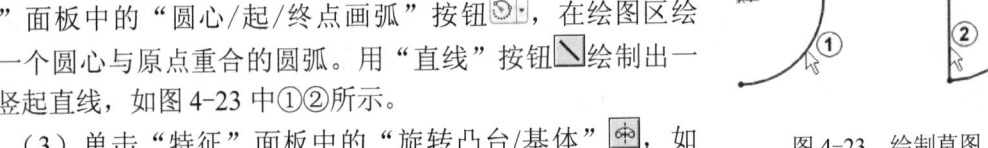

（3）单击"特征"面板中的"旋转凸台/基体"，如图 4-24 中①所示。系统弹出"旋转"属性管理器，单击"旋转轴"后的文本框，选择通过原点的竖线作为旋转轴，如图 4-24 中②③所示。在"角度"文本框中输入 45，其他采用默认设置，单击"确定"按钮，如图 4-24 中④⑤所示。结果如图 4-24 中⑥所示。

图 4-23　绘制草图

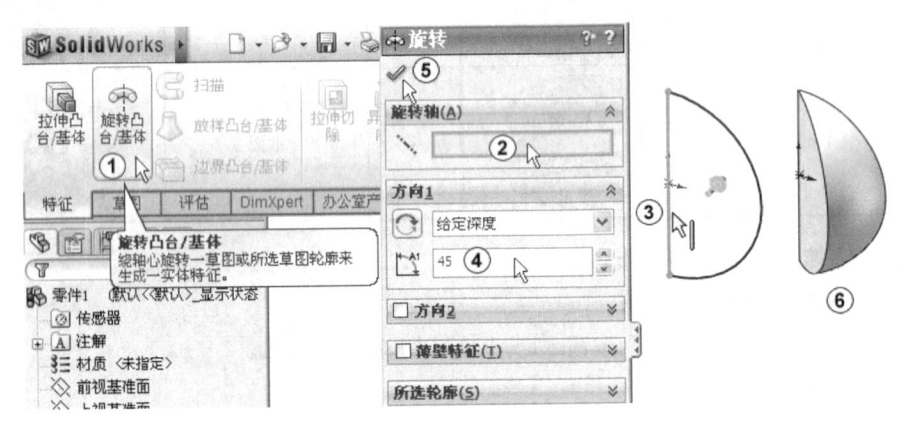

图 4-24　旋转

（4）单击工具栏中的"保存"按钮，选择保存文件的位置，在"文件名"文本框中输入想要保存文件的名称 3.SLDPRT，单击"保存"按钮完成对文件的保存。

4．薄壁旋转

（1）单击工具栏中的"撤销"按钮或者按组合键<Ctrl+Z>，取消上一步的操作回到草图状态。

（2）单击"特征"面板中的"旋转凸台/基体" ，系统弹出"旋转"属性管理器，单击"旋转轴" 后的文本框，选择通过原点的竖线作为旋转轴，在"角度" 文本框中输入 45，如图 4-25 中①~③所示。勾选"薄壁特征"选项，选择加厚方式为单向，输入厚度为 2，其他采用默认设置，如图 4-25 中④⑤所示。单击"确定"按钮 后弹出"重建模型错误"，如图 4-25 中⑥⑦所示。根据错误提示单击"反向"按钮 使壁厚方向向内，如图 4-25 中⑧所示。单击"确定"按钮 完成薄壁旋转操作，结果如图 4-25 中⑨所示。

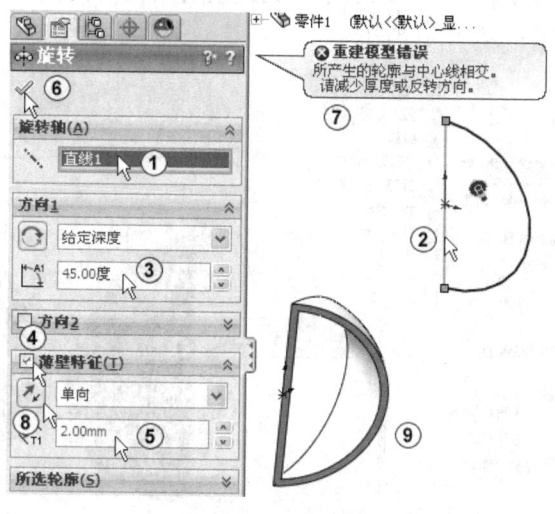

图 4-25　薄壁旋转

5．切除旋转

打开刚保存的"3.SLDPRT"零件。选择面，绘制出一个矩形，如图 4-26 中①②所示。单击"特征"面板中的"旋转切除"按钮 ，如图 4-26 中③所示。系统弹出"切除旋转"属性管理器，在"旋转轴" 文本框中输入与原点对齐的竖直构造线作为旋转轴，在"角度" 文本框中输入 180，如图 4-26 中④⑤所示，其他采用默认设置。单击"确定"按钮 后弹出"重建模型错误"，如图 4-26 中⑥⑦所示。根据错误提示单击"反向"按钮 ，如图 4-26 中⑧所示。单击"确定"按钮 ，结果如图 4-26 中⑨所示。

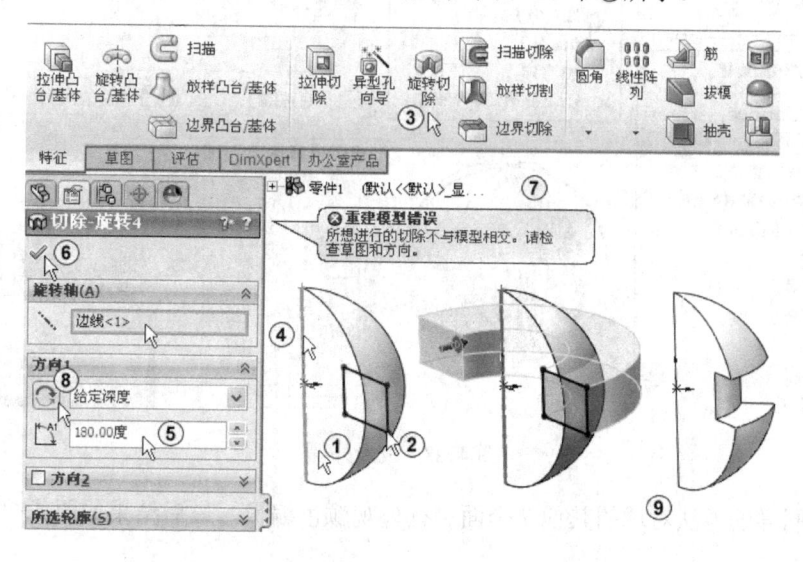

图 4-26　切除旋转

4.2.2 旋转实例

（1）打开刚保存的"3.SLDPRT"零件。单击"特征"面板中"线性阵列"→"圆周阵列"按钮，如图 4-27 中①②所示。系统弹出"圆周阵列"属性管理器，在"阵列轴"文本框中输入模型上的直线作为圆周阵列旋转轴，如图 4-27 中③④所示。在"角度"文本框中输入 45，在"阵列数"文本框中输入 8，在"要阵列的实体"文本框中输入刚刚旋转而成的实体，如图 4-27 中⑤~⑦所示。其他采用默认设置，单击"确定"按钮完成圆周阵列操作，结果如图 4-27 中⑧所示。

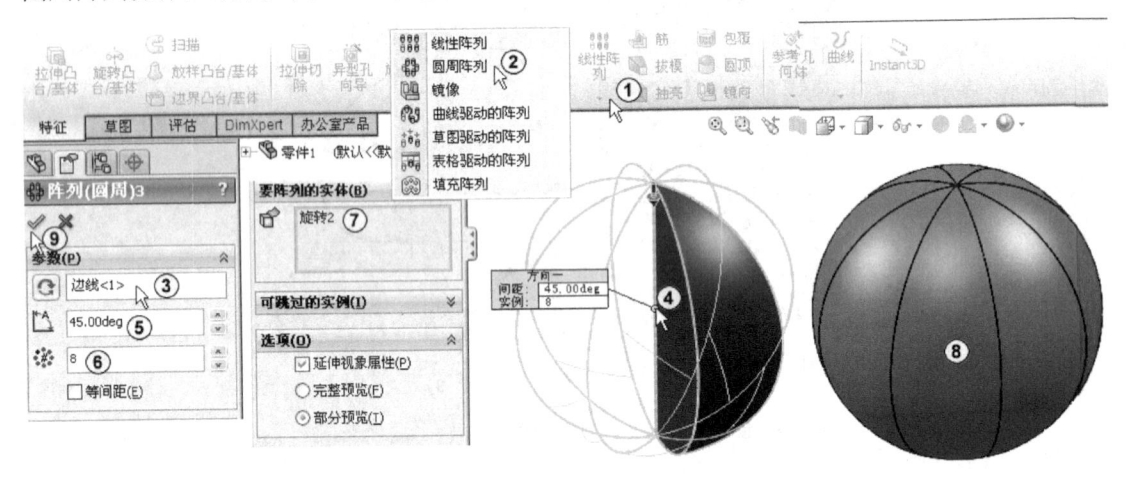

图 4-27 圆周阵列

（2）编辑外观。右击选择如图 4-28 中①箭头所指的面。单击"外观"按钮，选择"面<1>"，如图 4-28 中②③所示，系统弹出"颜色"对话框，在对话框中选择"粉红"色块，如图 4-28 中④所示。最后单击"确定"按钮，如图 4-28 中⑤所示，结果如图 4-28 中⑥所示。

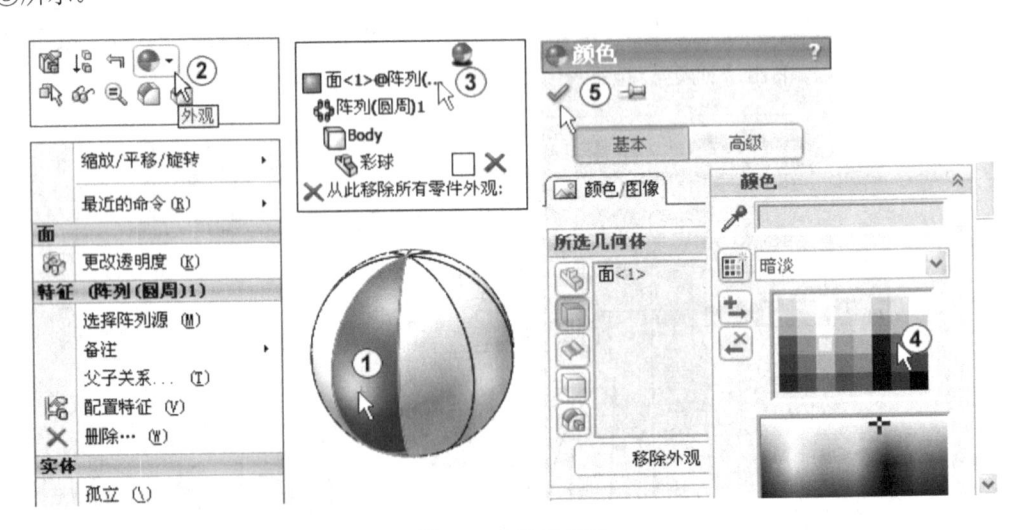

图 4-28 编辑外观

（3）用同样的方法对球的其他 7 个面进行外观颜色编辑，最后结果如图 4-29 所示。

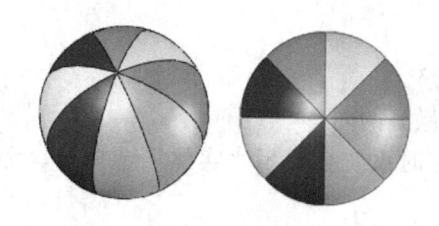

图 4-29 彩色球

4.3 圆角和抽壳

本节主要介绍圆角和抽壳的操作方法及注意事项。

4.3.1 圆角和抽壳的基本知识

1．圆角

圆角特征可以在零件上生成一个内圆角或外圆角面，也可以为一个面的所有边线、所选的多组面、所选的边线或边线环生成圆角。生成圆角特征的一般步骤如下。

（1）单击"特征"面板中的"圆角"按钮。
（2）选择圆角类型（圆角类型包括：等半径、变半径、面圆角、完整圆角）。
（3）选择需要添加圆角的边或面。
（4）输入圆角半径。
（5）设定圆角参数（圆角选项包括：多半径圆角、切线延伸、曲率连续、等宽等）。
（6）单击"确定"按钮。

其中，变半径是指生成带可变半径值的圆角；面圆角是指将非相邻、非连续的面圆角；完整圆角是指生成相切于 3 个相邻面组的圆角。

生成圆角时要注意：
（1）在添加小圆角之前添加较大圆角。
（2）在生成圆角前先添加拔模特征。
（3）最后添加装饰用的圆角。在大多数其他几何体定位后尝试添加装饰圆角，添加的时间越早，系统重建零件需要的时间越长。
（4）如果要加快零件重建的速度，使用一次生成一个圆角的方法处理需要相同半径圆角的多条边线。

2．抽壳

抽壳是将模型抽成壳体，可以使所选择的面敞开，在剩余的面上生成薄壁特征。如果没有选择模型上的任何面，可抽壳成一个闭合的壳体零件，也可使用多厚度来抽壳模型，使抽壳后模型的壁厚不相同。

生成一个等厚度抽壳特征的步骤如下。

（1）单击特征栏上的"抽壳"按钮或选择菜单"插入"→"特征"→"抽壳"命令。
（2）在"参数"中的文本框中，从图形区域中选择要挖除材料的面。这些面在多厚度面框中列出。
（3）在"厚度"文本框中，指定默认壁厚。
（4）单击"确定"按钮。

抽壳参数包括以下几项。
- 厚度：设定抽壳的厚度。
- 要移除的面：抽壳后敞开的面。
- 实体：当多实体抽壳时系统会显示"实体"选择框，选择移除面后"实体"选择框消失。
- 壳厚朝外：抽壳后厚度向外增加。

多厚度设定：选择面并指定多厚度值。
- 显示预览：选择此项后可以预览抽壳状态。

抽壳失败后，先将抽壳压缩，然后采用退回棒一步一步检查并修复父特征，最后再解除压缩抽壳。抽壳失败的原因通常是：

（1）模型的厚度小于要抽壳的厚度从而导致抽壳面无法等距到相邻面。
（2）抽壳厚度大于最小曲率半径。

4.3.2 圆角和抽壳实例

如图 4-30 所示的 T 形盒，用钣金做翻边部分并不容易创建，而用压凹来创建则需要做两个辅助体。但是用抽壳的方法就很容易创建出来。

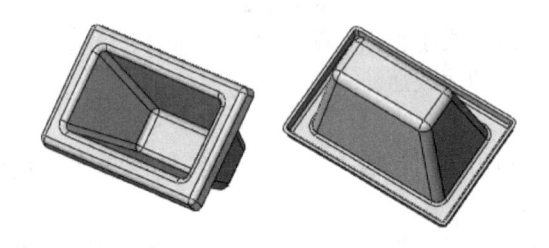

图 4-30　T 形盒

T 形盒的建模步骤如表 4-2 所示。

表 4-2　T 形盒建模步骤

步骤	模型	说明	步骤	模型	说明
1		创建拔模拉伸	4		创建圆角
2		创建拔模拉伸	5		创建抽壳
3		创建拔模切除拉伸			

下面介绍 T 形盒的具体操作。

（1）选择菜单"文件"→"新建"命令，在弹出的"新建文件"对话框中选择"零件"，单击"确定"按钮。

（2）绘制"草图 1"。从特征管理器中选择"前视基准面"，单击"正视于"按钮，单击"草图"面板中的"中心矩形"按钮，绘制出一个矩形，矩形的中心点与原点重合，如图 4-31 中①所示。单击"智能尺寸"按钮，标注出如图 4-31 中②所示的尺寸。

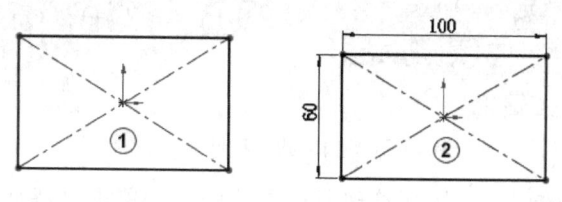

图 4-31　绘制草图 1

（3）绘制两个等距矩形。单击"等距实体"按钮，将矩形向外等距 10，如图 4-32 中①所示。单击"等距实体"按钮，将矩形向内等距 2，如图 4-32 中②所示。单击绘图区右上角的"退出绘制草图"按钮。

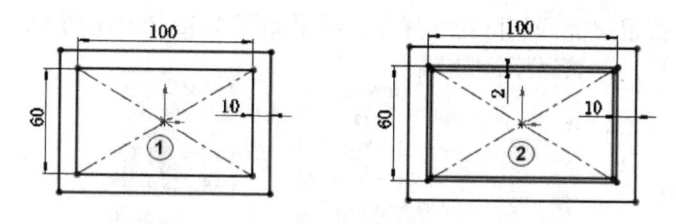

图 4-32　将矩形向外等距 10，向内等距 2

（4）建立"拉伸 1"。在特征管理器选择"草图 1"，然后在特征栏中单击"拉伸凸台/基体"按钮，系统弹出"凸台-拉伸"属性管理器，在"方向 1"栏的"终止条件"选择框中选择"给定深度"，在"深度"文本框中输入 80，如图 4-33 中①所示。按下"拔模开/关"按钮，在拔模角度文本框中输入 10，如图 4-33 中②③所示。在"所选轮廓"文本框中选择中间的矩形轮廓，其他采用默认设置，单击"确定"按钮完成拉伸操作，如图 4-33 中④⑤所示。结果如图 4-33 中⑥所示。

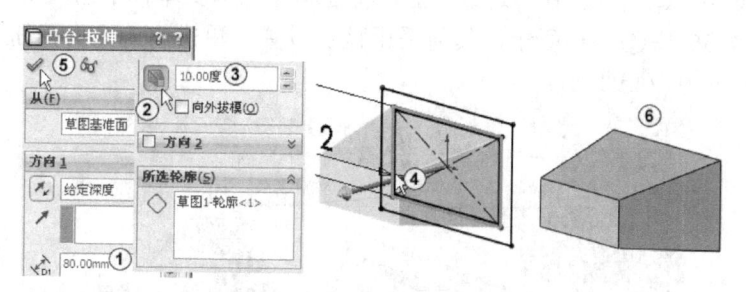

图 4-33　建立拉伸 1

（5）建立"拉伸 2"。在特征管理器中单击"凸台-拉伸 1"前的"+"号，选择"草图 1"，在特征栏中单击"拉伸凸台/基体"按钮，系统弹出"凸台-拉伸"属性管理器，在"方向 1"栏的"终止条件"选择框中选择"给定深度"，在"深度"文本框中输入 10，勾选"合并结果"选项，如图 4-34 中①②所示。按下"拔模开/关"按钮，在拔模角度文本框中输入 10，选中"向外拔模"复选框，如图 4-34 中③～⑤所示。在"所选轮廓"文本框中输入最大的矩形轮廓，其他采用默认设置，单击"确定"按钮完成拉伸操作，如图 4-34 中⑥⑦所示。结果如图 4-34 中⑧所示。

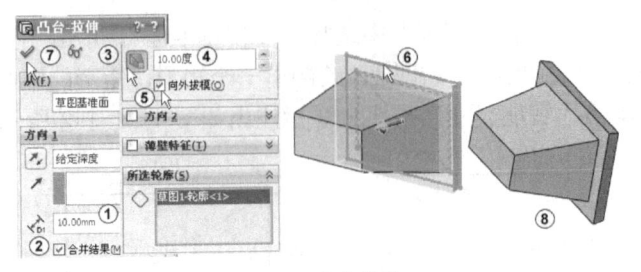

图 4-34 建立拉伸 2

（6）创建"切除拉伸"。在特征管理器选择草图 1，单击"特征"面板中的"切除拉伸"按钮，系统弹出"切除拉伸"属性管理器。在"方向 1"栏的"终止条件"选择框中选择"给定深度"，在"深度"文本框中输入 77，如图 4-35 中①所示。按下"拔模开/关"按钮，在拔模角度文本框中输入 10，如图 4-35 中②③所示。在"所选轮廓"文本框中输入最小的矩形轮廓，单击"反向"按钮，如图 4-35 中④⑤所示。其他采用默认设置，单击"确定"按钮完成切除拉伸操作，结果如图 4-35 中⑥⑦所示。

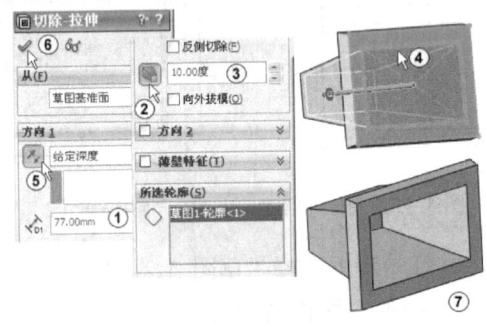

图 4-35 创建"切除拉伸"

（7）创建"圆角"。单击"特征"面板中的"圆角"按钮，如图 4-36 中①所示。系统弹出"圆角"属性管理器，选择"圆角类型"为"等半径"，在"圆角半径"文本框中输入 4，如图 4-36 中②③所示。在"边线、面、特征和环"文本框中输入模型的 6 个面和 8 条边线，如图 4-36 中④~⑥所示，其他采用默认设置。单击"确定"按钮完成圆角操作，结果如图 4-36 中⑦⑧所示。

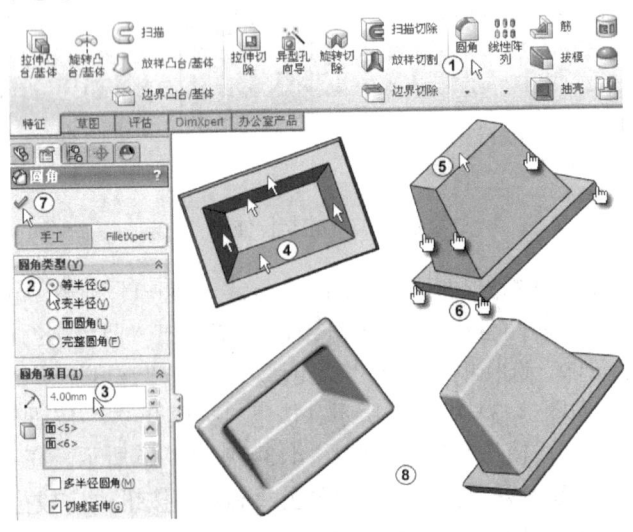

图 4-36 创建"圆角"

（8）建立"抽壳1"。单击"特征"面板中的"抽壳"按钮，如图4-37中①所示。系统弹出"抽壳"属性管理器，在"厚度"文本框中输入2，如图4-37中②所示。在"移除的面"文本框中单击鼠标后松开，在绘图区，按住鼠标中键不放拖动鼠标将模型旋转到适当的位置，选择要移除的18张面，如图4-37中③～⑦所示。其他采用默认设置，单击"确定"按钮完成抽壳操作，结果如图4-38所示。

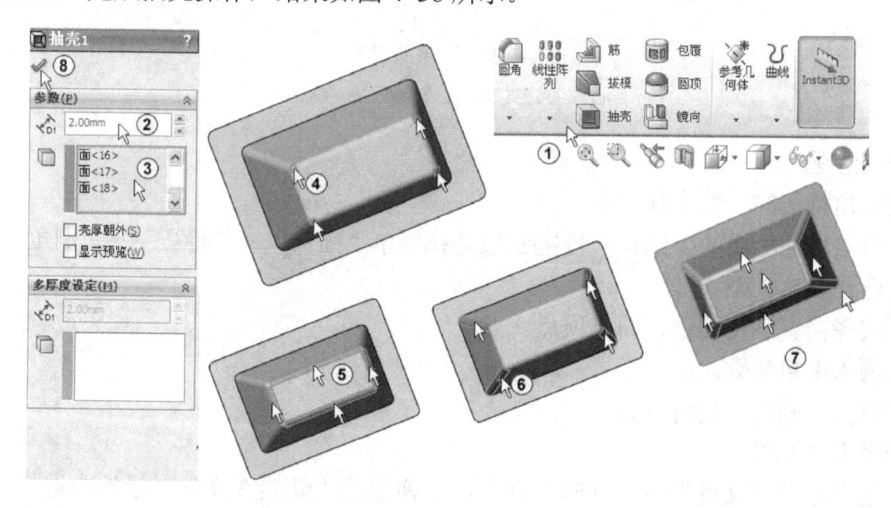

图4-37 建立"抽壳"

图4-38 抽壳结果

经验与技巧：本实例运用了抽壳的方法，将模型抽壳成用钣金很难做到的形状。要特别注意的是抽壳时开放面的选择。

4.4 倒角/圆顶/异型孔

倒角时如果在不需要倒角的地方创建了倒角，解决的方法是在拉伸等特征时不选择"合并结果"，等倒角等完成后再使用"组合"命令。

异型孔定位时先需要单击确定一点，然后用智能尺寸进行尺寸约束或者预先绘制草图并显示。

4.4.1 倒角的基本知识

倒角将在所选的模型边线、面或顶点上生成倾斜特征。倒角有3种类型：角度距离、距离距离、顶点，如图4-39所示。

图 4-39 倒角的类型

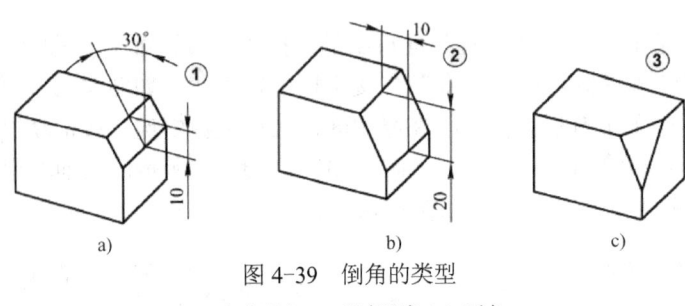

a) 角度距离　b) 距离距离　c) 顶点

1. 一般步骤

生成倒角特征的一般步骤如下。

（1）单击特征栏中的"倒角"按钮 或选择菜单"插入"→"特征"→"倒角"命令。

（2）选择倒角类型。

（3）选择需要倒角的边、面或顶点。

（4）输入倒角参数。

（5）单击"确定"按钮 。

2. 创建倒角实例

（1）选择菜单"文件"→"新建"命令，在弹出的"新建"文件对话框中选择"零件" ，单击"确定"按钮。

（2）绘制"草图 1"。从特征管理器中选择"前视基准面"，单击"正视于"按钮 ，单击"草图"面板中的"中心矩形"按钮 ，绘制一个矩形，如图 4-40 中①所示。

（3）建立"拉伸 1"。单击"特征"面板中的"拉伸凸台/基体"按钮 ，在"方向 1"栏的"终止条件"选择框中选择"两侧对称"，在"深度" 文本框中输入 40，如图 4-40 中②③所示。其他采用默认设置，单击"确定"按钮 完成拉伸操作，结果如图 4-40 中④⑤所示。

（4）添加角度距离倒角。单击"特征"面板中的"倒角"按钮 ，如图 4-41 中①②所示。系统弹出"倒角"属性管理器，选择倒角类型为"角度距离"，移动鼠标到绘图区中选择想倒角的连线，如图 4-41 中③④示。在"距离" 文本框中输入 20，在"角度" 文本框中输入 30，如图 4-41 中⑤⑥所示。其他采用默认设置，单击"确定"按钮 完成倒角操作，结果如图 4-41 中⑦⑧所示。

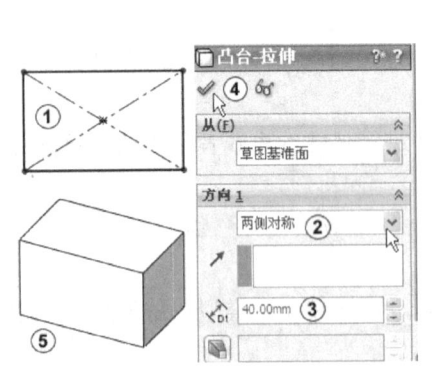

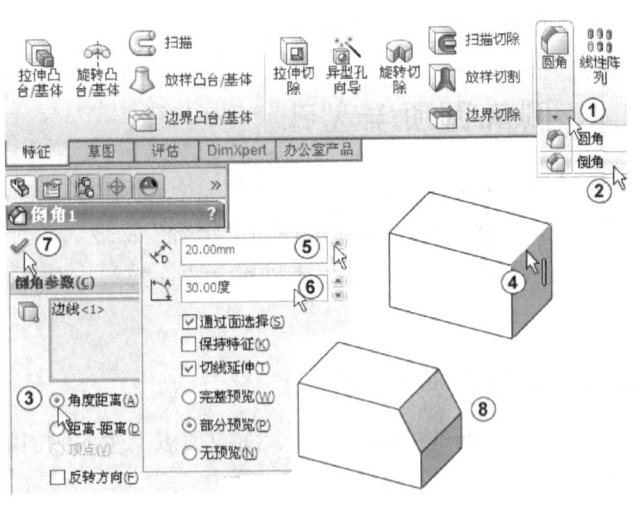

图 4-40　建立"拉伸 1"　　　　图 4-41　角度距离倒角

（5）添加距离-距离倒角。在特征管理器中选择"倒角 1"，从弹出的快捷菜单中选择"编辑特征"选项，如图 4-42 中①②所示。系统进入编辑特征界面，选择倒角类型为"距离-距离"，选中"相等距离"复选框，在"距离"文本框中输入 20，如图 4-42 中③～⑤所示。其他采用默认设置，单击"确定"按钮✔完成倒角操作，结果如图 4-42 中⑥所示。

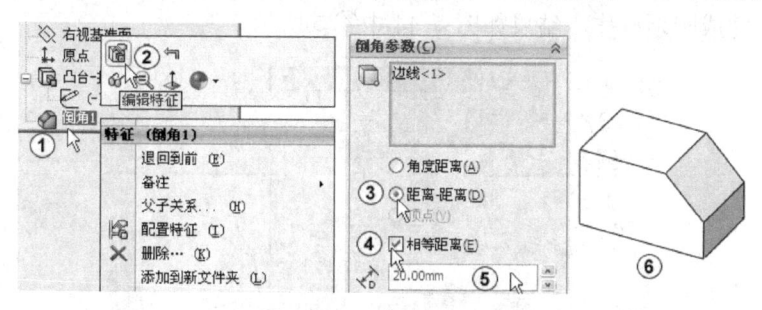

图 4-42　距离-距离倒角

（6）添加顶点倒角。在"特征"面板中单击"倒角"按钮，系统弹出"倒角"属性管理器，选择倒角类型为"顶点"，选中"相等距离"复选框，在"距离"文本框中输入 20，如图 4-43 中①～③所示。选择如图 4-43 中④所示的顶点，其他采用默认设置，单击"确定"按钮✔完成顶点倒角操作，结果如图 4-43 中⑤所示。

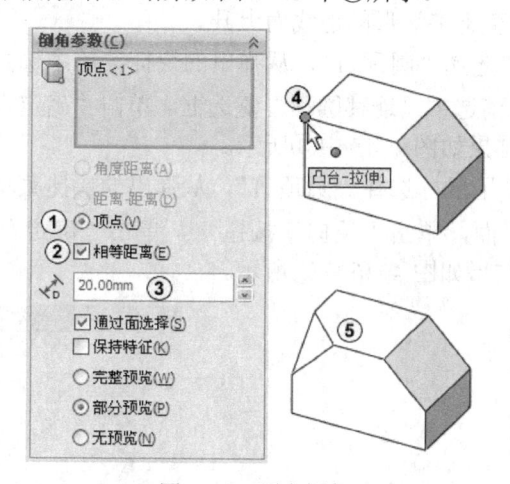

图 4-43　顶点倒角

（7）单击工具栏中的"保存"按钮，选择保存位置，在"文件名"文本框中输入保存文件的名称，单击"保存"按钮完成对文件的保存。

4.4.2　圆顶的基本知识

圆顶是将选择的面向上凸起一个包，或向下凹进一个包。

1. 一般步骤

生成圆顶的一般步骤如下。

（1）单击"特征"面板中的"圆顶"按钮或者在菜单中选择"插入"→"特征"→"圆顶"命令。

（2）选择圆顶面。

（3）输入圆顶高度。

（4）单击"确定"按钮✔。

2. 创建圆顶

（1）单击"特征"面板中的"圆顶"按钮，如图 4-44 中①所示。系统弹出"圆顶"属性管理器，在"参数"栏的"到圆顶面"选择框中单击鼠标，然后在绘图区选择要创建圆顶的面，在"距离"文本框中输入 20，如图 4-44 中②③所示。其他采用默认设置，单击"确定"按钮完成圆顶操作，结果如图 4-44 中④⑤所示。

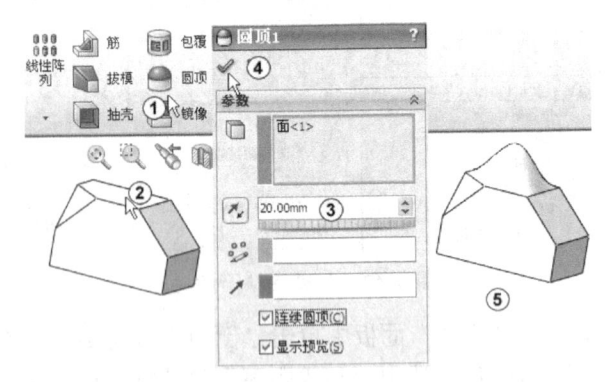

图 4-44　圆顶属性管理器

连续圆顶：为多边形模型指定连续圆顶，其形状在所有边均匀向上倾斜。如果取消连续圆顶选项，圆顶形状将垂直于多边形的边线而上升。

（2）在特征管理器中选择"圆顶 1"，从弹出的快捷菜单中选择"编辑特征"命令，系统进入编辑特征界面，取消选中"连续圆顶"复选框，单击"确定"按钮完成圆顶操作，如图 4-45 中①②所示，结果如图 4-45 中③所示。

（3）在特征管理器中用鼠标选择"圆顶 1"，从弹出的快捷菜单中选择"编辑特征"命令，系统进入编辑特征界面，单击"反向"按钮，单击"确定"按钮完成圆顶操作，如图 4-46 中①②所示，结果如图 4-46 中③所示。

图 4-45　编辑圆顶参数　　　　　　　　图 4-46　编辑圆顶参数

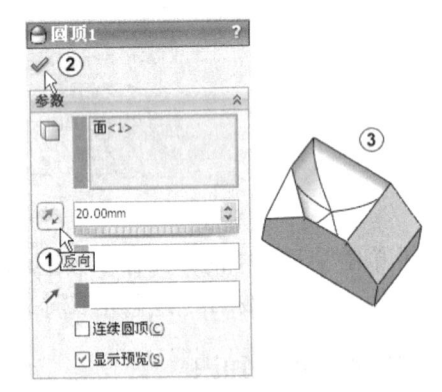

4.4.3　异型孔的基本知识

异型孔特征可以创建"柱孔"、"锥孔"、"孔"、"螺纹孔"、"管螺纹"等类型。

1. 一般步骤

创建异型孔的一般步骤。

（1）选择孔放置面。

(2)单击"特征"栏中的"异型孔向导"按钮🔧。
(3)选择孔类型,设定孔参数。
(4)单击"确定"按钮✔。
(5)在特征管理器中右击孔定位草图,在弹出的快捷菜单中选择"编辑草图"命令。
(6)对孔进行几何约束或尺寸约束,或添加点来增加孔个数。
(7)退出草图完成孔定位。

2. 创建"螺纹孔"

(1)在绘图区选择如图 4-47 中①所示的面作为孔放置面,再在"特征"面板中单击"异型孔向导"按钮🔧,如图 4-47 中②所示。系统弹出"孔规格"属性管理器,单击"类型"🔧 类..面板,如图 4-47 中③所示。在"孔类型"选择栏中选择"直螺纹孔"🔧,在"标准"选择框中选择"GB"标准,在"类型"选择框中选择"螺纹孔",在"大小"选择框中选择 M10,在"终止条件"选择框中选择"给定深度",输入深度为 27.5,系统自动计算出"螺纹线"的"给定深度"为 20,选中"带螺纹标注"复选框,单击"确定"按钮✔完成孔创建,如图 4-47 中④~⑨所示。从结果中可以看出螺纹孔的位置和个数不符合设计要求,可以编辑螺纹孔定位草图,添加点或进行几何约束和尺寸约束,使螺纹孔位和个数达到设计要求。

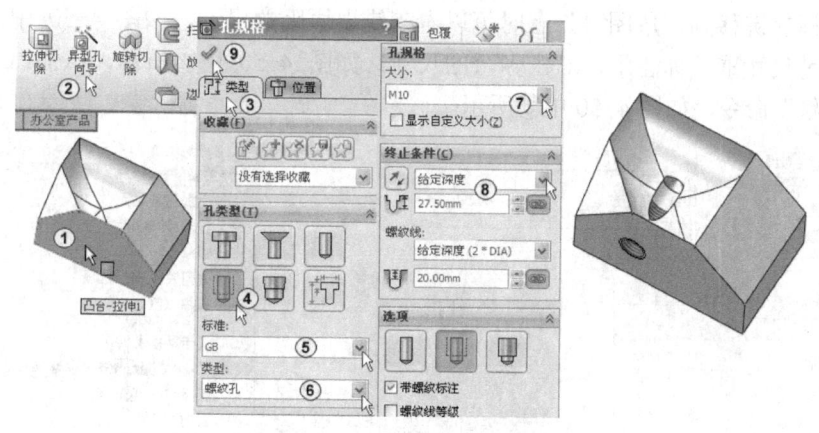

图 4-47 创建螺纹孔

(2)编辑孔位置草图。在特征树中展开"M10 螺纹孔 1"特征,右击特征树中的"草图 3",从弹出的快捷菜单中选择"编辑草图",如图 4-48 中①②所示。系统进入草图绘制界面,单击"中心线"按钮,绘制一条竖直中心线。单击"智能尺寸"按钮,标注出尺寸为 22,如图 4-48 中③④所示。单击"点"按钮绘制一个点,如图 4-48 中⑤所示。单击"重建模型"按钮后完成对孔个数的添加和孔位置的定位,结果如图 4-48 中⑥所示。

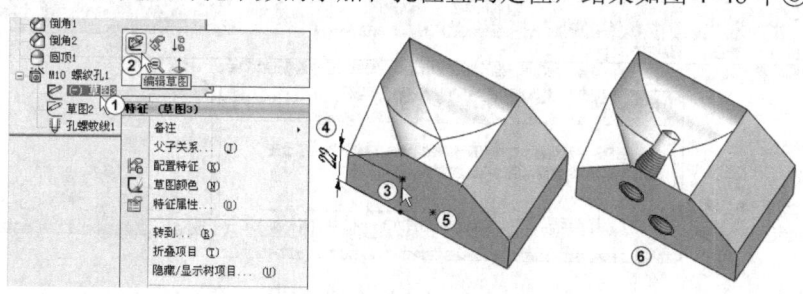

图 4-48 编辑孔位置草图

4.4.4 修改模型实例

（1）打开随书光盘对应章节的"5 修改模型 1.SLDPRT"零件文件。系统弹出"什么错"对话框，单击"关闭"按钮关闭对话框，如图4-49中①所示。

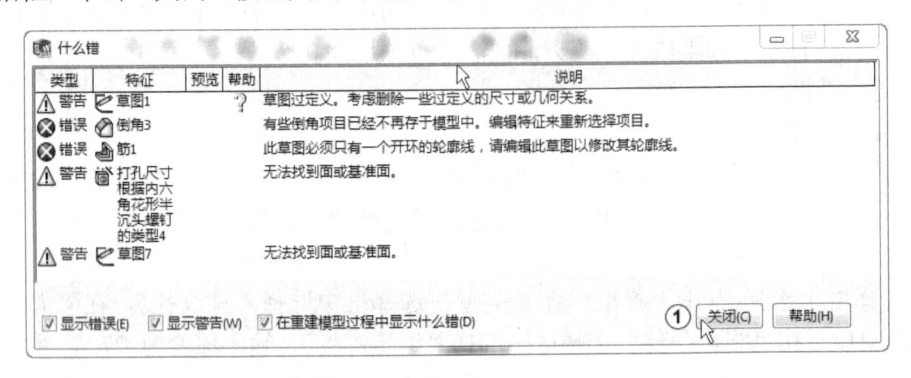

图4-49 "什么错"对话框1

（2）在特征管理区中单击"凸台-拉伸 1"特征前面的田，展开该特征的"草图 1"，右击该草图，在弹出的快捷菜单中选择"编辑草图"选项。

（3）鼠标左键移到"草图 1"上时可以看到错误原因的提示，如图 4-50 中①所示。仔细观察可知是尺寸重复标注了，右击多余的尺寸，如图 4-50 中②所示，从弹出的快捷菜单中选择"删除"命令，如图4-50中③所示。

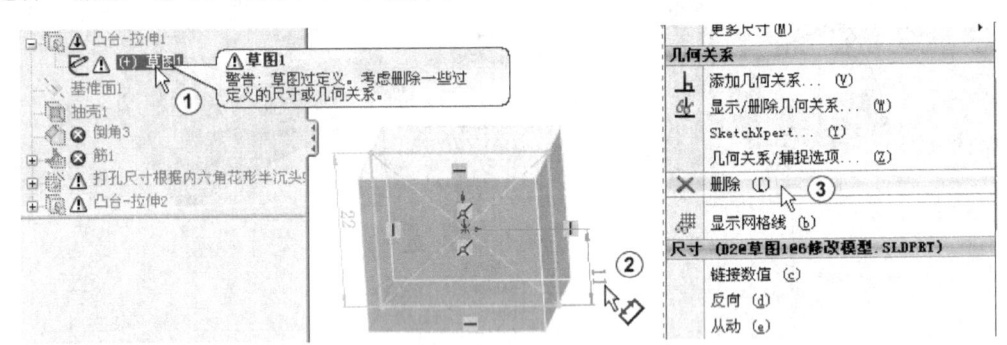

图 4-50 删除多余的尺寸

（4）单击"重建模型"按钮，系统弹出"SolidWorks 2015"对话框，单击"停止并修复"按钮，如图 4-51 中①所示。系统又弹出"什么错"对话框，其中列出了错误的原因，如图4-51中②所示。单击"关闭"按钮关闭此对话框，如图4-51中③所示。

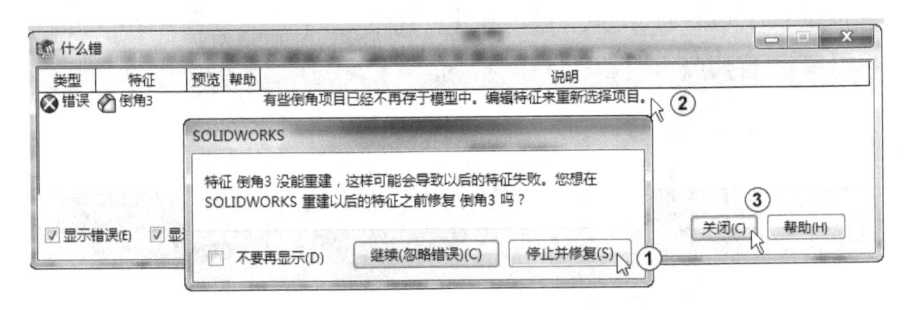

图 4-51 "什么错"对话框2

（5）右击特征管理器中的"倒角3"，从弹出的快捷菜单中选择"编辑特征"，如图4-52中①②所示。系统弹出"SolidWorks"对话框指明错误原因，单击"确定"按钮，如图4-52中③所示。系统弹出"倒角"属性管理器，在绘图区选择丢失的连线，如图4-52中④所示，单击"确定"按钮✔。

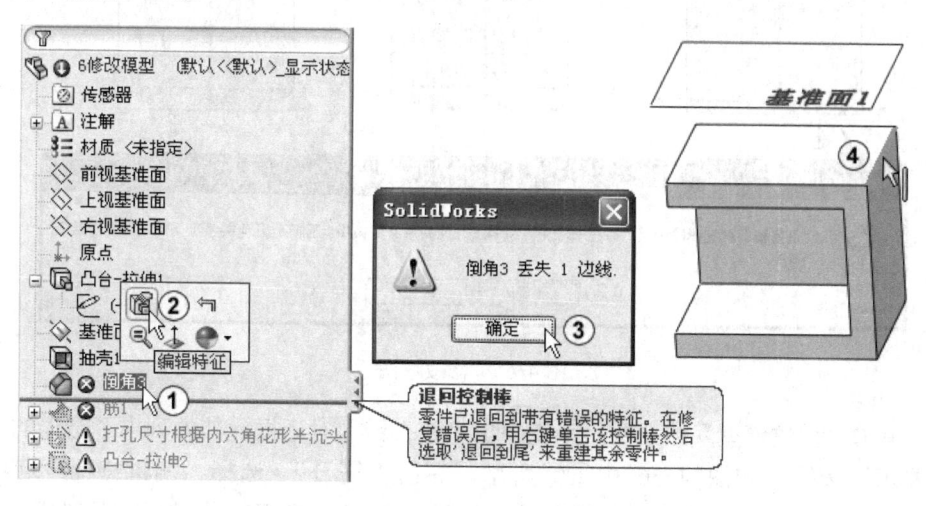

图4-52 修复倒角特征

（6）将鼠标左键放到控制棒上，如图4-53中①所示。按住鼠标左键不放，向下拖动到"筋1"特征的下方，如图4-53中②所示。松开鼠标，单击"重建模型"按钮。

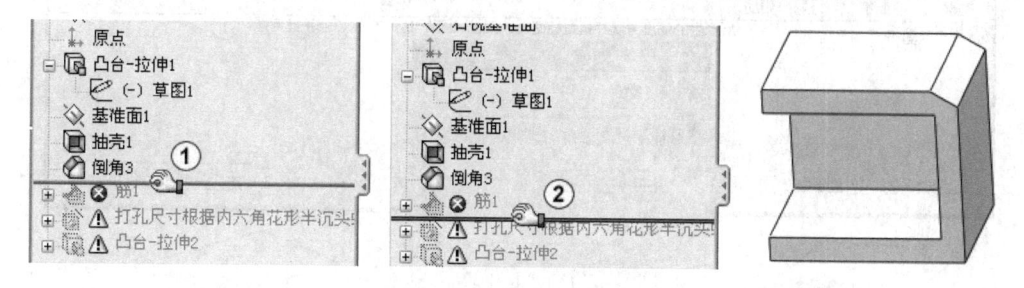

图4-53 移动控制棒

（7）系统弹出"什么错"对话框，其中列出了错误的原因，如图4-54中①所示，单击"关闭"按钮，如图4-54中②所示。展开"筋1"特征前面的田，右击"草图2"，从弹出的快捷菜单中选择"编辑草图"命令，如图4-54中③④所示。再次右击"草图2"，从弹出的快捷菜单中选择"正视于"按钮，如图4-54中⑤⑥所示。

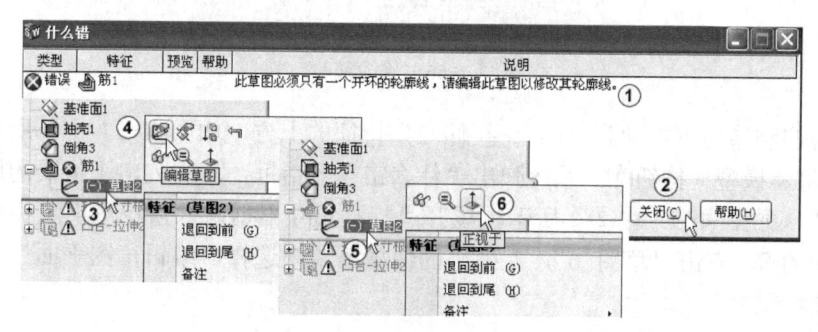

图4-54 "什么错"对话框3

(8) 单击"剪裁实体"按钮 修剪直线,如图 4-55 中①~④所示。单击"确定"按钮 ✓ 关闭"什么错"对话框。

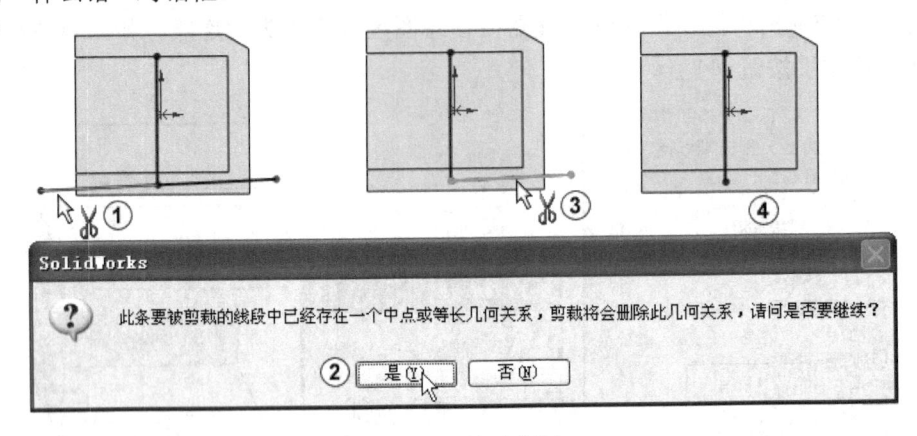

图 4-55 修改草图

(9) 单击"重建模型"按钮 ,系统弹出"什么错"对话框,其中列出了错误的原因,单击"关闭"按钮,如图 4-56 中①②所示。右击"筋 1",选择"编辑特征"选项。在"筋"属性管理器中单击"垂直于草图" ,如图 4-56 中③所示。此时可以看到箭头方向发生了改变,如图 4-56 中④⑤所示。单击"确定"按钮 ✓。

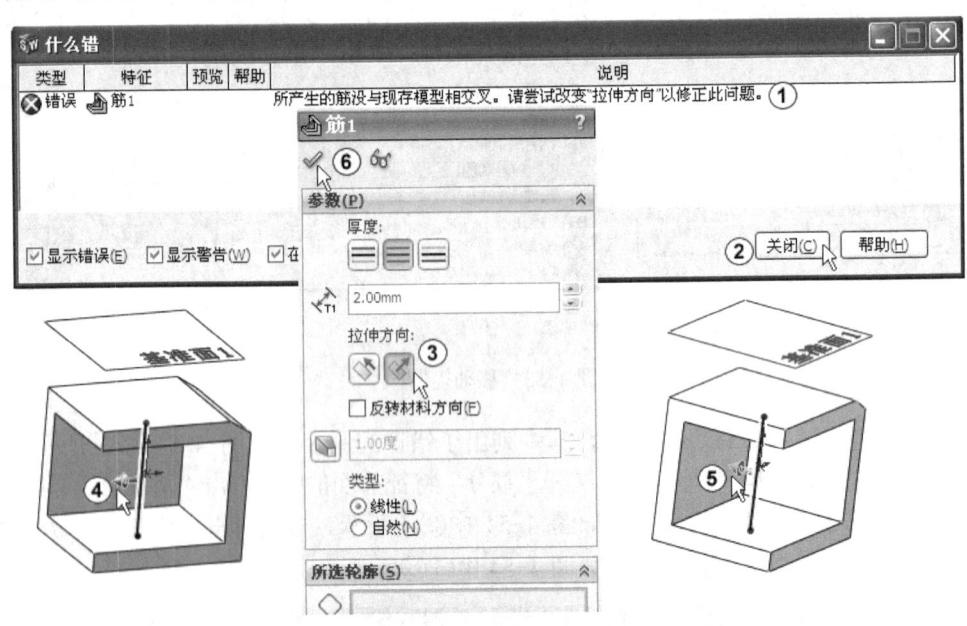

图 4-56 修改筋

(10) 将控制棒向下拖动到"凸台-拉伸 2"特征的上方,如图 4-57 中①所示。松开鼠标,单击"重建模型"按钮 。系统弹出"什么错"对话框,其中列出了错误的原因,单击"关闭"按钮,如图 4-57 中②③所示。展开"打孔尺寸根据内六角花形半沉头螺钉的类型 4"特征前面的 ⊞,右击"草图 6",在弹出的快捷菜单中选择"编辑草图平面"命令,如图 4-57 中④⑤所示。

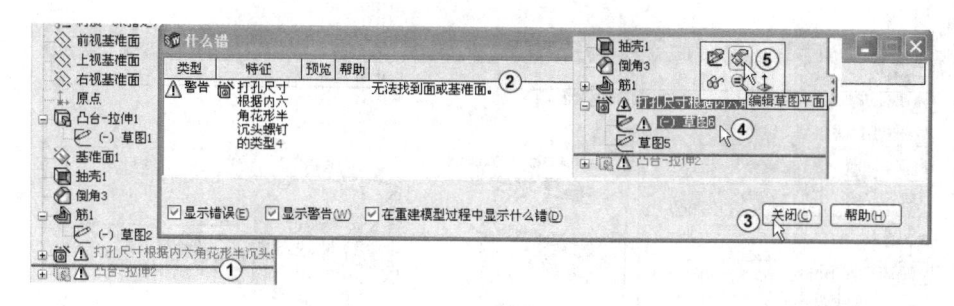

图 4-57 "什么错"对话框

（11）在绘图区选择面，如图 4-58 中①所示，单击"确定"按钮 ✔，如图 4-58 中②所示。结果如图 4-58 中③所示。

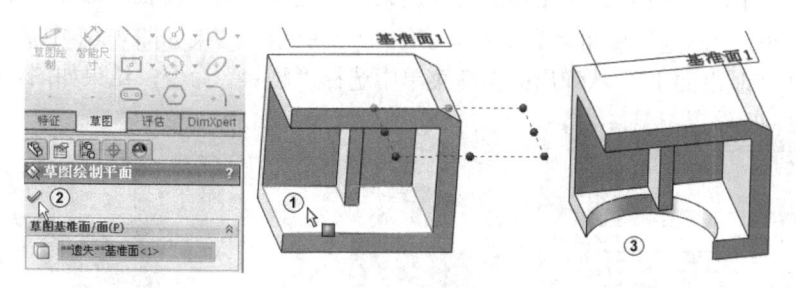

图 4-58 编辑孔位置平面

（12）右击"打孔尺寸根据内六角花形半沉头螺钉的类型 4"特征，在弹出的快捷菜单中选择"编辑特征"选项。系统弹出"孔规格"属性管理器，单击"类型"选项卡，在"孔类型"选择栏中选择"锥孔"，在"标准"选择框中选择"GB"标准，在"类型"选择框中选择"十字槽沉头木螺钉"，在"大小"选择框中选择"M6"，在"终止条件"选择框中选择"完全贯穿"，如图 4-59 中①～⑥所示。单击"确定"按钮 ✔，如图 4-59 中⑦⑧所示。

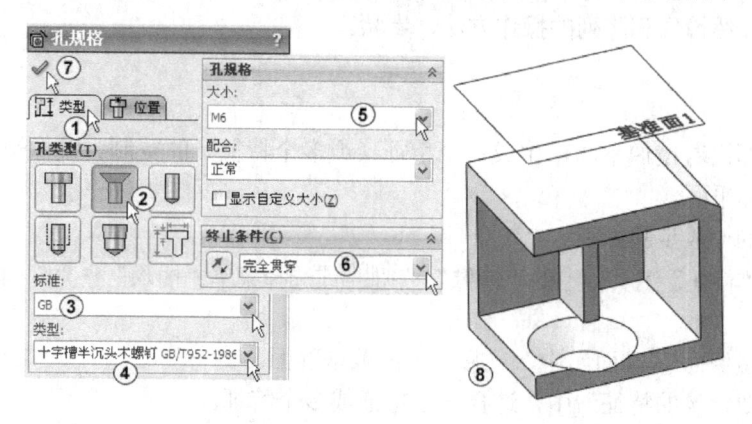

图 4-59 编辑孔特征

（13）将控制棒向下拖动到最下方，单击"重建模型"按钮 ⓘ。系统弹出"什么错"对话框，其中列出了错误的原因，单击"关闭"按钮，如图 4-60 中①②所示。展开"凸台-拉伸 2"特征，右击"草图 7"，在弹出的快捷菜单中选择"编辑草图平面"命令。在绘图区选择面，单击"确定"按钮 ✔，如图 4-60 中③④所示。结果如图 4-60 中⑤所示。

81

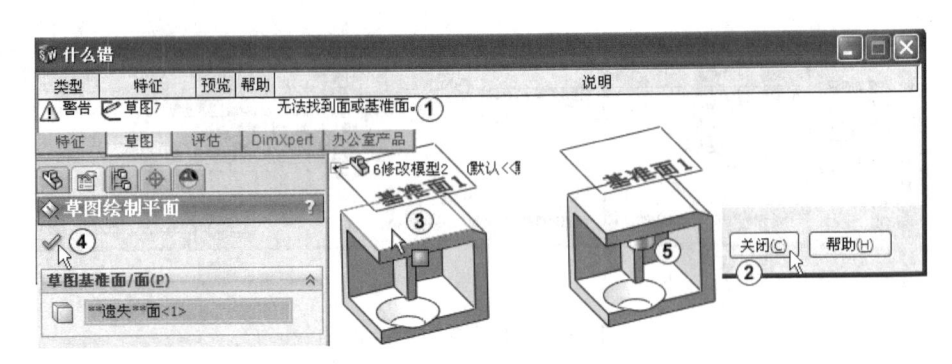

图 4-60 编辑圆柱的基准面

(14) 右击"凸台-拉伸 2",在弹出的快捷菜单中选择"编辑特征"命令。单击"反向"按钮，然后单击"确定"按钮，如图 4-61 中①②所示。结果如图 4-61 中③所示。

(15) 右击"基准面 1",从弹出的快捷菜单中选择"删除"命令,结果如图 4-62 所示。

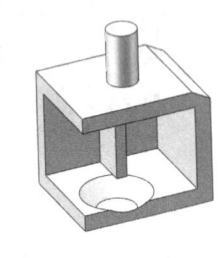

图 4-61 编辑圆柱的基准面　　　　　　　图 4-62 删除基准面

4.5 镜像和阵列

本节主要介绍镜像和阵列的操作方法、步骤。

4.5.1 镜像

镜像特征即沿着镜像平面，生成一个特征（或多个特征）的复制。镜像平面可以是基准面也可以是实体平面。

生成镜像的一般步骤如下。

（1）单击"特征"工具栏上的"镜像"按钮或选择菜单"插入"→"阵列/镜像"→"镜像"命令。

（2）在"镜像面/基准面"中，选择一个面或基准面。

（3）在"要镜像的特征"中，选择一个特征或多个特征。

（4）如果仅想镜像面，请在"要镜像的面"中选择面。

（5）如果想镜像实体，请在"要镜像的实体"中选择实体。

（6）单击"确定"按钮。

4.5.2 阵列

1. 线性阵列

线性阵列是通过指定方向和每一方向中的实例个数以及实例之间的距离，沿一条或两条直线路径生成已选特征的多个实例。如果修改了原始特征（源特征），则阵列中的所有实体也将随之更新。

生成线性阵列特征的步骤如下。

（1）生成一个基体零件，在基体零件上生成一个或多个需重复的切除、孔或凸台特征。

（2）单击"特征"工具栏上的"线性阵列"按钮或选择菜单"插入"→"阵列/镜像"→"线性阵列"命令。

（3）进行线性阵列的参数设置。如果模型上出现的箭头指向错误的方向，则单击"反向"按钮。

（4）单击"确定"按钮，生成特征的线性阵列。

2. 圆周阵列

圆周阵列是绕一轴线以圆周的方式生成一个或多个特征的多个实体。特征的圆周阵列必须有一个供环状排列的轴，此轴可以为实体边线、基准轴、临时轴 3 种。被阵列的实体可同时选择多个。

生成圆周阵列的步骤如下。

（1）生成一个或多个将要用来复制的实体。

（2）生成一个中心轴并选中，此轴将作为圆周阵列时的圆心位置。

（3）单击特征工具栏上的"圆周阵列"按钮或选择菜单"插入"→"阵列/镜向"→"圆周阵列"命令。

（4）进行参数设置。在角度方框中指定每个实例间的角度或选择"等间距"复选框，然后指定阵列中的总角度。单击"反向"按钮可反向生成阵列。

（5）单击"确定"按钮，生成实体的圆周阵列。如果跳过圆周阵列实体，单击要跳过的实体，然后在图形区域中选择要跳过的每个阵列实体即可。

3. 草图驱动阵列

由草图驱动的阵列是使用草图中的草图点来指定特征阵列。

建立由草图驱动的阵列的步骤如下。

（1）在零件的面上打开一个草图。

（2）在模型上生成源特征。

（3）基于源特征，单击"点"或选择菜单"工具"→"草图绘制实体"→"点"命令，然后添加多个草图点来表示想要生成的阵列。

（4）关闭草图。

（5）单击"特征"工具栏上的"草图驱动的阵列"按钮或选择菜单"插入"→"阵列/镜向"→"草图驱动的阵列"命令。

（6）选择参考草图（可使用弹出的 FeatureManager 设计树来选择）、重心，在图形区域选择特征。

注意：可以使用源特征的重心、草图原点、顶点或另一个草图点作为参考点。

（7）单击"确定"按钮，生成草图阵列。

4.6 实体移动/复制和凹槽/唇缘

本节主要介绍实体移动/复制和凹槽/唇缘的操作方法、步骤。

83

4.6.1 实体移动/复制

在多实体零件中，用户可移动、旋转并复制实体和曲面实体，或者使用配合将它们放置。

生成实体移动的一般步骤如下。

（1）单击"特征"工具栏上的"移动/复制实体"按钮或选择菜单"插入"→"特征"→"移动/复制"命令。

（2）系统会出现"移动/复制实体"属性管理器两个页面中的一页（单击属性管理器底部的"平移/旋转"按钮 平移/旋转(R) 或"约束"按钮 约束(O) 可在两个页面间切换）。

（3）在"平移/旋转"属性管理器中，可以指定移动、复制或旋转实体的参数。

（4）勾选"要移动/复制的实体"下方的"复制"复选框 ☑复制(C)，在"份数"栏中输入数目即可复制实体。

（5）在"约束"属性管理器中，可在实体之间应用各种配合。

（6）单击"确定"按钮，完成实体平移/旋转或约束的操作。

4.6.2 凹槽/唇缘

凹槽/唇缘是扣合特征中的一种，主要用于生成模具和钣金产品中的特征。

生成凹槽的一般步骤如下。

（1）在菜单栏中选择"插入"→"扣合特征"→"唇缘/凹槽"命令，系统弹出"唇缘/凹槽"属性管理器。

（2）选择生成凹槽的实体、定义凹槽方向、指定生成凹槽的面和边线、设置凹槽参数等。

（3）单击"确定"按钮。

生成唇缘的一般步骤如下。

（1）在菜单栏中选择"插入"→"扣合特征"→"唇缘/凹槽"命令，系统弹出"唇缘/凹槽"属性管理器。

（2）选择生成唇缘的实体、定义唇缘方向、指定生成唇缘的面和边线、设置唇缘参数等。

（3）单击"确定"按钮。

4.7 实例

零件是由特征按照一定的位置或拓扑关系组合而成的。零件的造型过程，实际上就是构成特征进行组合的过程。简单的形体（长方体、圆柱和球）可以直接拉伸或旋转而成；复杂的形体可以看成是由简单的形体组合而成。构建复杂形体时，对特征的分解关系到后续建模的效率、修改的难易程度。

4.7.1 撞块

建立如图4-63所示的撞块零件模型。

这是一个典型的叠加组合体，即由各基本体用"搭积木"的方式构成。

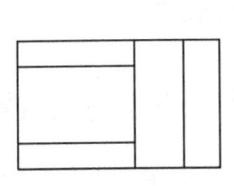

图4-63 撞块

1. 模型分析

看图时，通常从最能反映零件形状的特征视图着手，按照线框将组合体划分为若干基本体，然后对照其他视图，运用投影规律，想象出其空间形状、相对位置以及连接形式，最后综合想象出组合体的整体形状。划分形体的封闭线框范围时比较灵活，要以便于想出基本形体的形状为原则。撞块有3种不同的划分方法：①用左视图划分为两个封闭的线框，如图4-64中①所示；②用俯视图划分为两个封闭的线框，如图4-64中②所示；③用主视图划分为两个封闭的线框，如图4-64中③所示。

方法①划分的形体比原来的物体形状还复杂，不可取，如图4-64中④所示；方法②划分的形体全是水平线或垂直线，形状特征不明显，也不可取，如图4-64中⑤所示；方法③划分的形体更接近原物形状，合理，如图4-64中⑥所示。

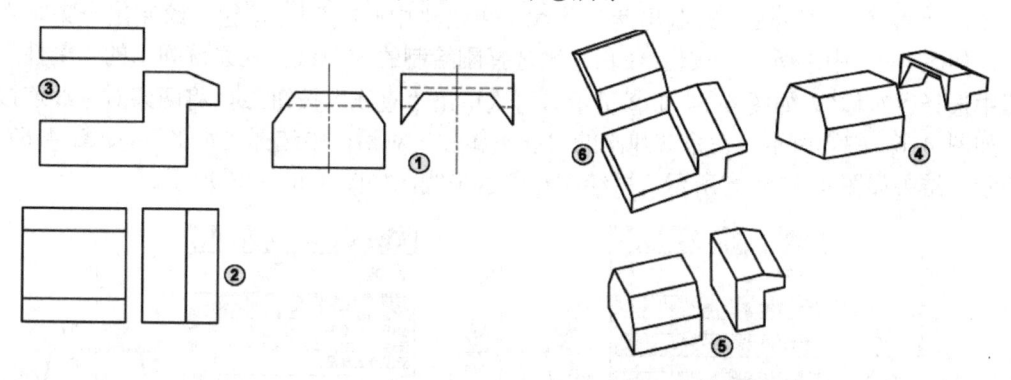

图4-64 撞块的特征划分

根据构型选择合适的基准面以便于观察和建立模型。例如方法③划分的较大的一块形状特征很显，且就位于"前视"面上；上面一小块是长方体，其形状特征需要结合左视图并添加一条水平线来考虑，如图4-65中阴影所示的梯形，形状特征在"右视"面上。

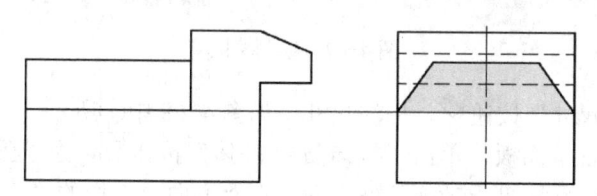

图4-65 撞块形状特征

2. 操作步骤

（1）新建文件。选择"文件"→"新建"命令，在弹出的"新建文件"对话框中选择"零件"或"模板"文件，单击"确定"按钮。

（2）从特征管理器中选择"前视基准面"，单击"正视于"按钮，单击"草图"切换到草图绘制面板，单击"直线"按钮，绘制如图4-66中①所示的"草图1"（请注意原点在草图上的位置）。单击"确定"按钮。

（3）单击"智能尺寸"按钮，标注尺寸，如图4-66中②所示。

（4）切换到"特征"面板，单击"拉伸凸台/基体"按钮，系统弹出"凸台-拉伸"属性管理器，在"方向 1"栏的"终止条件"选择框中选择"两侧对称"，在"深度"文本框中输入 31，如图4-66中③所示。其他采用默认设置，单击"确定"按钮完成拉伸操作，结果如图4-66中④所示。

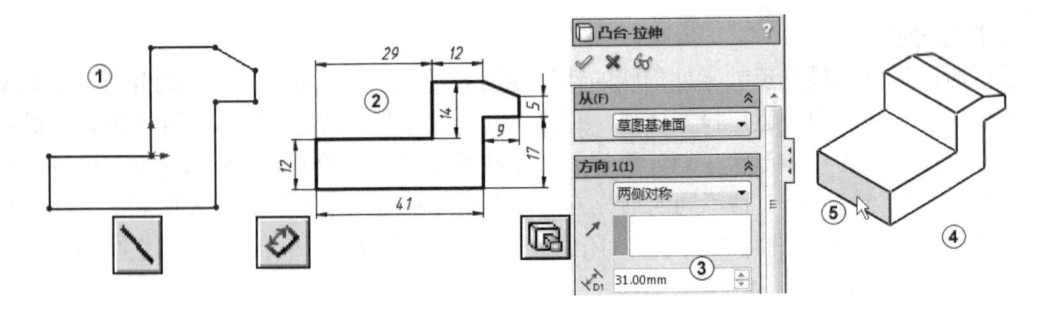

图 4-66 建立基础特征

（5）选择左端面，如图 4-66 中⑤所示，单击"正视于"按钮，切换到"草图"面板，单击"直线"按钮，绘制出两条斜线，单击"中心线"按钮，绘制出一条垂直中心线，如图 4-67 中①所示。按住〈Ctrl〉键选择刚绘制的 3 条线，在系统弹出的"属性"管理器中选择"对称"，如图 4-67 中②所示。再次单击"直线"按钮，将两条对称线连接起来，如图 4-67 中③所示。在系统弹出的"线条属性"对话框中选择"水平"，如图 4-67 中④所示，结果如图 4-67 中⑤所示。再绘制一条水平线，如图 4-67 中⑥所示。

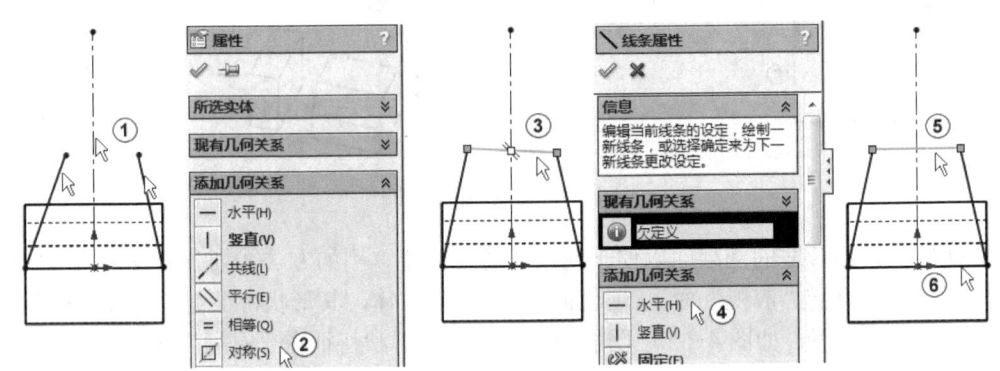

图 4-67 绘制草图

（6）单击"智能尺寸"按钮，标注尺寸，如图 4-68 中①所示。

（7）切换到"特征"面板，单击"拉伸凸台/基体"按钮，系统弹出"凸台-拉伸"属性管理器，单击"反向"按钮改变拉伸方向，在"方向 1"栏的"终止条件"选择框中选择"成型到一面"，移动鼠标在绘图区选择模型上的一个面，如图 4-68 中②～④所示。其他采用默认设置，单击"确定"按钮完成拉伸操作，结果如图 4-68 中⑤所示。

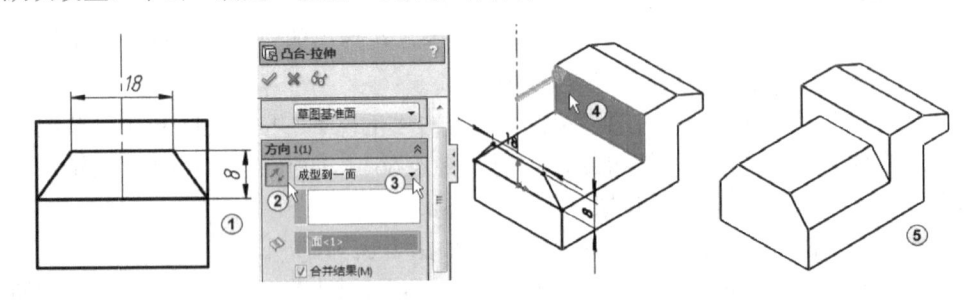

图 4-68 建立撞块模型

（8）单击工具栏中的"另保存"按钮，在"文件名"文本框中输入"6 撞块.SLDPRT"，单击"保存"按钮。

4.7.2 切割组合体

建立如图 4-69 所示的切割组合体。

这是一个典型的切割组合体，首先找出最原始的基本体，再用平面、曲面或其他基本体对其进行切割，直到符合要求为止。根据两个视图可以完全确定组合体的立体形状。

1. 模型分析

俯视图形体特征不明显，若用主视图轮廓作为最基本的特征（如图 4-70 中①所示），得到的左视图如图 4-70 中②所示。与题目对比后可知，还需要在前上方切割一个长方体（如图 4-70 中③所示），后方用平面切除一个三棱柱（如图 4-70 中④所示），下方切割一个长方体（如图 4-70 中⑤所示）才能得到所要的结果。

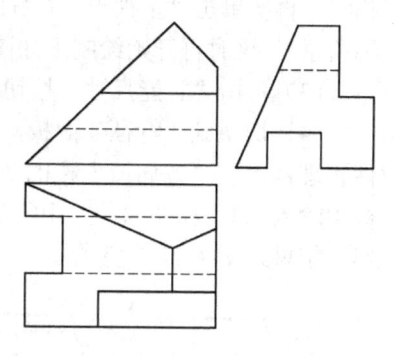

图 4-69 切割组合体

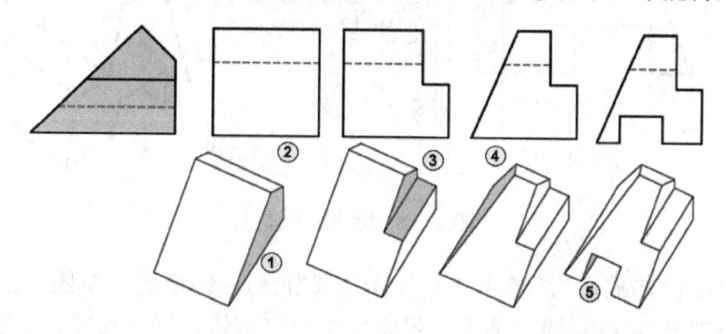

图 4-70 用主视图作为基本特征

若用左视图轮廓作为最基本的特征（如图 4-71 中①所示），得到的左视图如图 4-71 中②所示。与题目对比后可知还需要在左方用平面切除一个三棱柱（如图 4-71 中③所示），后上方用平面切除一个三棱柱（如图 4-71 中④所示），才能得到所要的结果。由此可见，这种方法步骤较少，下面的建模步骤使用此方法。

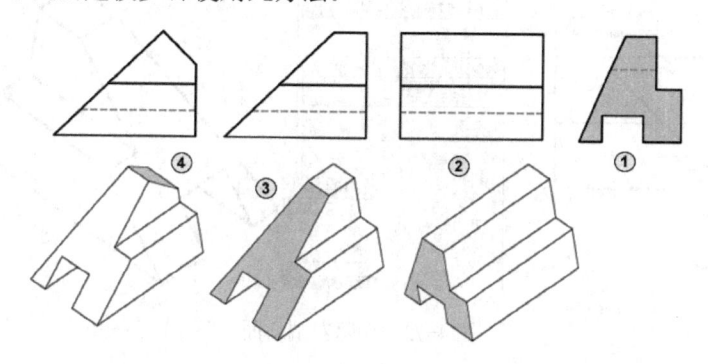

图 4-71 用左视图作为基本特征

2. 操作步骤

切割组合体通常先建立切割前的基本体，再分别进行各部分的切割，其建模步骤如下。

（1）新建文件。选择"文件"→"新建"命令，在弹出的"新建文件"对话框中选择"零件"或"模板"文件，单击"确定"按钮。

（2）从特征管理器中选择"右视基准面"，单击"正视于"按钮，单击"草图"切换到草图绘制面板，单击"直线"按钮 ，注意绘图区右下角的坐标为 ，与我国的左视图不相符，再次单击"正视于"按钮 ，绘图区右下角的坐标为 （即 Z 轴向右，如图 4-72 中①所示)，这时再开始绘制出如图 4-72 中②所示的图形。单击"确定"按钮 。

（3）单击"智能尺寸"按钮 ，标注尺寸，如图 4-72 中③所示。

（4）切换到"特征"面板，单击"拉伸凸台/基体"按钮 ，系统弹出"凸台-拉伸"属性管理器，在"方向 1"栏的"终止条件"选择框中选择"给定深度"，在"深度" 文本框中输入 55，如图 4-72 中④所示。其他采用默认设置，单击"确定"按钮 完成拉伸操作，结果如图 4-72 中⑤所示。

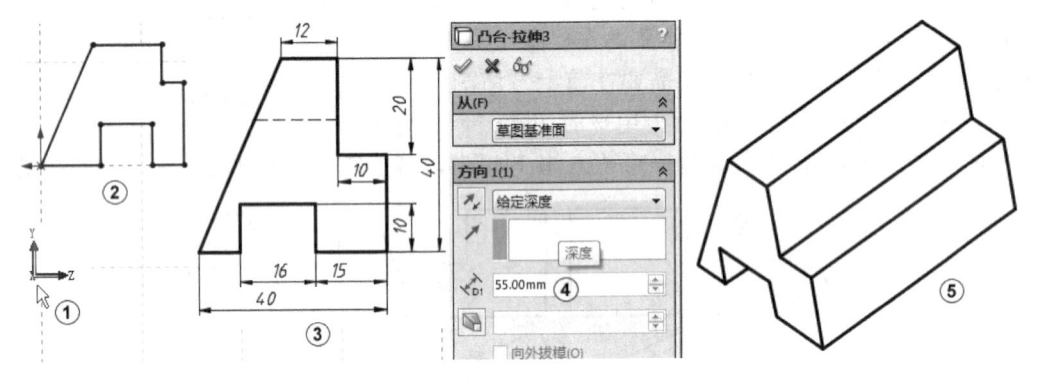

图 4-72 拉伸基本体

（5）选择"前视基准面"，单击"正视于"按钮 。切换到"草图"面板，单击"直线"按钮 ，绘制出 1 条斜线，单击"智能尺寸" 按钮，标注尺寸，如图 4-73 中①所示。切换到"特征"面板，单击"拉伸切除"按钮 ，系统弹出"切除-拉伸"属性管理器，在"方向 1"栏的"终止条件"选择框中选择"完全贯穿"，勾选"方向 2"，并在其栏中的"终止条件"选择框中选择"完全贯穿"，如图 4-73 中②③所示。其他采用默认设置，单击"确定"按钮 完成拉伸操作，结果如图 4-73 中④所示。

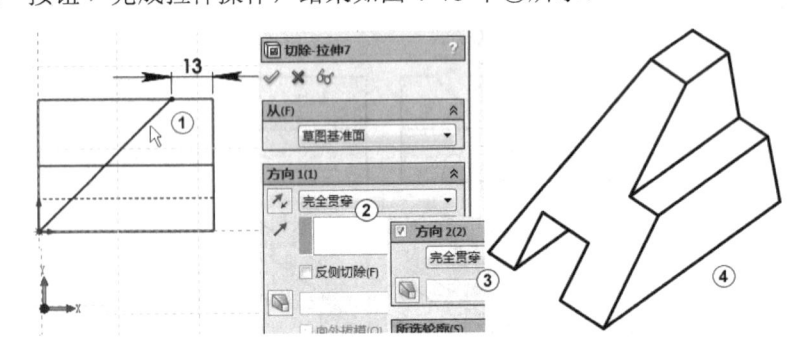

图 4-73 切除左端斜面

（6）选择"前视基准面"，单击"正视于"按钮 ，切换到"草图"面板，单击"直线"按钮 ，绘制出 1 条斜线，单击"智能尺寸" 按钮，标注尺寸，如图 4-74 中①所示。切换到"特征"面板，单击"拉伸切除"按钮 ，系统弹出"切除-拉伸"属性管理器，在"方向 1"栏的"终止条件"选择框中选择"完全贯穿"，勾选"方向 2"，并在其栏中的"终止条件"选择框中也选择"完全贯穿"，如图 4-74 中②③所示。其他采用默认设置，单击"确定"按钮 完成拉伸操作，结果如图 4-74 中④所示。

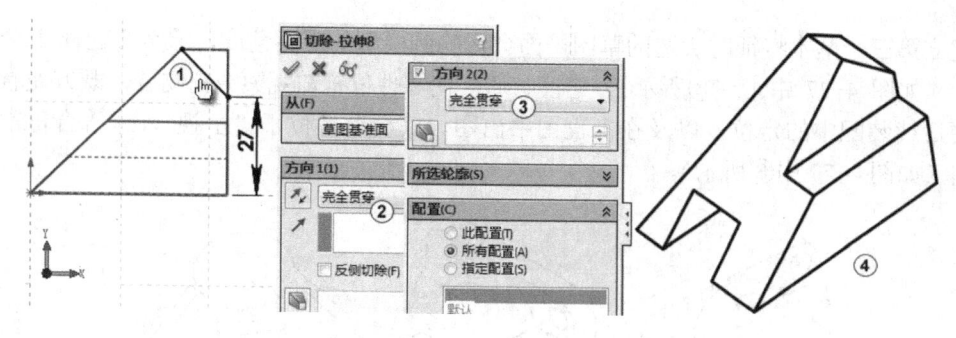

图 4-74　切除右端斜面

（7）单击工具栏中的"另保存"按钮 ，在"文件名"文本框中输入"7 切割组合体.SLDPRT"，单击"保存"按钮。

4.7.3　综合组合体

建立如图 4-75 所示的组合体。

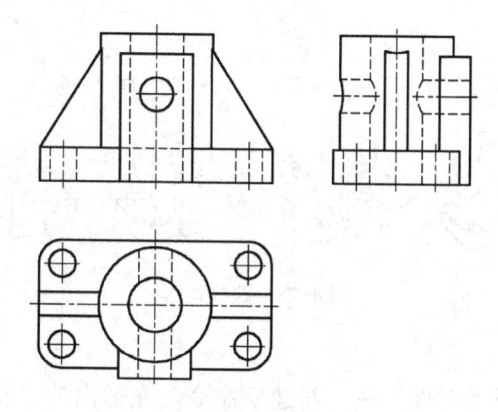

图 4-75　组合体

1. 模型分析

将组合体分解为 4 部分，要根据构型选择第一个基本特征的草图轮廓。第一部分和第二部分的形状特征图在"前视"（如图 4-76 中①②所示），且与后续特征无关，但它们的特征依赖于圆筒（第三部分，如图 4-76 中③所示）。第三部分圆筒的形状特征图在"上视"，圆筒的尺寸比底板小，且定位依赖于底板。第四部分底板的形状特征图也在"上视"（如图 4-76 中④所示），可直接拉伸后获得，尺寸较大，且置于最下方起支撑作用。在此基础上，可利用其草图特征创建圆筒，其轮廓利用度较高，适合作为第一个基本特征草图。

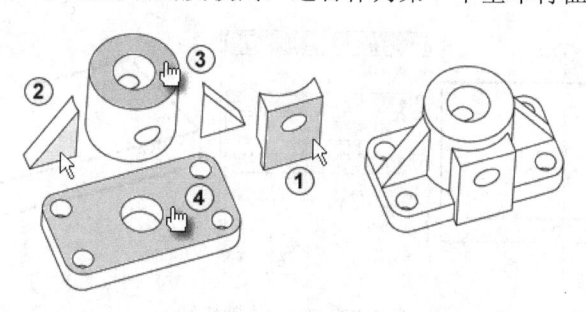

图 4-76　组合体的组成

建立第三个基本特征时所选的草图平面会影响到模型的观察角度,通常会选择 3 个基本面之一(如图 4-77 中①~③所示)。建模时通常使零件位置与观察方向吻合,既方便看图,也方便后续装配中的定位,以及在工程图中出图。底板草图位于"上视",才符合正常的视图方向(如图 4-77 中③所示)。

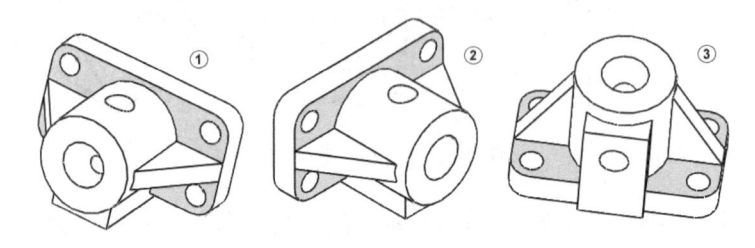

图 4-77　第一个基本特征的草图平面

将零件形体进行分解时,应该先叠加后切割、先外部后内部、先实心后空心。建模过程如图 4-78 中①~⑧所示。

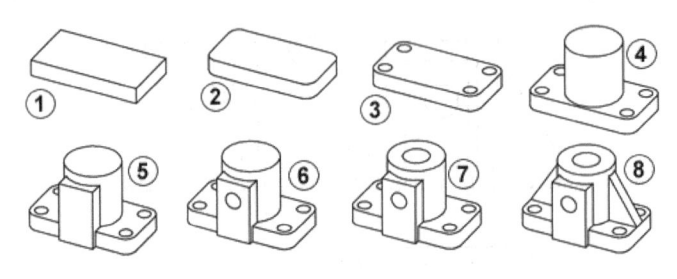

图 4-78　建模过程

2. 操作步骤

(1)新建文件。选择"文件"→"新建"命令,在弹出的"新建文件"对话框中选择"零件"或"模板"文件,单击"确定"按钮。

(2)从特征管理器中选择"上视基准面",单击"正视于"按钮,单击"草图"切换到草图绘制面板,单击"中心矩形"按钮,绘制出"草图 1"(请注意原点在长方形的正中间)。单击"确定"按钮。单击"智能尺寸"按钮,标注尺寸,如图 4-79 中①所示。

(3)切换到"特征"面板,单击"拉伸凸台/基体"按钮,系统弹出"凸台-拉伸"属性管理器,在"方向 1"栏的"终止条件"选择框中选择"给定深度",在"深度"文本框中输入 10,如图 4-79 中②所示。其他采用默认设置,单击"确定"按钮完成拉伸操作,结果如图 4-79 中③所示。

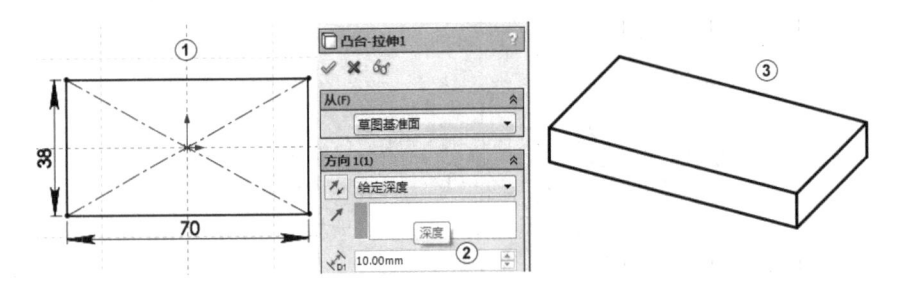

图 4-79　建立基础特征

（4）单击"圆角"按钮，如图 4-80 中①所示。系统弹出"圆角"属性管理器，选择"圆角类型"为"恒定大小圆角"，如图 4-80 中②所示。在绘图区移动鼠标选择长方形的 4 条垂直线，如图 4-80 中③～⑥所示，在"圆角半径"文本框中输入 7，如图 4-80 中⑦所示。其他采用默认设置。单击"确定"按钮完成圆角操作，结果如图 4-80 中⑧⑨所示。

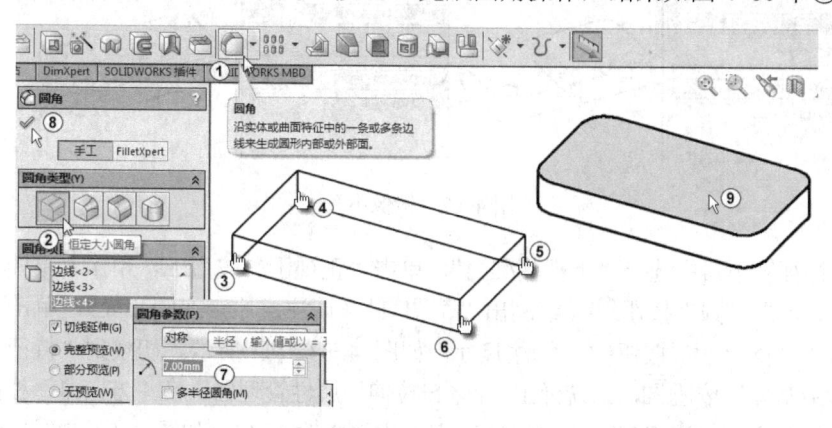

图 4-80　圆角

（5）切换到"草图"面板，选择长方体的上表面，如图 4-80 中⑨所示。单击"正视于"按钮，单击"点"按钮绘制出 1 个位于圆弧中心点上的点，如图 4-81 中①所示。单击"确认角落"中的退出草图或取消。

（6）切换到"特征"面板，单击"异型孔向导"按钮，如图 4-81 中②所示。系统弹出"孔规格"属性管理器并默认选中"类型"，在"孔类型"选择栏中选择"孔"，在"标准"选择框中选择"GB"标准，在"类型"选择框中选择"钻孔大小"，在"孔规格"选择框中选择$\phi 8.0$，在"终止条件"选择框中选择"给定深度"，在"深度"文本框中输入 10，如图 4-81 中③～⑦所示。单击"类型"中的面板，在绘图区选择长方体的上表面，如图 4-81 中⑧⑨所示。再选择刚刚绘制的点（如图 4-81 中①所示），单击"确定"按钮完成孔创建。

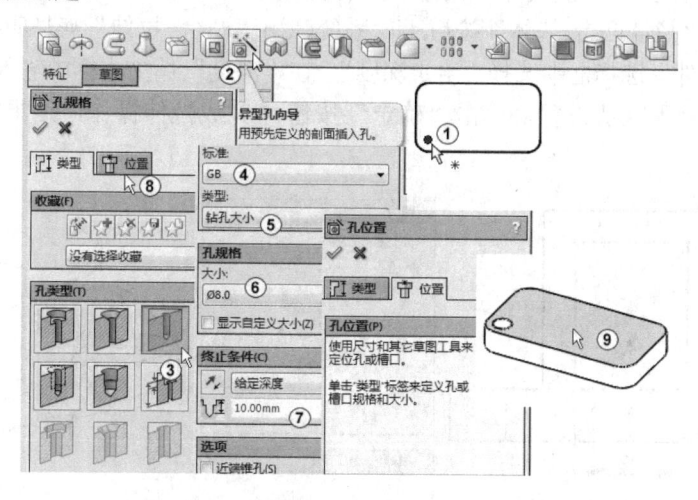

图 4-81　生成小孔

（7）在特征管理器中选择"右视基准面"，单击"特征"工具栏中的"镜像"按钮，选择刚刚生成的小孔，单击"确定"按钮（如图 4-82 中①②所示）。在特征管理器中选择

91

"前视基准面",再次单击"特征"工具栏中的"镜像"按钮,选择刚刚镜像出的小孔(如图 4-82 中③所示),单击"确定"按钮✔(如图 4-82 中④所示)。

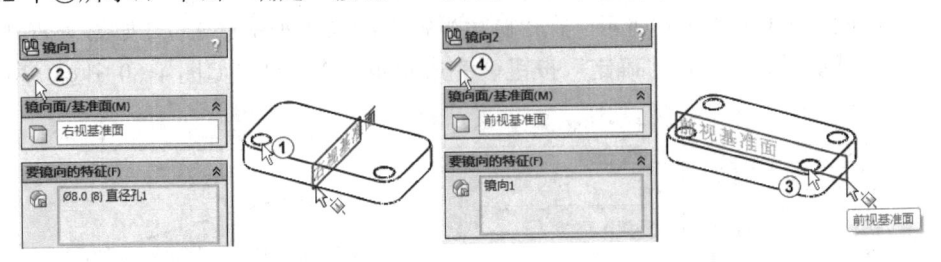

图 4-82　镜像小孔

(8)从特征管理器中选择"上视基准面",单击"正视于"按钮,单击"草图"切换到草图绘制面板,单击"圆"按钮,绘制出"草图 1"(请注意原点在圆心处)。单击"确定"按钮✔。单击"智能尺寸"按钮,标注尺寸,如图 4-83 中①所示。切换到"特征"面板,单击"拉伸凸台/基体"按钮,系统弹出"凸台-拉伸"属性管理器,在"方向 1"栏的"终止条件"选择框中选择"给定深度",在"深度"文本框中输入 44,如图 4-83 中②所示。其他采用默认设置,单击"确定"按钮✔完成拉伸操作,结果如图 4-83 中③所示。

图 4-83　生成圆柱

(9)从特征管理器中选择"前视基准面",单击"正视于"按钮,单击"草图"面板中的"中心矩形"按钮,绘制出"草图 1"(请注意原点在长方形下端的中心处)。单击"确定"按钮✔。单击"智能尺寸"按钮,标注尺寸,如图 4-84 中①所示。切换到"特征"面板,单击"拉伸凸台/基体"按钮,系统弹出"凸台-拉伸"属性管理器,在"方向 1"栏的"终止条件"选择框中选择"给定深度",在"深度"文本框中输入 22,如图 4-84 中②所示。其他采用默认设置,单击"确定"按钮✔完成拉伸操作,结果如图 4-84 中③所示。

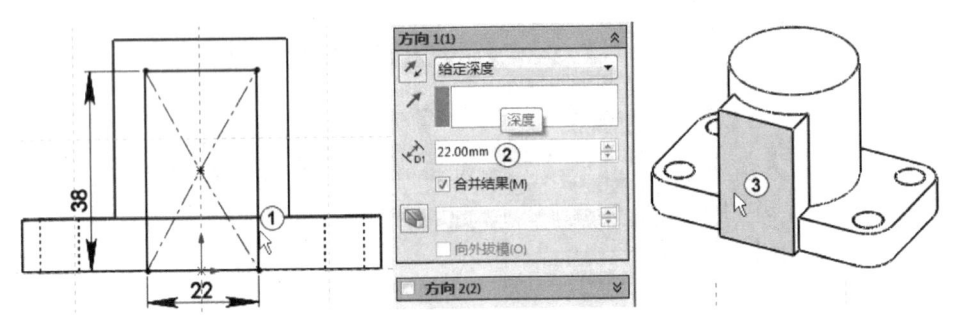

图 4-84　生成前凸台

(10)从特征管理器中选择模型上的面(如图 4-84 中③所示),单击"正视于"按钮,单击"草图"面板中的"圆"按钮,绘制出"草图 1"(请注意原点在圆心的正下方处),单击"确定"按钮✔。单击"智能尺寸"按钮✎,标注尺寸,如图4-85中①所示。切换到"特征"面板,单击"拉伸切除"按钮,系统弹出"切除-拉伸"属性管理器,在"方向1"栏的"终止条件"选择框中选择"完全贯穿",如图4-85中②所示。其他采用默认设置,单击"确定"按钮✔完成拉伸操作,结果如图4-85中③所示。

图4-85 生成水平的小孔

(11) 从特征管理器中选择模型的上表面(如图4-85中③所示),单击"正视于"按钮↥,单击"草图"面板中的"圆"按钮⊙,绘制出"草图1"(请注意原点在圆心处),单击"确定"按钮✔。单击"智能尺寸"按钮✎,标注尺寸,如图4-86中①所示。切换到"特征"面板,单击"拉伸切除"按钮,系统弹出"切除-拉伸"属性管理器,在"方向1"栏的"终止条件"选择框中选择"完全贯穿",如图4-86中②所示。其他采用默认设置,单击"确定"按钮✔完成拉伸操作,结果如图4-86中③所示。

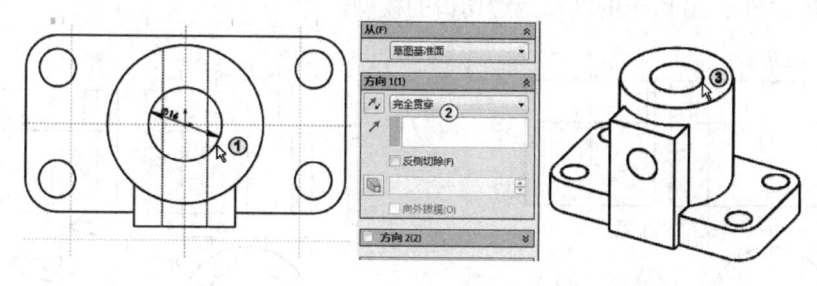

图4-86 生成垂直的小孔

(12) 从特征管理器中选择"前视基准面",单击"正视于"按钮↥,单击"草图"面板中的"直线"按钮╲,绘制一条斜线,单击"智能尺寸"按钮✎,标注角度尺寸,如图4-87中①所示,单击"确定"按钮✔。切换到"特征"面板,单击"筋"按钮,系统弹出"筋"属性管理器,在"厚度:"中选择"两侧"≡,输入深度为7,在"拉伸方向:"中选择"平行于草图",如图4-87中②③所示。其他采用默认设置,单击"确定"按钮✔完成拉伸操作,结果如图4-87中④所示。

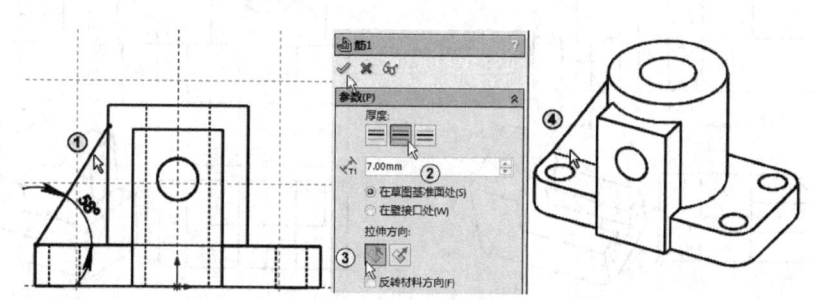

图4-87 生成筋

（13）在特征管理器中选择"右视基准面"，单击"特征"工具栏上的"镜像"按钮，选择刚刚生成的筋（如图 4-88 中①所示），单击"确定"按钮，结果如图 4-88 中②③所示。

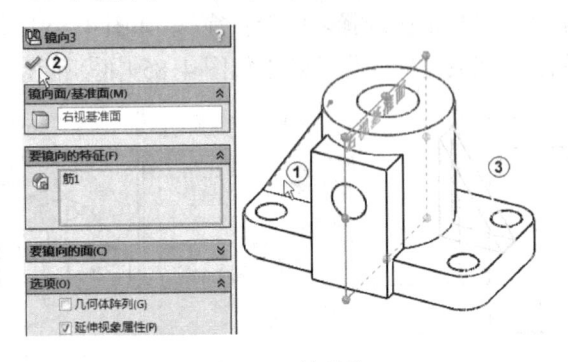

图 4-88 镜像筋

（14）单击工具栏中的"另保存"按钮，在"文件名"文本框中输入"8 综合组合体.SLDPRT"，单击"保存"按钮。

4.8 思考与练习

（1）创建如图 4-89 所示的圆柱两边切口的模型。

（2）创建如图 4-90 所示的圆筒两边切口的模型。

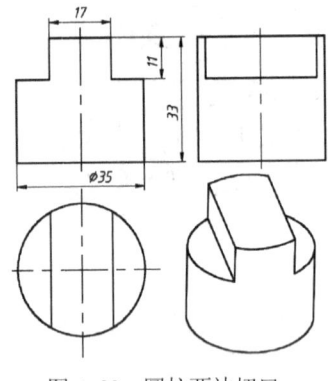

图 4-89 圆柱两边切口

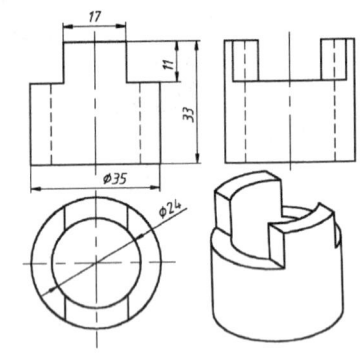

图 4-90 圆筒两边切口

（3）创建如图 4-91～图 4-106 所示的组合体模型。

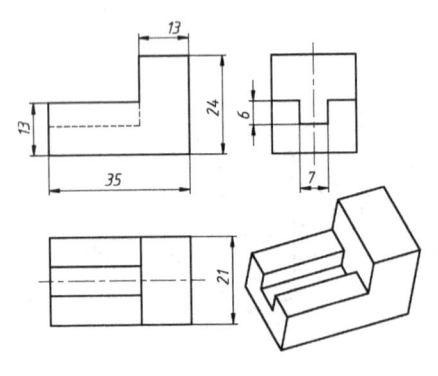

图 4-91 组合体 1

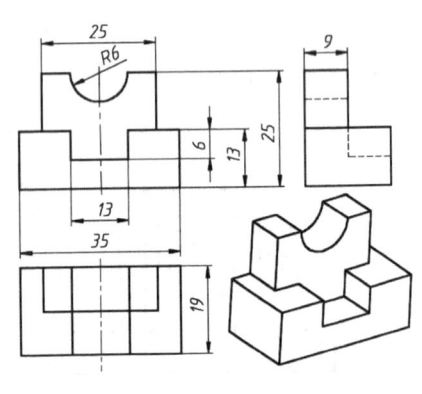

图 4-92 组合体 2

图 4-93 组合体 3

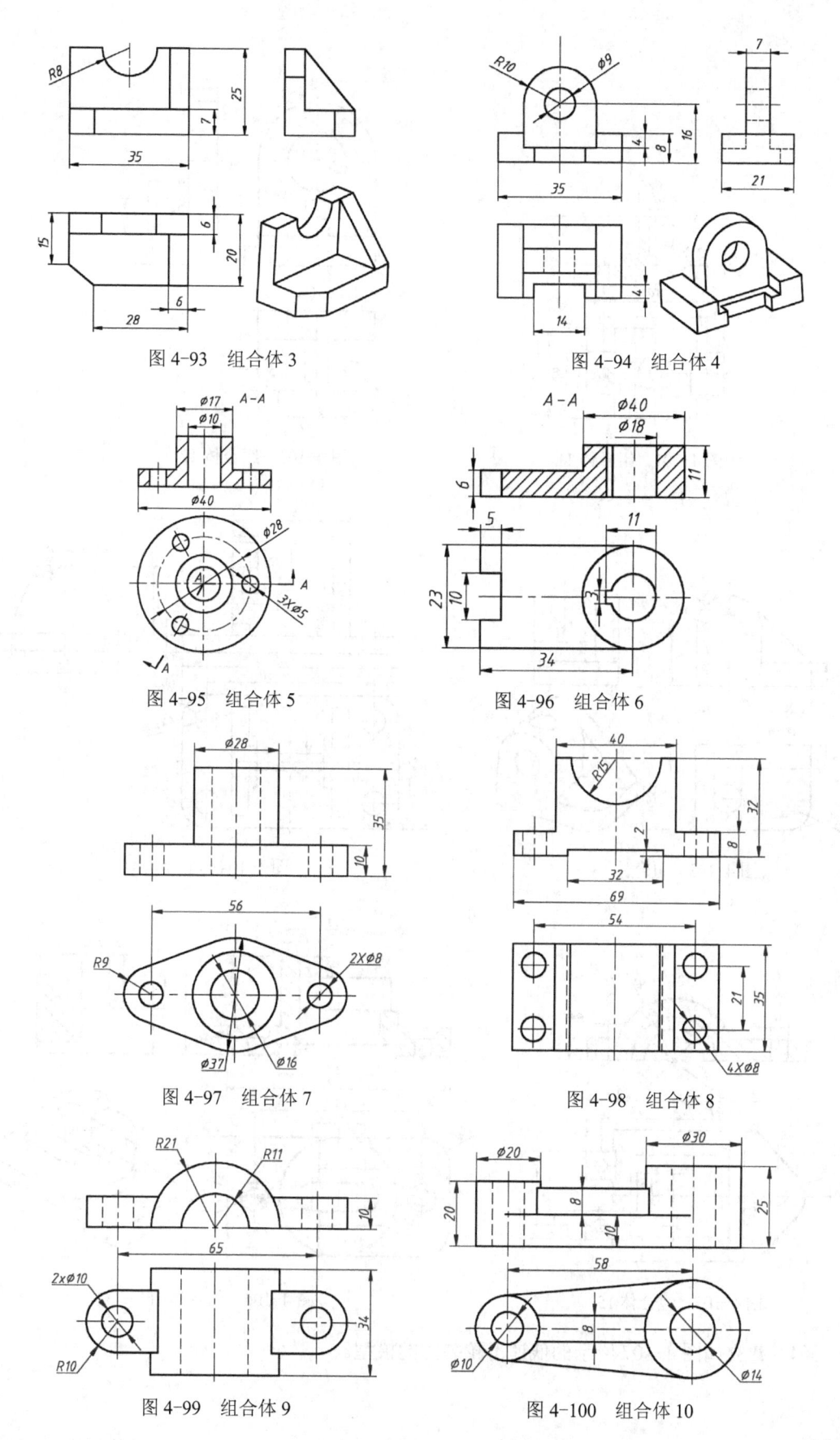

图 4-94 组合体 4

图 4-95 组合体 5

图 4-96 组合体 6

图 4-97 组合体 7

图 4-98 组合体 8

图 4-99 组合体 9

图 4-100 组合体 10

图 4-101　组合体 11

图 4-102　组合体 12

图 4-103　组合体 13

图 4-104　组合体 14

图 4-105　组合体 15

图 4-106　组合体 16

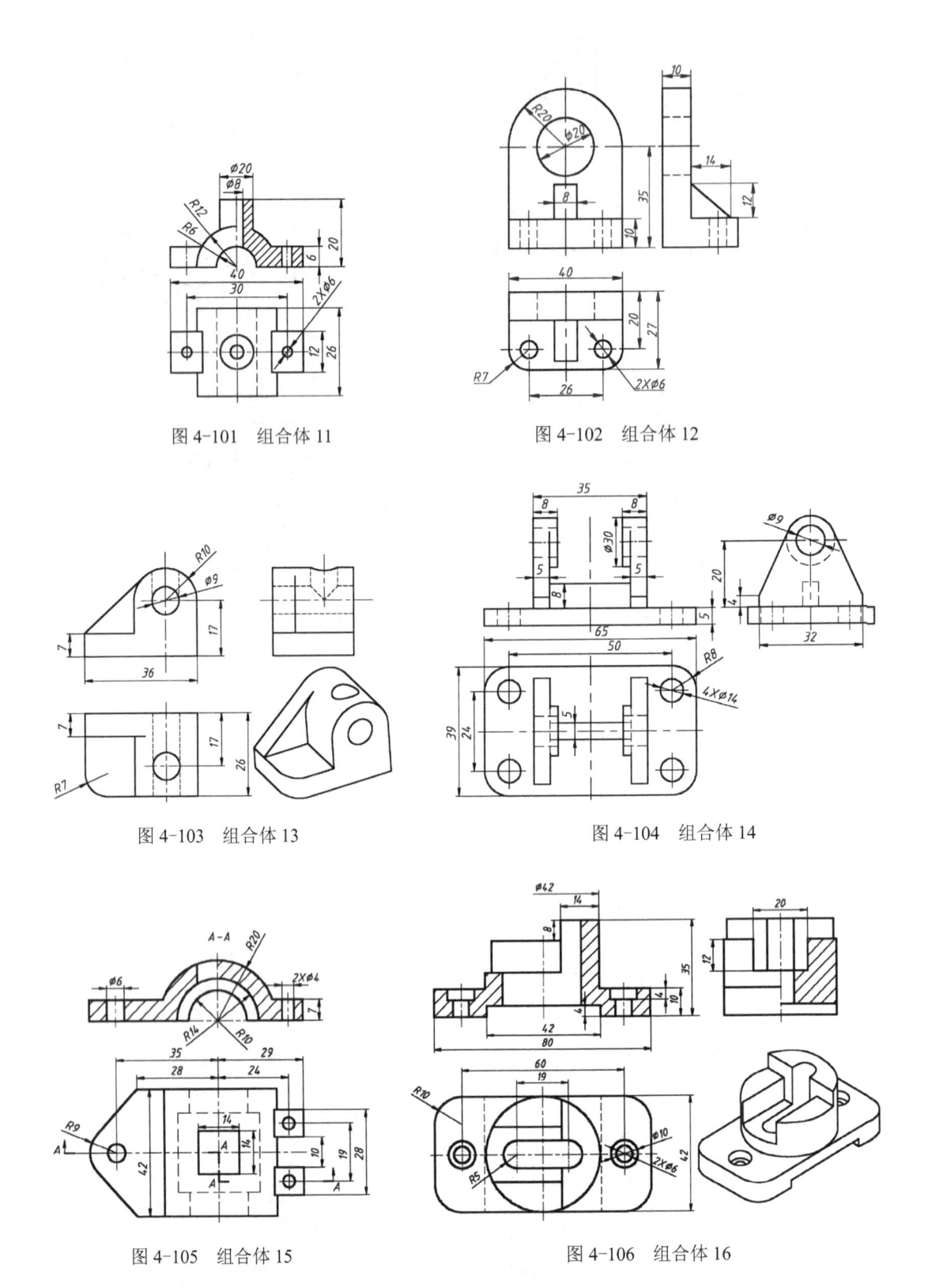

（4）建立如图 4-107 所示的低速滑轮装置的模型。

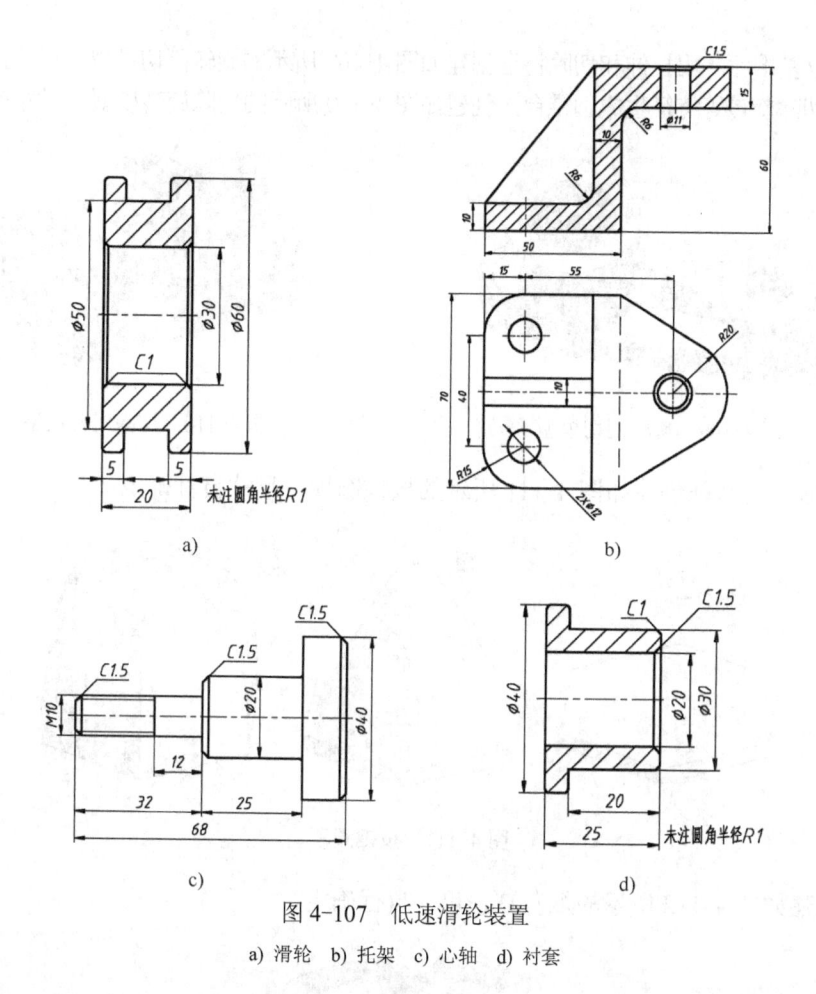

图 4-107 低速滑轮装置
a) 滑轮 b) 托架 c) 心轴 d) 衬套

（5）建立基准面，用拉伸和切除特征建立如图 4-108 所示的模型，尺寸自行确定（可参阅光盘中的 PDF 文件）。本例是一个典型的叠加类组合体，可以分为 4 部分，建立模型时一部分一部分地做，每部分都是先确定基准面（如果系统现有基准面不能满足要求，则要另外建立基准面）→绘制草图→拉伸或切除。本例的目的是使读者学会 SolidWorks 建模的基本思路；如先分解模型；草图的大圆圆心最好与系统的原点重合；在建模过程中经常放大、缩小或旋转视图；对称的模型先做一半，再镜像另一半等。

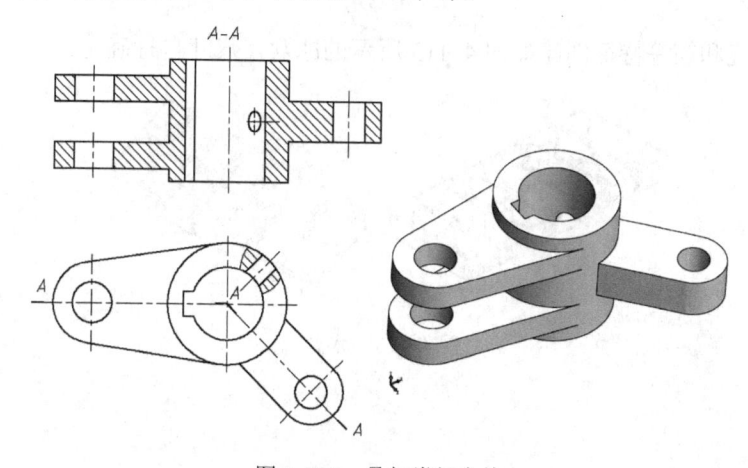

图 4-108 叠加类组合体

（6）建立基准面，用拉伸和切除特征创建如图 4-109 所示的旋转剖切模型，尺寸自行确定。

（7）用切除旋转等特征生成圆锥台，创建如图 4-110 所示的切除旋转模型，尺寸自行确定。

图 4-109　旋转剖切模型　　　　　　图 4-110　切除旋转模型

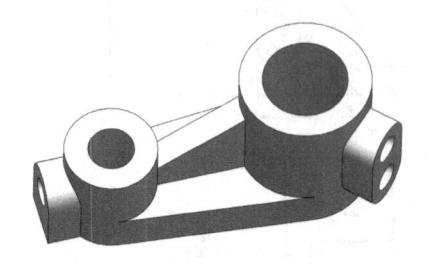

（8）用圆顶等特征创建如图 4-111 所示的按键圆顶，尺寸自行确定。

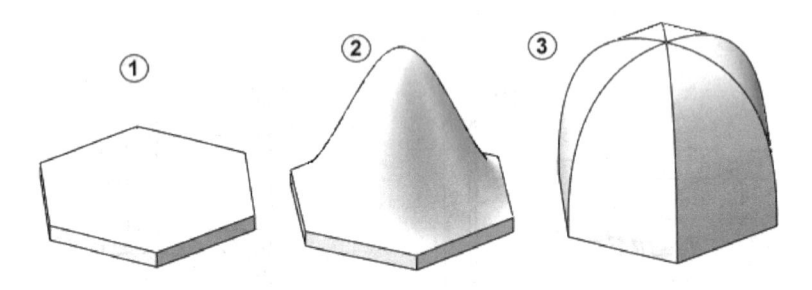

图 4-111　按键圆顶

（9）创建如图 4-112 所示的烟灰缸，尺寸自行确定。

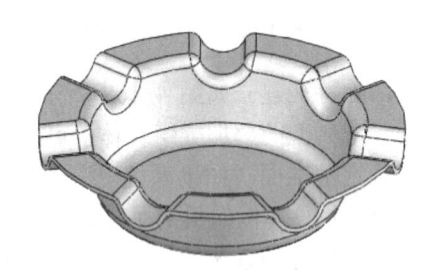

图 4-112　烟灰缸

（10）用抽壳和筋等特征创建如图 4-113 所示的冰盒，尺寸自行确定。

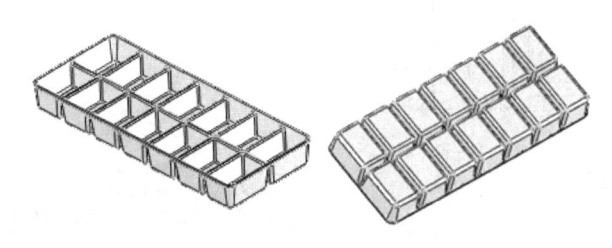

图 4-113　冰盒

第 5 章 装　　配

在机械设计中，大多数的零件都不是由单一的零件组成的，需要许多零件装配而成。例如：简单的螺栓与螺母紧固件、柱塞泵、减速器、轴承等。在 SolidWorks 中可以生成由许多零部件组成的复杂装配体。装配体的零部件可以包括独立的零件和其他装配体，称为子装配体。对于大多数的操作，两种零部件的绘图方式是相同的。本章针对不同类型的零件讲述相应的装配方法。

5.1 装配体操作

1. 新建装配体文件

单击"新建"按钮或选择菜单"文件"→"新建"命令，弹出"新建 SolidWorks 文件"对话框，在模板内选择"装配体"按钮，单击"确定"按钮，进入装配体制作界面，装配体文件的扩展名为"sldasm"。默认按下"插入零部件"按钮，"插入零部件"属性管理器自动出现。单击"浏览"按钮，如图 5-1 中①所示，弹出"打开"对话框，选择需要的零部件文件，然后单击"打开"按钮，如图 5-1 中②③所示，单击"确定"按钮✔即可在原点插入零部件，如图 5-1 中④所示。

如果所插入的零部件是第一个零件，则该零部件会被固定。特征管理器中的零件前面自动加有"固定"字样，表明其已定位，如图 5-1 中⑤所示。如果插入的不是第一个零件，该零部件不会被固定。在装配体窗口的图形区域中，单击要放置零部件的位置。如果插入位置不太恰当，选择零部件，按住鼠标左键，将其拖动到恰当位置。

图 5-1　插入零部件

2. 移动零部件和旋转零部件

单击"插入零部件"按钮，如图 5-2 中①所示。单击"浏览"按钮，弹出"打开"对话框，选择"耳板.SLDPRT"文件，单击"打开"按钮，在图形区域中任意位置单击插入耳板。

单击"移动零部件"按钮，弹出"移动零部件"属性管理器，指针变成✢，在图形区域选择耳板后按住鼠标左键拖动到所需的位置，单击"确定"按钮✓，如图5-2中②~⑤所示。

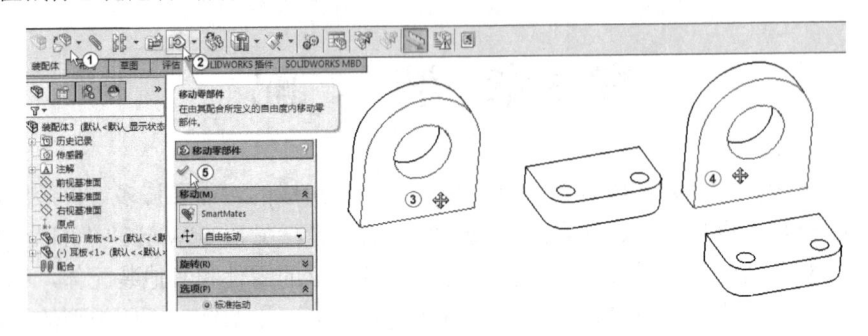

图5-2 移动零部件

单击"插入零部件"按钮，单击"浏览"按钮，弹出"打开"对话框，选择"筋板.SLDPRT"文件，单击"打开"按钮，在图形区域中任意位置单击插入筋板。单击"旋转零部件"按钮，弹出"旋转零部件"属性管理器，鼠标指针变成↻，在图形区域选择筋板后按住鼠标左键旋转到所需的位置，单击"确定"按钮✓，如图5-3中①~④所示。

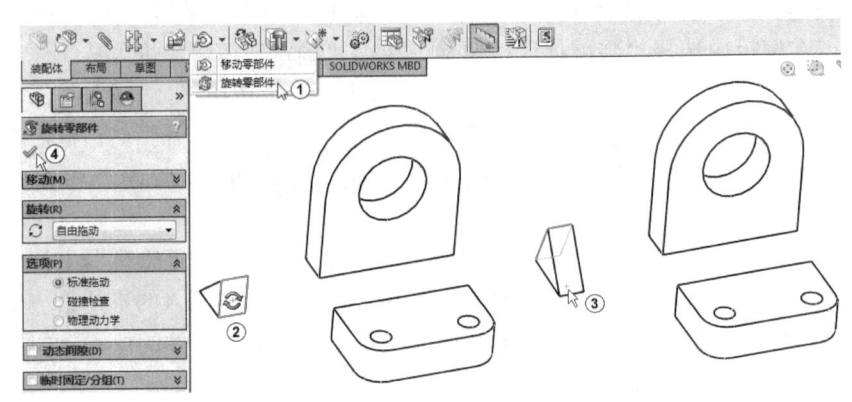

图5-3 旋转零部件

移动和旋转零部件时，各选项的作用如表5-1所示。

表5-1 移动和旋转零部件中各选项的作用

移动零部件的方式	
自由拖动	选择零部件并沿任何方向拖动
沿装配体 XYZ	选择零部件并沿装配体的 X、Y 或 Z 方向拖动。图形区域中显示坐标系，以帮助确定方向。若要选择沿轴拖动，拖动前在轴附近单击
沿实体	选择实体，然后选择零部件并沿该实体拖动。如果实体是一条直线、边线或轴，所移动的零部件具有一个自由度。如果实体是一个基准面或平面，所移动的零部件具有两个自由度
由三角形 XYZ	选择零部件，在"移动零部件"属性管理器中输入 X、Y 或 Z 值，然后单击应用，则零部件按照指定的数值移动
到 XYZ 位置	选择零部件上的一点，在"移动零部件"属性管理器中输入 X、Y 或 Z 坐标，然后单击应用，零部件的点移动到指定坐标。如果选择的项目不是顶点或点，则零部件的原点会被置于所指定的坐标处
旋转零部件的方式	
自由拖动	选择零部件并沿任何方向拖动
绕实体	选择一条直线、边线或轴，然后围绕所选实体拖动零部件
由三角形 XYZ	选择零部件，在"旋转零部件"属性管理器中输入 X、Y 或 Z 值，然后单击应用，零部件按照指定角度数值绕装配体的轴转动

100

5.2 配合方式

本节主要介绍 SolidWorks 中的配合方式、对齐条件和组合体的装配。

5.2.1 标准配合

单击"配合"按钮，弹出"配合"属性管理器，如图 5-4 所示。选择零部件上所需配合实体，所选实体被列在要配合的实体框中。有效的配合关系如表 5-2 所示。

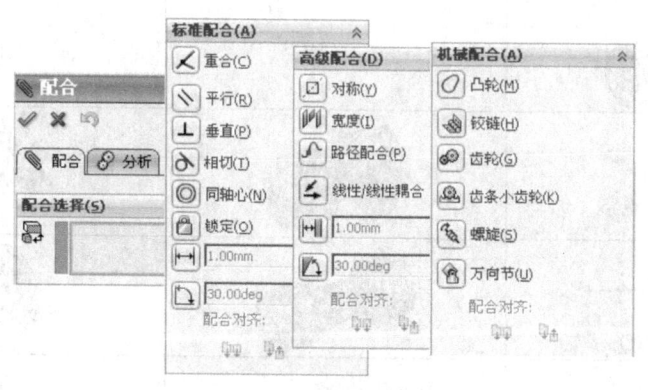

图 5-4 "配合"属性管理器

表 5-2 配合关系

配合	说 明	配合	说 明
重合	使所选择的两个零部件面、边线及基准面（它们之间相互组合或与单一顶点组合）重合在一条无限长的直线上，或将两个点重合配合	平行	使所选的两个零部件保持相同的方向，并且互相保持相同的距离配合
垂直	使所选的两个零部件以 90° 相互垂直配合	相切	使所选的两个零部件保持相切配合（至少有一选择项目必须为圆柱面、圆锥面或球面）
同轴心	使所选的两个零部件位于同一中心线配合	锁定	使所选的对象固定
距离	使所选的两个零部件之间保持指定的距离配合	角度	使所选的两个零部件以指定的角度配合
对称	强制使两个相似的零部件相对于零部件的基准面或平面或者装配体的基准面对称	宽度	宽度配合可以使目标零部件位于凹槽宽度内的中心
路径配合	将零部件上所选的点约束到路径。可以在装配体中选择一个或多个对象来定义路径，也可以定义零部件在沿路径经过时的纵倾、偏转和摇摆	线性/线性耦合	此配合在一个零部件的平移和另一个零部件的平移之间建立几何关系
限制距离	限制两个零部件在一定的距离范围内移动，需要指定开始距离以及最大和最小值	限制角度	限制两个零部件在一定的角度范围内移动，需要指定开始角度以及最大和最小值
凸轮	凸轮推杆配合为相切或重合配合类型。它可允许将圆柱、基准面或点与一系列相切的拉伸曲面相配合	铰链	铰链配合将两个零部件之间的移动限制在一定的旋转范围内，其效果相当于同时添加同心配合和重合配合
齿轮	使选择的两个零部件绕所选轴相对旋转。齿轮配合的有效旋转轴包括圆柱面、圆锥面、轴和线性边线	齿条小齿轮	通过齿条和小齿轮配合，使零部件（齿条）的线性平移会引起另一零部件（小齿轮）做圆周旋转
螺旋	使两个零部件约束为同心，还在一个零部件的旋转和另一个零部件的平移之间添加纵倾几何关系。一零部件沿轴方向的平移会根据纵倾几何关系引起另一个零部件的旋转。同样，一个零部件的旋转可引起另一个零部件的平移	万向节	使一个零部件（输出轴）绕自身轴的旋转是由另一个零部件（输入轴）绕其轴的旋转驱动的

5.2.2 对齐条件

配合关系中的对齐条件包括以下两点。

（1）对齐：以所选面的法向或轴向量，指向相同方向来放置零部件。

（2）反向对齐：以所选面的法向或轴向量，指向相反方向来放置零部件。

"重合""距离""同轴心"与"对齐条件"的结合关系如表 5-3 所示。

表 5-3 "重合""距离""同轴心"与"对齐条件"的结合关系

	同向对齐	反向对齐
重合		
距离 10.00mm □反转尺寸(F)		
距离，尺寸反向到另一边 10.00mm ☑反转尺寸(F)		
同轴心		

5.2.3 组合体的装配

组合体的装配过程如下。

此组合体由 3 部分组成，底板固定后，耳板与底板间通过 3 个方向的重合来完成耳板的固定，筋板也同样是通过 3 个方向的重合来固定的。

（1）单击"配合"按钮，如图 5-5 中①所示，弹出"配合"属性管理器，选择如图 5-5 中②③所示的两个平面，进行"重合"配合，预览无误后，单击"确定"按钮。

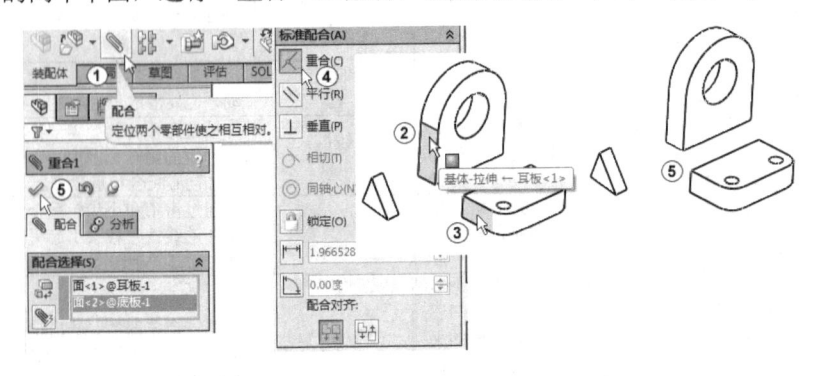

图 5-5 将选择的两个面进行"重合"配合 1

（2）分别选择如图 5-6 中①②所示的两个面，进行"重合"配合，预览无误后，单击"确定"按钮。分别选择如图 5-6 中③④所示的两个面，进行"重合"配合，预览无误后，单击"确定"按钮，结果如图 5-6 中⑤所示。

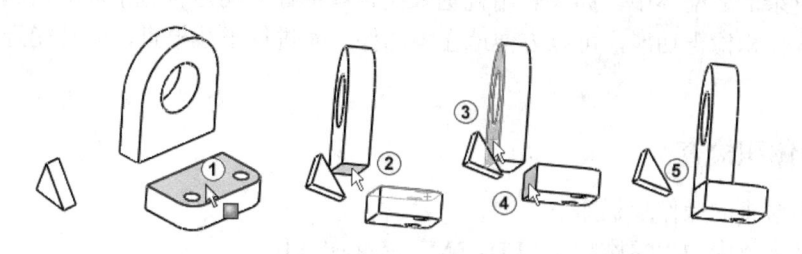

图 5-6 将选择的两个面作"重合"配合 2

（3）展开特征树，分别选择底板的右视和筋板的右视，如图 5-7 中①②所示，进行"重合"配合，预览无误后，单击"确定"按钮，如图 5-7 中③④所示。

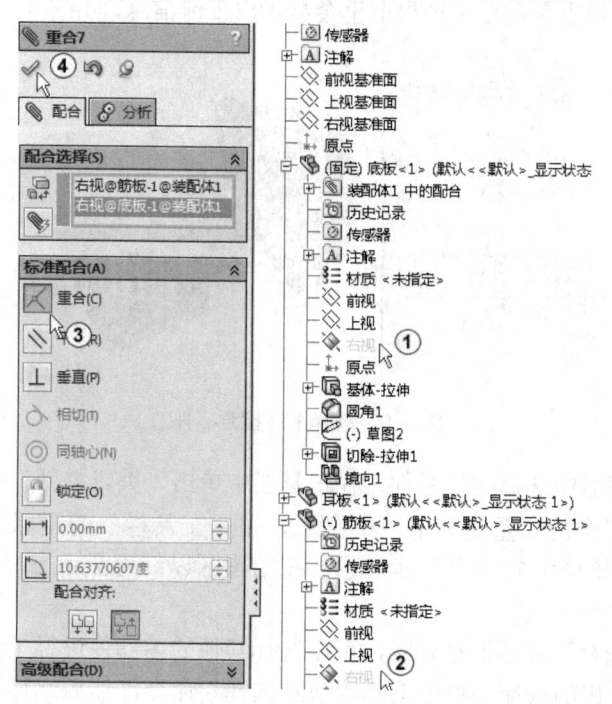

图 5-7 将选择的两个面进行"重合"配合 3

（4）分别选择如图 5-8 中①②所示的两个面，进行"重合"配合，预览无误后，单击"确定"按钮。分别选择如图 5-8 中③④所示的两个面，进行"重合"配合，预览无误后，单击"确定"按钮，结果如图 5-8 中⑤所示。

图 5-8 将选择的两个面进行"重合"配合 4

103

5.3 干涉检查

在一个复杂的装配体中,如果想用视觉来检查零部件之间是否有干涉的情况是件困难的事。利用干涉体积检查功能,可以方便地在零部件之间进行干涉检查,并且能查看所检查到的干涉体积。

5.3.1 干涉体积检查

干涉体积检查的操作步骤如下:

(1) 打开光盘中的"螺栓装配.SLDASM"装配图文件。

(2) 选择菜单"工具"→"干涉检查"命令,出现"干涉检查"属性管理器,在"所选零部件"中,右击并选取"清除选择",然后选择"螺母"和"螺栓",单击"计算"按钮,单击"确定"按钮✔,如图 5-9 所示。结果显示"无干涉",说明螺母的体积和螺栓的体积没有重合部分。如果有重合在结果框里会显示出干涉信息,并在干涉处红色显示。

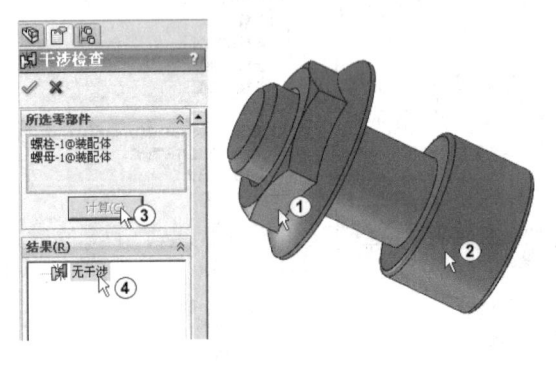

图 5-9 选择干涉检查零件

(3) 在特征管理器中选择螺栓零件,在工具栏中单击"编辑零件"按钮,将螺栓直径增大 2,单击工具栏中的"重建模型"按钮,单击工具栏中的图标进行干涉检查,单击"计算"按钮,在结果框中显示出干涉信息,在绘图区以红色显示出干涉部位,如图 5-10 所示。

(4) 在"干涉检查"对话框打开时,可以选择其他的零部件进行干涉检查。在"所选零部件"中右击,在弹出的快捷菜单中选择"清除选择"命令,然后选择要检查的新零部件并单击"计算"按钮,检查完毕单击"确定"按钮✔结束检查。

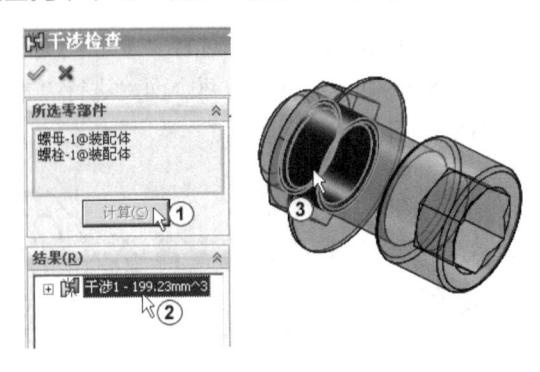

图 5-10 提示干涉信息

5.3.2 电机转子装配干涉检查

（1）单击工具栏中的"打开"按钮，弹出"打开"对话框，找到配套光盘中的"转子"装配文件，单击"确定"按钮。单击工具栏中的"干涉检查"按钮，弹出"干涉检查"属性管理器，在"所选零部件"文本框中已输入"转子.SLDASM"，这是系统默认的。如果要对某两个或几个零部件进行干涉检查，可以先清空输入框中的所有输入，再选择要进行干涉检查的某两个零部件。现在要对整个转子装配进行干涉检查，单击"计算"按钮，系统经过计算后在"结果"显示框中显示出干涉项目，一共有两项干涉，如图 5-11 所示。

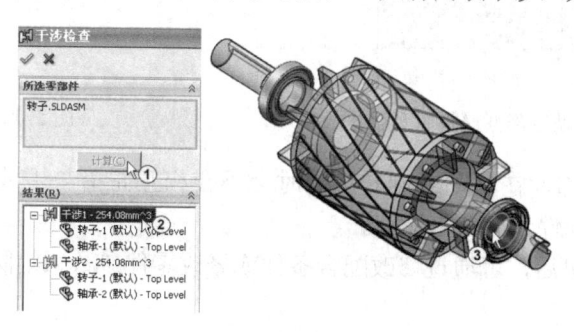

图 5-11　干涉检查属性管理器

（2）展开干涉 1 和干涉 2，可以看到这两项是轴直径大于轴承内径的干涉，可见轴和轴承的配合是"过盈"配合，轴的直径要大于轴承内径 0.06~0.1，配合时要加热轴承使之膨胀，再和轴进行配合，所以这两项干涉是正常的。选中"干涉 1"，轴与轴承的干涉处会以红色显示，如图 5-12 中①②所示。选中"干涉 2"，轴与轴承的干涉处会以红色显示，如图 5-12 中③④所示，检查完毕单击"确定"按钮 ✓ 结束检查。

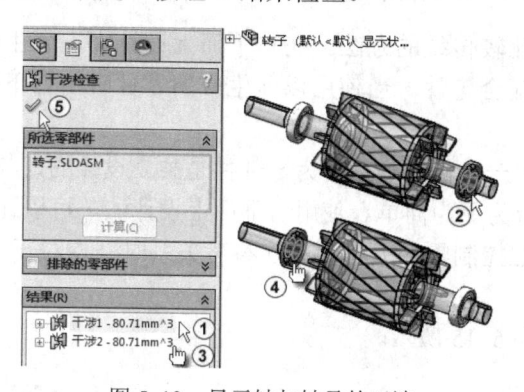

图 5-12　显示轴与轴承的干涉

5.3.3 运动碰撞检查

移动或旋转零部件时，检查其与其他零部件之间的冲突，可以发现所选的零部件是否发生碰撞。其操作步骤如下。

（1）打开光盘中的"螺杆-活灵装配碰撞检查.SLDASM"装配体文件。

（2）单击"移动零部件"按钮，弹出"移动零部件"属性管理器。选中"碰撞检查"单选按钮，同时选中"碰撞时停止""高亮显示面""声音"等复选框。如图 5-13 中①~④所示。然后将活灵（如图 5-13 中⑤所示）向螺杆头部（向右方）移动，在活灵与螺杆挡肩碰撞时会发出声音，同时高亮度显示碰撞部分并停止移动，如图 5-14 所示。

105

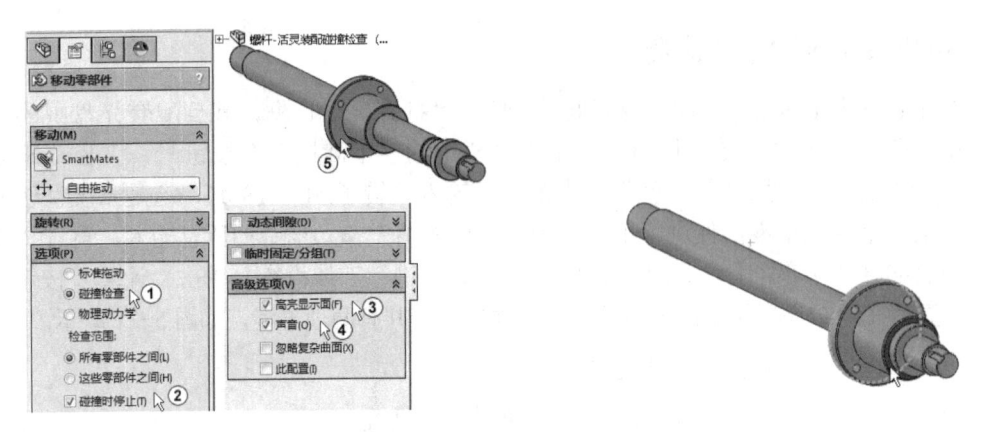

图 5-13 移动零部件属性管理器　　　　　图 5-14 碰撞检查

检查装配体中零部件在移动或旋转运动时会不会相互碰撞与干涉，可通过"移动零部件"命令和"旋转零部件"命令来检查。

查明装配干涉情况后，可通过修改配合条件或修改零件参数来消除干涉。限于篇幅，本书不对此展开叙述了。

5.4　装配体制作实例

在设计中，用户可以自下而上设计一个装配体，也可以自上而下进行设计，或两种方法结合使用。

5.4.1　自下而上设计——螺栓装配

自下而上设计法是比较传统的方法。在自下而上设计中，先生成零件并将其插入装配体，然后根据设计要求配合零件。当使用以前生成的零件时，自下而上的设计方案是首选的方法。

自下而上设计法的另一个优点是，因为零部件是独立设计的，与自上而下设计法相比，它们的相互关系及重建行为更为简单。使用自下而上设计法，可以让用户专注于单个零件的设计工作。当不需要建立控制零件大小和尺寸参考关系时（相对于其他零件），此方法较为适用。

完成螺栓装配，如图 5-15 所示。

图 5-15　螺栓装配

（1）单击工具栏中的"新建"按钮，在弹出的"新建 SolidWorks 文件"对话框中单击"装配体"按钮，最后单击"确定"按钮，完成新文件的创建，进入装配图界面。单击"插入零部件"按钮，弹出"插入零部件"属性管理器，单击"浏览"按钮，找到"板.SLDPRT"，单击"打开"按钮，单击"确定"按钮 ✓ 即可在原点插入零部件。再次单击"浏览"按钮，选择"槽钢.SLDPRT"文件，单击"打开"按钮，在图形区域中适当位置单击鼠标将零部件放置在恰当的位置，单击"确定"按钮✓。

（2）单击"配合"按钮⬤，弹出"配合"属性管理器，选择板面和槽钢面（如图 5-16 中①②所示），配合类型选择"重合"人，单击"确定"按钮✓。

（3）选择欲配合的两圆柱孔面，如图 5-17 中①②所示，配合类型选择"同轴心"◎，单击"确定"按钮✓。

图 5-16　板面和槽钢的面重合配合 　　　图 5-17　两圆柱孔面同轴心配合 1

（4）选择欲配合的两圆柱孔面，如图 5-18 中①②所示，配合类型选择"同轴心"◎，单击"确定"按钮✓完成配合，单击"关闭"按钮✗关闭"配合"属性管理器。

（5）单击"插入零部件"按钮，在弹出的"插入零部件"属性管理器中单击"浏览"按钮，选择"螺栓.SLDPRT"，单击"打开"按钮，放置零部件在恰当的位置。单击"确定"按钮✓。单击"配合"按钮⬤，弹出"配合"属性管理器，分别选择板面和螺钉端面（如图 5-19 中①②所示），配合类型选择"重合"人，单击"确定"按钮✓。

图 5-18　两圆柱孔面同轴心配合 2 　　　图 5-19　螺钉端面和板面重合配合

（6）选择欲配合的螺钉和板孔面，如图 5-20 中①②所示，配合类型选择"同轴心"按钮◎，单击"确定"按钮✓完成配合，单击"关闭"按钮✗关闭"配合"属性管理器。

（7）单击"插入零部件"按钮，在弹出的"插入零部件"属性管理器中单击"浏览"按钮，选择"弹簧垫圈.SLDPRT"，单击"打开"按钮，放置零部件在恰当的位置，单击"确定"按钮✓。单击"配合"按钮⬤，弹出"配合"属性管理器，分别选择弹簧垫圈端面和槽钢面（如图 5-21 中①②所示），配合类型选择"重合"人，单击"反向对齐"按钮，单击"确定"按钮✓。

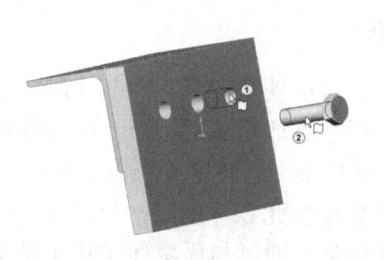

图 5-20　螺钉和孔面同轴心配合 　　　图 5-21　弹簧垫圈端面和槽钢面重合配合

（8）选择欲配合的弹簧垫圈内孔和螺栓，如图 5-22 中①②所示，配合类型选择"同轴心"⊚，单击"确定"按钮✔完成配合，单击"关闭"按钮✖关闭"配合"属性管理器。

（9）单击"插入零部件"按钮，在弹出的"插入零部件"属性管理器中单击"浏览"按钮，找到"螺母.SLDPRT"，单击"打开"按钮，放置零部件在恰当的位置，单击"确定"按钮✔。单击"配合"按钮，弹出"配合"属性管理器，分别选择螺母端面和弹簧垫圈端面（如图 5-23 中①②所示），配合类型选择"重合"，单击"反向对齐"按钮，单击"确定"按钮✔。

图 5-22　弹簧垫圈内孔和螺栓同轴心配合 　　　图 5-23　螺母端面和弹簧垫圈端面重合配合

（10）选择欲配合的螺母内孔和螺栓，如图 5-24 中①②所示，配合类型选择"同轴心"按钮⊚，单击"确定"按钮✔完成配合，单击"关闭"按钮✖关闭"配合"属性管理器。

（11）选择菜单"插入"→"零部件阵列"→"线性阵列"命令，弹出"线性阵列"属性管理器，选择临时轴为基准轴，选择边线作为方向，单击"反向"按钮，距离为 25，阵列数为 3，选择"螺栓""弹簧垫圈"和"螺母"为需要阵列的零件。预览无误后，单击"确定"按钮✔完成阵列，保存后退出，如图 5-25 所示。

图 5-24　螺母内孔和螺栓同轴心配合 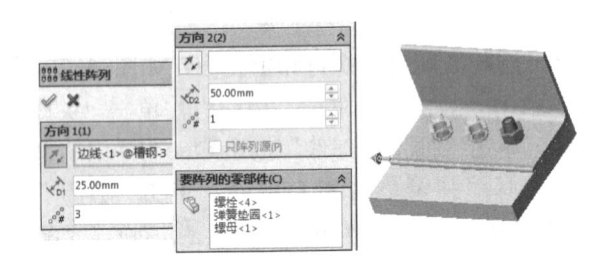　　　图 5-25　阵列螺栓、弹簧垫圈和螺母

5.4.2　自上而下设计——后轴承盖钻模装配

自上而下设计法是从装配体中开始设计工作，可以使用一个零件的几何体来帮助定义另一个零件的位置、形状、尺寸，或生成组装零件后才添加的加工特征。可以将布局草图作为设计的开端，定义固定的零件位置、基准面等，然后参考这些定义来设计零件。

例如，可以将一个零件插入到装配体中，然后根据此零件生成一个夹具。使用自上而下设计法在关联中生成夹具，这样可参考模型的几何体，通过与原零件建立几何关系来控制夹具的尺寸。

利用电动机后轴承盖中 ϕ320 内止口定位尺寸（如图 5-26 中深色面①所示）和大小孔直径（如图 5-26 中深色面②③所示），设计 7 个 ϕ18 的大钻套、2 个 ϕ10 的小钻套和模板（如图 5-26 中④～⑥所示）零件，并完成其装配（如图 5-26 中⑦所示）。拟采用自上而下的设计方法。

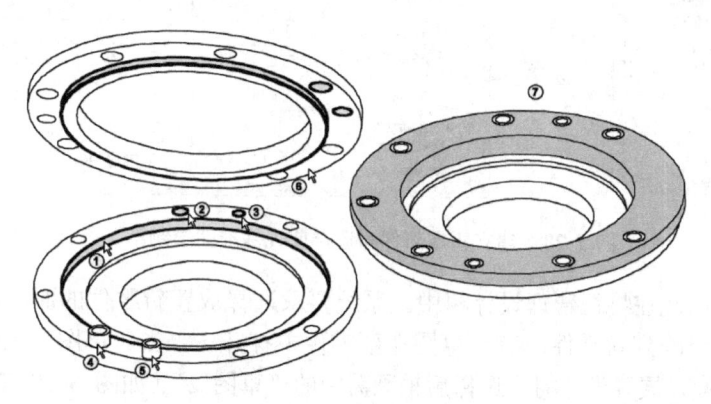

图 5-26 产品零件图

（1）单击工具栏中的"新建"按钮，在弹出的"新建 SolidWorks 文件"对话框中单击"装配体"按钮，最后单击"确定"按钮，完成新文件的创建，进入装配图界面。"插入零部件"按钮默认被按下，"插入零部件"属性管理器自动出现。单击"浏览"按钮，选择"后轴承盖.SLDPRT"，单击"打开"按钮，单击"确定"按钮 ✓ 即可在原点插入零部件，选择菜单"文件"→"保存"命令，保存为"装配体 1.SLDASM"。

（2）选择菜单"工具"→"选项"→"装配体"命令（如图 5-27 中①～③所示），选中"将新零部件保存到外部文件"复选框，单击"确定"按钮，如图 5-27 中④⑤所示。

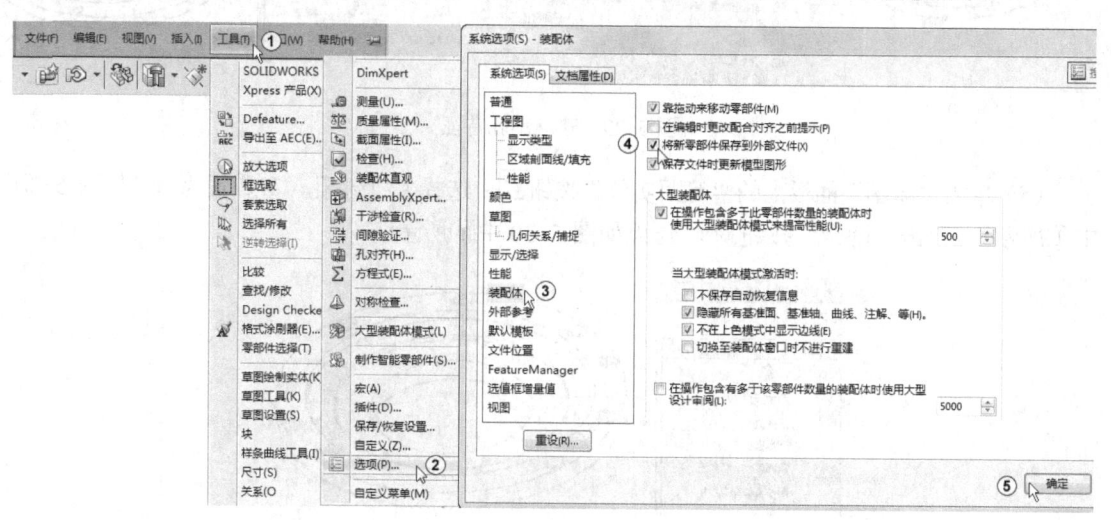

图 5-27 设置装配体新零件

（3）选择菜单"插入"→"零部件"→"新零件"命令（如图 5-28 中①～③所示），对于外部保存的零件，为新零件在"另存为"对话框的"文件名"文本框中输入一新名称，然后单击"保存"按钮（如图 5-28 中④⑤所示）。

图 5-28　建立新零部件和选择前视基准面绘制草图

（4）新零件出现在特征管理设计树中。系统要求选择放置新零件的面，如图 5-29 中①所示，编辑焦点更改到新零件，有一草图在新零件中打开。单击"草图"工具栏上的"转换实体引用"按钮，展开设计树，选择后轴承盖中的"草图 2"（如图 5-29 中②所示），单击"确定"按钮（如图 5-29 中③所示），系统弹出"SOLIDWORKS"对话框，选中"不要再显示"复选框，单击"确定"按钮（如图 5-29 中④⑤所示），结果得到 9 个圆，如图 5-29 中⑥所示。

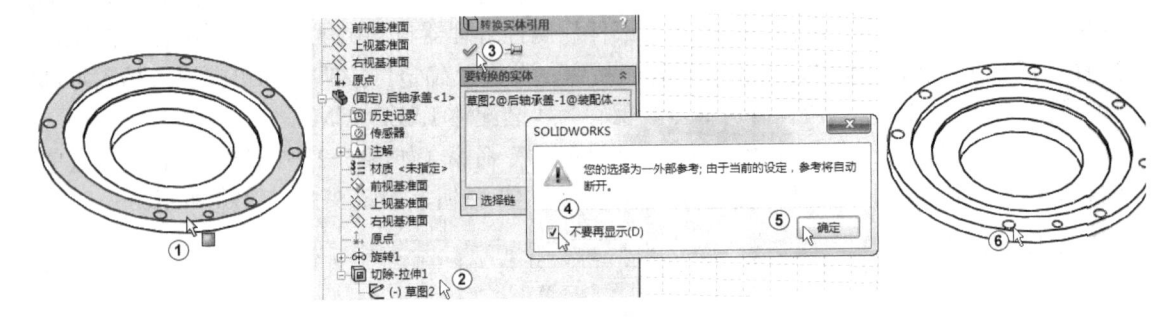

图 5-29　建立小孔特征

（5）单击"草图"面板上的"等距实体"按钮，选择 9 个小孔，参数设为 4（如图 5-30 中①所示），单击"确定"按钮，结果如图 5-30 中③所示。

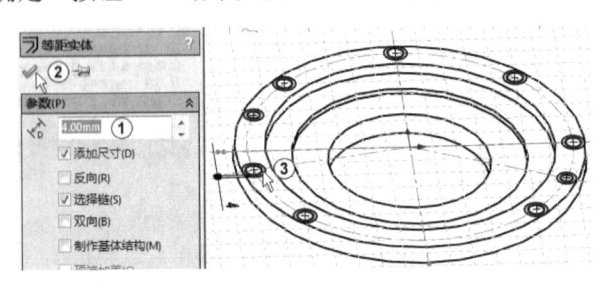

图 5-30　等距实体

（6）单击"特征"面板中的"拉伸凸台/基体"按钮，系统弹出"凸台-拉伸"属性管理器，在"深度"文本框中输入 16，如图 5-31 中①②所示，其他采用默认设置，单击"确定"按钮，完成拉伸操作，如图 5-31 中③④所示。

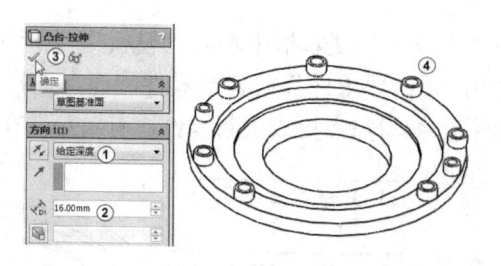

图 5-31 拉伸钻套

（7）单击"移动零部件"按钮，指针变成✥，在图形区域选择钻套后按住鼠标向上拖动一定位置，单击"确定"按钮。单击"配合"按钮，弹出"配合"属性管理器，分别选择后轴承盖和钻套的外表面（如图 5-32 中①②所示），配合类型选择"同轴心"并选中"锁定旋转"复选框（如图 5-32 中③④所示），单击"确定"按钮。

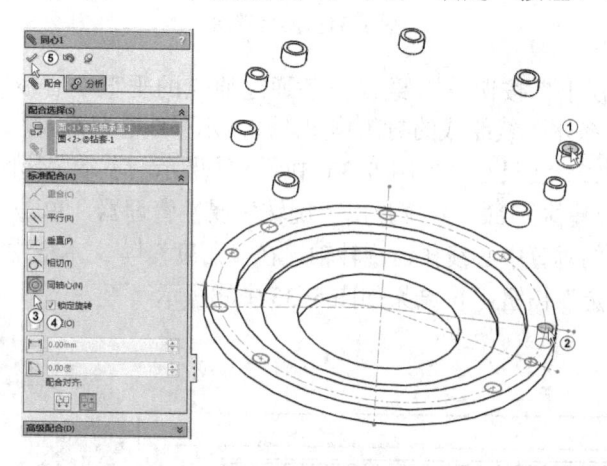

图 5-32 同轴心配合

（8）分别选择后轴承盖和钻套的上表面（如图 5-33 中①②所示），配合类型选择"距离"并输入距离 16（如图 5-33 中③所示），单击"确定"按钮。结果如图 5-33 中④⑤所示，此时已完全约束了钻套，无法移动。将编辑焦点返回到装配体，单击"装配体"工具栏上的"编辑零部件"按钮或在确认角落中单击按钮。

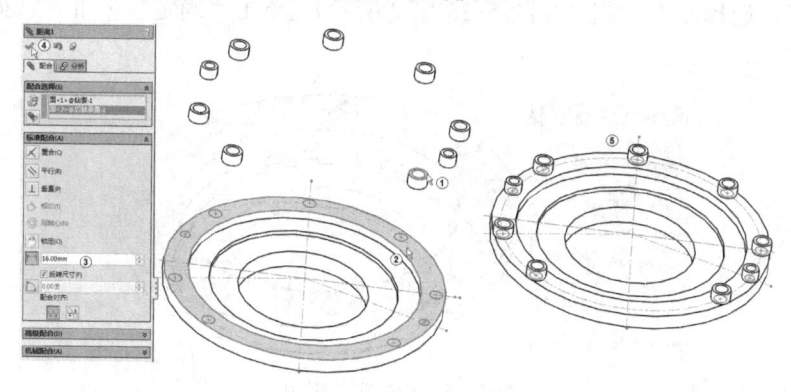

图 5-33 距离心配合

（9）在特征树中选择"后轴承盖"，从弹出的快捷菜单中选择"孤立"，如图 5-34 中①②所示。选择菜单"插入"→"零部件"→"新零件"命令，对于外部保存的零件，为新零

111

件在"另存为"对话框的"文件名"文本框中输入"模板",然后单击"保存"按钮。新零件出现在特征管理设计树中,系统要求选择放置新零件的面,选择后轴承盖零件的"前视基准面"(如图 5-34 中③所示),编辑焦点更改到新零件,有一草图在新零件中打开。

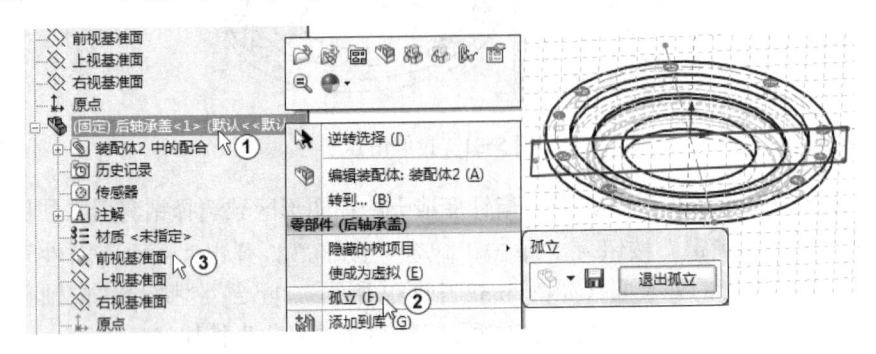

图 5-34 孤立零件

(10) 单击"正视于"按钮,绘制一条通过原点的垂直中心线(如图 5-35 中①所示)、3 条垂直线和 3 条水平线绘成的封闭草图,注意水平线⑤与后轴承盖上表面的线重合,用"智能尺寸"工具标注尺寸(如图 5-35 中②~⑦所示的左端阴影区域)。单击"特征"面板中的"旋转凸台/基体",系统弹出"旋转"属性管理器,单击"旋转轴"后的输入框,选择通过原点的垂直中心线作为旋转轴,在"角度"文本框中输入 360,其他采用默认设置,单击"确定"按钮,结果如图 5-35 中⑧所示。

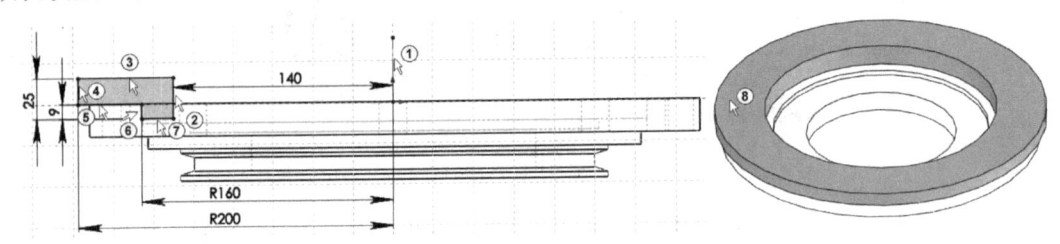

图 5-35 绘制草图并创建基体

(11) 选择模板的上表面(如图 5-36 中①所示),单击"草图"工具栏上的"转换实体引用"按钮,选择 9 个大圆(如图 5-36 中②所示),单击"确定"按钮(如图 5-36 中③所示)。

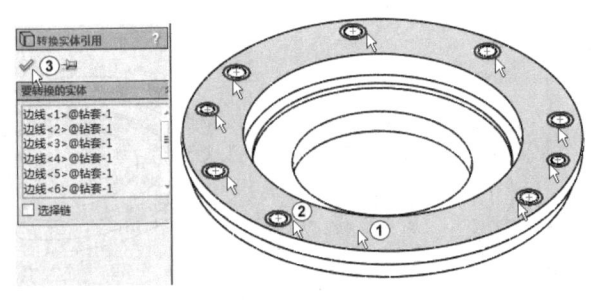

图 5-36 转换实体引用

(12) 单击"特征"面板中的"切除拉伸"按钮,终止条件为"成形到下一面"。单击"装配体"工具栏上的"编辑零件"按钮,完成钻模板新建,如图 5-37 所示。单击"退出孤立"按钮。

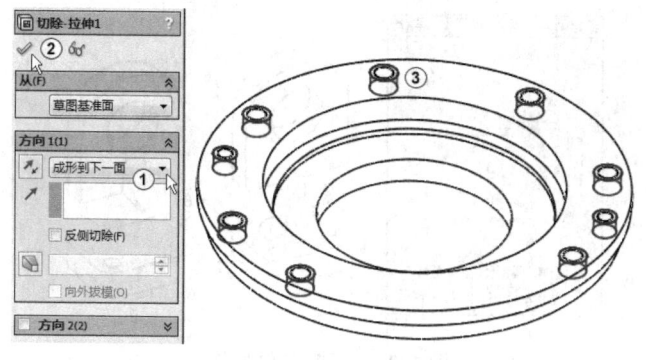

图 5-37 切除 9 个小孔

5.5 创建爆炸视图

出于制造目的，用户经常需要分离装配体中的零部件，以形象地分析它们之间的相互关系。装配体的爆炸视图可以分离其中的零部件，以便查看装配体。装配体爆炸后，不能给装配体添加配合。

建立扩口模装配爆炸图的步骤如下。

（1）单击工具栏中的"打开"按钮，弹出"打开"文件对话框，选择随书光盘中的"装配体 1.SLDASM"装配零件，单击"打开"按钮，进入装配图界面。单击工具栏中的"爆炸视图"按钮，弹出"爆炸"属性管理器，在绘图区选择"耳板"零部件，在"设定"文本框中自动输入"耳板"，系统会显示出三坐标轴，单击"Y"轴，系统将三坐标轴缩成"Y"轴（如图 5-38 中①②所示），在"爆炸方向"输入框中自动输入"Y 轴"，如果方向不对，可以单击"反向"图标来改变爆炸方向，在"爆炸距离"输入框中输入 20（如图 5-38 中③所示），先单击"应用"按钮，观察爆炸效果符合要求了再单击"完成"按钮，如图 5-38 中④⑤所示，结果如图 5-38 中⑥所示。

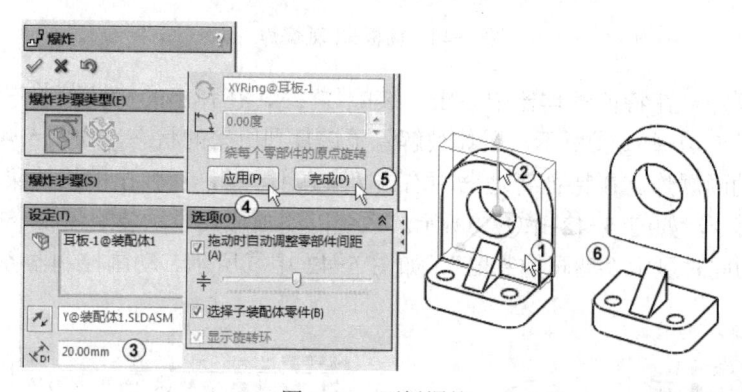

图 5-38 耳板爆炸

（2）在绘图区选择"筋板"零部件，在"设定"输入中自动输入"筋板"，系统会显示出三坐标轴，单击"Y"轴，系统将三坐标轴缩成"Y"轴（如图 5-39 中①②所示），在"爆炸方向"输入框中自动输入"Y 轴"，如果方向不对，可以单击"反向"按钮来改变爆炸方向，在"爆炸距离"文本框中输入 20（如图 5-39 中③所示），先单击"应用"按钮，观察爆炸效果符合要求了再单击"完成"按钮，如图 5-39 中④⑤所示，结果如图 5-39 中⑥所示。

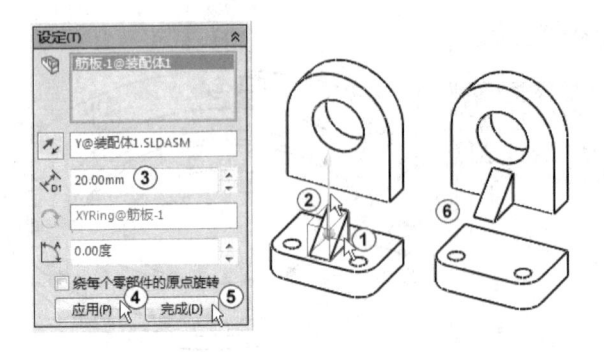

图 5-39 筋板 Y 轴爆炸

(3) 在绘图区仍然选择"筋板"零部件,在"设定"输入中自动输入"筋板",系统会显示出三坐标轴,单击"X"轴,系统将三坐标轴缩成"X"轴(如图 5-40 中①②所示),在"爆炸方向"文本框中自动输入"X 轴",单击"反向"图标可以改变爆炸方向,在"爆炸距离"文本框中输入 40(如图 5-40 中③④所示),先单击"应用"按钮,观察爆炸效果符合要求了再单击"完成"按钮,如图 5-40 中⑤⑥所示,结束爆炸步骤 3 后的结果如图 5-40 中⑦所示。单击"确定"按钮✓结束爆炸视图,然后单击"标准"工具栏的"另存为"按钮,将文件另存为"装配体2.SLDASM"。

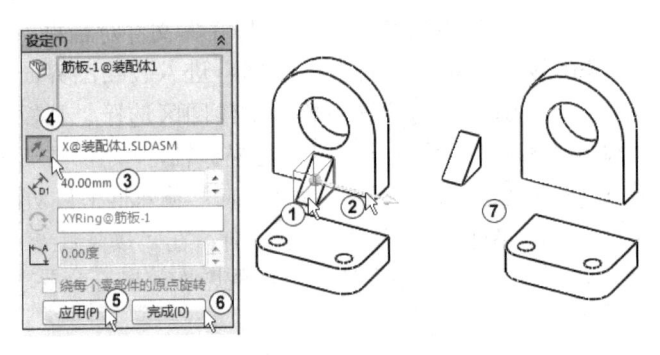

图 5-40 筋板-X 轴爆炸

(4) 解除爆炸。在特征管理器中右击"装配体 2",在弹出的快捷菜单中选择"解除爆炸"命令,如图 5-41 中①②所示,爆炸被解除了恢复到原来的状态,如图 5-41 中③所示。

(5) 创建动画爆炸。在特征管理器中右击"装配体 2",在弹出的快捷菜单中选择"动画解除爆炸"命令,如图 5-42 中①②所示。系统以动画形式显示装配体 2 的爆炸过程,系统在显示动画的同时显示"动画控制器",如图 5-42 中③所示。动画控制器各按钮的功能如表 5-4 所示。

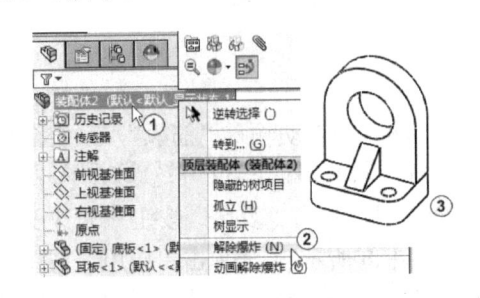

图 5-41 解除爆炸   图 5-42 动画爆炸

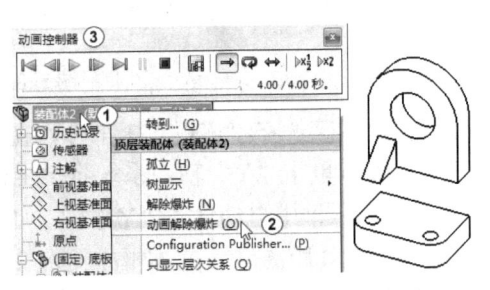

表 5-4 动画控制器各按钮的功能

序号	图标	名称	功能
1		开始	在播放过程中单击此按钮，动画跳到开始位置
2		倒回	也叫快退，单击此按钮，画面快速退回
3		播放	单击此按钮，开始播放动画
4		快进	单击此按钮，画面快带前进
5		结束	在播放过程中单击此按钮，动画跳到结束位置
6		暂停	单击此按钮，动画暂停
7		停止	单击此按钮，动画停止
8		保存动画	单击此按钮，保存已播放的动画内容
9		正常播放模式	动画从开始播放到结束停止
10		循环播放模型	动画从开始到结束后跳到开始位置继续播放，以此不断循环
11		往复播放模式	动画从开始播放到结束后再结束位置倒转播放到开始位置
12		慢速播放	以 1/2 的速度播放动画
13		快速播放	以两倍的速度播放动画

5.6 思考与练习

（1）完成球铰的装配，如图 5-43 所示（可参阅随书光盘中相应的 PDF 文件）。

图 5-43 球铰装配

（2）完成弹簧装配，如图 5-44 所示（可参阅随书光盘中相应的 PDF 文件）。

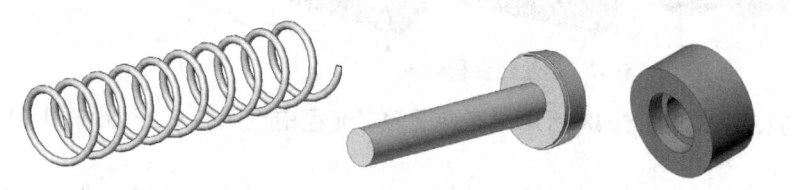

图 5-44 弹簧装配

（3）完成直齿轮装配，如图 5-45 所示（可参阅随书光盘中相应的 PDF 文件）。

图 5-45 直齿轮装配

（4）完成凉亭装配，如图 5-46 所示。

图 5-46　凉亭装配

（5）完成齿轮配合和动画，如图 5-47 所示。

图 5-47　齿轮配合和动画

（6）完成电动刹车的装配，如图 5-48 所示（可参阅随书光盘中相应的 PDF 文件和 AVI 动画演示）。

（7）完成带轮带轮的干涉和碰撞检查装配，如图 5-49 所示（可参阅随书光盘中相应的 PDF 文件）。

图 5-48　电动刹车装配　　　　　　　图 5-49　碰撞检查属性配置

（8）完成一级圆柱直齿减速箱的装配，如图 5-50 所示（可参阅随书光盘中相应的 PDF 文件和 AVI 动画演示）。

图 5-50　一级圆柱直齿减速箱装配体

（9）完成扩口模装配体爆炸视图，如图 5-51 所示（可参阅随书光盘中相应的 PDF 文件和 AVI 动画演示）。

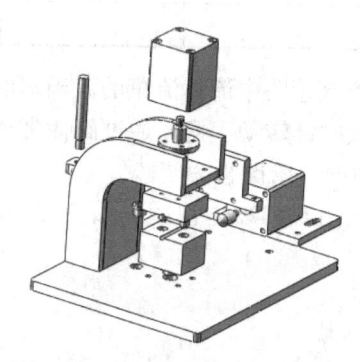

图 5-51　扩口模装配体爆炸视图

（10）完成电动机的装配和爆炸图，如图 5-52 所示。

图 5-52　电动机装配

（11）制作球阀的装配图及其爆炸视图，如图 5-53 所示。装配图明细如表 5-5 所示。

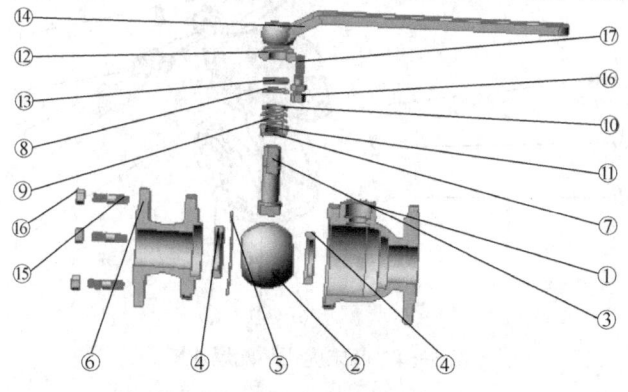

图 5-53　球阀装配爆炸图

117

表 5-5 球阀装配图明细栏

编号	零件	数量	编号	零件	数量
1	右阀体剖切	1	10	上填料剖切	1
2	球体	1	11	填料压套剖切	1
3	阀杆	1	12	填料压盖剖切	1
4	密封圈剖切	2	13	定位块	1
5	垫片-2 剖切	1	10	扳手	1
6	左阀体剖切	1	15	双头螺柱	3
7	垫片-1 剖切	1	16	六角螺母	4
8	填料垫剖切	1	17	六角头螺栓	1
9	中填料剖切	2			

工作原理：此部件是用来控制管路中流体流量的。当球的内孔轴线与左阀体、右阀体的孔的轴线重合时，流量最大；顺时针转动手柄，通过阀体带动球转动，这时流量变小；当球体的孔轴线与左阀体的轴线垂直时，管路被关闭。

（12）制作磨床虎钳的装配图及其爆炸视图，如图 5-54 所示。装配图明细如表 5-6 所示。

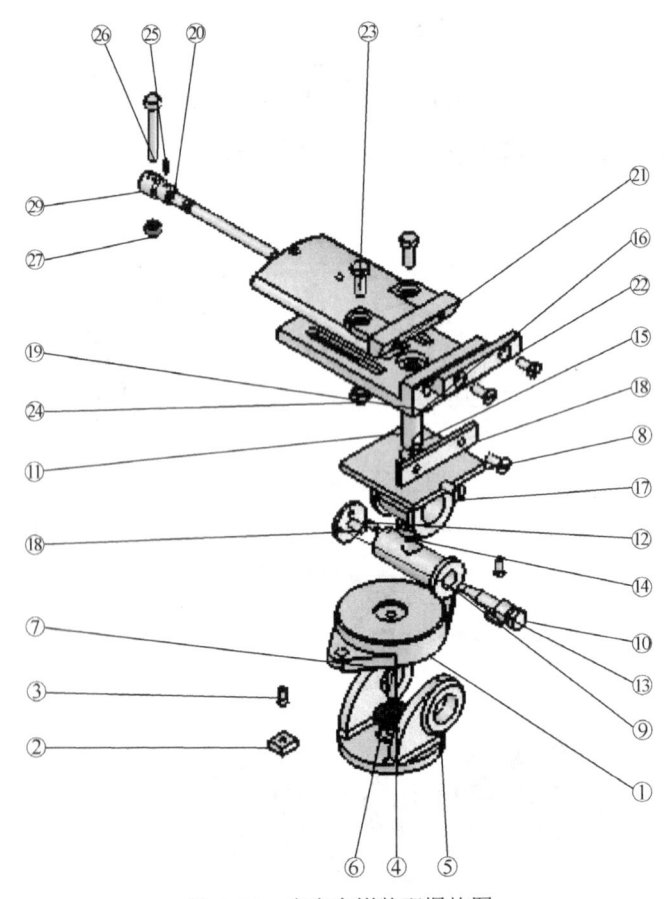

图 5-54 磨床虎钳装配爆炸图

表 5-6 磨床虎钳装配图明细栏

编 号	零 件	数 量	编 号	零 件	数 量
1	底座	1	16	固定钳口	1
2	导块	2	17	螺钉 M8×16	4
3	螺钉 M6×12	2	18	钢掌	1
4	导向环	2	19	螺钉	1
5	支架	1	20	螺杆	3
6	螺栓 M8×35	1	21	活动钳口	4
7	螺母 M8	1	22	楔块	1
8	转座	1	23	螺栓 M10×25	2
9	横轴	1	24	螺母 M10×25	2
10	固定螺钉	1	25	销 2.5×16	1
11	心轴	1	26	手柄	1
12	销 6×12	1	27	手柄头	1
13	垫圈	1	28	螺栓 M8×20	1
14	导向环	1	29	螺干头	1
15	垫圈	1			

工作原理：此部件固定在机床的工作台上，用钳口夹持工件。转动螺杆，可带动螺母做直线移动，从而带动活动钳身。这样，活动钳身就与固定钳身的钳口靠近或远离，从而实现夹紧或松开工件的动作。

（13）制作柱塞泵的装配图及其爆炸视图，如图 5-55 所示。装配图明细栏如表 5-7 所示。

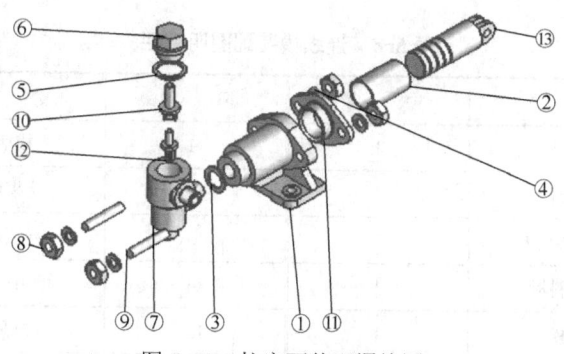

图 5-55 柱塞泵装配爆炸图

表 5-7 柱塞泵装配图明细栏

编 号	零 件	数 量	编 号	零 件	数 量
1	泵体	1	8	螺母	4
2	衬套	1	9	螺柱	2
3	垫片1	1	10	上阀瓣	1
4	垫圈	4	11	填料压盖	1
5	垫片2	1	12	下阀瓣	1
6	阀盖	1	13	柱塞	1
7	阀体	1			

工作原理：柱塞泵是输送液体的增压设备，由电动机及其他机构带动柱塞作往复运动。当柱塞向右移动时，泵体内空间增大，内腔压力降低，液体在大气压的作用下，从进口冲开下阀瓣进入泵体。当柱塞向左移动时，泵内液体压力增大，压紧下阀瓣而冲开上阀瓣，使液体从出口流出。柱塞不断地往复运动，液体不断地被吸入和输出。

（14）制作连续模装配图及其爆炸视图，如图5-56所示。装配图明细栏如表5-8所示。

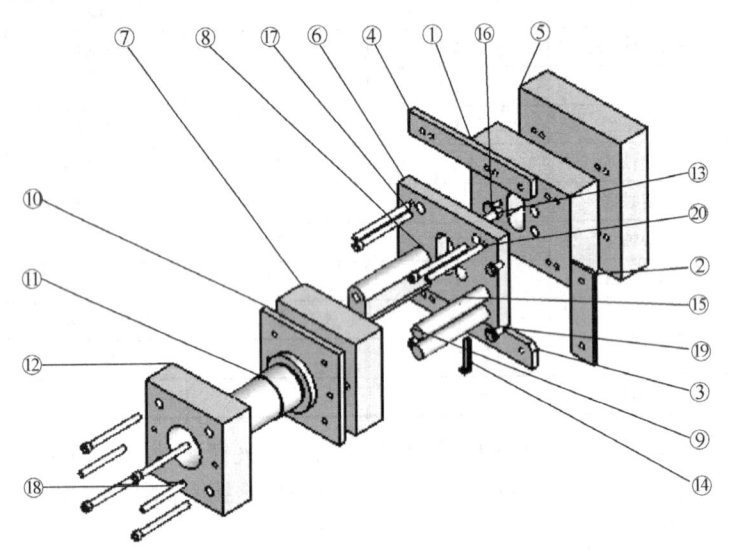

图5-56 连续模装配爆炸图

表5-8 连续模装配图明细栏

编号	零件	数量	编号	零件	数量
1	凹模	1	11	模柄	1
2	承料板	1	12	上模座	1
3	导料板1	1	13	导正销	2
4	导料板	1	14	始用挡销	1
5	下模座	1	15	弹簧	3
6	导板	1	16	固定销	4
7	凸固板	1	17	螺钉	8
8	凸模	1	18	销钉	2
9	细凸模	2	19	螺钉1	2
10	垫板	1	20	销钉2	4

工作原理：本例为用导正销定距的冲孔落料连续模，上、下模板用导板导向。冲孔凸模与落料凸模之间的距离就是送料步距。送料时由固定挡料销进行初定位，由两个装在落料凸模上的导正销进行精确定位。

（15）制作减速箱装配图及其爆炸视图，如图5-57所示。

120

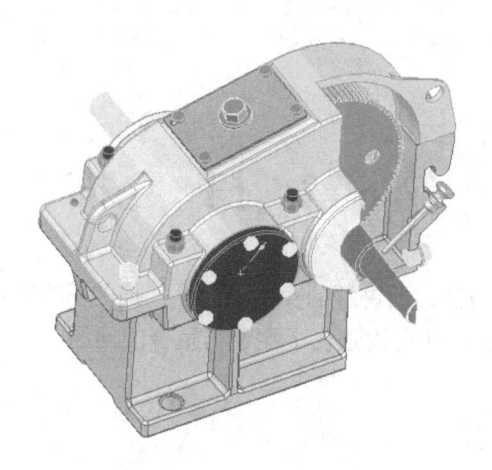

图 5-57 减速箱装配图

（16）制作楼梯装配图及其爆炸视图，如图 5-58 所示。
（17）制作楼房装配图及其爆炸视图，如图 5-59 所示。

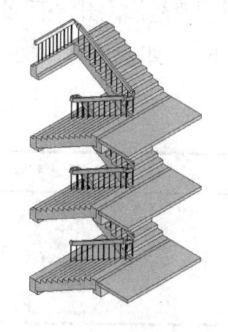

图 5-58 楼梯　　　　图 5-59 楼房装配图

（18）自上而下设计如图 5-60 所示的电动机风扇罩（可参阅随书光盘中相应的 PDF 文件）。

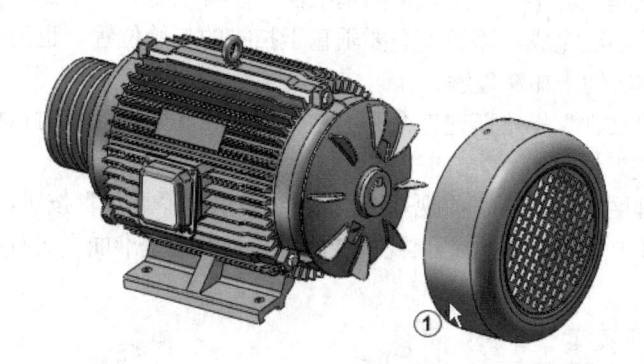

图 5-60 自上而下设计电动机风扇罩

第6章 扫　　描

本章主要论述扫描的技法，所讲解的实例涵盖了扫描的基本知识、穿透与重合的概念、不允许出现自相交叉的情况，并再次强化了穿透与重合的问题。

6.1 扫描的基本知识

扫描就是沿着一条路径移动轮廓（截面）来生成基体、凸台、切除或曲面。扫描必须有轮廓和路径。

对于基体或凸台扫描特征，轮廓必须是闭环的；对于曲面扫描特征，则轮廓可以是闭环也可以是开环。扫描轮廓可以是一个或多个封闭的轮廓。如果基体特征草图含有多个轮廓，就会创建多个实体。扫描轮廓可以是单独的、分开的、互相嵌套的，如表6-1所示。

表6-1　有效的扫描轮廓

单 个 轮 廓	多 个 轮 廓	嵌 套 轮 廓

6.1.1 扫描路径

路径可以是草图、曲线或已有模型的边线等，可以为开环或闭环。路径的起点必须位于轮廓的基准面上，该基准面不一定是真正的基准面，它可以是一个平面。如果路径不从轮廓基准面开始，扫描就不能完成。路径没必要垂直于扫描的起始位置，也没必要沿整个扫描路径相切。下面用具体实例来加深理解。

（1）选择菜单"文件"→"新建"命令，在弹出的"新建文件"对话框中选择"零件"文件，单击"确定"按钮。

（2）在特征管理区中，右击"前视基准面"，然后单击"显示"按钮，如图6-1中①②所示，结果如图6-1中③所示。对"上视基准面"和"右视基准面"进行同样的操作，结果如图6-1中④所示。

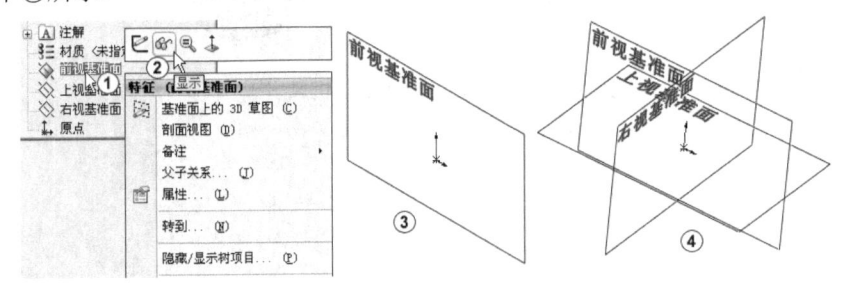

图6-1　显示基准面

(3)切换到"草图"面板,选择菜单"插入"→"3D 草图"命令,如图 6-2 中①②③所示。单击"直线"按钮,单击坐标原点,移动鼠标单击另一点(请确保笔下方出现几何关系图标XY 时才单击),如图 6-2 中④⑤⑥所示。单击"重建模型"按钮,结果如图 6-2 中⑦所示。

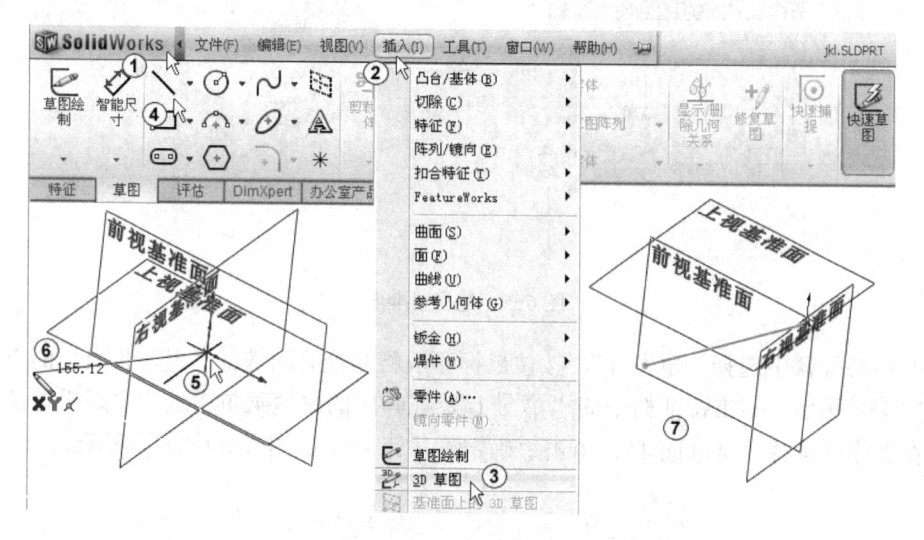

图 6-2 绘制直线

(4)在工作区中选择"上视基准面",单击"圆"按钮,绘制出一个圆,如图 6-3 中所示。

(5)单击"特征"面板中的"扫描"按钮,如图 6-4 中①所示。系统弹出"扫描"属性管理器,在工作区域中选择圆,再选择直线,如图 6-4 中②③所示,单击"确定"按钮,结果如图 6-4 中④⑤所示。可见,路径与扫描轮廓的起始位置不垂直,模型的长度与路径的长度一样长,单击"重建模型"按钮。

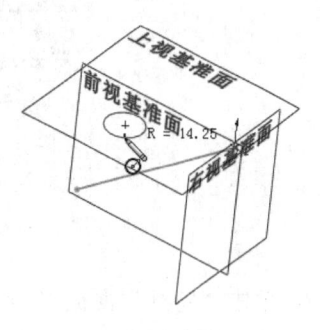

图 6-3 绘制圆

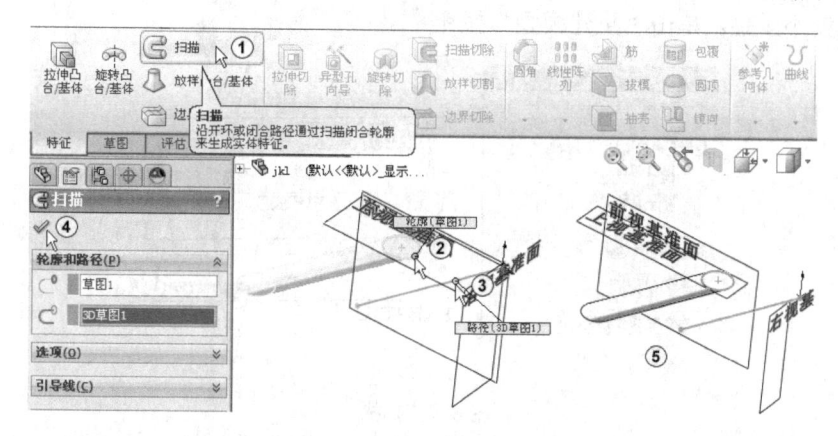

图 6-4 扫描

(6)单击工具栏中的"撤销"按钮 或者按组合键<Ctrl+Z>,取消"扫描"操作。选择菜单"插入"→"参考几何体"→"基准面"命令,弹出"基准面 1"对话框,在工作区中选择"上视基准面",如图6-5中①所示。单击"偏移距离"按钮,输入50,如图6-5中②所示。选中"反转"复选框,如图6-5中③所示。单击"确定"按钮,建立了新的基准面,如图6-5中④⑤所示。

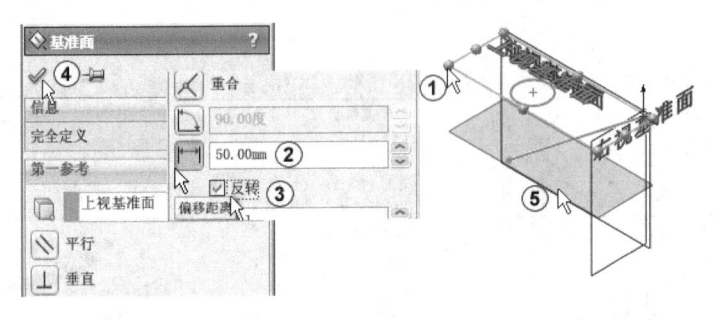

图6-5 建立基准面

(7) 在特征树中选择"草图1",按住鼠标不放将其拖到新建的"基准面1"的下方,如图6-6中①②所示。右击特征树中的"草图1",在弹出的快捷菜单中选择"编辑草图平面"命令,在工作区选择"基准面1",单击"确定"按钮,如图6-6中③④所示。

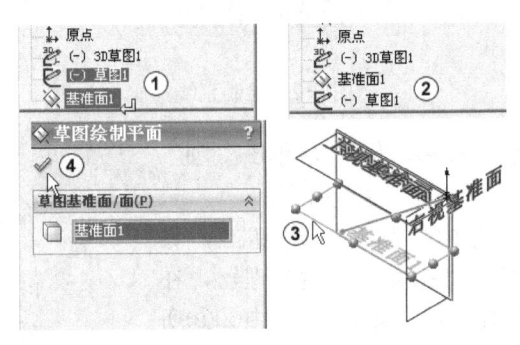

图6-6 编辑草图平面

(8) 单击"特征"面板中的"扫描"按钮,系统弹出"扫描"属性管理器,在工作区域中选择圆,再选择直线,单击"确定"按钮,如图6-7中①②③所示,可见,路径与扫描的起始位置不垂直。单击"重建模型"按钮。

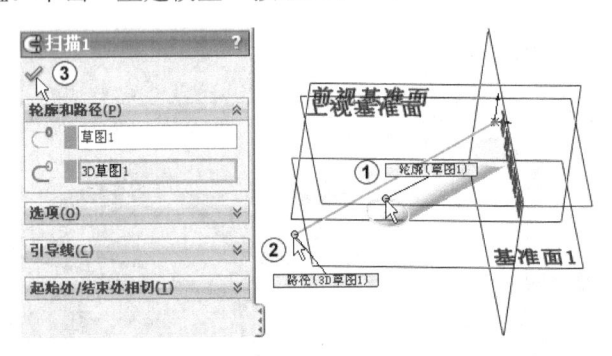

图6-7 扫描

(9) 在特征树中展开"扫描1"特征,右击特征树中的"3D草图1",在弹出的快捷菜单中选择"显示"命令,如图6-8中①所示。可见模型的长度比路径的长度短许多,扫描是从轮廓基准面开始的,如图6-8中②所示。

124

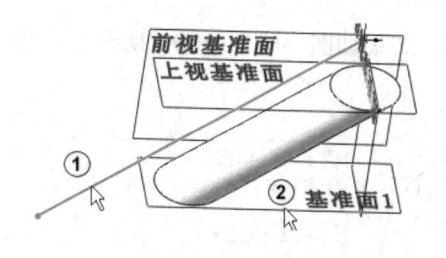

图 6-8　显示草图

6.1.2　随路径变化

在"扫描"属性管理器中有路径"方向/扭转类型"选项。其中的"随路径变化"是指由路径控制中间截面的方向和扭转,下面用具体实例来加深理解。

(1)选择菜单"文件"→"新建"命令,在弹出的"新建 SolidWorks 文件"对话框中选择"零件"文件,单击"确定"按钮。从特征管理器中选择"前视基准面"→正视于,单击"草图"面板中的"圆心/起/终点画弧"按钮,绘制一段中心在原点的圆弧,如图 6-9 中①所示。单击"中心线"按钮绘制出一条垂直的中心线,如图 6-9 中②所示。单击"圆周草图阵列"按钮阵列出 3 条中心线,如图 6-9 中③~⑥所示。

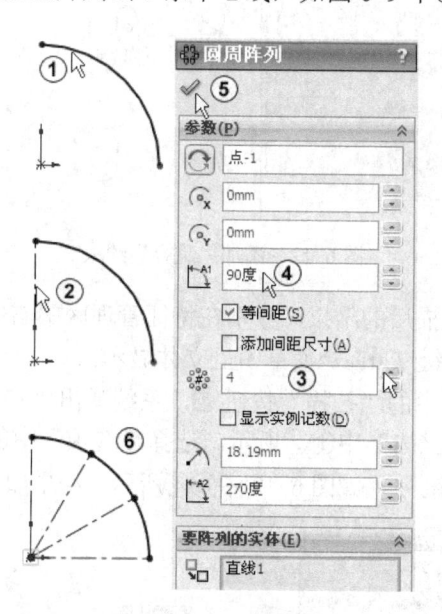

图 6-9　绘制草图

(2)选择菜单"工具"→"草图工具"→"分割实体"命令,移动鼠标在工作区中选择两点,单击"关闭"按钮,如图 6-10 中①~③所示。

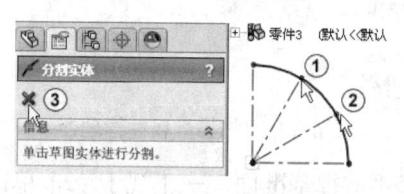

图 6-10　分割草图

(3)用鼠标右键分别选择分割后的圆弧,如图 6-11 中①②所示。从弹出的快捷菜单中

125

选择"构造几何线"按钮,结果如图 6-11 中③④所示。单击"重建模型"按钮 退出草图绘制。

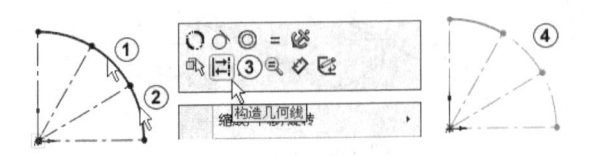

图 6-11 整理草图

(4) 从特征管理器中选择"右视基准面"→正视于,单击"草图"面板中的"圆"按钮,绘制出一个圆。单击"添加几何关系"按钮,分别选择"圆心"和圆弧的上端点,如图 6-12 中①②所示。单击"重合"按钮,单击"确定"按钮,如图 6-12 中③④所示,结果如图 6-12 中⑤所示。单击"重建模型"按钮 退出草图绘制。

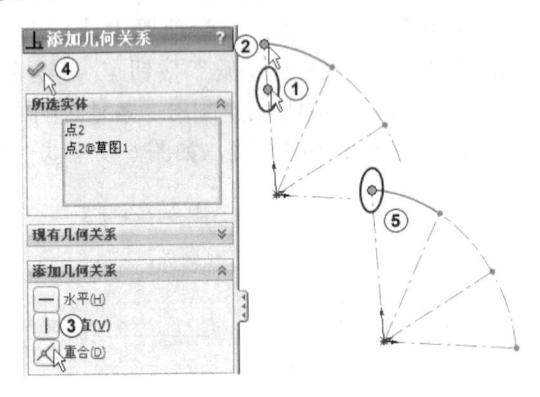

图 6-12 添加"重合"约束

(5) 为了清楚地观察扫描后的结果,分别在特征管理区中右击"草图 1"和"草图 2",选择"显示"命令。按组合键<Ctrl+7>使草图呈立体显示。

(6) 单击"特征"面板中的"扫描"按钮,系统弹出"扫描"属性管理器,在工作区中分别选择圆和圆弧,如图 6-13 中①②所示。选择"选项"中的"随路径变化",其他选项取默认值,单击"确定"按钮,如图 6-13 中③④所示。结果如图 6-13 中⑤所示。

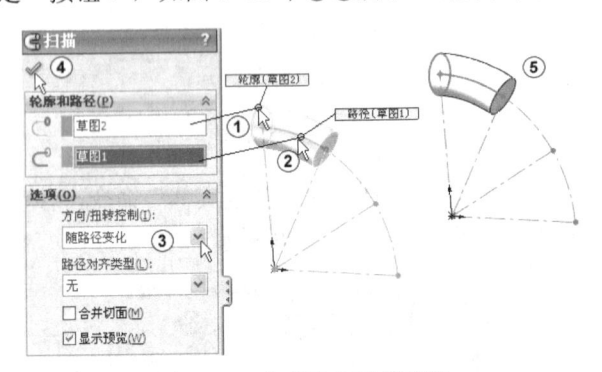

图 6-13 "扫描"属性管理器

(7) 从特征管理器中选择"前视基准面"→正视于,单击"草图"切换到草图绘制面板,单击"草图绘制"按钮,如图 6-14 中①所示。单击"转换实体引用"按钮,在工作区中选择圆弧,单击"确定"按钮,如图 6-14 中②~④所示。结果如图 6-14 中⑤所示。

126

单击"重建模型"按钮 退出草图绘制。

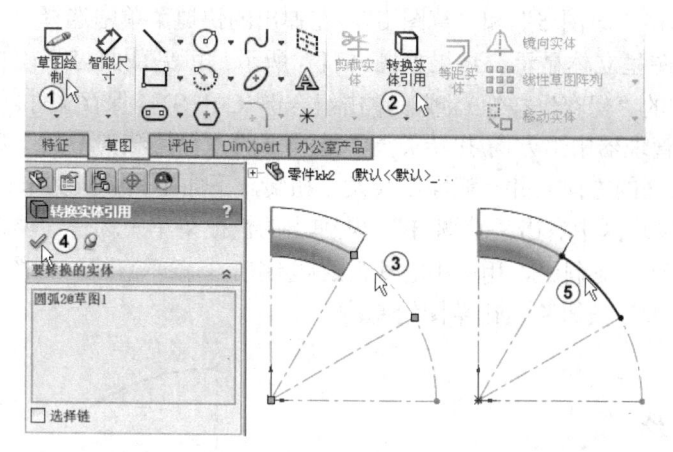

图 6-14 绘制路径

（8）选择模型的面，选择"草图绘制"按钮，如图 6-15 中①②所示。单击"转换实体引用"按钮，单击"确定"按钮，如图 6-15 中③④所示。结果如图 6-15 中⑤所示。单击"重建模型"按钮 退出草图绘制。

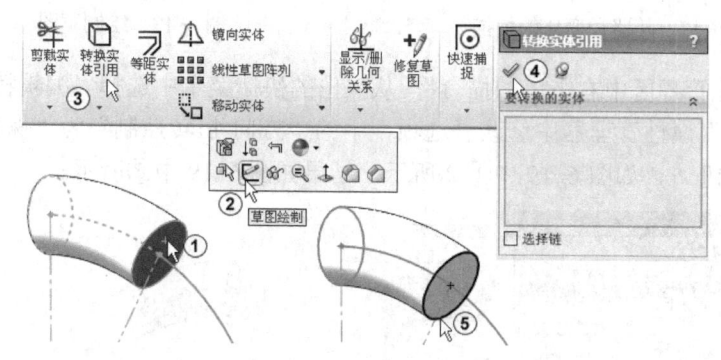

图 6-15 转换实体引用

（9）单击"特征"面板中的"扫描"按钮，系统弹出"扫描"属性管理器，在特征管理器中分别选择圆和圆弧，如图 6-16 中①②所示。选择"选项"中的"随路径变化"，其他选项取默认值，单击"确定"按钮，如图 6-16 中③④所示。显示"草图 3"和"草图 4"，结果如图 6-16 中⑤所示。

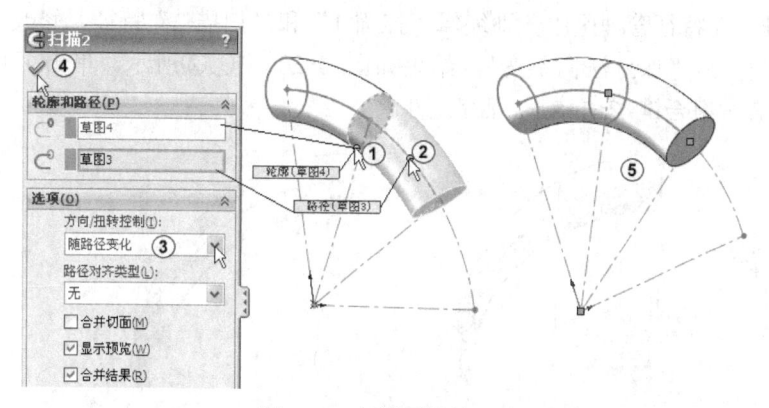

图 6-16 扫描属性管理器

127

（10）与步骤（7）～（9）类似地扫描出第 3 段，为了清楚地观察扫描后的结果，分别在特征管理区中右击"草图 5"和"草图 6"，在弹出的快捷菜单中选择"显示"命令。按组合键<Ctrl+7>使草图呈立体显示。结果如图 6-17 所示。可见截面与路径的角度始终保持不变。单击工具栏中的"保存"按钮或者单击组合键<Ctrl+S>，保存文件。

"扫描"属性管理器中"方向/扭转类型"选项下的"保持法向不变"是指由轮廓草图的基准面决定中间截面的方向，并且截面不会发生扭转。下面用具体实例来加深理解。

（11）在特征管理区中右击"草图 1"，从弹出的快捷菜单中选择"编辑草图"命令。用"剪裁实体"删除 3 条斜线，用"中心线"绘制出 3 条垂直线，如图 6-18 中①～③所示。单击"重建模型"按钮退出草图绘制。

图 6-17　随路径变化的扫描　　　　　图 6-18　绘制草图

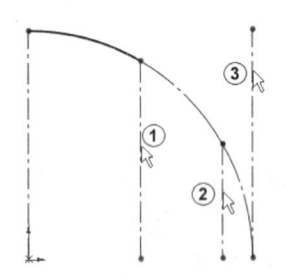

（12）在特征管理区中右击"扫描 1"，从弹出的快捷菜单中选择"编辑特征"命令。在弹出的"扫描 1"属性管理器中修改"选项"中的"方向/扭转控制"为"保持法向不变"，单击"确定"按钮，如图 6-19 中①②所示。结果如图 6-19 中③所示。

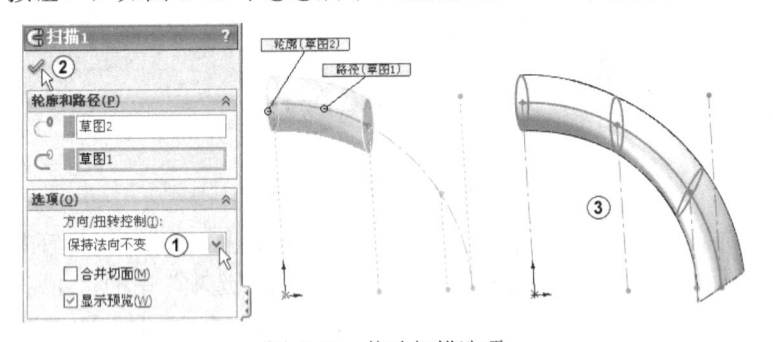

图 6-19　修改扫描选项

（13）同理，在特征管理区中分别编辑"扫描 1"和"扫描 2"特征，修改"选项"中的"方向/扭转控制"为"保持法向不变"，结果如图 6-20 中①②所示。单击工具栏中的"保存"按钮或者按组合键<Ctrl+S>，保存文件。

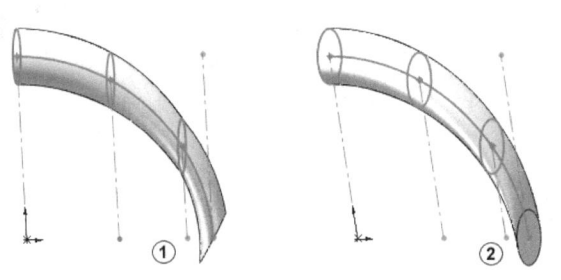

图 6-20　保持法向不变的扫描

不论是截面还是路径，都不能出现自相交叉的情况。这说明路径不能在任一点接触，但并不是说扫描路径必须是开环的。例如，椭圆是可以作为扫描路径的。

扫描形成的实体也不允许自相交，下面用具体实例来加深理解。

打开相应文件夹中的模型"5 自相交.SLDPRT"，如图 6-21 中①所示。单击"特征"面板上的"扫描"按钮，在特征管理器中选择截面和轮廓，如图 6-21 中②～④所示，单击"确定"按钮。当圆沿着路径扫描时，几何体会自相交，系统弹出"重建模型错误"对话框，如图 6-21 中⑤⑥所示。这是因为圆的半径是 8，样条曲线顶部的最小半径是 2.24（编辑"草图 1"可以看到曲线的最小半径），圆的半径比扫描所沿曲线的半径大。当作为轮廓的圆沿着曲线路径扫描时，它自身会重叠。如果将圆的半径改为小于 2.24，如 2，扫描便能成功。如果确实需要这种自相交的模型，可以用曲面来解决。

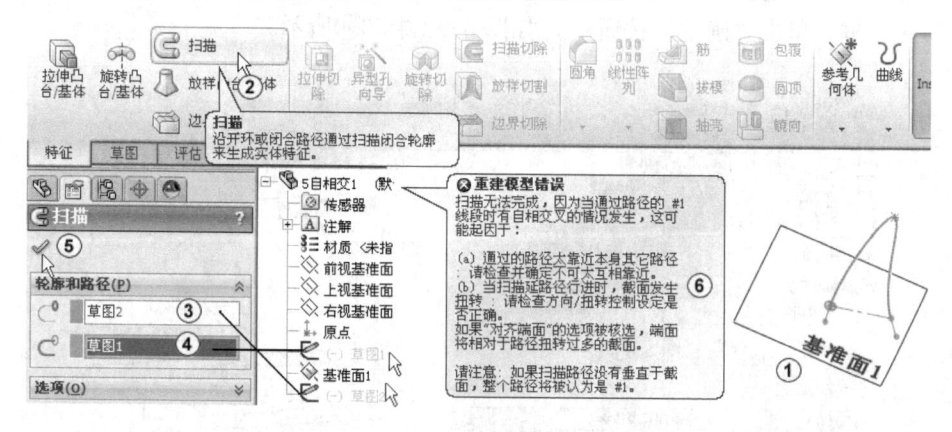

图 6-21 将产生自相交的扫描模型

6.1.3 穿透和重合

扫描中一个十分重要的概念是穿透。穿透是草图点与基准轴（或边线或曲线）在草图基准面上穿透的位置重合。

被穿透的点可以是任何与草图相关的点，例如端点、圆心、草图点。进行穿透的对象可以是轴、边线、直线、圆弧、样条曲线等。穿透的点必须与穿透的对象相交。穿透约束的添加方法与其他添加几何关系的方法相同。

穿透必须相触（锁在曲线上），重合就不一定了。穿透是重合的一个特例。重合不必穿透，但穿透绝对重合。如同数学中的"子集"概念，"穿透"正是"重合"中的一个子集。两个不互相"接触"的图形间，可以"重合"，却不能"穿透"。

所谓重合，有以下两种含义。

（1）同一平面的图元间：是延长线方向上的重合，图元间不一定相接触。

（2）不同平面的图元间：是垂直这个平面方向投影上的重合。重合的对应点并不一定接触。

不论是否同一平面，穿透与否，首先是能否接触。能相触，则可能穿透，不能相触，则不能穿透。例如，平行平面上的两个草图之间，可以重合（投影），却不可能穿透。又如同平面的草图，被尺寸约束，可以重合（延长线），也不能穿透。

在大多数情况下，SolidWorks 可以用"重合"关系代替"穿透"，完成建模工作。然而在有些复杂的情况下，必须要用"穿透"关系。

由于 SolidWorks 在绘制草图时的默认状态是"自动添加几何关系"，所以许多的"重合"关系是自动加上的。尽管绝大多数情况下"重合"与"穿透"关系是不会冲突的，但并不是说任何情况下都不会冲突。在发生一些莫明其妙的"过定义""无解"等情况而不能扫描时，应该检查一下草图的约束情况（即查看几何关系），解除一些约束错误，约束冲突、双重，甚至多重定义的约束，特别是对于有"重合"约束的地方，因为不可能"穿透"的草图，却是"重合"着的。建构草图时请务必认真，需要穿透的地方不能用重合代替。

（1）打开相应文件夹中的模型"6 重合.SLDPRT"文件，此时椭圆上的右端点与样条曲线是"重合"的，从图上可以看出实际上是与样条曲线的水平投影（图中虚线所示）重合，如图 6-22 中①所示。单击"特征"面板上的"扫描"按钮，在"扫描"属性管理器和工作区域中进行设置和选择，如图 6-22 中②～⑤所示，单击"确定"按钮，弹出"重建模型错误"对话框，单击"确定"按钮，如图 6-22 中⑦⑧所示。

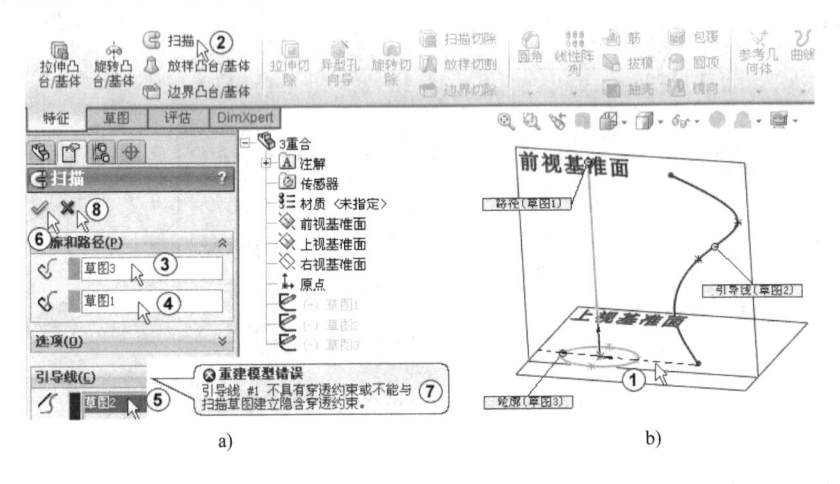

图 6-22 重合模型和"扫描"属性管理器

（2）单击"取消"按钮。右击特征管理器中的"草图 3"，从弹出的快捷菜单中选择"编辑草图"命令。单击"尺寸/几何关系"工具栏上的"显示/删除几何关系"按钮，在弹出的"显示/删除几何关系"属性管理器中单击"重合 1"，单击"删除"按钮，单击"确定"按钮。

（3）单击"添加几何关系"按钮，弹出"添加几何关系"属性管理器。在工作区选择椭圆上的右端点与样条曲线，单击"穿透"按钮，如图 6-23 中①～③所示。单击"确定"按钮，此时椭圆变大到与样条曲线下端点重合，如图 6-23 中④所示。

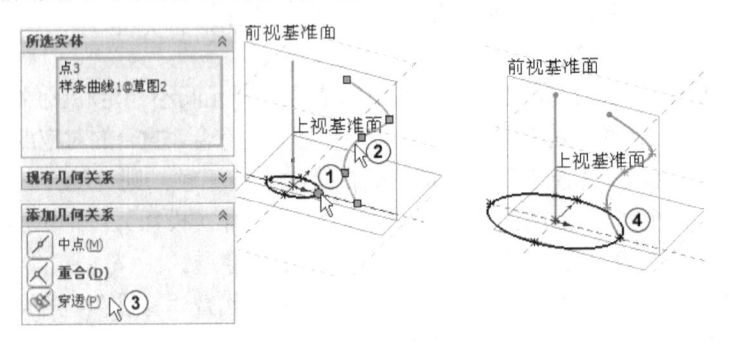

图 6-23 "添加几何关系"属性管理器和添加穿透后效果图

（4）单击"特征"面板中的"扫描"按钮，在"扫描 2"属性管理器和绘图区域中进行设置和选择，如图 6-24 所示，由预览图可以看到，由于椭圆的圆心被锁定在路径上，穿透约束使得椭圆改变直径，即当椭圆沿着路径移动时，穿透点同时沿着引导线的形状移动，椭圆的形状不断变化。单击"确定"按钮。

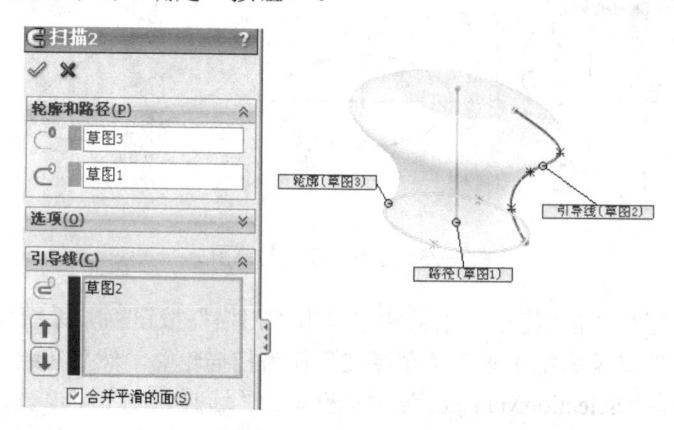

图 6-24　重合模型和扫描属性管理器

6.1.4　生成扫描的步骤

综上所述，生成扫描的步骤如下：

（1）绘制扫描路径草图。路径曲线可以是平面草图、三维草图、现有的模型边线、分割线、螺旋线等。

（2）在垂直于路径的基准面上绘制扫描轮廓，轮廓草图必须是平面草图。

（3）绘制引导线草图。引导线可以是平面草图、三维草图、投影曲线、模型的边线或分割线。根据模型的需要可绘制多条引导线，引导线需要与轮廓线的端点作穿透约束。轮廓线中缺少端点时，可以在轮廓线中绘制出点来做穿透约束，也可以将轮廓线分段产生端点来做穿透约束。用三维草图作引导线时，引导线的端点与轮廓线的端点必须作穿透约束。

（4）在"特征"工具栏中单击"扫描"按钮，系统弹出"扫描"属性管理器中，在"轮廓"文本框中输入轮廓草图，在"路径"文本框中输入路径草图，在"引导线"文本框中输入引导线，单击"确定"按钮完成扫描特征。

6.2　用一条引导线扫描（竖扫）

在扫描中通常把路径是竖直线，引导线是模型侧面轮廓，截面是模型底面的扫描称为竖扫。

（1）新建文件。选择菜单"文件"→"新建"命令，在弹出的"新建文件"对话框中选择"零件"，单击"确定"按钮。

（2）绘制"草图 1"。从特征管理器中选择"前视基准面"，单击"正视于"按钮，进入草图绘制界面。单击"直线"按钮，绘制出一条长 120 的竖线，竖线的下端点与原点重合。单击"样条曲线"按钮，绘制出一条有 7 个控制点曲线，如图 6-25 中①所示。单击绘图区右上角的按钮退出绘制草图。

（3）绘制"草图 2"。从特征管理器中选择"上视基准面"，单击"正视于"按钮，进入草图绘制界面。单击"中心线"按钮，绘制出一条竖线和一条水平线，竖线和水平线与原点作"中点"约束。单击"样条曲线"按钮 ，绘制出一个有 4 个控制点的闭合曲线，4 个控制点落在竖线和水平线的端点上，如图 6-25 中②所示。将图 6-25 中③箭头所指的端点与草图 1 绘制的曲线作"穿透"约束。单击"退出草图"按钮 退出绘制草图。

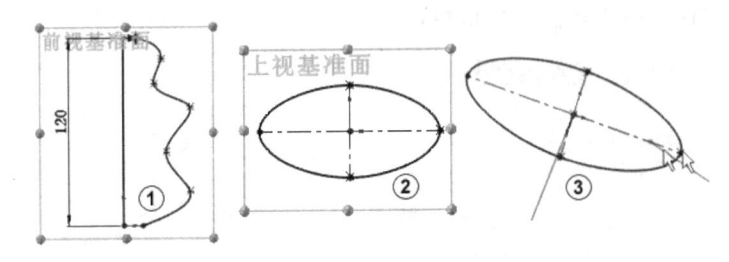

图 6-25 绘制草图 1 与草图 2

（4）创建"扫描"。在"特征"工具栏中单击"扫描"按钮 ，系统弹出"扫描"属性管理器，在"轮廓" 文本框中输入"草图 2"作为扫描轮廓，然后在绘图区右击，在弹出的快捷菜单中选择"SelectionManager"，系统弹出"选择"对话框，系统已自动选择了"组"选择方式，如图 6-26 中①～③所示。选择如图 6-26 中④所指的直线，单击"确定"按钮 完成路径的输入，如图 6-26 中⑤所示。再在绘图区右击，在弹出的快捷菜单中选择"SelectionManager"，系统弹出"选择"对话框，选择"组"选择方式，如图 6-26 中⑥所示。移动鼠标选择如图 6-26 中⑦所指的曲线，然后单击"确定"按钮 完成"引导线"输入，其他采用默认设置，单击"确定"按钮 完成扫描操作，如图 6-26 中⑧⑨所示。

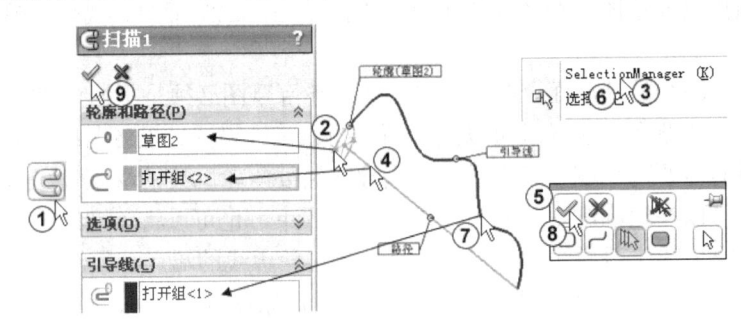

图 6-26 扫描属性管理器

创建好的扫描模型如图 6-27 所示。

图 6-27 创建好的扫描模型

6.3 使用多条引导线扫描（横扫）

在产品设计中常需要设计一些曲线造型，但使用路径及一条引导线仍显不足，尤其是在限制某方向的宽度时，就无法使用路径与一条引导线扫描，而必须使用第一条与第二条引导线来做出。

在扫描中通常把路径是圆，截面是模型侧面轮廓，引导线平行于路径草图平面也可以是三维曲线的扫描，称为横扫。

（1）新建文件。选择菜单"文件"→"新建"命令，在弹出的"新建 SolidWorks 文件"对话框中选择"零件"，单击"确定"按钮。

（2）绘制"草图 1"。从特征管理器中选择"前视基准面"，单击"正视于"按钮，进入草图绘制界面。单击"圆"按钮，绘制出一个圆，圆心与原点重合，如图 6-28 中①所示，单击"退出草图"按钮退出绘制草图。

（3）绘制"3D 草图 1"。选择菜单"插入"→"3D 草图"命令，进入 3D 草图绘制界面，单击草图工具栏中的"基准面"按钮，如图 6-28 中②所示，系统弹出"绘制草图平面"属性管理器。在"在第一参考"文本框中输入"前视"基准面，输入距离为 10，如图 6-28 中③④所示。然后绘制出一个五角星轮廓，如图 6-28 中⑤所示。单击"退出草图"按钮退出绘制草图。

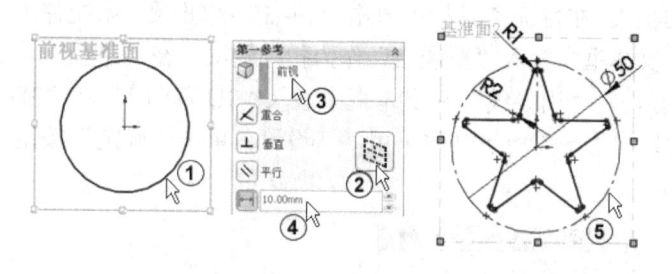

图 6-28　绘制草图 1 与 3D 草图 1

（4）绘制"3D 草图 2"。选择菜单"插入"→"3D 草图"命令，进入 3D 草图绘制界面，单击草图工具栏中的"基准面"按钮，系统弹出"绘制草图平面"属性管理器，在"在第一参考"文本框中输入"前视"基准面，输入距离为 10，选中"反向"复选框，如图 6-29 中①~④所示。然后绘制出一个六角星轮廓，如图 6-29 中⑤所示。单击"退出草图"按钮退出绘制草图。

（5）绘制"草图 2"。从特征管理器中选择"右视基准面"，单击"正视于"按钮，进入草图绘制界面。单击"圆"按钮、"三点弧"按钮、"样条曲线"按钮、"直线"按钮、"剪裁实体"按钮和"智能尺寸"按钮等绘制如图 6-29 中⑥所示的草图。

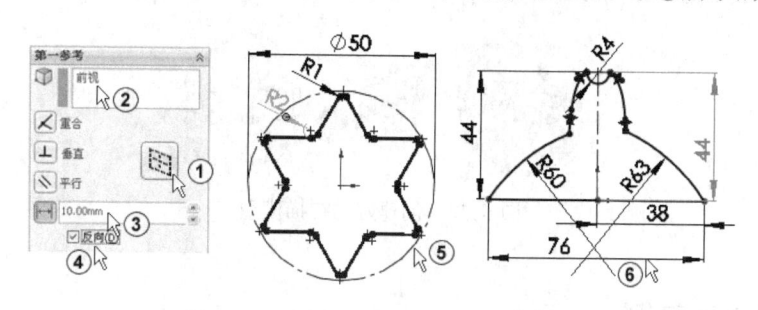

图 6-29　绘制 3D 草图 2 与 3D 草图 2

（6）按住<Ctrl>键选择箭头所指的点与"3D 草图 1"绘制的圆弧（如图 6-30 中①②所示），进行"穿透"约束，单击"确定"按钮，如图 6-30 中③④所示。对另一边的点和"3D 草图 2"绘制的圆弧（如图 6-30 中⑤⑥所示），也进行类似的"穿透"约束。单击"退出草图"按钮退出绘制草图。

133

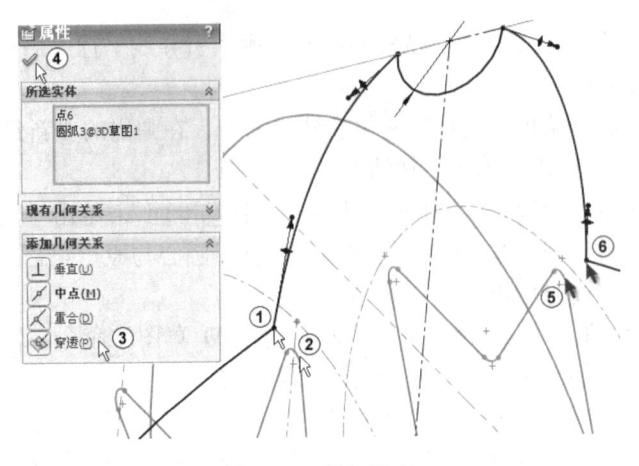

图 6-30 添加约束

（7）创建"扫描"。在特征工具栏中单击"扫描"按钮，系统弹出"扫描"属性管理器，在"轮廓"文本框中输入"草图 2"作为扫描轮廓，在"路径"文本框中输入"草图 1"作为扫描路径，在"引导线"文本框中输入"3D 草图 1"和"3D 草图 2"作为扫描引导线，如图 6-31 中①～⑤所示其他采用默认设置。单击"确定"按钮完成扫描操作，如图 6-31 中⑥所示。

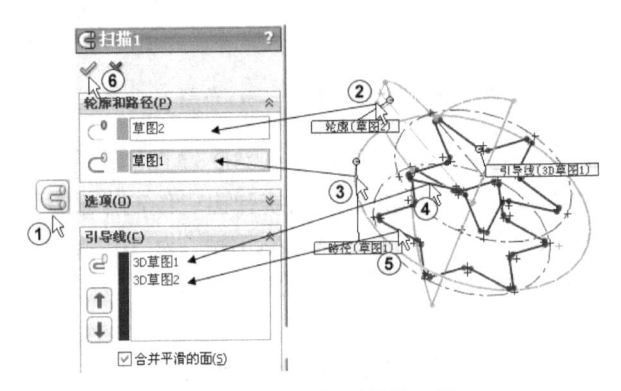

图 6-31 扫描属性管理器

创建好的扫描模型如图 6-32 所示。

图 6-32 创建好的扫描模型

6.4 笔筒综合实例

如图 6-33 所示的"笔筒"模型是在西红柿造型上进行创意设计，在西红柿靠近蒂部处开一个椭圆口，作为插笔口；在西红柿底部创建一个托座，托座底面与西红柿主模型倾斜了 15°；在西红柿蒂部创建了 6 片小叶和一个蒂头。创建西红柿"笔筒"壳体的美观外形，是本实例的焦点和知识点。

图 6-33 笔筒

6.4.1 设计思路

根据"笔筒"模型的特点,在"零件"环境下采用多实体建模的方式来完成,并在创建过程中力求保证外观美观、完整,省略一些内部看不到的特征。

"笔筒"模型的建模难点是西红柿模型靠近蒂部的起伏形状。根据西红柿模型的外形特点,确定用扫描来完成西红柿模型的主体建模。扫描引导线是形成西红柿蒂部起伏形状的关键,先绘制出两个大小不同并相互交叉的六边形,然后用样条曲线工具在 12 个角点上绘制出一条 6 个起伏形状的闭合曲线作为扫描引导线。在绘制轮廓草图时将靠近蒂部的控制点与直线端点重合,然后固定直线的另一端点,再绘制出一条直线,直线的一端与原点重合,另一端与引导线作"穿透"约束,将这条直线与刚才固定了端点的直线作"相等"约束,与引导线作"穿透"约束的直线长度,在扫描时会随引导的起伏变化而变化,并通过"相等"约束的直线使靠近蒂部的控制点也作起伏变化,从而实现了西红柿蒂部的起伏形状的创建。

对于插笔口用"曲面拉伸"→"曲面剪裁"→"面圆角"→"曲面剪裁"→"加厚"等命令做出。

对于叶片和蒂用"分割线"→"曲面等距"→"加厚"等命令做出。

对于底座用"曲面剪裁"→"曲面放样"→"圆角"→"加厚"等命令做出。

对于托座用"分割线"→"曲面等距"→"加厚"→"圆角"等命令做出。

"笔筒"建模步骤如表 6-2 所示。

表 6-2 笔筒的建模步骤

序号	图示	说明	序号	图示	说明
1		建立扫描中径、引导线和轮廓草图	5		建立底座
2		曲面扫描建立西红柿主体	6		加厚成壳体
3		曲面填充完善西红柿蒂部曲面	7		建立西红柿蒂
4		建立插笔口	8		建立托座

6.4.2 创建基体模型

（1）新建文件。选择"文件"→"新建"命令，在弹出的"新建文件"对话框中选择"零件"或"模板" 文件，单击"确定"按钮，如图6-34所示。

图 6-34 新建零件文件

（2）绘制"草图 1"。从特征管理器中选择"上视基准面"，单击"正视于"按钮，单击"草图"切换到草图绘制面板，单击"圆"按钮，绘制出一个$\phi120$的圆，如图6-35中①所示。单击"退出草图"按钮退出绘制草图。

（3）绘制"草图 2"。从特征管理器中选择"上视基准面"，单击"正视于"按钮，单击"草图"切换到草图绘制面板，单击"多边形"按钮，分别绘制出一个内切圆$\phi70$的六边形和一个内切圆$\phi80$的六边形，两个六边形的内切圆同心，将内切圆$\phi80$的六边形边作水平约束，将内切圆$\phi70$的六边形边作竖直约束，把两个六边形转换为结构线，结果如图6-35中②所示。单击"样条曲线"按钮，绘制出一条通过两个六边形 12 个角点的闭合曲线，如图6-35中③所示。单击"退出草图"按钮退出绘制草图。

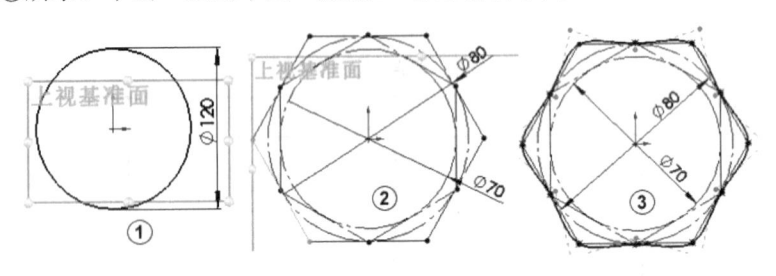

图 6-35 绘制草图 1 和草图 2

经验 草图 2 中，两个六边形内切圆直径的大小决定了引导的起伏强度，同时也影响了扫描成型对象的形状起伏强度。

（4）绘制"草图 3"。从特征管理器中选择"前视基准面"，单击"正视于"按钮，单击"草图"切换到草图绘制面板，单击"中心线"按钮，从原点开始向上绘制出一条长 105 的竖线。单击"样条曲线"按钮，绘制出一条有 6 个控制点的曲线，曲线的两个端点分别与竖的两个端点重合，如图 6-36 中①所示。单击"中心线"按钮，绘制出一个直角三角形、两条水平线和一条竖线。三角形的顶点与曲线靠近蒂部的控制点重合。竖线的上端

136

点与三角形斜边的中点重合，下端点与三角形水平边重合。下面一条水平线的左端点与原点重合，上面一条水平线的右端点与曲线中间部分的控制点重合，如图 6-36 中②所示。将下面一条水平线的右端点与"草图 2"绘制的曲线作"穿透"约束，如图 6-36 中③所示。单击"退出草图"按钮退出绘制草图。

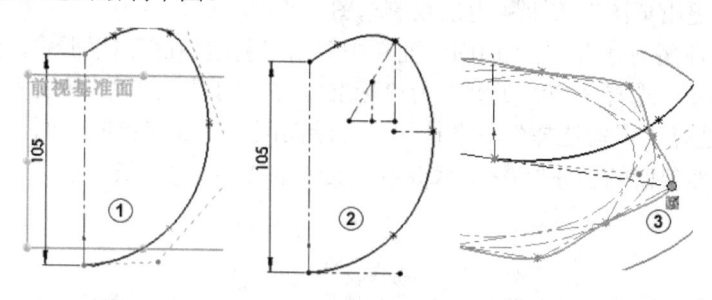

图 6-36　绘制草图 3

（5）建立"约束"。三角形斜边与下面条水平线为"相等"约束，如图 6-37 中①所示，竖线与上面一条水平线为"相等"约束，如图 6-37 中②所示。三角形左端点和上面条水平线为"固定"约束，如图 6-37 中③所示。

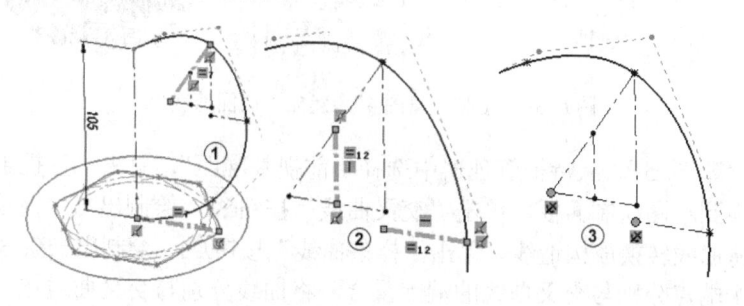

图 6-37　建立约束

注意：轮廓草图中的约束以及与引导线的"穿透"约束是扫描成败的关键。

（6）建立"曲面扫描"。选择菜单"插入"→"曲面"→"扫描曲面"命令，系统弹出"扫描曲面"属性管理器，在"轮廓"文本框中输入"草图 3"作为扫描轮廓，在"路径"文本框中输入"草图 1"作为扫描路径，在"引导线"文本框中输入"草图 2"作为扫描引导线，其他采用默认设置，如图 6-38 中①所示。单击"确定"按钮完成曲面扫描操作，结果如图 6-38 中②所示。

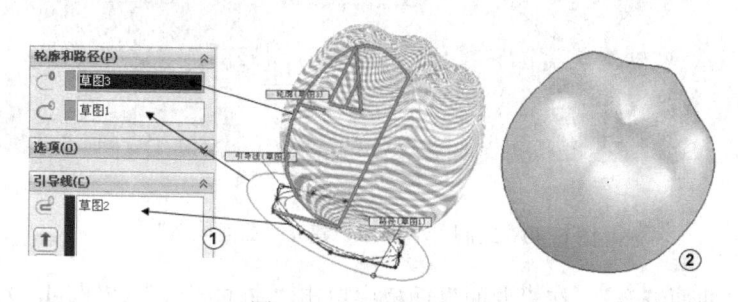

图 6-38　建立曲面扫描

6.4.3 创建蒂部曲面

（1）绘制"草图 4"。从特征管理器中选择"上视基准面"，单击"正视于"按钮，单击"草图"面板中的"圆"按钮，绘制出一个φ35 的圆，圆心落在原点上，如图 6-39 中①所示。单击"退出草图"按钮退出绘制草图。

（2）建立"曲面剪裁"。在"曲面"面板中单击"剪裁曲面"按钮，系统弹出"剪裁曲面"属性管理器，选择"剪裁类型"为"标准"，在"剪裁工具"文本框中输入"草图 4"作为剪裁，选择"保留选择"单选按钮，在绘图区选中要保留的曲面，保留面呈红色显示，并显示在"要保留的部分"文本框中，如图 6-39 中②所示，单击"确定"按钮完成曲面剪裁操作。

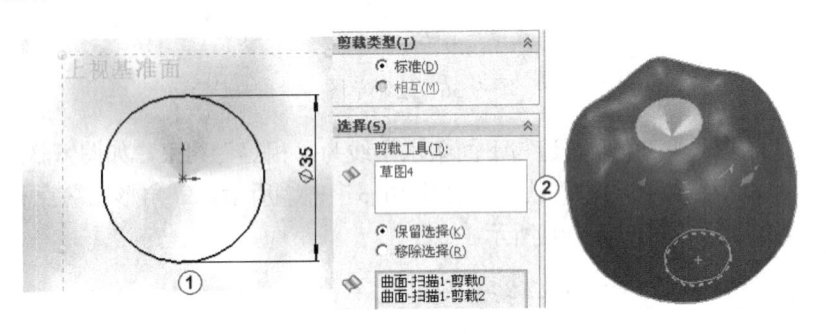

图 6-39 绘制"草图 4"，建立"曲面剪裁"

（3）绘制"草图 5"。从特征管理器中选择"前视基准面"，单击"正视于"按钮，单击"草图"切换到草图绘制面板，单击"交叉曲线"按钮，绘制出与"前视基准面"相交叉的曲线，并将曲线转换成构造线。单击"样条曲线"按钮，绘制出一条 3 个控制点的曲线，曲线的两个端点分别与交叉曲线的端点重合，将曲线分别与交叉曲线作"相切"约束，如图 6-40 中①所示。单击"退出草图"按钮退出绘制草图。

（4）建立"曲面填充"。在"曲面"面板中单击"曲面填充"按钮，系统弹出"曲面填充"属性管理器，在"修补边界"文本框中输入曲面剪裁后的边线，在"曲率控制"选择框中选择"相切"，在"约束曲线"文本框中输入"草图 5"，其他采用默认设置，如图 6-40 中②所示。单击"确定"按钮完成曲面填充操作。

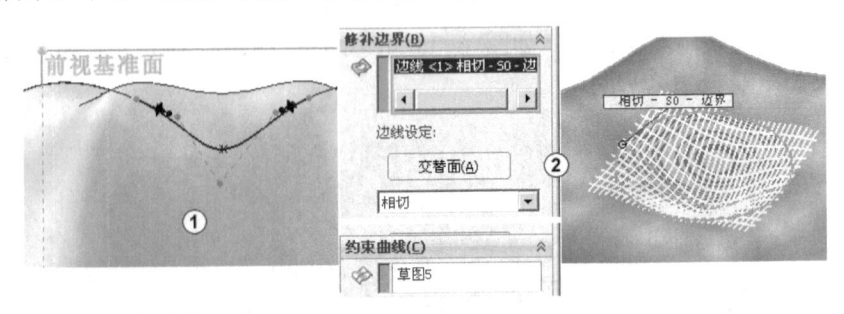

图 6-40 绘制"草图 5"，建立"曲面填充"

（5）建立"曲面缝合"。在"曲面"面板中单击"曲面缝合"按钮，系统弹出"曲面缝合"属性管理器，在"要缝合的曲面和面"文本框中输入"曲面-剪裁 1"和"曲面填充 1"两个曲面作为缝合对象，选中"缝隙控制"复选框，其他采用默认设置如图 6-41 所示。单击"确定"按钮完成曲面缝合。

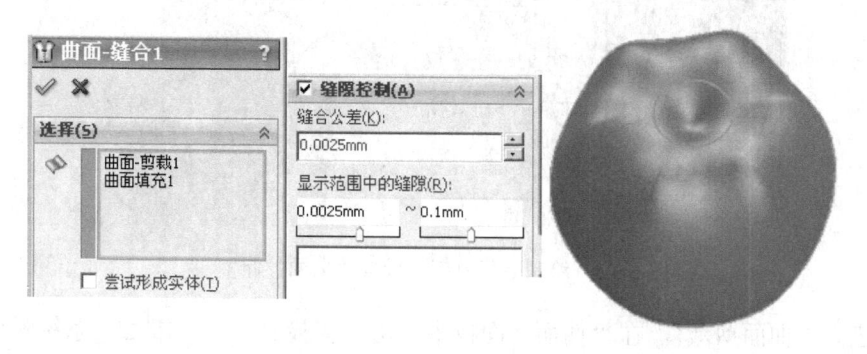

图 6-41 建立"曲面缝合"

6.4.4 创建插笔口

（1）绘制"草图 6"。从特征管理器中选择"前视基准面"，单击"正视于"按钮，单击"草图"面板中的"中心线"按钮，从原点开始向上绘制出一条竖线。单击"直线"按钮绘制出两条直线，单击"智能尺寸"按钮标注尺寸，如图 6-42 中①所示。单击"退出草图"按钮退出绘制草图。

（2）建立"曲面拉伸"。在特征管理器中选择"草图 6"，在"曲面"面板中单击"曲面拉伸"按钮，系统弹出"曲面拉伸"属性管理器，在"方向 1"下拉列表中选择"给定深度"，在"距离"文本框中输入 30，如图 6-42 中②所示，其他采用默认设置，单击"确定"按钮完成曲面拉伸操作。结果如图 6-42 中③所示。

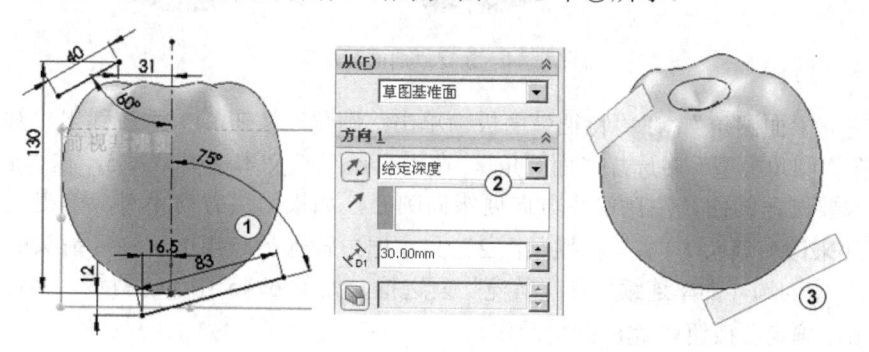

图 6-42 绘制"草图 6"，建立"曲面拉伸"

（3）绘制"草图 7"。从绘图区选择如图 6-43 中①所示的"深色"面作为草图绘制基准面，单击"正视于"按钮，单击"草图"面板中的"中心线"按钮，绘制出一条竖线，竖线的下端点与曲面水平边重合。单击"椭圆"按钮，绘制出一个椭圆，椭圆的圆心与竖线下端点重合，长轴点与竖线上端点重合，短轴点与曲面水平边重合。单击"智能尺寸"按钮标注尺寸，如图 6-43 中①所示，单击"退出草图"按钮退出绘制草图。

（4）建立"曲面拉伸"。在特征管理器中选择"草图 7"，在"曲面"面板中单击"曲面拉伸"按钮，系统弹出"曲面拉伸"属性管理器，在"方向 1"下拉列表中选择"给定深度"，在"距离"文本框中输入 30，如图 6-43 中②所示，其他采用默认设置，单击"确定"按钮完成曲面拉伸操作。结果如图 6-43 中③所示。

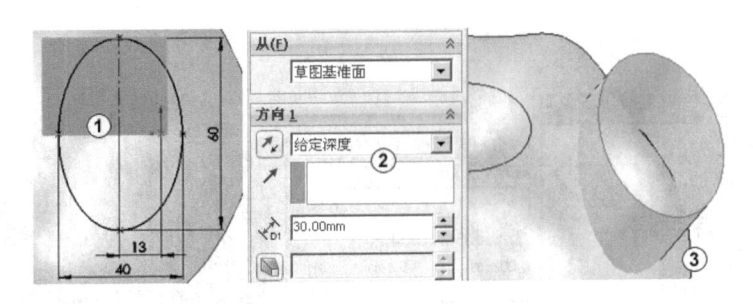

图 6-43 绘制"草图 7",建立"曲面拉伸"

(5)建立"曲面剪裁"。在"曲面"面板中单击"剪裁曲面"按钮,系统弹出"剪裁曲面"属性管理器,选择"剪裁类型"为"相互",在"曲面"文本框中输入"曲面-缝合 1"和"曲面-拉伸 2",选择"保留选择"单选按钮,在绘图区选择中要保留的曲面,保留面呈红色显示,并显示在"要保留的部分"输入框中,如图 6-44 中①所示,单击"确定"按钮完成曲面剪裁操作。剪裁结果如图 6-44 中②所示。

图 6-44 建立"曲面剪裁"

(6)建立"面圆角"。在"特征"面板中单击"圆角"按钮,系统弹出"圆角"属性管理器,在"圆角类型"中选择"面圆角",在"半径"文本框中输入 5,在"面组 1"文本框中输入要圆角的面,注意箭头方向要指向圆心,如果箭头方向不对,单击"反转面法向"图标来改变箭头方向,在"面组 2"文本框中输入另一组面,注意箭头的方向。在"圆角选项"中勾选"曲率连续"和"等宽"复选框,如图 6-45 中①②所示。其他采用默认设置,单击"确定"按钮完成圆角操作。

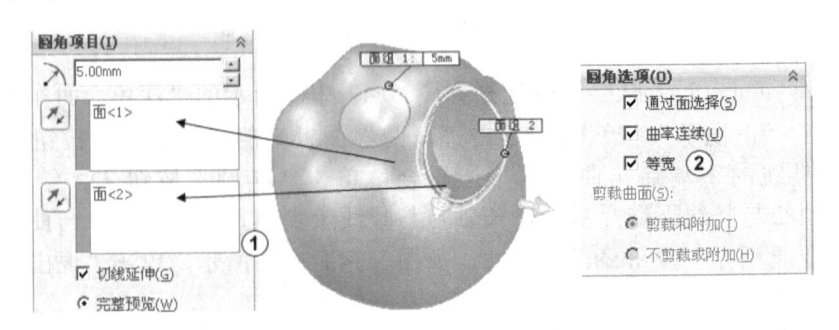

图 6-45 建立"面圆角"

(7)绘制"草图 8"。从特征管理器中选择"前视基准面",单击"正视于"按钮,单击"草图"面板中的"三点弧"按钮,绘制出一 $R70$ 的圆弧,如图 6-46 中①所示。单击

140

"退出草图"按钮退出绘制草图。

(8) 建立"曲面剪裁"。在"曲面"面板中单击"剪裁曲面"按钮,系统弹出"剪裁曲面"属性管理器,选择"剪裁类型"为"标准",在"剪裁工具"文本框中输入"草图8"作为剪裁,选择"保留选择"单选按钮,在绘图区选择要保留的曲面,保留面呈红色显示,并显示在"要保留的部分"文本框中,如图 6-46 中②所示,单击"确定"按钮完成曲面剪裁操作。

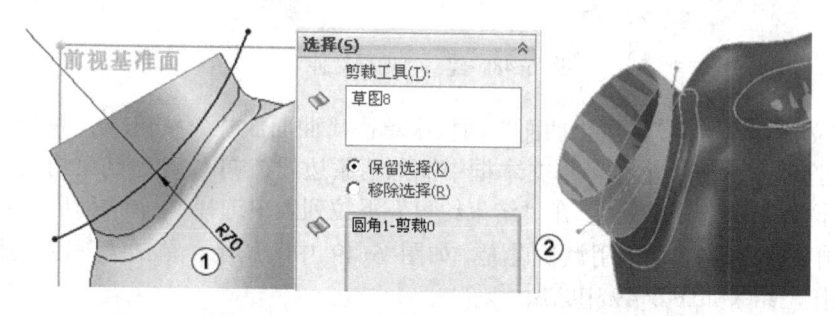

图 6-46 绘制"草图 8",建立"曲面剪裁"

6.4.5 创建底座

(1) 绘制"草图 9"。从绘图区选择如图 6-47 中①所示的"深色"面作为草图绘制基准面,单击"正视于"按钮,单击"草图"切换到草图绘制面板。单击"圆"按钮,绘制出两个同心圆,圆心落在曲面水平边的中点上。单击"智能尺寸"按钮标注尺寸,如图 6-47 中①所示,单击"退出草图"按钮退出绘制草图。

(2) 建立"曲面剪裁"。在"曲面"面板中单击"剪裁曲面"按钮,系统弹出"剪裁曲面"属性管理器,选择"剪裁类型"为"标准",在"剪裁工具"文本框中输入"草图9"作为剪裁,选择"保留选择"选项,在绘图区选择中要保留的曲面,保留面呈红色显示,并显示在"要保留的部分"文本框中,如图 6-47 中②所示,单击"确定"按钮完成曲面剪裁操作。

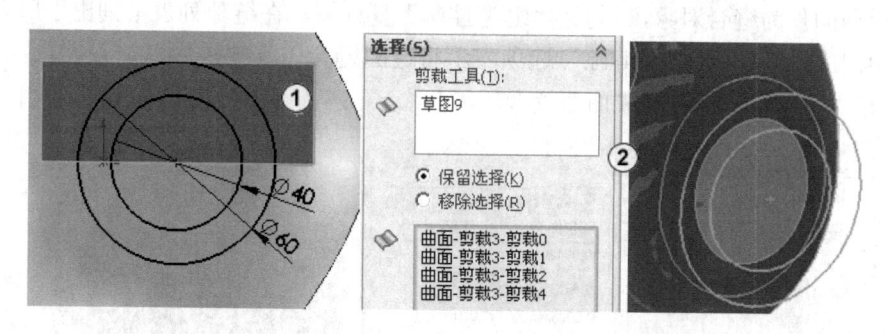

图 6-47 绘制"草图 9",建立"曲面剪裁"

(3) 建立"曲面拉伸"。在特征管理器中选择"草图 9",在"曲面"栏中单击"曲面拉伸"按钮,系统弹出"曲面拉伸"属性管理器,在"开始条件"选择框中选择"等距",在等距值文本框中输入 3,单击"反向"按钮,单击"方向 1"中的拉伸类型选择"给定深度",在"距离"文本框中输入 30,如图 6-48 中①所示,其他采用默认设置,单击"确定"按钮完成曲面拉伸操作。结果如图 6-48 中②所示。

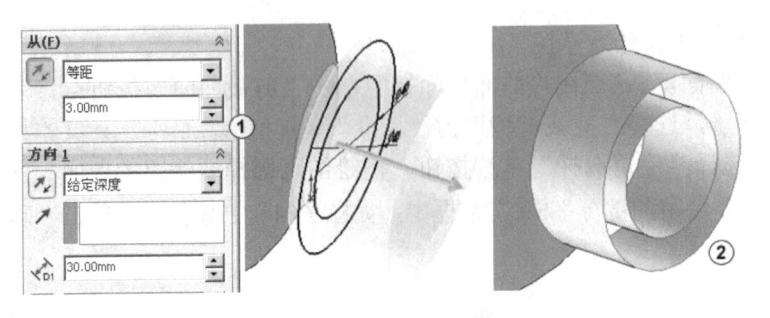

图 6-48 建立"曲面拉伸"

(4) 建立"曲面放样"。在"曲面"面板中单击"曲面放样"按钮,系统弹出"曲面放样"属性管理器,在"轮廓"文本框中输入两条边线,在"起始/结束约束"栏的"开始约束"下拉列表中选择"无",在"结束约束"下拉列表中选择"与面相切",在"相切长度"文本框中输入 1,其他采用默认设置,如图 6-49 中①所示。单击"确定"按钮完成曲面放样操作,结果如图 6-49 中②所示。

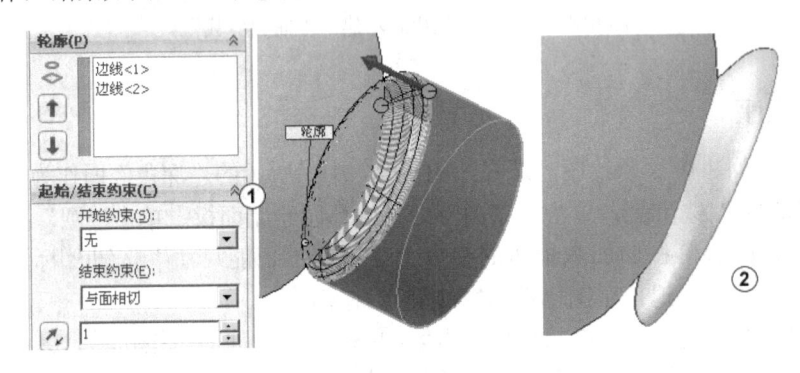

图 6-49 建立"曲面放样"

(5) 建立"曲面缝合"。在"曲面"面板中单击"曲面缝合"按钮,系统弹出"曲面-缝合"属性管理器,在"要缝合的曲面和面"文本框中输入"曲面-放样 1"和"曲面-剪裁 4"两个曲面作为缝合对象,勾选"缝隙控制"复选框,在缝隙列表中列出了所有"缝合公差"范围内的缝隙,选中"缝隙"选项表示将缝隙缝合。其他采用默认设置,如图 6-50 所示。单击"确定"按钮完成曲面缝合。

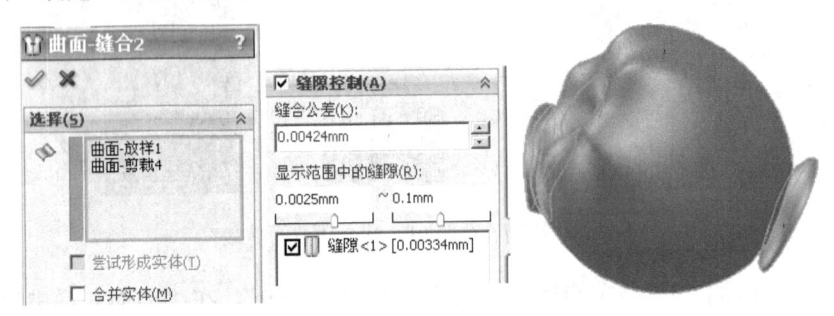

图 6-50 建立"曲面缝合"

(6) 创建"圆角"。在"特征"面板中单击"圆角"按钮,系统弹出"圆角"属性管理器,选择"圆角类型"为"等半径",在"圆角半径"文本框中输入 2,在"边线、面、特征和环"文本框中输入模型的一条边线,如图 6-51 中①所示,其他采用默认设

142

置。单击"确定"按钮 ✔ 完成圆角操作,结果如图 6-51 中②所示。

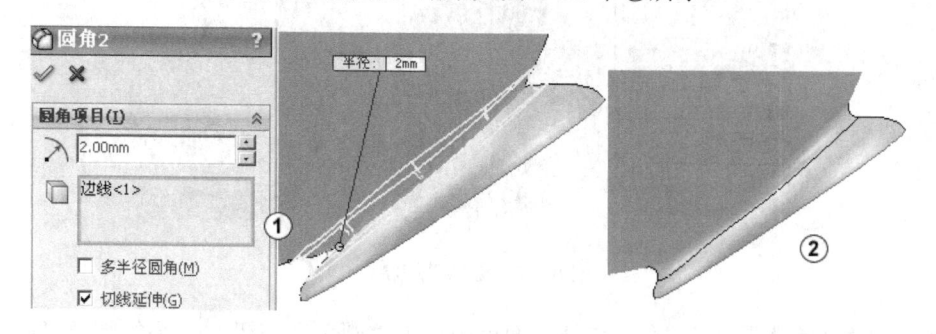

图 6-51 建立"圆角"

(7)建立"平面区域"。在"曲面"面板中单击"平面区域"按钮，系统弹出"曲面-基准面"属性管理器,在"边界实体" ◇ 文本框中输入模型的一条边线,如图 6-52 中①所示,其他采用默认设置。单击"确定"按钮 ✔ 完成曲面区域操作,结果如图 6-52 中②所示。

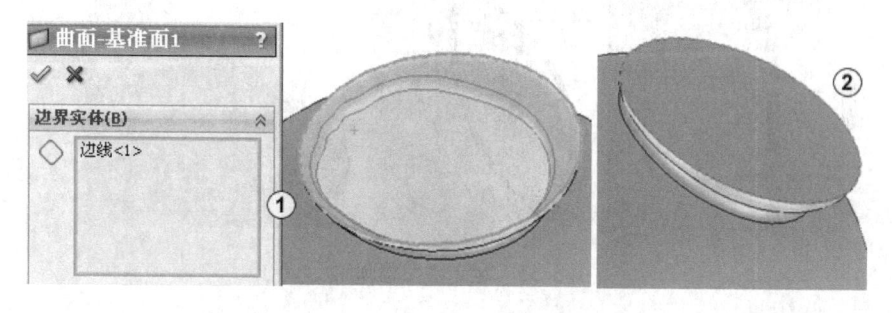

图 6-52 建立"平面区域"

(8)建立"曲面缝合"。在"曲面"面板中单击"曲面缝合"按钮，系统弹出"曲面-缝合"属性管理器,在"要缝合的曲面和面" 文本框中输入"圆角 2"和"曲面-基准面 1"两个曲面作为缝合对象,选中"缝隙控制"复选框,其他采用默认设置,如图 6-53 所示。单击"确定"按钮 ✔ 完成曲面缝合操作。

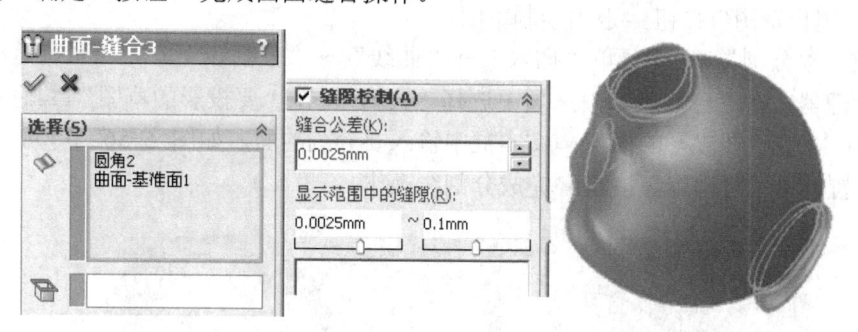

图 6-53 建立"曲面缝合"

(9)建立"加厚"。选择菜单"插入"→"凸台/基体"→"加厚"命令,系统弹出"加厚"属性管理器,选择要加厚的曲面,选择加厚方式为"加厚侧边 2"，输入"厚度"为 1.5,如图 6-54 中①所示,单击"确定"按钮 ✔ 完成加厚操作。单击"前视基准面",剖开后的结果如图 6-54 中②所示。

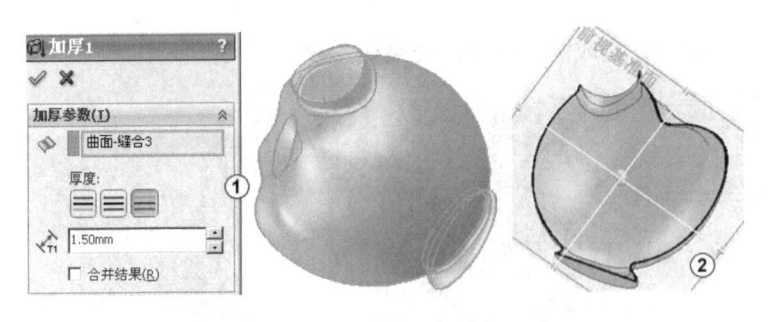

图 6-54 建立"加厚"

（10）创建"完整圆角"。在"特征"面板中单击"圆角"按钮，系统弹出"圆角"属性管理器，选择圆角类型为"完整圆角"，在"圆角项目"栏的"面组 1"文本框中输入模型加厚后产生的外侧面，在"中央面组"文本框中输入模型加厚后产生的厚度面，在"面组 2"文本框中输入模型加厚后产生的内侧面，如图 6-55 中①所示，其他采用默认设置。单击"确定"按钮完成完整圆角操作，结果如图 6-55 中②所示。

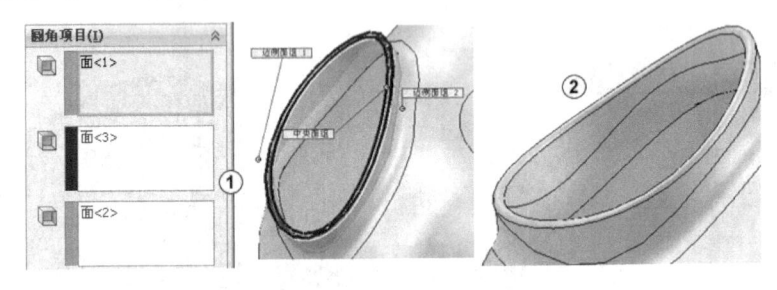

图 6-55 建立"完整圆角"

6.4.6 创建叶子

（1）绘制"草图 10"。从特征管理器中选择"上视基准面"，单击"正视于"按钮，单击"草图"面板中的"圆"按钮、"中心线"按钮、"智能尺寸"按钮、"样条曲线"按钮、"圆周阵列"按钮和"剪裁实体"按钮，绘制出如图 6-56 中①所示的"草图 10"。单击"退出草图"按钮退出绘制草图。

（2）建立"分割"。选择菜单"插入"→"曲线"→"分割线"命令，系统弹出"分割线"属性管理器，在"分割类型"选项中选择"投影"，在"要投影的草图"输入框中输入"草图 10"，在"要投影的面"文本框中输入要分割的面，如图 6-56 中②所示。其他采用默认设置，单击"确定"按钮完成分割线操作。

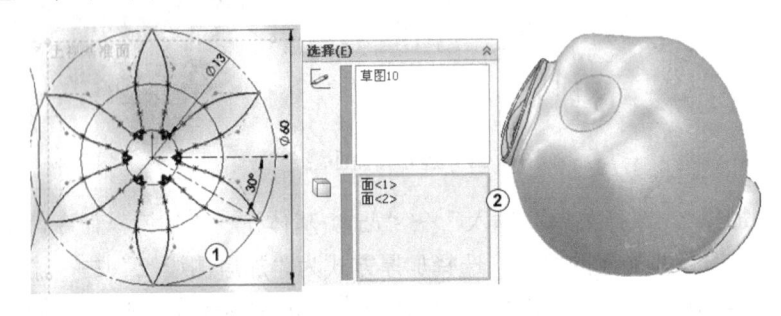

图 6-56 绘制"草图 10"，建立"分割线"

144

（3）建立曲面等距。在"曲面"面板中单击"曲面等距"按钮，系统弹出"曲面-等距"属性管理器，在"要等距的面或曲面"文本框中输入要等距的面，在"等距距离"文本框中输入 0，其他采用默认设置，如图 6-57 中①所示。单击"确定"按钮完成曲面等距操作，结果如图 6-57 中②所示。

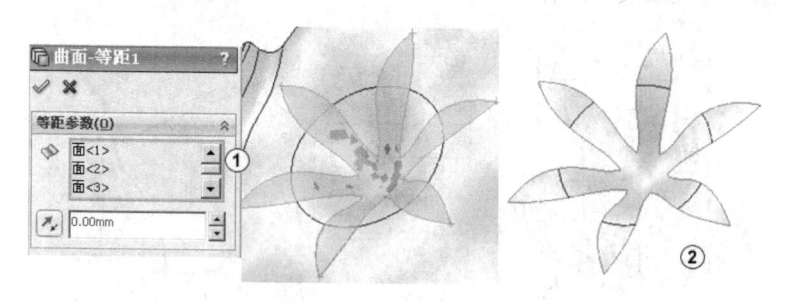

图 6-57　建立"曲面等距"

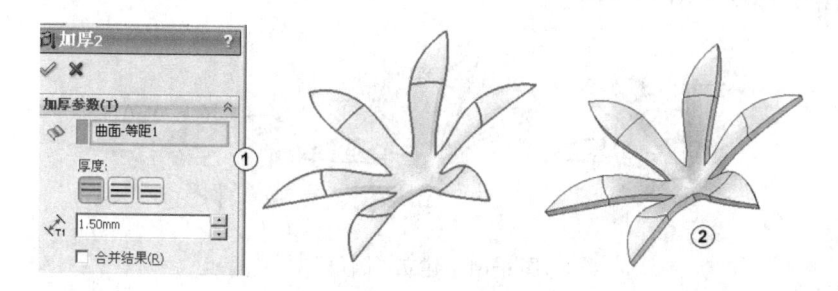

（4）建立"加厚"。选择菜单"插入"→"凸台/基体"→"加厚"命令，系统弹出"加厚"属性管理器。选择要加厚的曲面，选择加厚方式为"加厚侧边 1"，输入"厚度"为 1.5，取消选中"合并结果"复选框，如图 6-58 中①所示。单击"确定"按钮完成加厚操作，加厚结果如图 6-58 中②所示。

图 6-58　建立"加厚"

（5）建立"圆角"。在"特征"面板中单击"圆角"按钮，系统弹出"圆角"属性管理器，选择"圆角类型"为"等半径"，对模型分别添加 $R1$、$R1$ 圆角，如图 6-59 中①②所示。圆角结果如图 6-59 中③所示。

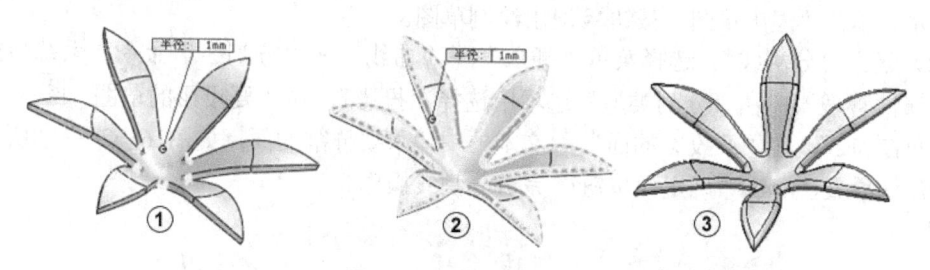

图 6-59　建立"圆角"

（6）绘制"草图 11"。从特征管理器中选择"前视基准面"，单击"正视于"按钮，单击"草图"切换到草图绘制面板。单击"直线"按钮、"三点弧"按钮和"智能尺寸"按钮，绘制出如图 6-60 中①所示的"草图 11"。单击"退出草图"按钮退出绘制草图。

（7）创建"旋转"。在特征管理器中选择"草图 11"，然后在工具栏中单击"旋转"按钮，系统弹出"旋转"属性管理器，在"旋转轴"文本框中输入草图 11 中的一条竖直线

145

作为旋转轴,在"旋转类型"选择框中选择"给定深度",在"角度"文本框中输入360,选中"合并实体"复选框。在"特征范围"选项栏中取消"自动选择"选项,在"受影响的特征"文本框中输入"圆角 5"实体,如图 6-61 中②所示,其他采用默认设置。单击"确定"按钮完成旋转操作。

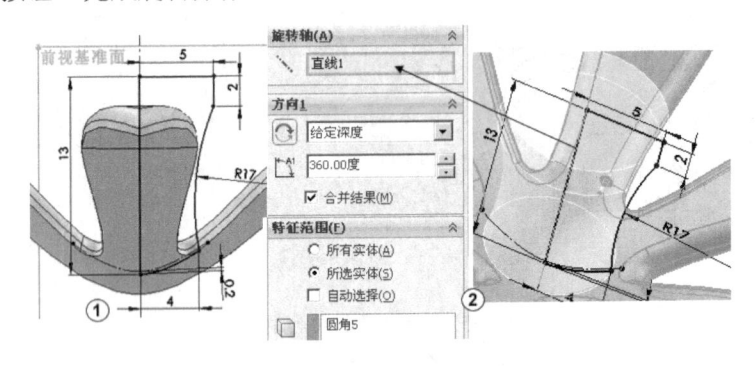

图 6-60 绘制"草图 11",建立"旋转"

(8)建立"圆角"。在"特征"面板中单击"圆角"按钮,系统弹出"圆角"属性管理器,选择"圆角类型"为"等半径",对模型分别添加 $R0.5$、$R1$ 圆角。如图 6-61 中①②所示。圆角结果如图 6-61 中③所示。

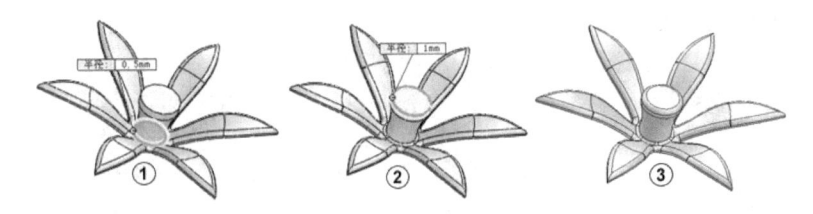

图 6-61 建立"圆角"

6.4.7 创建壳体

(1)绘制"草图 12"。从特征管理器中选择"前视基准面",单击"正视于"按钮,单击"草图"面板中的"样条曲线"按钮,绘制出一条有 3 个控制点的曲线,如图 6-62 中①所示。单击"退出草图"按钮退出绘制草图。

(2)建立"分割线"。选择菜单"插入"→"曲线"→"分割线"命令,系统弹出"分割线"属性管理器,在"分割类型"选项中选择"投影",在"要投影的草图"文本框中输入"草图 12",在"要投影的面"文本框中输入要分割的面,如图 6-62 中②所示。其他采用默认设置,单击"确定"按钮完成分割线操作。

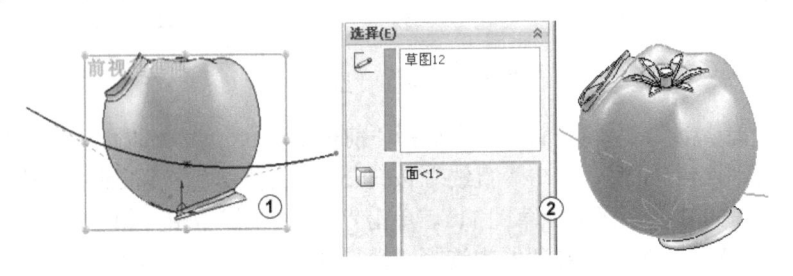

图 6-62 绘制"草图 12",建立分割线

（3）建立曲面等距。在"曲面"面板中单击"曲面等距"按钮，系统弹出"曲面-等距"属性管理器，在"要等距的面或曲面"文本框中输入要等距的面，在"等距距离"文本框中输入 0，其他采用默认设置，如图 6-63 中①所示。单击"确定"按钮✓完成曲面等距操作，结果如图 6-63 中②所示。

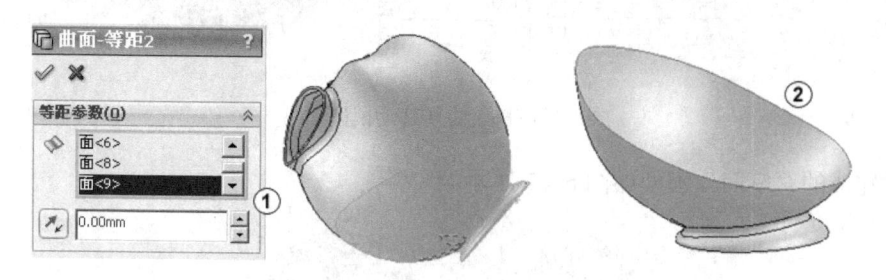

图 6-63　建立"曲面等距"

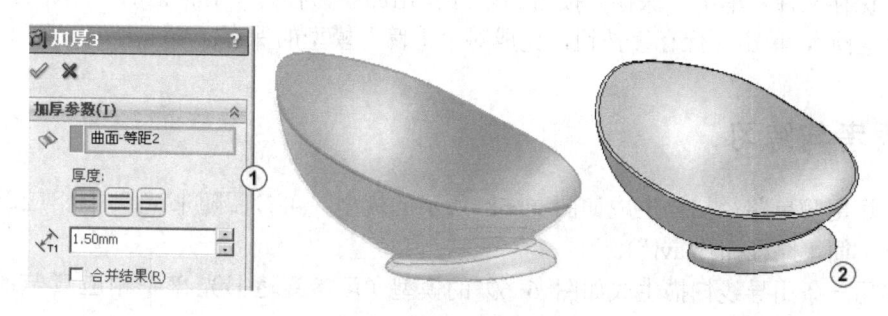

（4）建立"加厚"。选择菜单"插入"→"凸台/基体"→"加厚"命令，系统弹出"加厚"属性管理器，选择要加厚的曲面，选择加厚方式为"加厚侧边 1"，输入"厚度"为 1.5，取消选中"合并结果"复选框，如图 6-64 中①所示。单击"确定"按钮✓完成加厚操作，加厚结果如图 6-64 中②所示。

图 6-64　建立"加厚"

（5）建立"圆角"。在"特征"面板中单击"圆角"按钮，系统弹出"圆角"属性管理器，选择"圆角类型"为"等半径"，对模型分别添加 $R0.5$、$R1$ 圆角，如图 6-65 中①②所示。圆角结果如图 6-65 中③所示。

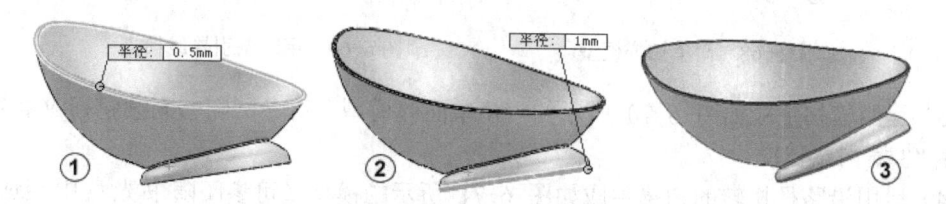

图 6-65　建立"圆角"

（6）建立"实体移动/复制"。选择菜单"插入"→"特征"→"实体移动/复制"命令，系统弹出"实体移动/复制"属性管理器，在"要移动/复制的实体"文本框中输入"分割线 2""圆角 7"和"圆角 9"3 个实体。展开"旋转"选项，输入为 0，为 0，为-15，其他采用默认设置，如图 6-66 所示。单击"确定"按钮✓完成实体旋转操作。

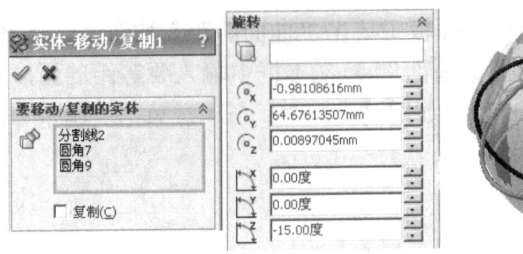

图 6-66 旋转移动模型

创建完成的"笔筒"模型如图 6-67 所示。

图 6-67 创建完成的"笔筒"模型

(7) 保存文件。单击"保存"按钮,在弹出的"另存为"对话框的"文件名"文本框中输入"笔筒",单击"保存"按钮,完成对"笔筒"模型的保存。

6.5 思考与练习

(1) 运用简单路径扫描生成如图 6-68 所示的模型(可参阅随书光盘中相应章节的动画文件"1 简单路径扫描.avi")。

(2) 用一条引导线扫描生成如图 6-69 的模型(可参阅随书光盘中相应章节的动画文件"2 用一根引导线扫描.avi")。

图 6-68 简单扫描模型　　　　图 6-69 用一条引导线扫描

(3) 运用横扫生成如图 6-70 所示的六角单面体模型(可参阅随书光盘中相应章节的动画文件"3 横扫.avi")。

(4) 运用沿路径扭转的扫描生成如图 6-71 所示的模型(可参阅随书光盘中相应章节的动画文件"4 沿路径扭曲的扫描.avi")。

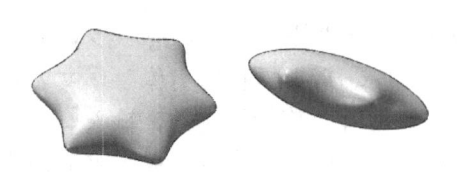

图 6-70 六角单面体模型　　　　图 6-71 沿路径扭曲的扫描

(5)运用多轮廓扫描生成如图 6-72 所示的模型(可参阅随书光盘中相应章节的动画文件"5 多轮廓扫描.avi")。

(6)运用取消合并平滑面的扫描生成如图 6-73 所示的模型(可参阅随书光盘中相应章节的动画文件"6 取消合并平滑面的扫描.avi")。在产品设计中有些产品需要平滑的面,有些不需要平滑的面,如此例中的五角星模型,它需要保持明显的棱角,在扫描时要取消选中"合并平滑面"复选框。

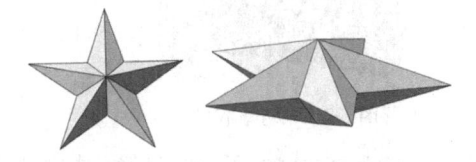

图 6-72 多轮廓扫描

图 6-73 取消合并平滑面的扫描

(7)生成如图 6-74 所示的环连环,它由一个环路径和一个圆轮廓扫描而成。同一个轮廓沿两条路径扫描,而两条路径是闭合的(可参阅随书光盘中相应章节的动画文件"7 环连环.avi")。

经验技巧:用一个扫描轮廓和一个扫描路径进行扫描,产生随路径形状变化的特征,但只要移动扫描轮廓的位置,扫描出来的结果有所不同,读者可以拖动扫描轮廓观看结果有什么不同。

(8)生成如图 6-75 所示的弹簧线,它由一个扫描特征创建而成(可参阅随书光盘中相应章节的动画文件"8 弹簧线.avi")。

图 6-74 环连环

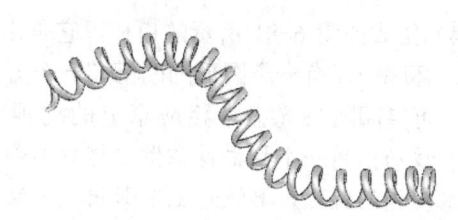

图 6-75 弹簧线

经验技巧:用一个扫描特征做出弹簧线是本实例的亮点。操作时要注意选择扫描类型为沿路径扭转。在绘制扫描路径草图时要注意曲线的半径曲率不能太大,否则扫描将不能成功。

(9)运用切除扫描生成如图 6-76 所示的模型(可参阅随书光盘中相应章节的动画文件"9 实体切除扫描.avi")。切除扫描的创建步骤和属性管理器参数与实体扫描基本一致,在切除扫描中"轮廓"选项可分为"轮廓扫描"和"实体扫描"。"轮廓扫描"是选择平面草图为轮廓的扫描;"实体扫描"是选择实体沿路径移动的扫描。

图 6-76 实体切除扫描

149

（10）生成如图 6-77 所示的螺栓（可参阅随书光盘中相应章节的动画文件"10 切除放样.avi"）。

（11）生成如图 6-78 所示的轮廓切除扫描（可参阅随书光盘中相应章节的动画文件"11 轮廓切除扫描.avi"）。

图 6-77 切除放样

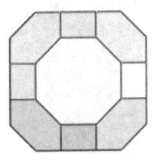

图 6-78 轮廓切除扫描

（12）生成如图 6-79 所示的拉簧，拉簧是以 3D 草图为路径的扫描创建而成的。将螺旋线与 2D 草图结合应用生成 3D 草图，以 3D 草图作为扫描路径创建出拉簧模型（可参阅随书光盘中相应章节的动画文件"12 拉簧.avi"）。

（13）生成如图 6-80 所示的五角螺旋弹簧，它是以投影曲线为路径的扫描创建而成的。将现有的草图投影到模型面或曲面上来生成一条 3D 曲线，以 3D 曲线为路径创建扫描生成五角螺旋弹簧模型（可参阅随书光盘中相应章节的动画文件"13 五角螺旋弹簧.avi"）。

图 6-79 拉簧

图 6-80 五角螺旋弹簧

（14）生成如图 6-81 所示的口杯，它是由一个扫描特征做出来的，杯口是圆形，杯底是五边形，杯底中还有一个圆形的凹槽和一个五角形凸出花形。创建这个口杯的关键在于草图的约束（可参阅随书光盘中相应章节的动画文件"14 口杯.avi"）。

经验技巧：用一个扫描特征做出杯口圆形，杯底五边形以及在杯底中的一个圆形凹槽的口杯是本实例的特点。要做到上下形状不一致的扫描，关键在于草图的约束。在操作时要注意 SelectionManager 选择工具的选择，在选择五边形做引导线时要选择"闭环"选项，因为如果选择"组"选项，选择五边形的 5 个小圆弧时很难选。

（15）生成电风扇模型，扫描出如图 6-82 所示的模型。

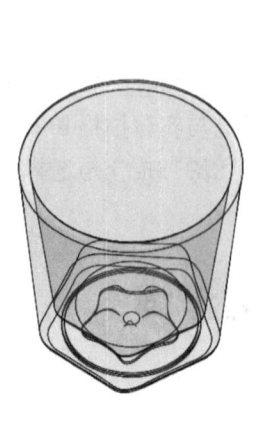

图 6-81 口杯

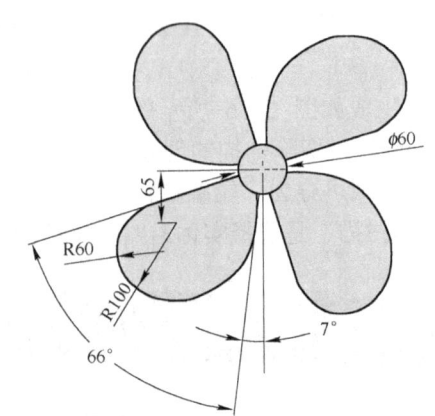

图 6-82 电风扇模型

螺旋曲线：高度 30，圈数 0.2，中心轴高 40

操作提示：先画出基圆，再做出螺旋线，扫描出螺旋曲面，添加厚度为 2，最后在主视基准面中绘制切除草图，进行切除。

（16）生成电缆，扫描出如图 6-83 所示的模型，尺寸自定。

（17）生成铁艺作品，扫描出如图 6-84 所示的模型，尺寸自定。

图 6-83　电缆 　　　　　　　图 6-84　铁艺

（18）建立指环的三维立体模型，以加深对扫描特征的理解，如图 6-85 所示。

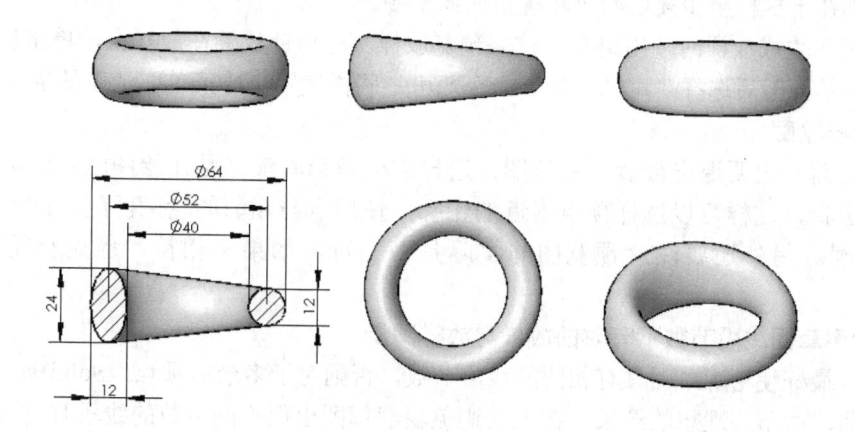

图 6-85　指环

（19）建立室外楼梯模型，如图 6-86 所示，尺寸自定。

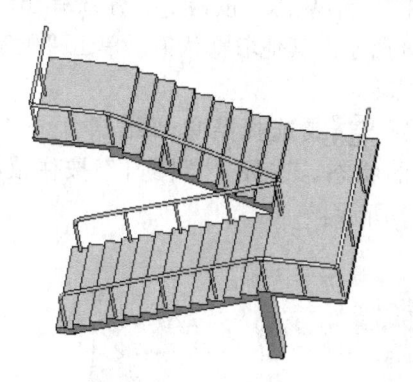

图 6-86　室外楼梯

第 7 章 放　　样

本章主要介绍放样的基本知识、放样时选择相关实体的问题、轮廓草图线段节数不等时的放样、穿透与重合的概念等。

7.1 放样的基本知识

放样就是利用两个或多个截面轮廓线混合生成的特征。放样的截面轮廓线可以是草图、曲线、模型边线，放样的第一个轮廓线和最后一个轮廓线可以是一条直线或一个点。放样与扫描的区别在于放样至少需要两个轮廓封闭的草图。

用户可在生成放样时使用斑马条纹来预览放样。将指针放置在放样上，单击鼠标右键打开快捷键菜单，然后选择"斑马条纹"命令即可。同样使用快捷菜单取消斑马条纹预览。

1．放样轮廓

放样之前一定要退出最后一张草图，选择放样轮廓时最好是在绘图区，而不是在特征管理器中选择，这样可以选择顶点附近的轮廓，使顶点与相邻的轮廓匹配。此外注意要顺序选择轮廓。另外还要注意预览图与实际是否相符，如果不相符，应调整轮廓的选择顺序。

2．轮廓草图线段节数不等时的放样与放样同步

放样时最好使轮廓草图具有相同的线段节数，否则对于多余的顶点，SolidWorks 常常造成放样扭曲，达不到理想的结果。在无法避免轮廓草图出现不同节数的线段时，通常需要将节数少的线段断开，以形成多段线段。

（1）打开随书光盘中相应章节中的"1 放样.SLDPRT"零件文件，如图 7-1 中①所示。单击"特征"面板上的"放样凸台/基体"按钮，系统弹出"放样"属性管理器。在绘图区选择草图，如图 7-1 中②③所示。其他取默认值，单击"确定"按钮，结果如图 7-1 中④⑤所示，可见这时放样有扭转。

（2）单击"撤销"按钮或选择菜单"编辑"→"撤销"命令，或按组合键〈Ctrl+Z〉，恢复到未放样前的状态。选择"草图 1"按住鼠标不放，将其拖动到"草图 2"的下方，如图 7-2 中①②所示。

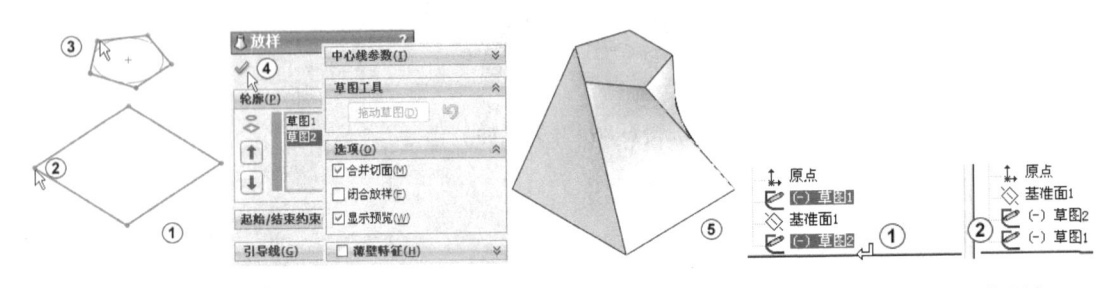

图 7-1　线段节数不等时的放样　　　　　图 7-2　调整草图的顺序

(3) 右击"草图 1",从弹出的快捷菜单中选择"编辑草图"命令,如图 7-3 中①②所示,进入草图编辑状态。

(4) 选择菜单"工具"→"草图工具"→"分割实体"命令,如图 7-3 中③④⑤⑥所示。单击与五边形角点对应的矩形边线上的中点,如图 7-3 中⑦所示,单击"分割实体"属性管理器上的"关闭"按钮,如图 7-3 中⑧所示。

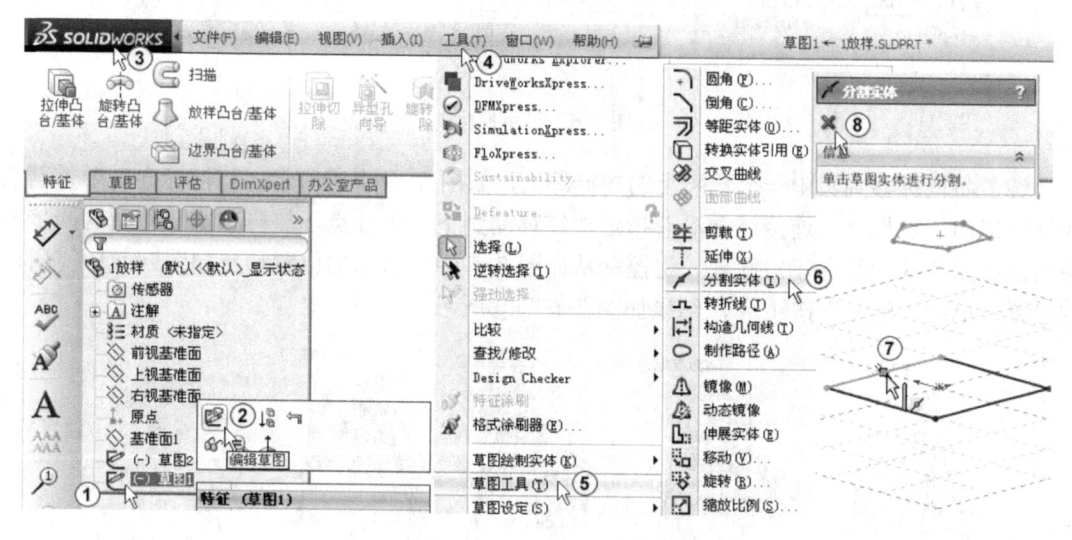

图 7-3 分割草图实体

(5) 单击"特征"面板上的"放样凸台/基体"按钮,系统弹出"放样"属性管理器。在绘图区选择草图,如图 7-4 中①②所示。其他取默认值,单击"确定"按钮,结果如图 7-4 中③④所示,可见这时放样扭转有所改善。

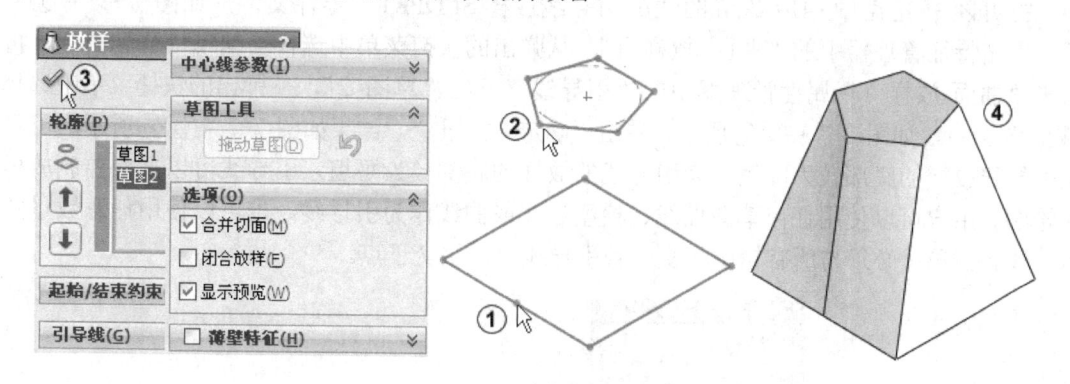

图 7-4 放样面属性管理器

如果放样失败或扭曲,可使用放样同步来修改放样轮廓之间的同步,可以通过更改轮廓之间的对齐来调整同步。若要调整对齐,可操纵图形区域中出现的控标,此为连接线的一部分。连接线是在两个方向上连接对应点的多线。

(1) 打开随书光盘中相应章节的"4 放样.SLDPRT"零件文件,如图 7-5 中①所示。右击特征管理器中的"曲面-放样 2",从弹出的快捷菜单中选择"编辑特征"命令,如图 7-5 中②③所示。在绘图区任意空白处右击,从弹出的快捷菜单中选择"显示所有接头"命令,如图 7-5 中④所示,结果如图 7-5 中⑤所示。

a)　　　　　　　　　　　　b)　　　　　　　　　　　　c)

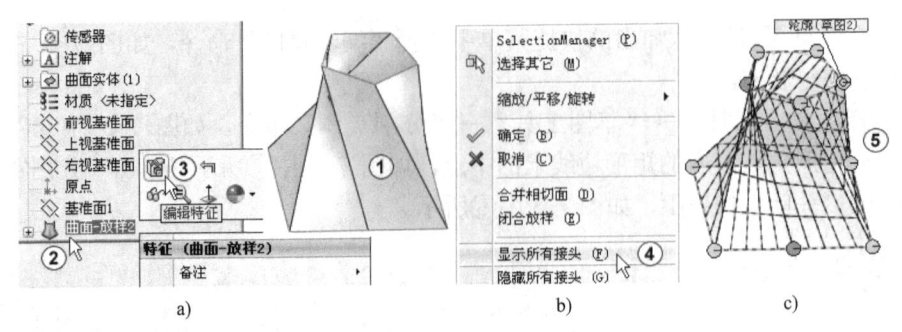

图 7-5　显示控标

（2）将鼠标移到其中一个轮廓上的控标🔴上，如图 7-6 中①所示。将控标向着要重新安放连接线的顶点拖动，连接线会沿着指定边线移动到下一个顶点，放样预览随着新的同步而更新，如图 7-6 中②所示。同理，将控标从如图 7-6 中③所示的位置移到如图 7-6 中④所示的位置，单击"确定"按钮✓，结果如图 7-6 中⑤所示。

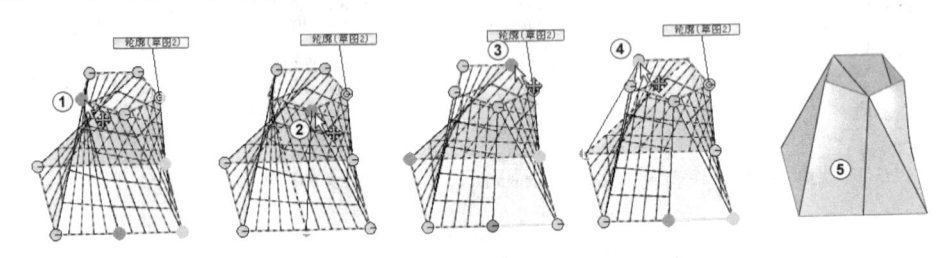

图 7-6　移动控标

3．引导线放样和中心线放样

打开随书光盘中相应章节的"6 引导线放样.SLDPRT"零件文件，如图 7-7 中①所示。右击特征管理器中的"曲面-放样 1"，从弹出的快捷菜单中选择"编辑特征"命令，再右击"曲面-放样 1"属性管理器中的"引导线"下的"草图 2"，从弹出的快捷菜单中选择"删除"命令，如图 7-7 中②③所示。单击"确定"按钮✓，结果如图 7-7 中④⑤所示。可见无引导线放样的底部较为陡峭，有引导线的放样的底部较为平坦，引导线可以严格控制放样的轮廓。用户可以使用任何草图曲线、模型边线或曲线作为引导线，也可以使用任意数量的引导线。引导线必须与所有轮廓相交，且引导线可以相交于点。

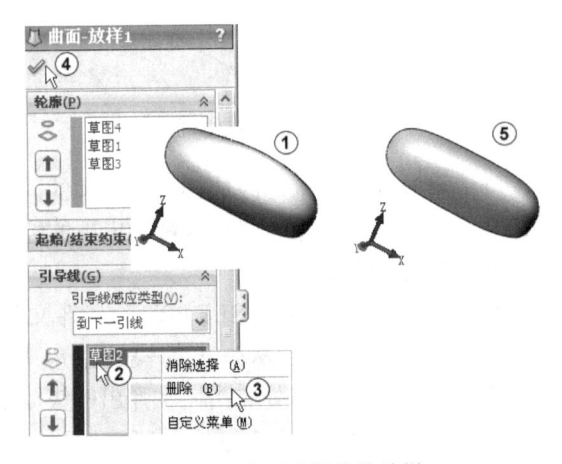

图 7-7　有无引导线的放样

与引导线密切相关的一个重要概念是穿透，要穿透必须先要接触，穿透的定义比重合严格，重合并不一定接触。如果对象不在当前的基准面上，重合意味着是与其在当前草图基准面上的投影重合，并不是真正的接触，是与其延长线接触。为了加深理解，打开随书光盘上相应章节中的"7 重合与穿透.SLDPRT"零件文件，单击"草图"，切换到草图绘制面板，单击"添加几何关系"按钮，如图 7-8 中①②③所示；在绘图区中选择点和曲线，如图 7-8 中④⑤所示；单击"重合"，单击"确定"按钮，如图 7-8 中⑥⑦所示；可见所选择的点与所选择的样条曲线并没有真正接触，点只是与样条曲线在右视基准面上的投影重合了，如图 7-8 中⑧所示。

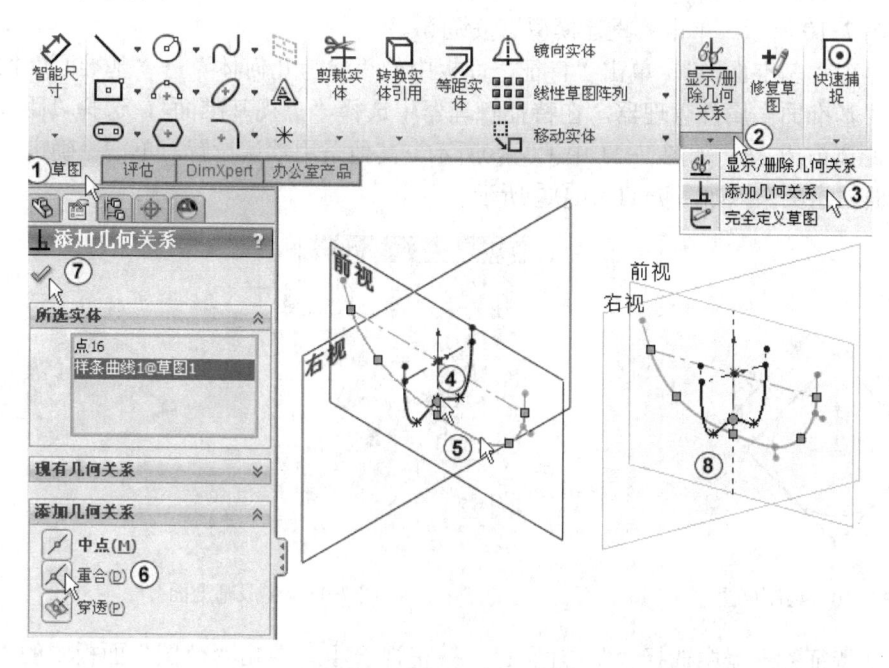

图 7-8　添加重合关系

单击"撤销"按钮，或选择菜单"编辑"→"撤销"命令，或按组合键〈Ctrl+Z〉，单击"穿透"，单击"确定"按钮，结果如图 7-9 所示，可见所选择的点与所选择的样条曲线真正接触了。用户可以生成一个使用一条变化的引导线作为中心线的放样，所有中间截面的草图都与此中心线垂直，而不是与放样路径垂直。此中心线可以是草图曲线、模型边线或曲线。引导线放样可以控制轮廓的形状和方向，而中心线放样只改变放样所沿的路径，它们的差别有时并不明显。

图 7-9　穿透关系

7.2　放样凸台/基体

创建放样的步骤如下。

（1）单击"特征"面板上的"放样凸台/基体"按钮。
（2）选择放样轮廓，可以是草图、模型边线或模型面。
（3）设置起始结束约束。
（4）添加引导线。如果没有引导线，则这一项跳过。
（5）输入中心线。如果没有中心线，则这一项跳过。

（6）设置薄壁参数，如果不需要生成薄壁特征，这一项跳过。

（7）单击"确定"按钮。

7.2.1 四棱锥

（1）新建文件。选择"文件"→"新建"命令，在弹出的"新建文件"对话框中选择"零件"文件，单击"确定"按钮。

（2）绘制"草图 1"。从特征管理器中选择"前视基准面"→正视于，单击"草图"面板中的"多边形"按钮，在绘图区中绘制出一个矩形，单击"智能尺寸"按钮标注出尺寸，如图 7-10 所示。单击"重建模型"按钮。

（3）创建"基准面 1"。单击"特征"面板中的"参考几何体"→"基准面"按钮，系统弹出"基准面"属性管理器。在特征管理器中选择"上视基准面"，选择"距离"约束，输入距离值为 36，如图 7-11 中①②③所示。其他采用默认设置，单击"确定"按钮完成基准面创建操作，如图 7-11 中④⑤所示。

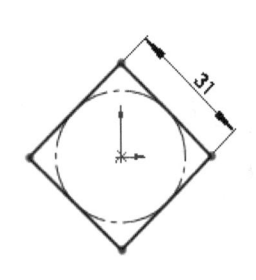

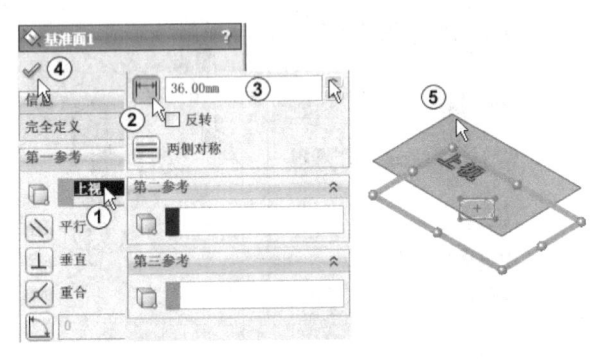

图 7-10 绘制草图　　　　图 7-11 生成基准面

（4）从特征管理器中选择"基准面 1"→正视于，单击"草图"面板中的"点"按钮，在绘图区中绘制出一个与原点重合的点，如图 7-12 中①所示。单击"重建模型"按钮。

（5）建立"放样"。单击"特征"面板中的"放样凸台/基体"按钮，系统弹出"放样"属性管理器，在"轮廓"文本框中输入"草图 1"和"草图 2"作为放样轮廓，如图 7-13 中①②所示。其他采用默认设置，单击"确定"按钮完成放样操作，结果如图 7-13 中③④所示。

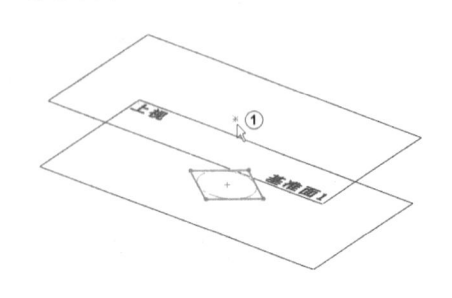

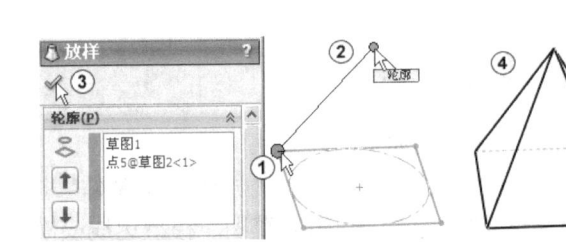

图 7-12 绘制点　　　　图 7-13 "放样"属性管理器

（6）编辑放样特征。在特征管理器中右击"放样 1"，在弹出的快捷菜单中选择"编辑特征"命令，系统弹出"放样"属性管理器。在"起始/结束约束"栏的"开始约束"选择框中选择"垂直于轮廓",在"起始处相切长度"文本框中输入 1,如图 7-14 中①~③所示。其他采用默认设置,单击"确定"按钮✓完成编辑放样操作,结果如图 7-14 中④⑤所示。

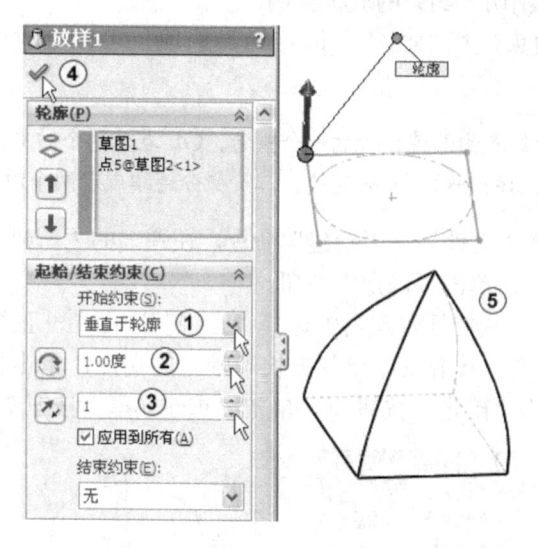

图 7-14 加入"起始/结束约束"

可见放样的形状改变了。无任何约束的放样以直线连接两个轮廓,添加垂直于轮廓的约束后,两个轮廓之间的连接不再是直线而是与轮廓垂直的样条曲线。

(7) 右击特征管理器中的"放样 1",从弹出的快捷菜单中选择"删除"命令。

(8) 选择菜单"插入"→"3D 草图"命令,单击"中心线"按钮绘制出一条中心线,如图 7-15 中①②所示。单击"退出草图"按钮退出绘制草图。

(9) 切换到"特征"面板,单击"放样凸台/基体"按钮,系统弹出"放样"属性管理器。在"轮廓"文本框中输入"草图 1"和"草图 2"作为放样轮廓,如图 7-16 中①②所示。在"起始/结束约束"栏的"开始约束"选择框中选择"方向向量",在绘图区选择"3D 草图 1"作为向量方向,在"起始处相切长度"文本框中输入 1,如图 7-16 中③④⑤所示。其他采用默认设置,单击"确定"按钮✓完成放样操作,结果如图 7-16 中⑥⑦所示。

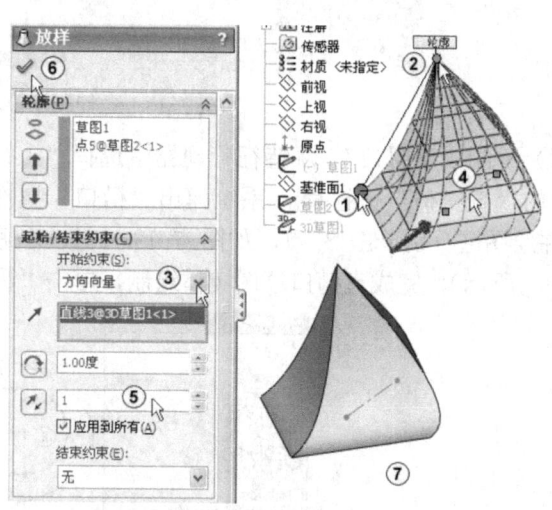

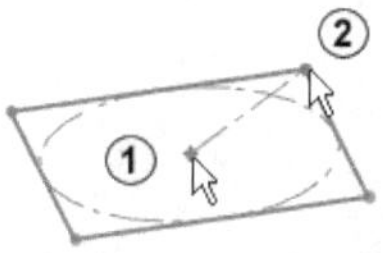

图 7-15 绘制直线

图 7-16 放样

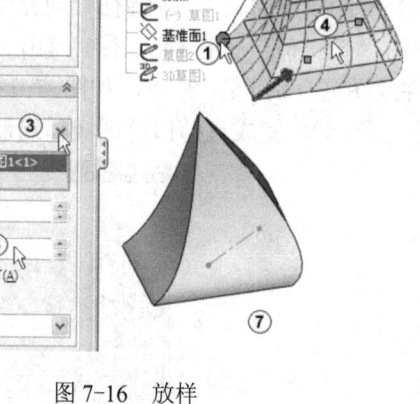

157

7.2.2 与面约束有关的放样

1. 创建使用"与面相切"约束的放样实例

利用"起始/结束约束"栏中的"与面相切"选项，可以使放样出的面质量达到 G1 效果。

> 注：Gn 是表示曲线或曲面连续性的一个概念。G1 表示两个对象光顺连续、一阶微分连续或者是相切连续的。G2 表示两个对象光顺连续、二阶微分连续或者两个对象的曲率是连续的。

（1）新建文件。选择"文件"→"新建"命令，在弹出的"新建 SolidWorks 文件"对话框中选择"零件" 文件，单击"确定"按钮。

（2）绘制"草图 1"。从特征管理器中选择"上视基准面"→正视于，单击"草图"面板中的"椭圆"按钮，单击原点，单击长半轴上的端点，单击短半轴上的端点，如图 7-17 中①②③所示。单击"确定"按钮，单击"重建模型"按钮。

图 7-17 绘制草图 1

（3）创建"拉伸 1"。在特征管理器中选择"草图 1"，单击"特征"面板中的"拉伸凸台/基体"按钮，系统弹出"凸台-拉伸"属性管理器。单击"开始条件"按钮，选择"等距"，单击"反向"按钮以便向下等距，输入等距值为 60，如图 7-18 中①②③所示。在"方向 1"栏的"终止条件"选择框中选择"给定深度"，在"深度"文本框中输入 10，如图 7-18 中④⑤所示。其他采用默认设置，单击"确定"按钮，结果如图 7-18 中⑥⑦所示。

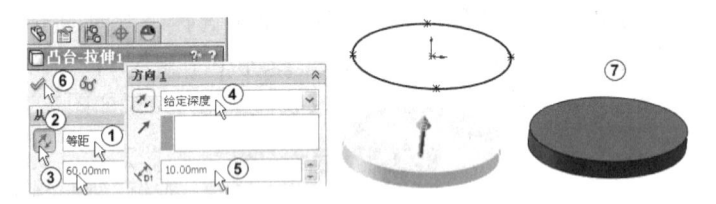

图 7-18 拉伸属性管理器

（4）绘制"草图 2"。从特征管理器中选择"上视基准面"→正视于，单击"草图"面板中的"直槽口"按钮，系统弹出"槽口"属性管理器。选择"槽口类型"为"直槽口"，在绘图区分别单击 3 点，如图 7-19 中①～④所示。然后单击"确定"按钮（如图 7-19 中⑤所示），完成直槽口草图实体绘制，单击"重建模型"按钮。

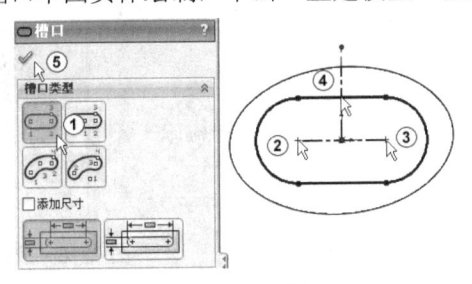

图 7-19 绘制草图 2

（5）创建"拉伸 2"。在特征管理器中选择"草图 2"，单击"特征"面板中的"拉伸凸台/基体"按钮，系统弹出"凸台-拉伸"属性管理器。单击"开始条件"按钮，选择"等距"，输入等距值为 40，如图 7-20 中①②所示。在"方向 1"栏的"终止条件"选择框中选择"给定深度"，在"深度"文本框中输入 10，如图 7-20 中③④所示。其他采用默认设置，单击"确定"按钮，结果如图 7-20 中⑤⑥所示。

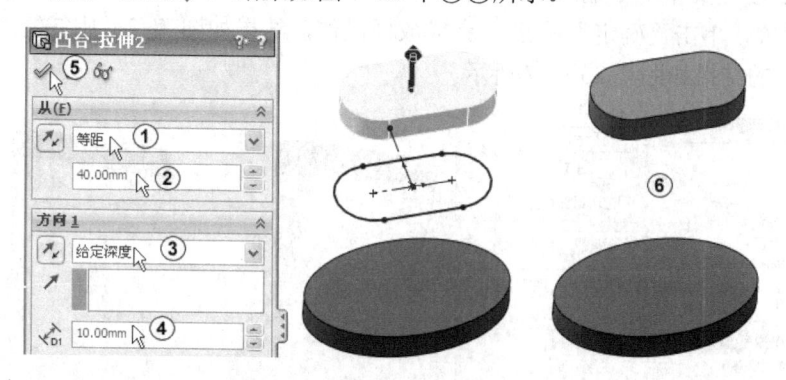

图 7-20　创建拉伸 2

（6）绘制"草图 3"。从特征管理器中选择"上视基准面"→正视于，单击"草图"面板中的"圆"按钮，绘制出一个圆心与原点重合且与椭圆相切的圆，如图 7-21 所示。单击"确定"按钮，单击"退出草图"按钮退出绘制草图。

（7）单击"特征"面板中的"放样凸台/基体"按钮，系统弹出"放样"属性管理器。在"轮廓"文本框中选择如图 7-22 中①②③箭头所指的面作为放样轮廓。在"起始/结束约束"栏的"开始约束"选择框中选择"与面相切"，在"起始处相切长度"输入框中输入 1.5，如图 7-22 中④⑤所示。在"结束约束"选择框中选择"与面相切"，在"结束处相切长度"文本框中输入 1，如图 7-22 中⑥⑦所示。选中"合并结果"复选框，其他采用默认设置，单击"确定"按钮完成放样操作，结果如图 7-22 中⑧⑨所示。

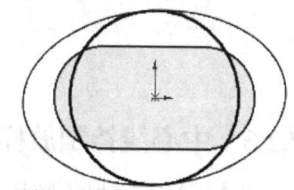

图 7-21　绘制圆

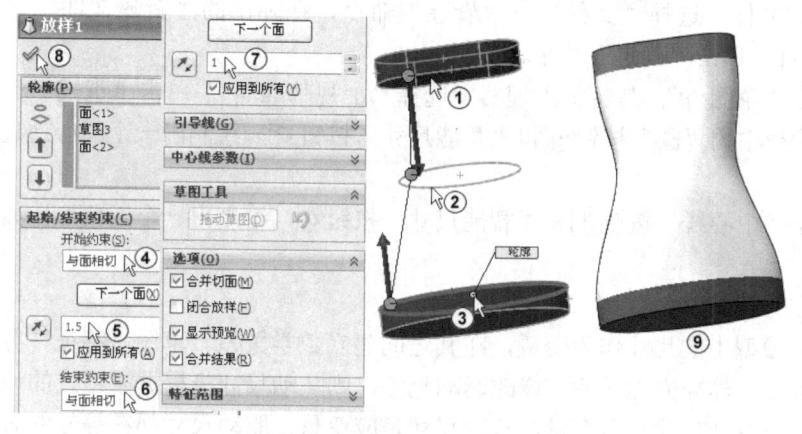

图 7-22　放样属性管理器

2．创建使用"与面的曲率"约束的放样实例

利用"起始/结束约束"栏中的"与面曲率"选项，可以使放样出的面质量达到 G2

效果。

在特征管理器中右击"放样 1"特征，在弹出的快捷菜单中选择"编辑特征"命令。在"起始/结束约束"栏的"开始约束"选择框中选择"与面的曲率"，在"起始处相切长度"文本框中输入 1，如图 7-23 中①②所示。在"结束约束"选择框中选择"与面的曲率"，在"结束处相切长度"文本框中输入 1，如图 7-23 中③④所示。选中"合并结果"复选框，其他采用默认设置，单击"确定"按钮完成放样操作，结果如图 7-23 中⑤⑥所示。无"起始/结束约束"的结果如图 7-23 中⑦所示。

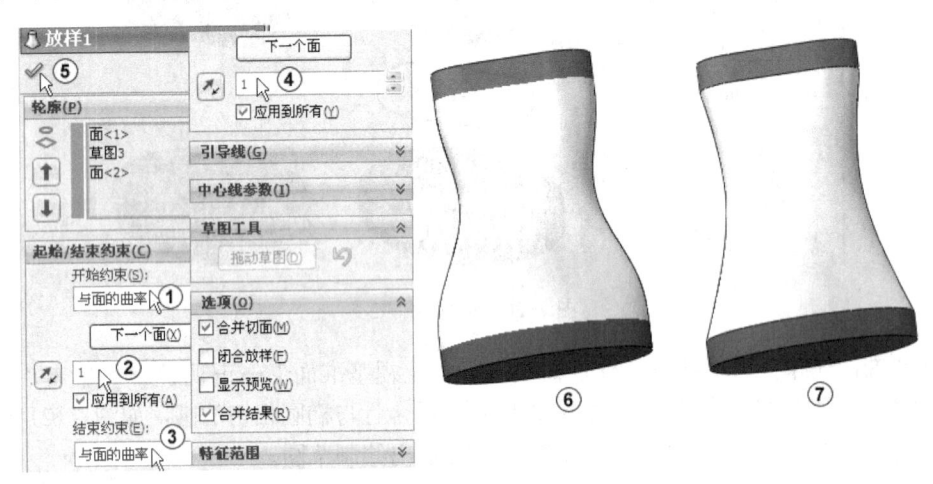

图 7-23 放样属性管理器

7.2.3 中心线控制放样

用中心线控制放样是利用一条曲线为中心线生成放样特征，且特征的每个截面都与中心线垂直，中心线必须与轮廓相交于轮廓内部。

下面介绍用中心线控制放样绘制螺旋面的实例。本实例介绍了方程式、螺旋线/涡状线以及不用中心线控制的放样与用中心线控制的放样对比。

（1）新建文件。选择"文件"→"新建"命令，在弹出的"新建文件"对话框中选择"零件"文件，单击"确定"按钮。

（2）绘制"草图 1"。从特征管理器中选择"上视基准面"，单击"正视于"按钮，单击"草图"面板中的"圆"按钮和"智能尺寸"按钮，绘制出一个圆心通过原点，$\phi 60$ 的圆。

（3）单击"中心线"按钮和"智能尺寸"按钮，绘制出一个三角形，如图 7-24 中①所示。

（4）建立方程式。

方程式以模型中的尺寸作为变量，在其之间建立数学关系。草图、特征、零件和装配等均可建立方程式。建立方程式后，修改驱动尺寸，则从动尺寸将根据方程式的设置，随着驱动尺寸而变化。驱动尺寸是自变量，从动尺寸是应变量，驱动尺寸都在等号的右侧，而从动尺寸都在等号的左侧。

① 选择菜单"工具"→"方程式"命令，弹出"方程式"对话框。单击"添加"按钮，如图 7-24 中②所示。弹出"添加方程式"对话框。在绘图区选择三角形的水平尺寸

"195.33"（在添加方程式对话框中显示为"D2@草图 1"），如图 7-24 中③所示。然后在添加方程式对话框中单击"="，如图 7-24 中④所示。选择绘图区中的"直径 60"（在添加方程式对话框中"D1@草图 1"），如图 7-24 中⑤所示。在对话框中单击"*"，如图 7-24 中⑥所示。输入"3.14159"或者在"添加方程式"对话框中单击"pi"，如图 7-24 中⑦所示，构成一个完整的方程式"D2@草图 1" = "D1@草图 1" * 3.14159，单击"添加方程式"对话框中的"确定"按钮，如图 7-24 中⑧所示。再单击"方程式"对话框中的"确定"按钮，如图 7-24 中⑨所示。此时三角形的水平尺寸变为"188.5"（即圆周长），如图 7-25 中①所示。

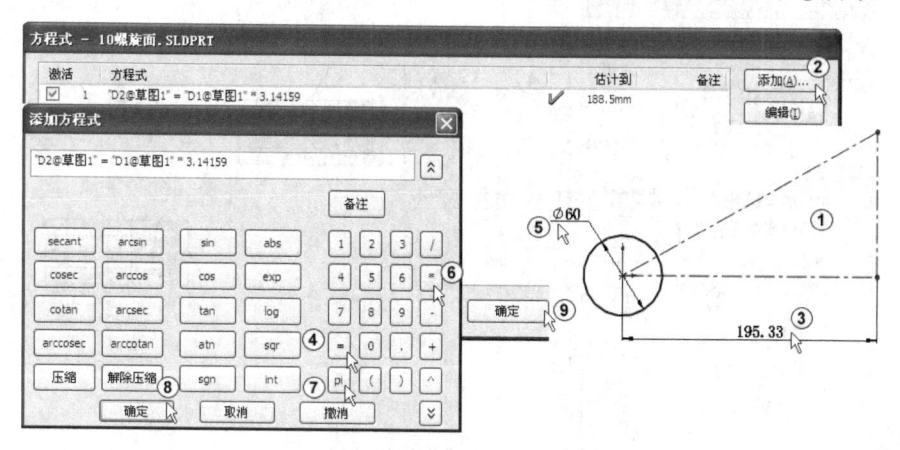

图 7-24 添加方程式 1

② 单击"智能尺寸"按钮，标注尺寸"111.12"，如图 7-25 中②所示。选择菜单的"工具"→"方程式"命令，弹出"方程式"对话框。单击"添加"按钮，弹出"添加方程式"对话框。在绘图区选择尺寸"111.12"，在对话框中单击"="，如图 7-25 中③所示。在绘图区单击"188.50"，在对话框中单击"*"，如图 7-25 中④所示。在对话框中单击"tan"，如图 7-25 中⑤所示。在对话框中单击"30"，构成一个完整的方程式"D3@草图 1" = "D2@草图 1" * tan(30)，单击"确定"按钮。再单击"确定"按钮，结果三角形的竖直尺寸变为"108.83"。

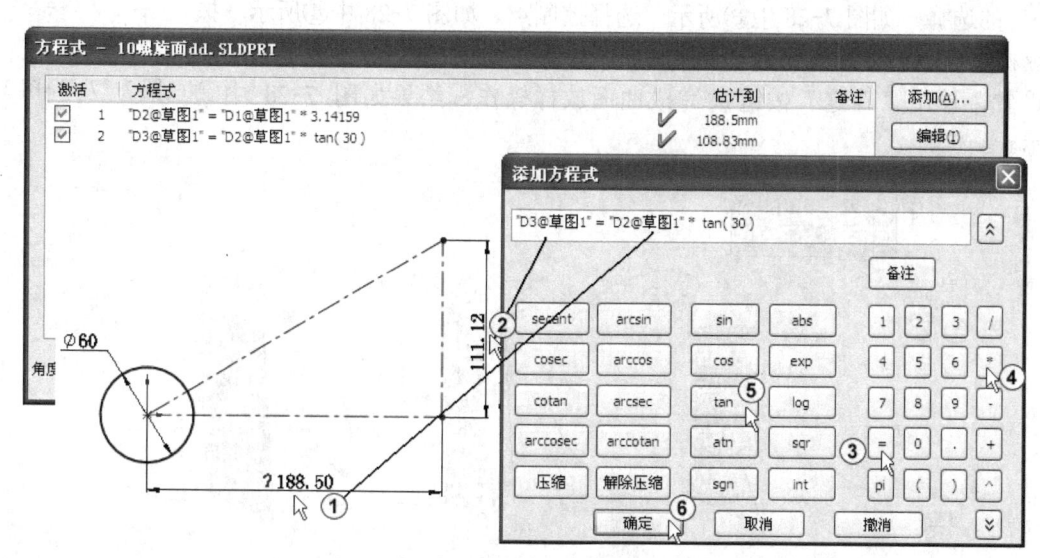

图 7-25 添加方程式 2

161

③ 修改圆的直径，单击"重建模型"按钮，系统会自动按方程式计算出被动参数，即三角形的水平尺寸和竖直尺寸。单击绘图区右上角的按钮退出绘制草图。

（5）生成螺旋线。选择菜单"插入"→"曲线"→"螺旋线/涡状线"命令，系统弹出"螺旋线/涡状线"属性管理器，"定义方式"选择"螺距和圈数"，"螺距"为 108.83，"圈数"为 1，如图 7-26 中①②③所示。"起始角度"为 0.00°，选中"逆时针"单选按钮，如图 7-26 中④⑤所示。单击"确定"按钮，生成螺旋线曲线，如图 7-26 中⑥⑦所示。

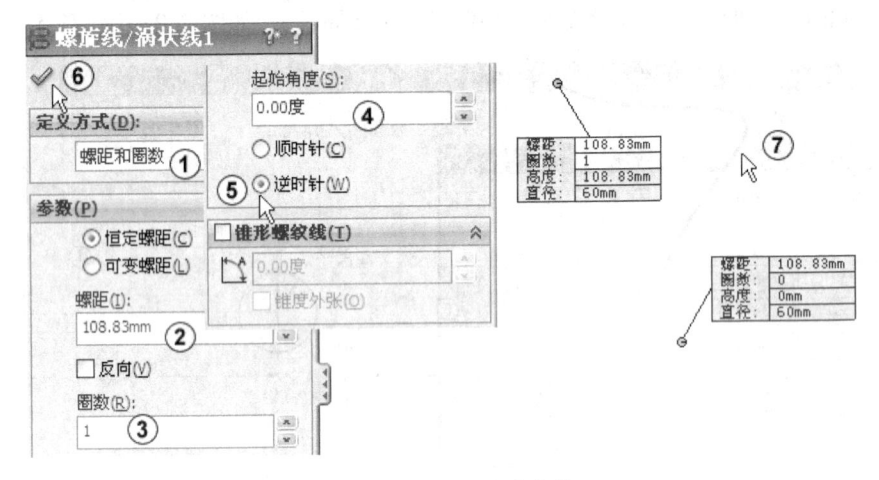

图 7-26 生成螺旋线曲线

（6）绘制"草图 2"。从特征管理器中选择"右视基准面"，单击"正视于"按钮，单击"草图"面板中的"直线"按钮分别绘制出两条长度相等的水平线，如图 7-27 中①②所示，单击"退出草图"按钮退出绘制草图。

（7）建立"曲面放样"。在"曲面"栏中单击"曲面放样"按钮，系统弹出"曲面放样"属性管理器，在绘图区中选择边线，系统弹出 SelectionManager 选择功能，单击"确定"按钮完成"打开组<1>"的选择，如图 7-28 中①②所示。在绘图区中右击另一条边线，完成"打开组<2>"的选择，如图 7-28 中③所示。选择控制点，如图 7-28 中④所示。按住鼠标左键不放将其拖到另一个控制点，如图 7-28 中⑤所示。其他采用默认设置，单击"确定"按钮完成曲面放样操作，结果如图 7-28 中⑥所示。

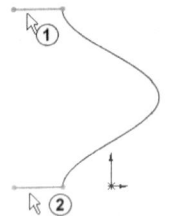

图 7-27 草图 2

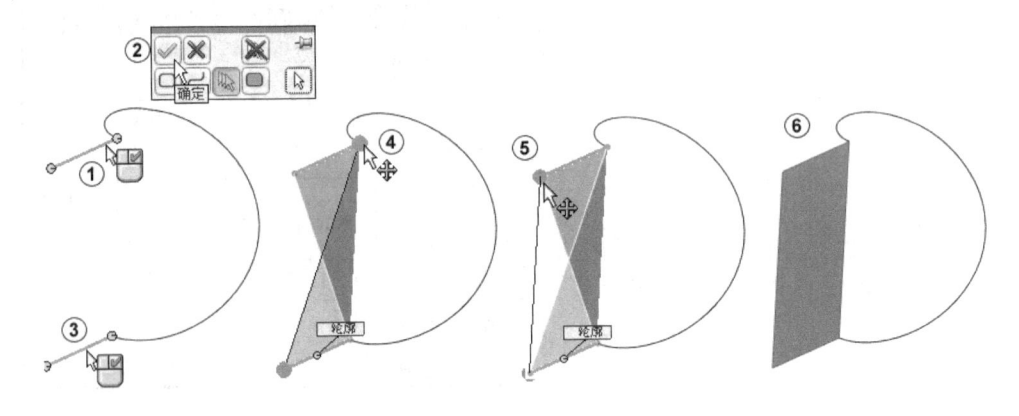

图 7-28 建立"曲面放样"

(8) 编辑"曲面放样"。在特性设计树中右击"曲面-放样 2",在弹出的快捷菜单中选择"编辑特征",如图 7-29 中①②所示。系统弹出"曲面-放样"属性管理器,展开"中心线参数"栏,如图 7-29 中③所示。在绘图区选择"螺旋线/涡状线",如图 7-29 中④所示。单击"确定"按钮 ✓ 完成曲面放样操作,如图 7-28 中⑤⑥所示。

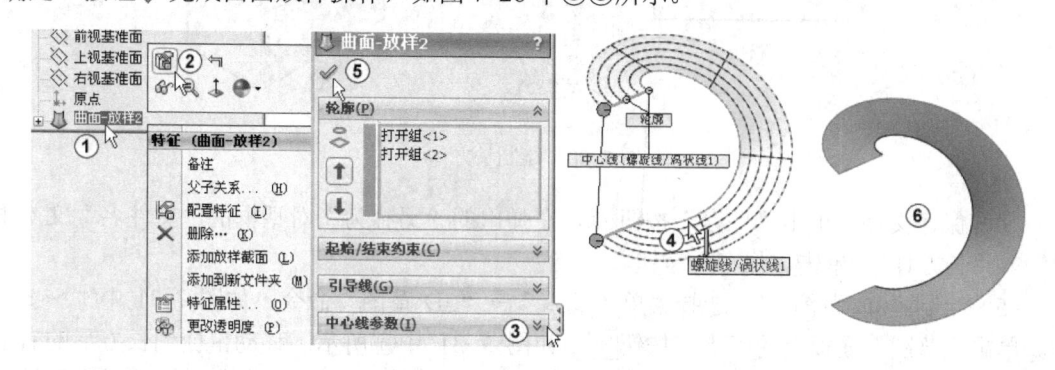

图 7-29 编辑"曲面放样"

7.3 切除放样

切除放样必须在已有实体的基础上进行,就是用放样特征去切除已有实体。

1. 创建切除放样的步骤

(1) 单击"特征"工具栏中的"切除放样"按钮。
(2) 选择放样轮廓,可以是草图,也可以是模型边线或模型面。
(3) 设置起始结束约束。
(4) 添加引导线,如果没有引导线,则这一项跳过。
(5) 输入中心线,如果没有中心线,则这一项跳过。
(6) 设置薄壁参数,如果不需要生成薄壁特征,则这一项跳过。
(7) 单击"确定"按钮 ✓。

2. "切除放样"属性管理器参数

"切除放样"属性管理器参数设置与"放样"属性管理器参数设置一样,这里不再介绍。

3. 切除放样实例

(1) 新建文件。选择"文件"→"新建"命令,在弹出的"新建文件"对话框中选择"零件"文件,单击"确定"按钮。

(2) 绘制"草图 1"。从特征管理器中选择"上视基准面",单击"正视于"按钮,进入草图绘制界面。单击"边角矩形"按钮,在绘图区中单击原点后松开鼠标,向左下方移动鼠标到适当的距离后单击鼠标,绘制出一个矩形。单击"智能尺寸"按钮标注尺寸,如图 7-30 中①所示。单击"退出草图"按钮退出绘制草图。

(3) 单击"特征"面板中的"拉伸凸台/基体"按钮,系统弹出"拉伸"属性管理器,在"方向 1"栏的"终止条件"选择框中选择"给定深度",在"深度"文本框中输入 15,其他采用默认设置,单击"确定"按钮 ✓,如图 7-30 中②③所示,结果如图 7-30 中④所示。

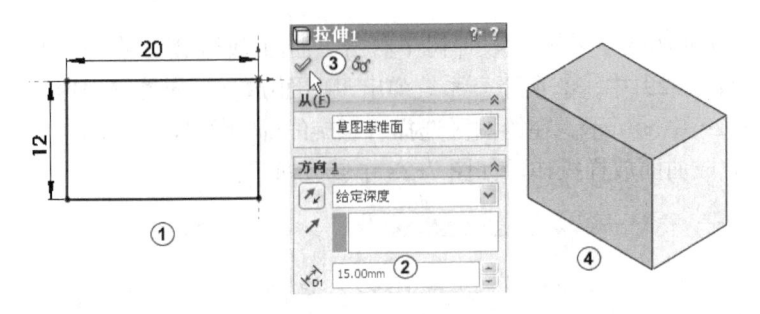

图 7-30 绘制长方体

（4）保存文件。单击"保存"按钮📁，在弹出的"另存为"对话框的"文件名"文本框中输入"长方体"，单击"保存"按钮。

（5）绘制"3D 草图 1"。选择菜单"插入"→"3D 草图"命令，如图 7-31 中①～③所示。单击"草图"面板上的"点"按钮，如图 7-31 中④所示。移动鼠标到长方形的右上前方单击鼠标，如图 7-31 中⑤所示绘制出一个点。单击绘图区最上方的"重建模型"按钮退出绘制 3D 草图。

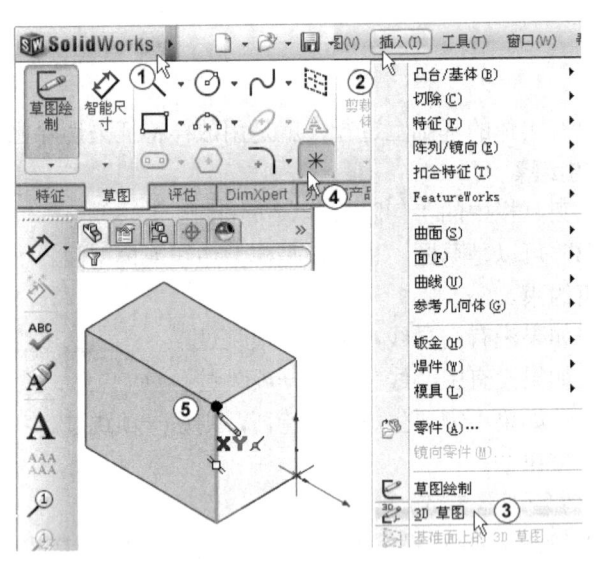

图 7-31 绘制"3D 草图 1"

（6）绘制"3D 草图 2"。选择菜单"插入"→"3D 草图"命令，单击"草图"面板中的"直线"按钮，依次单击长方形上的各个点，如图 7-32 中①～④所示绘制出一个封闭的三角形。单击绘图区最上方的"重建模型"按钮退出绘制 3D 草图。

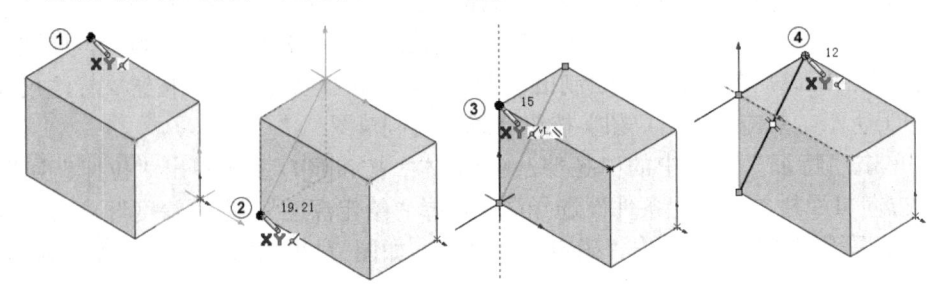

图 7-32 绘制"3D 草图 2"

164

（7）建立"切除-放样"。在"特征"工具栏中单击"放样切割"按钮![], 系统弹出"切除-放样"属性管理器, 在绘图区或特征管理器中分别选择"3D 草图 1"和"3D 草图 2", 如图 7-33 中①②所示。在"轮廓"文本框中自动出现输入的两个草图, 如图 7-32 中③所示, 其他采用默认设置, 单击"确定"按钮, 结果如图 7-32 中④⑤所示。

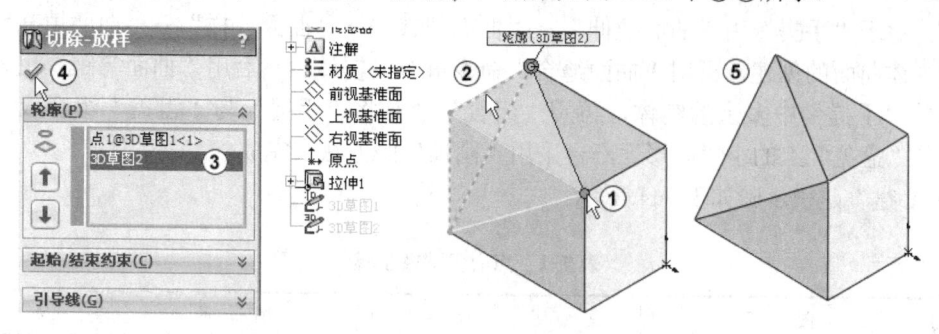

图 7-33 建立切除-放样

7.4 点心盘综合实例

如图 7-34 所示的"点心盘"模型, 由"盘体"和"盘盖"组成。"盘体"呈心形, 盘体中间有一个小"心形"凸台, 凸台为薄壁体。"盘盖"中间也有一个小"心形"凸台, 凸台为圆顶形, "盘盖"上建有"手提"。"盘体"和"盘盖"上建有"凹槽"和"凸唇"。"点心盘"是半透明树脂塑料制品, 怎样做出"点心盘"壳体的美观外形, 是本实例的重点。

图 7-34 点心盘

7.4.1 设计思路

根据"点心盘"模型的特点, 决定在"零件"环境下采用多实体建模的方式来完成, 并在创建过程中力求保证外观美观、完整, 省略一些内部看不到的特征。

"点心盘"模型的建模难点是"心形"外形的创建。根据"点心盘"的"盘体"外形特点, 决定用"曲面放样"来完成主体曲面的创建。首先根据"盘体"的视觉外形轮廓, 绘制出"草图 1", 并拉伸成曲面, 然后以此拉伸曲面作为"曲面放样"轮廓做出"盘体"的圆弧部分。用"曲面填充"做出底部平坦曲面, 然后用"曲面剪裁"→"面圆角"→"曲面放样"→"边界曲面"等命令完成主体曲面的创建, 再用"曲面缝合"命令将主体曲面缝合成

165

一张曲面,"曲面缝合"的同时将曲面之间的小间隙缝合。将主体曲面"加厚"成壳体,再创建出薄壁型小"心形"凸台和"凹槽"。

对于"盘盖"先用"曲面拉伸"拉伸出基本形状,再用"面圆角"→"曲面填充"→"曲面缝合"→"加厚"等命令完成"盘盖"的壳体创建,用"压凹"命令做出"盘盖"的"凸唇"。对于"手提"用"曲面拉伸"→"曲面剪裁"→"曲面放样"→"曲面填充"等命令完成主体曲面的创建,再用"曲面缝合"命令缝合成实体。然后用"曲面等距"出来的曲面去修剪"手提"中多余的实体,再用"组合"命令将"手提"与"盘盖"组合成一个实体。对于"盘盖"上的小"心形"凸台采用"圆顶"的方法来完成。

"点心盘"建模步骤如表 7-1 所示。

表 7-1 点心盘建模步骤

序号	图示	说明	序号	图示	说明
1		建立曲面拉伸	7		建立"盘盖"主体曲面
2		曲面放样做出"盘体"主体曲面	8		加厚曲面并压出"凸唇"
3		曲面剪裁、曲面放样完善主体曲面	9		挖空凸台
4		缝合成一张曲面	10		曲面放样创建出"手提"部分
5		加厚成壳体并完成"凹槽"创建	11		添加圆角、圆顶完成"点心盘"创建
6		拉伸出"凸台"	12		赋予半透明树脂塑料外观的渲染结果

7.4.2 创建盘体

(1)新建文件。选择"文件"→"新建"命令,在弹出的"新建文件"对话框中选择"零件"或"模板"文件,单击"确定"按钮,如图 7-35 所示。

图 7-35 新建零件文件

(2) 绘制"草图 1"。从特征管理器中选择"上视基准面",单击"正视于"按钮,切换到草图绘制面板,单击"中心线"按钮、"样条曲线"按钮和"智能尺寸"按钮,绘制出如图 7-36 中①所示的"草图 1"。单击"退出草图"按钮退出绘制草图。

(3) 建立"曲面拉伸"。在特征管理器中选择"草图 1",在"曲面"栏中单击"曲面拉伸"按钮,系统弹出"曲面拉伸"属性管理器,单击"方向 1"中的拉伸类型选择"给定深度"选项,在"深度"文本框中输入 10,其他采用默认设置,如图 7-36 中②所示。单击"确定"按钮完成曲面拉伸操作。

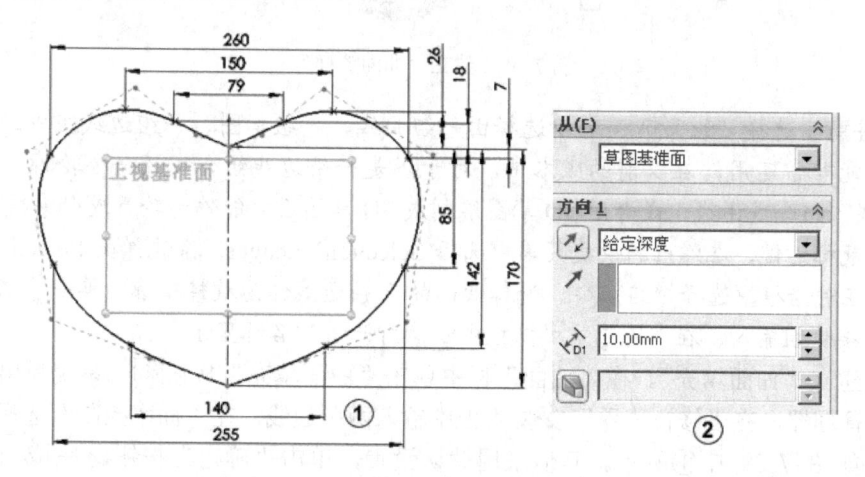

图 7-36 绘制草图 1,建立曲面拉伸

(4) 绘制"草图 2"。从特征管理器中选择"上视基准面",单击"正视于"按钮,单击"草图"切换到草图绘制面板,单击"等距实体"按钮,将"草图 1"向内等距 30,如图 7-37 中①所示。单击"退出草图"按钮退出绘制草图。

(5) 建立"曲面拉伸"。在特征管理器中选择"草图 2",在"曲面"栏中单击"曲面拉伸"按钮,系统弹出"曲面拉伸"属性管理器,单击"方向 1"中的拉伸类型选择"给定深度"选项,在"深度"文本框中输入 35,单击"反向"按钮使拉伸反向,其他采用默认设置,如图 7-37 中②所示。单击"确定"按钮完成曲面拉伸操作,拉伸结果如图 7-37 中③所示。

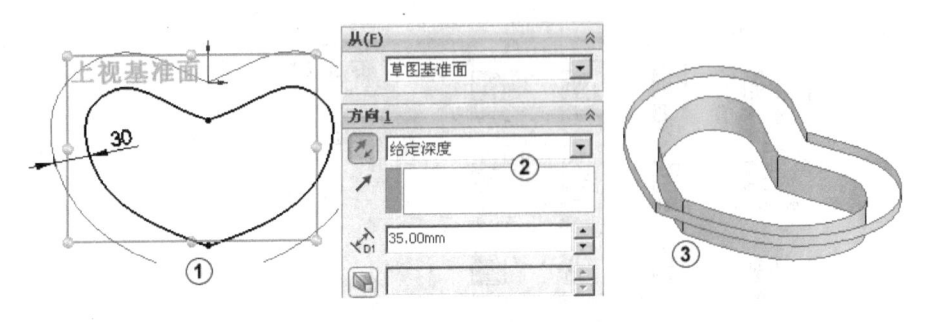

图 7-37 绘制"草图 2",建立"曲面拉伸"

(6)建立"曲面放样"。在"曲面"栏中单击"曲面放样"按钮,系统弹出"曲面放样"属性管理器,在"轮廓"文本框中输入两组曲面拉伸边线,在选择边线使用 SelectionManager 选择功能。选择在"起始/结束约束"栏的"开始约束"选择框中选择"无",在"结束约束"选择框中选择"与面相切",在"相切长度"文本框中输入 1.5,如图 7-38 中①②所示,其他采用默认设置,单击"确定"按钮 完成曲面放样操作。

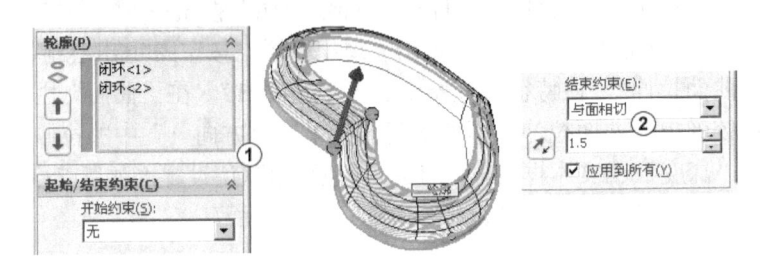

图 7-38 建立"曲面放样"

注意:选择"组",可以选择由一组曲线、一组草图、一组边线组成的轮廓,这个选择功能非常实用,在以前的版本中,对于不是一条边线组合成的一个轮廓,必须先用"组合曲线"组合成曲线,或者用 3D 草图绘制成 3D 草图后才能作为轮廓或引导线。

单击鼠标右键,在弹出的快捷菜单中选择 SelectionManager,系统弹出 SelectionManager 对话框,在对话框中选择"组",选择曲面的 3 条边线作为放样轮廓,单击"确定"按钮,系统接受组输入,在"轮廓"文本框中以"打开组"名称显示。

(7)建立"曲面填充"。在"曲面"栏中单击"曲面填充"按钮,系统弹出"曲面填充"属性管理器,在"修补边界"文本框中输入两条边线,在"曲率控制"选择框中选择"接触",如图 7-39 中①所示。其他采用默认设置,单击"确定"按钮 完成曲面填充操作,结果如图 7-39 中②所示。

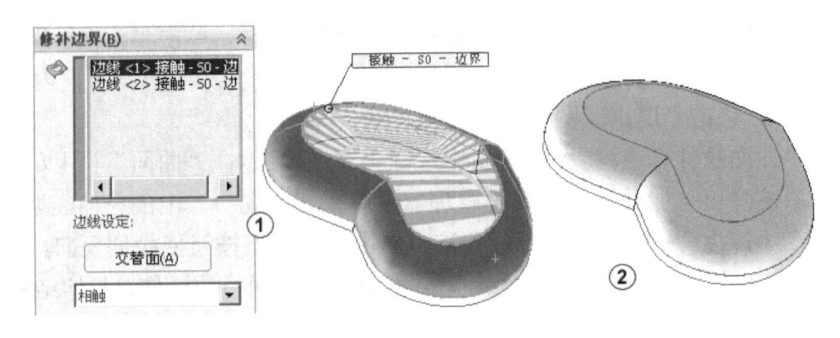

图 7-39 建立"曲面填充"

（8）建立"曲面缝合"。在"曲面"栏中单击"曲面缝合"按钮，系统弹出"曲面-缝合"属性管理器，在"要缝合的曲面和面"文本框中输入 3 张曲面作为缝合对象，勾选"缝隙控制"选项，其他采用默认设置，如图 7-40 所示。单击"确定"按钮完成曲面缝合操作。

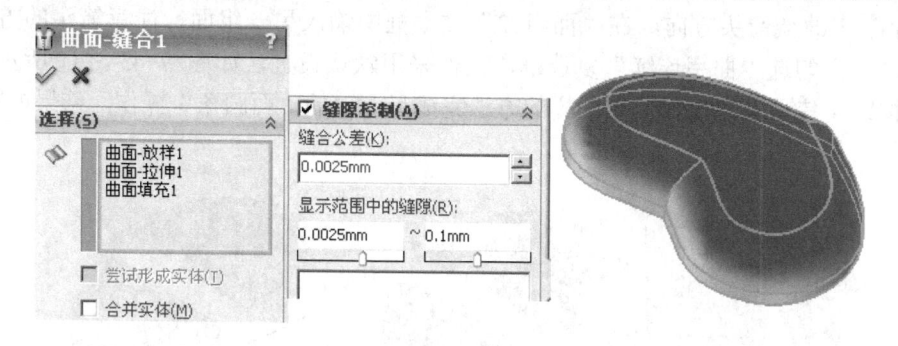

图 7-40　建立"曲面缝合"

（9）建立"圆角"。在"特征"栏中单击"圆角"按钮，系统弹出"圆角"属性管理器，选择"圆角类型"为"等半径"，分别对模型添加 R20、R5 圆角，如图 7-41 中①②所示。结果如图 7-41 中③所示。

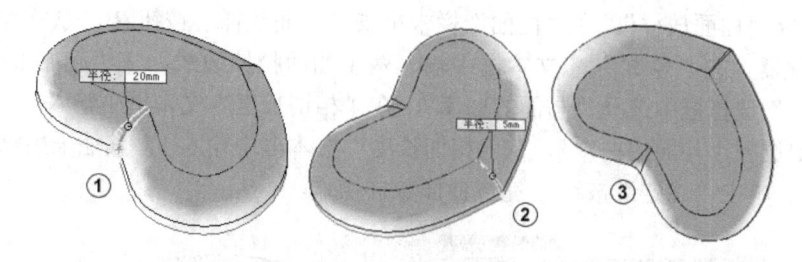

图 7-41　建立圆角

（10）绘制"草图 3"。从特征管理器中选择"上视基准面"，单击"正视于"按钮，单击"草图"切换到草图绘制面板，单击"中心线"按钮、"中心矩形"按钮和"智能尺寸"按钮绘制出如图 7-42 中①所示的"草图 3"。单击"退出草图"按钮退出绘制草图。

（11）建立"曲面剪裁"。在"曲面"栏中单击"剪裁曲面"按钮，系统弹出"剪裁曲面"属性管理器，选择"剪裁类型"为"标准"，在"剪裁"文本框中输入"草图 3"作为剪裁，选择"保留选择"选项，在绘图区选择中要保留的曲面，保留面呈红色显示，并显示在"要保留的部分"文本框中，如图 7-42 中②所示，单击"确定"按钮完成曲面剪裁操作。

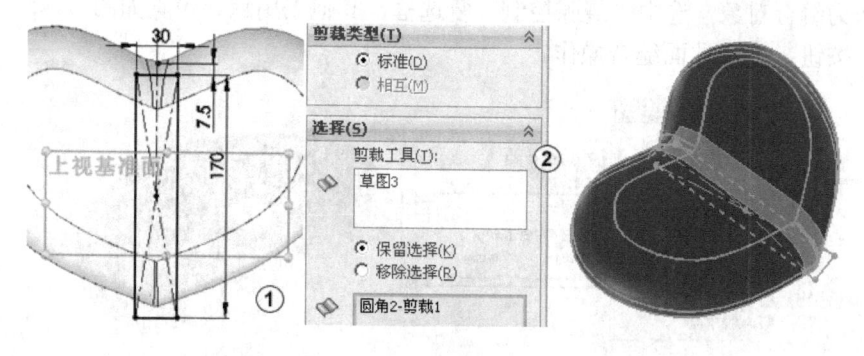

图 7-42　绘制"草图 3"，建立"曲面剪裁"

（12）建立"面圆角"。在"特征"栏中单击"圆角"按钮，系统弹出"圆角"属性管理器，在"圆角类型"中选择"面圆角"，在"半径"文本框中输入 40，在"面组 1"输入框中输入要圆角的面，注意箭头方向要指向圆心，如果箭头方向不对，单击"反转面法向"图标来改变箭头方向，在"面组 2"文本框中输入另一组面，注意箭头的方向。在"圆角选项"中勾选"曲率连续"复选框，其他采用默认设置，如图 7-43 中①所示，单击"确定"按钮完成圆角操作。用同样的方法完成另一边的"面圆角"操作，结果如图 7-43 中②所示。

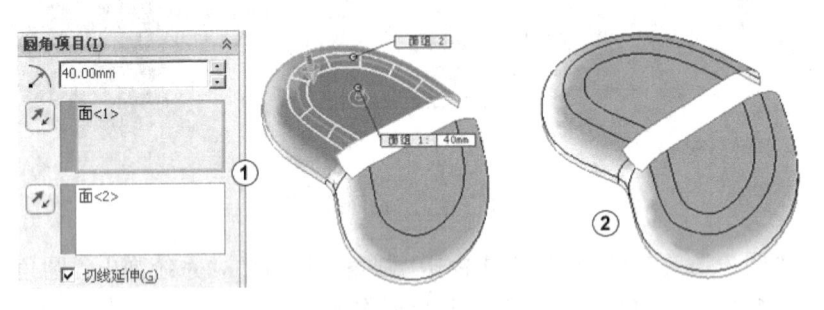

图 7-43　建立"面圆角"

（13）建立"曲面放样"。在"曲面"栏中单击"曲面放样"按钮，系统弹出"曲面放样"属性管理器，在"轮廓"文本框中输入两组曲面拉伸边线，在"起始/结束约束"栏的"开始约束"选择框中选择"与面的曲率"，在"相切长度"文本框中输入 1，在"结束约束"选择框中选择"与面的曲率"，在"相切长度"文本框中输入 1，其他采用默认设置，如图 7-44 所示。单击"确定"按钮完成曲面放样操作。

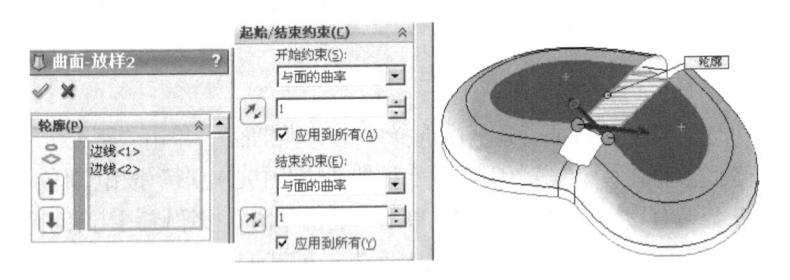

图 7-44　建立"曲面放样"

（14）建立"曲面缝合"。在"曲面"栏中单击"曲面缝合"按钮，系统弹出"曲面-缝合"属性管理器，在"要缝合的曲面和面"文本框中输入"圆角 4"和"曲面-放样 2"两个曲面作为缝合对象，选中"缝隙控制"复选框，其他采用默认设置如图 7-45 所示。单击"确定"按钮完成曲面缝合操作。

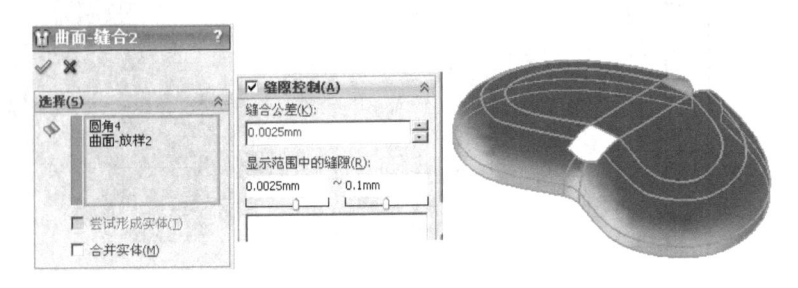

图 7-45　建立"曲面放样"

（15）绘制"草图4"。从特征管理器中选择"上视基准面"，单击"正视于"按钮，单击"草图"切换到草图绘制面板，单击"中心线"按钮、"样条曲线"按钮绘制出如图7-46中①所示的"草图4"。单击"退出草图"按钮退出绘制草图。

（16）建立"曲面拉伸"。在特征管理器中选择"草图4"，在"曲面"栏中单击"曲面拉伸"按钮，系统弹出"曲面拉伸"属性管理器，选中"方向1"中拉伸类型中的"给定深度"选项，在"深度"文本框中输入10，其他采用默认设置，如图7-46中②所示。单击"确定"按钮完成曲面拉伸操作，拉伸结果如图7-46中③所示。

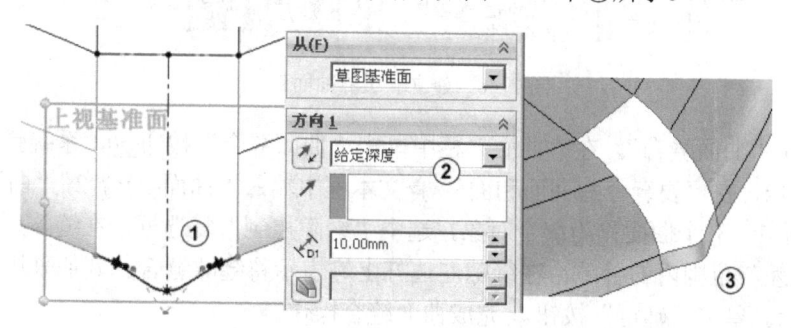

图7-46 绘制"草图4"，建立"曲面拉伸"

（17）建立"曲面放样"。在"曲面"栏中单击"曲面放样"按钮，系统弹出"曲面放样"属性管理器，在"轮廓"文本框中输入两组曲面拉伸边线，在选择边线时使用SelectionManager选择功能。选择在"起始/结束约束"栏的"开始约束"选择框中选择"与面相切"，在"相切长度"文本框中输入1，在"结束约束"选择框中选择"与面相切"，在"相切长度"文本框中输入1，在"引导线"文本框中输入两条边线，分别将边线的约束条件设为"与面相切"，其他采用默认设置，如图7-47所示。单击"确定"按钮完成曲面放样操作。

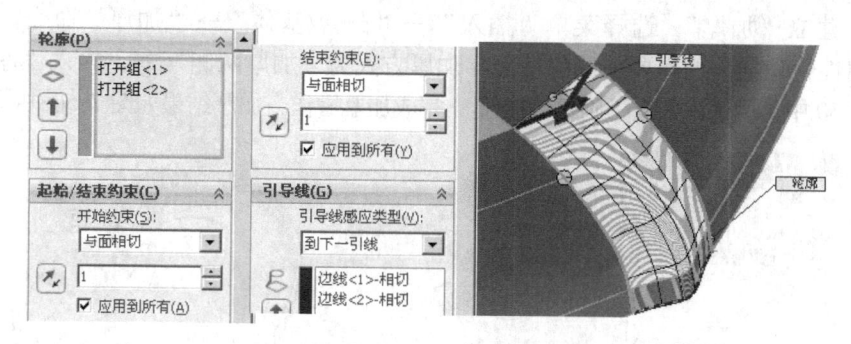

图7-47 建立"曲面放样"

（18）建立"边界曲面"。单击"曲面"栏中的"边界曲面"按钮，或选择菜单"插入"→"曲面"→"边界曲面"命令，系统弹出"边界-曲面"属性管理器，在"方向1"文本框中输入"曲面剪裁"产生的两组边线，然后分别将两条边线的"相切类型"选择为"与面相切"，选择"曲线感应"为"到下一曲线"。在"方向2"文本框中输入"曲面放样"产生的一条边线和"曲面剪裁"产生的一组边线，分别将两条边线的"相切类型"选择为"与面相切"，并将"相切感应"下方的滑块向右拖到最高，如图7-48中①②所示。单击"确定"按钮完成"边界曲面"操作。

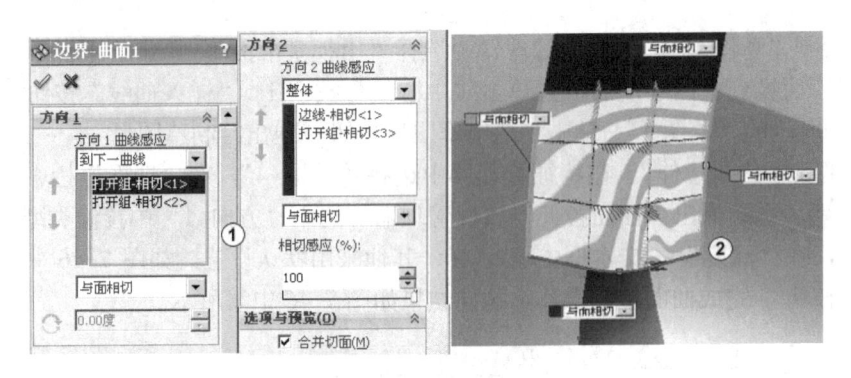

图 7-48 建立"边界曲面"

(19)建立"曲面缝合"。在"曲面"栏中单击"曲面缝合"按钮，系统弹出"曲面缝合"属性管理器，在"要缝合的曲面和面"文本框中输入"曲面-缝合 2""曲面-放样 3"和"边界-曲面 1"3 个曲面作为缝合对象，选中"缝隙控制"复选框，在缝隙列表中列出了所有"缝合公差"范围内的缝隙，在缝隙左边打上钩表示将缝隙缝合。其他采用默认设置，如图 7-49 所示。单击"确定"按钮完成曲面缝合操作。

图 7-49 建立"曲面缝合"

(20)建立"加厚"。选择菜单"插入"→"凸台/基体"→"加厚"命令，系统弹出"加厚"属性管理器，选择要加厚的曲面，加厚方式为"加厚两侧"，输入"厚度"为 2，如图 7-50 中①所示，单击"确定"按钮完成加厚操作。加厚结果如图 7-50 中②所示。

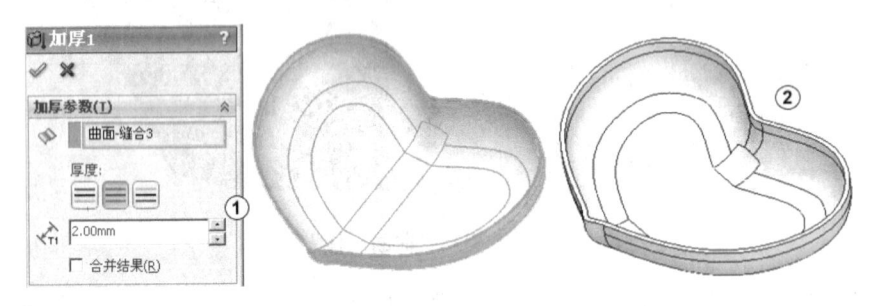

图 7-50 建立"加厚"

注意：选择加厚方式为"加厚两侧"时，输入的厚度为向两侧各加厚了的数值，输入厚度为 2，实际上加厚的总厚度为 4。

(21)建立"凹槽"。选择菜单"插入"→"扣合特征"→"唇缘/凹槽"命令，系统弹出"凹槽"属性管理器，在"选取生成凹槽的实体"文本框中输入"加厚 1"实体，在"定义凹槽方向"文本框中输入"上视基准面"。在"选择生成凹槽的面"文本框中输入要生产"凹槽"的面，在"为凹槽选取内边线或外边线"文本框中输入内边线。选中

"切线延伸"复选框,如图 7-51 所示。

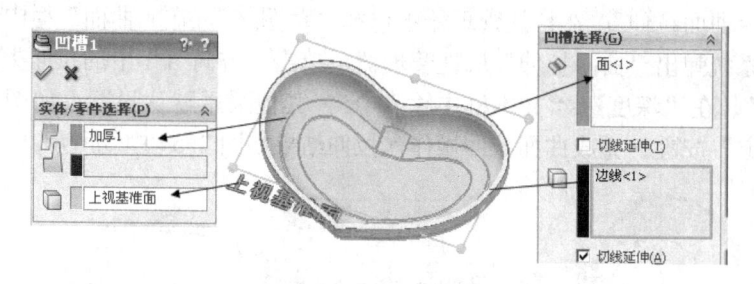

图 7-51 建立"凹槽"

(22) 设置"凹槽"参数。输入"凹槽宽度"为 2,输入"凹槽拔模角度"为 3,输入"凹槽高度"为 2,选中"显示预览"复选框,如图 7-52 中①所示,单击"确定"按钮 ✓ 完成凹槽创建操作。结果如图 7-52 中②所示。

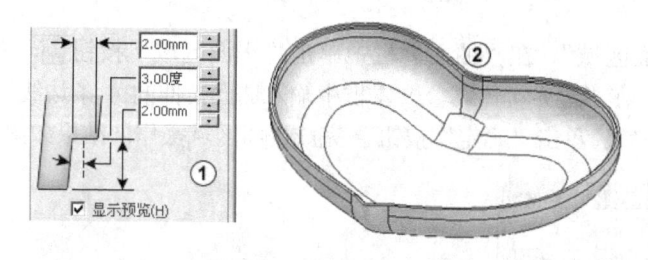

图 7-52 设置凹槽参数

(23) 绘制"草图 5"。在绘图区选择如图 7-53 中①所示的深色面作为草图绘制基准面,单击"正视于"按钮,单击"草图"面板中的"中心线"按钮、"样条曲线"按钮和"智能尺寸"按钮,绘制出如图 7-53 中①所示的"草图 5"。单击"退出草图"按钮退出绘制草图。

(24) 建立"拉伸"。在特征管理器中选择草图 5,然后在特征栏中单击"拉伸"按钮,系统弹出"拉伸"属性管理器,在"方向 1"栏的"终止条件"选择框中选择"给定深度",在"深度"文本框中输入 40,选中"合并结果"复选框,其他采用默认设置,如图 7-53 中②所示,单击"确定"按钮 ✓ 完成拉伸操作。拉伸结果如图 7-53 中③所示。

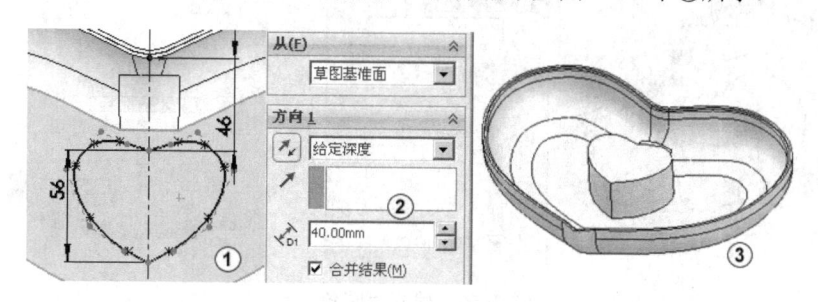

图 7-53 绘制草图 5,建立"拉伸"

7.4.3 创建盘盖

(1) 绘制"草图 6"。在绘图区选择如图 7-54 中①所示的凹槽面作为草图绘制基准面,单击"正视于"按钮,切换到草图绘制面板,将凹槽面中的内边线引用到"草图 6"中。

单击"退出草图"按钮 退出绘制草图。

（2）建立"曲面拉伸"。在特征管理器中选择"草图 6"，在"曲面"栏中单击"曲面拉伸"按钮，系统弹出"曲面拉伸"属性管理器，单击"方向 1"中的拉伸类型选择框中选择"给定深度"，在"深度"文本框中输入 15，其他采用默认设置，如图 7-54 中②所示。单击"确定"按钮 完成曲面拉伸操作，拉伸结果如图 7-54 中③所示。

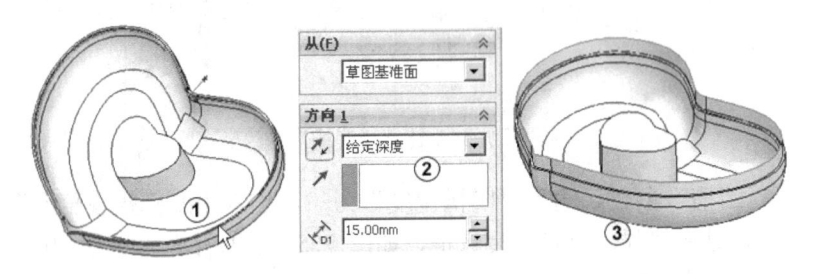

图 7-54　绘制"草图 6"，建立"曲面拉伸"

（3）建立"平面区域"。在"曲面"栏中单击"平面区域"按钮，系统弹出"曲面-基准面"属性管理器，在"边界实体"文本框中输入曲面拉伸的 4 条边线，如图 7-55 中①所示，其他采用默认设置。单击"确定"按钮 完成平面区域操作，结果如图 7-55 中②所示。

图 7-55　建立"平面区域"

（4）建立"圆角"。在"特征"栏中单击"圆角"按钮，系统弹出"圆角"属性管理器，在"圆角类型"中选择"等半径"，对模型添加 $R3$ 圆角，如图 7-56 中①所示。用"圆角"功能对模型添加 $R3$ 圆角，如图 7-56 中②所示。

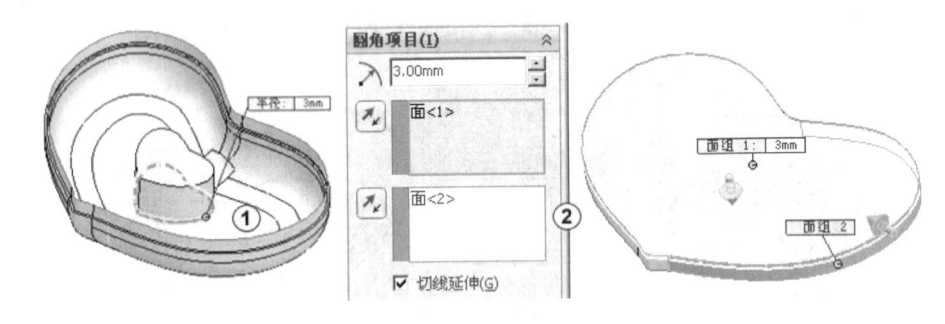

图 7-56　建立"圆角"

（5）建立"删除面"。选择菜单"插入"→"面"→"删除"命令，系统弹出"删除"属性管理器，在"要删除的面"文本框中输入圆角后产生的面，在"选项"栏中选中"删除"单选按钮，如图 7-57 中①所示，其他采用默认设置，单击"确定"按钮 完成删除面操作。结果如图 7-57 中②所示。

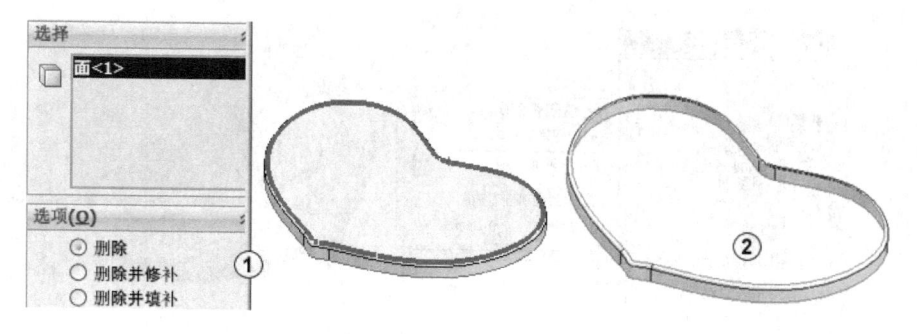

图 7-57 建立"删除面"

（6）建立"曲面等距"。在"曲面"栏中单击"曲面等距"按钮，系统弹出"曲面-等距"属性管理器，在"要等距的面或曲面"文本框中输入凸台拉伸的顶面作为等距对象，在"等距距离"文本框中输入 0，其他采用默认设置，如图 7-58 中①所示。单击"确定"按钮完成曲面等距操作，结果如图 7-58 中②所示。

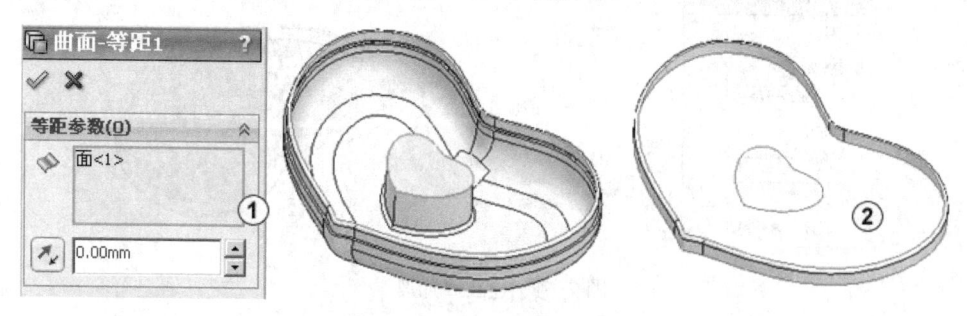

图 7-58 建立"曲面等距"

（7）建立"曲面填充"。在"曲面"栏中单击"曲面填充"按钮，系统弹出"曲面填充"属性管理器，在"修补边界"文本框中输入删除面后产生的边线和曲面等距边线，在"曲率控制"选择框中选择"相切"，如图 7-59 中①所示，其他采用默认设置。单击"确定"按钮完成曲面填充操作，结果如图 7-59 中②所示。

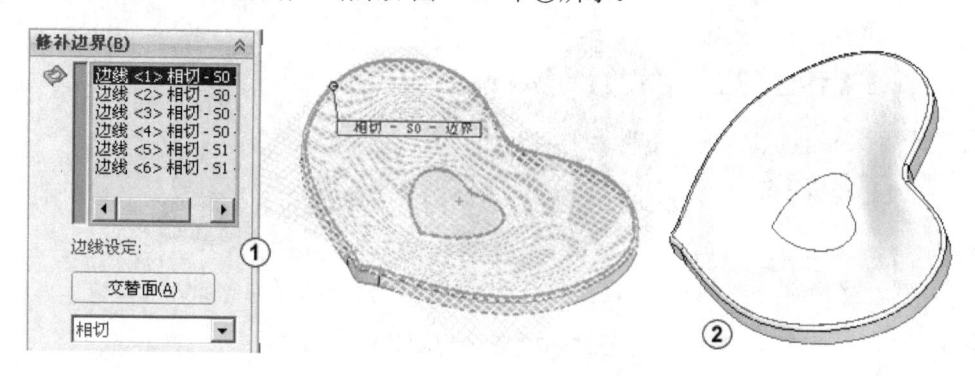

图 7-59 建立"曲面填充"

（8）建立"曲面缝合"。在"曲面"栏中单击"曲面缝合"按钮，系统弹出"曲面-缝合"属性管理器，在"要缝合的曲面和面"文本框中输入"曲面填充 2""曲面-等距 1"和"删除面 1"3 个曲面作为缝合对象，选中"缝隙控制"复选框，其他采用默认设置，如图 7-60 所示。单击"确定"按钮完成曲面缝合操作。

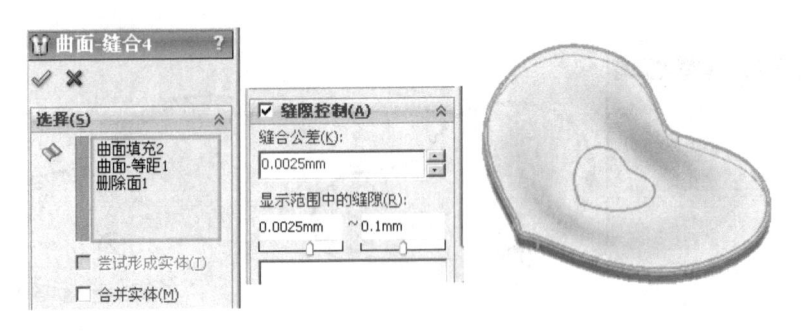

图 7-60 建立"曲面缝合"

(9) 建立"加厚"。选择菜单"插入"→"凸台/基体"→"加厚"命令,系统弹出"加厚"属性管理器,选择要加厚的曲面,选择加厚方式为"加厚两侧",输入"厚度"为2,如图 7-61 中①所示。单击"确定"按钮完成加厚操作,加厚结果如图 7-61 中②所示。

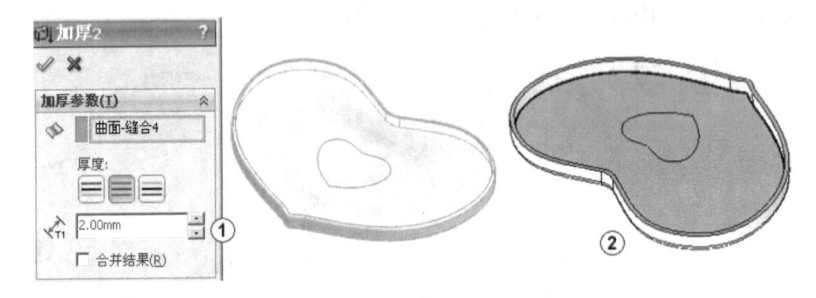

图 7-61 建立"加厚"

(10) 建立"压凹"。选择菜单"插入"→"特征"→"压凹"命令,系统弹出"压凹"属性管理器,在"目标实体"文本框中输入"加厚 2"实体,在绘图区选择模型下方的圆周面,则在"工具实体区域"文本框中出现"点@面<1>",选中"切除"复选框,在"间隙"文本框中输入 0,其他采用默认设置,如图 7-62 中①所示。单击"确定"按钮完成压凹操作,结果如图 7-62 中②所示。

图 7-62 建立"压凹"

经验 对于"凸唇"可以用"扣合特征"栏中的"唇缘"命令来创建。当已经用"凹槽"命令创建好了凹槽后,用"压凹"命令来创建"凸唇"就显得比较简单些。采用哪种方法建立"凸唇"需视实际情况而定。

(11) 绘制"草图 7"。在绘图区选择如图 7-63 中①所示的深色面作为草图绘制基准面,单击"正视于"按钮,单击"草图"面板中的"等距实体"按钮,将凸台拉伸边线向内等

176

距 3，如图 7-63 中①所示。单击"退出草图"按钮退出绘制草图。

（12）建立"切除拉伸"。在特征管理器选择草图 7，然后在特征栏中单击"切除拉伸"按钮，系统弹出"切除-拉伸"属性管理器，在"方向 1"栏的"终止条件"选择框中选择"给定深度"，在"深度"文本框中输入 40，其他采用默认设置，如图 7-63 中②所示。单击"确定"按钮完成切除拉伸操作，结果如图 7-63 中③所示。

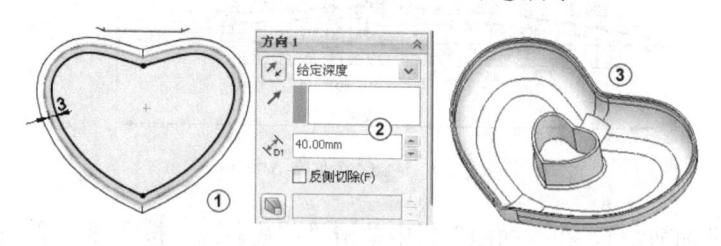

图 7-63　绘制"草图 7"，建立"切除拉伸"

（13）建立"圆角"。在"特征"栏中单击"圆角"按钮，系统弹出"圆角"属性管理器，在"圆角类型"中选择"等半径"，分别对模型添加 $R1.2$、$R1$、$R1$ 圆角，如图 7-64 中①②③所示。

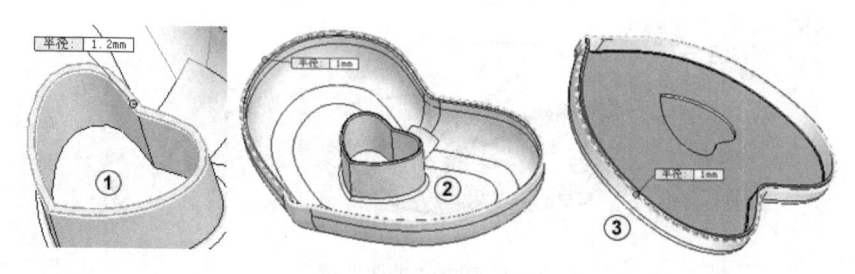

图 7-64　建立"圆角"

7.4.4　创建手提

（1）绘制"草图 8"。从特征管理器中选择"上视基准面"，单击"正视于"按钮，切换到"草图"面板，单击"中心线"按钮、"三点弧"按钮和"智能尺寸"按钮绘制出如图 7-65 中①所示的"草图 8"。单击"退出草图"按钮退出绘制草图。

（2）建立"曲面拉伸"。在特征管理器中选择"草图 8"，在"曲面"栏中单击"曲面拉伸"按钮，系统弹出"曲面-拉伸"属性管理器，单击"方向 1"中的拉伸类型选择框中选择"给定深度"，在"深度"文本框中输入 30，其他采用默认设置，如图 7-65 中②所示。单击"确定"按钮完成曲面拉伸操作，拉伸结果如图 7-65 中③所示。

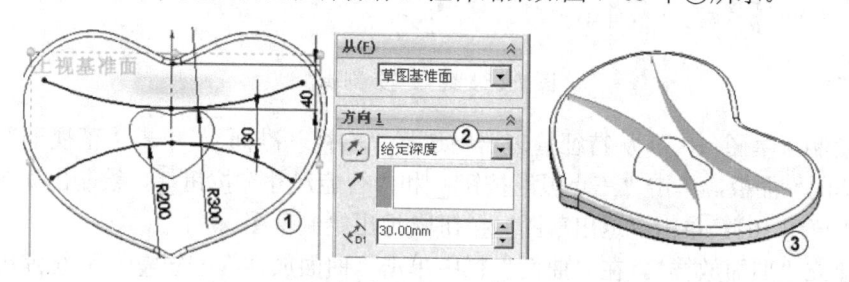

图 7-65　绘制"草图 8"，建立"曲面拉伸"

177

（3）绘制"草图9"。从特征管理器中选择"前视基准面"，单击"正视于"按钮，切换到"草图"面板，单击"中心线"按钮、"三点弧"按钮和"智能尺寸"按钮，绘制出如图7-66所示的"草图9"。单击"退出草图"按钮退出绘制草图。

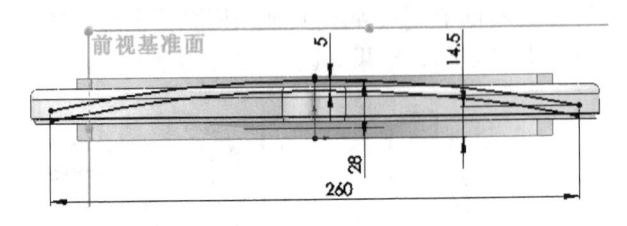

图7-66 绘制"草图9"

（4）建立"曲面剪裁"。在"曲面"栏中单击"剪裁曲面"按钮，系统弹出"剪裁曲面"属性管理器，选择"剪裁类型"为"标准"，在"剪裁"文本框中输入"草图9"，选择"保留选择"选项，在绘图区选中要保留的曲面，保留面呈红色显示，并显示在"要保留的部分"文本框中，如图7-67中①所示。单击"确定"按钮完成曲面剪裁操作，剪裁结果如图7-67中②所示。

图7-67 建立"曲面剪裁"

（5）创建"分割线"。选择菜单"插入"→"曲线"→"分割线"命令，系统弹出"分割线"属性管理器，在"分割类型"选项中选择"交叉点"，在"分割实体/面/基准面"文本框中输入"右视基准面"，在"要分割的实体/面"文本框中输入要分割的面，如图7-68中①所示，其他采用默认设置。单击"确定"按钮完成分割线操作，分割结果如图7-68中②所示。

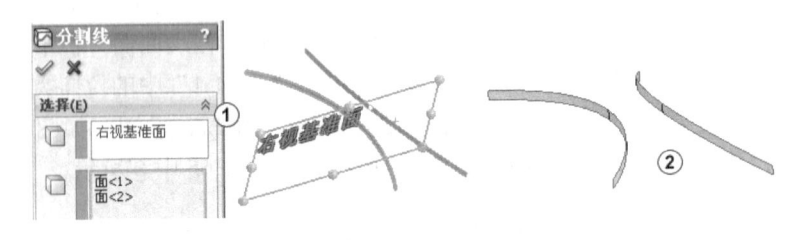

图7-68 建立"分割线"

（6）绘制"草图10"。从特征管理器中选择"右视基准面"，单击"正视于"按钮，切换到"草图"面板，单击"三点弧"按钮和"智能尺寸"按钮，绘制出如图7-69中①所示的"草图10"。单击"退出草图"按钮退出绘制草图。

（7）建立"曲面放样"。在"曲面"栏中单击"曲面放样"按钮，系统弹出"曲面放样"属性管理器，在"轮廓"文本框中输入两组曲面边线，在选择边线使用

SelectionManager 选择功能。选择在"起始/结束约束"栏的"开始约束"选择框中选择"无",在"结束约束"选择框中选择"无",在"引导线" 文本框中输入"草图 10"绘制的一条圆弧,选择时使用 SelectionManager 选择功能,其他采用默认设置,如图 7-69 中②所示。单击"确定"按钮 完成曲面放样操作。

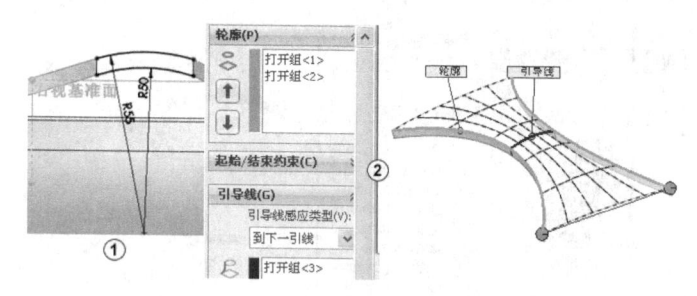

图 7-69 绘制"草图 10",建立"曲面放样"

(8) 建立"曲面放样"。在"曲面"栏中单击"曲面放样"按钮 ,系统弹出"曲面放样"属性管理器,在"轮廓" 输入框中输入两组曲面边线,在选择边线使用 SelectionManager 选择功能。选择在"起始/结束约束"栏的"开始约束"选择框中选择"无",在"结束约束"选择框中选择"无",在"引导线" 输入框中输入"草图 10"绘制的一条圆弧,选择时使用 SelectionManager 选择功能,其他采用默认设置如图 7-70 中①所示。单击"确定"按钮 完成曲面放样操作。放样结果如图 7-70 中②所示。

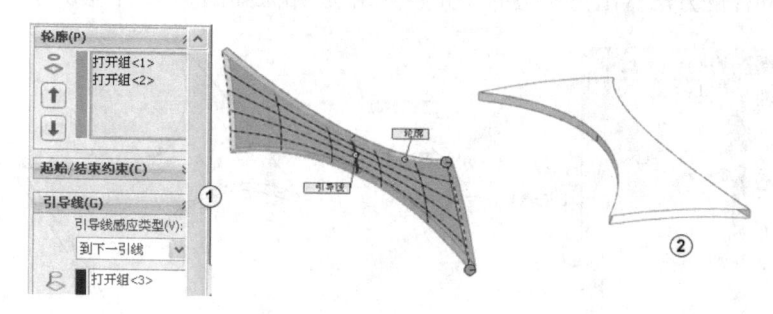

图 7-70 建立"曲面放样"

(9) 建立"曲面填充"。在"曲面"栏中单击"曲面填充"按钮 ,系统弹出"曲面填充"属性管理器,在"修补边界" 文本框中输入放样和曲面剪裁产生的 4 条边线,在"曲率控制"选择框中选择"接触",如图 7-71 中①所示,其他采用默认设置。单击"确定"按钮 完成曲面填充操作。用同样的方法做出对面的"曲面填充",结果如图 7-71 中②所示。

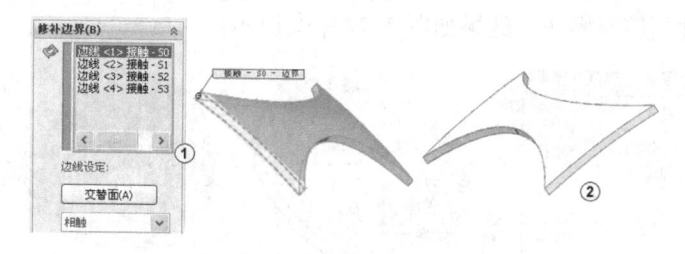

图 7-71 建立"曲面填充"

(10) 建立"曲面缝合"。在"曲面"栏中单击"曲面缝合"按钮 ,系统弹出"曲面-缝合"属性管理器,在"要缝合的曲面和面" 文本框中输入"曲面-放样 4""分割线

179

1[1]""曲面-放样 5""曲面填充 4""曲面填充 3""分割线 1[2]"作为缝合对象,选中"缝隙控制"复选框,在缝隙列表中列出了所有"缝合公差"范围内的缝隙,在缝隙左边打上勾表示将缝隙缝合。选中"尝试形成实体"复选框,其他采用默认设置,如图 7-72 中①所示。单击"确定"按钮✓完成曲面缝合操作,结果如图 7-72 中②所示。

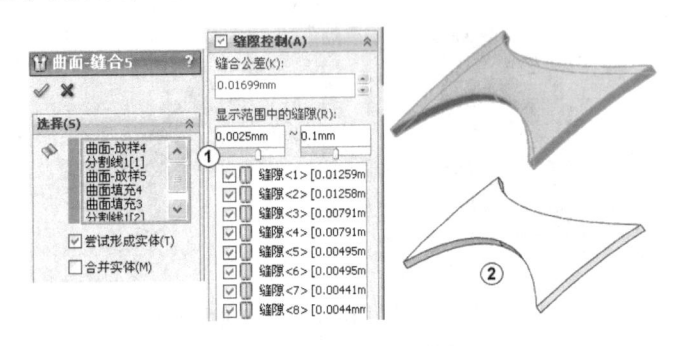

图 7-72 建立"曲面缝合"

(11)创建"完整圆角"。在"特征"栏中单击"圆角"按钮,系统弹出"圆角"属性管理器,选择圆角类型为"完整圆角",在"圆角项目"栏的"面组 1"文本框中输入模型的上侧面,在"中央面组"文本框中输入模型的厚度面,在"面组 2"文本框中输入模型的内侧面,如图 7-73 中①所示,其他采用默认设置,单击"确定"按钮✓完成完整圆角操作。用同样的方法做出另一边的"完整圆角",结果如图 7-73 中②所示。

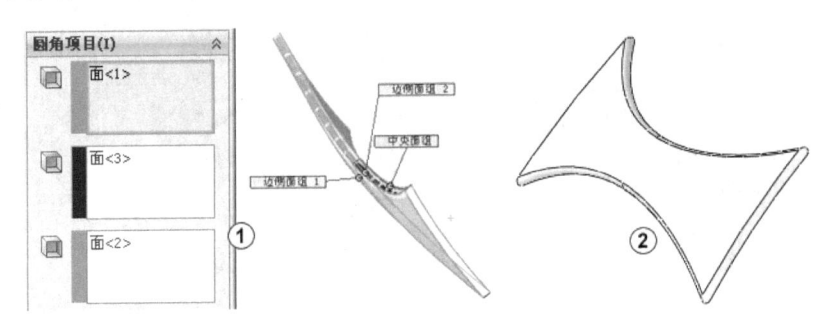

图 7-73 建立"完整圆角"

(12)建立"曲面等距"。在"曲面"栏中单击"曲面等距"按钮,系统弹出"曲面-等距"属性管理器,在"要等距的面或曲面"文本框中输入曲面填充产生的面作为等距对象,在"等距距离"文本框中输入 0,其他采用默认设置,如图 7-74 中①所示。单击"确定"按钮✓完成曲面等距操作,结果如图 7-74 中②所示。

图 7-74 建立"曲面等距"

(13)建立"使用曲面切除"。选择菜单"插入"→"切除"→"使用曲面切除"命令,系统弹出"使用曲面切除"属性管理器,在"曲面切除参数"文本框中输入"曲面-等距2",系统显示出切除方向的箭头,如方向不对,单击"反向"按钮可以改变切除方向。在"特征范围"栏中选择"所选实体"选项,在"受影响的实体"文本框中输入"圆角 11"实体,如图 7-75 中①所示。单击"确定"按钮✔完成使用曲面切除操作,切除结果如图 7-75 中②所示。

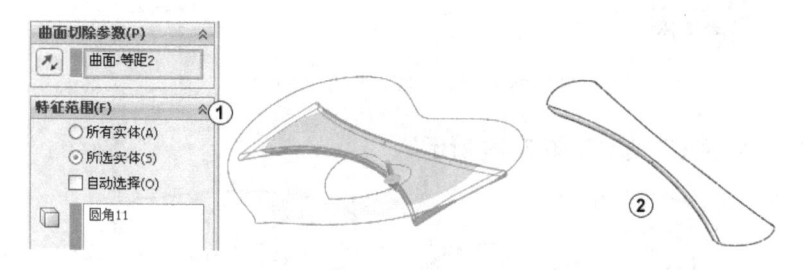

图 7-75 建立"使用曲面切除"

(14)建立"组合"。选择菜单"插入"→"特征"→"组合"命令,系统弹出"组合"属性管理器,选择"操作类型"为"添加",在"要组合的实体"文本框中输入"圆角9"和"使用曲面切除 1",其他采用默认设置,如图 7-76 中①所示。单击"确定"按钮✔完成组合,组合后两个实体合并为一个实体,用前视基准面剖开后的视图如图 7-76 中②所示。

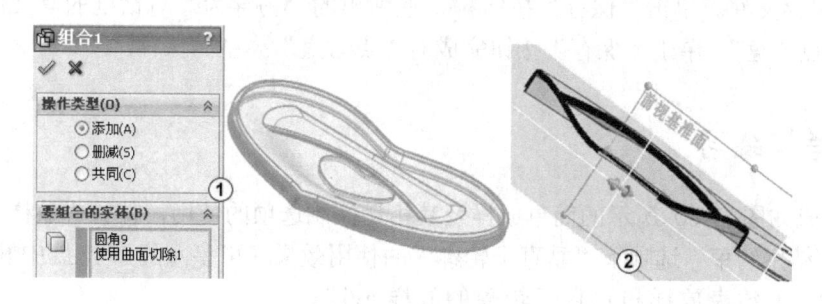

图 7-76 建立"组合"

(15)建立"圆角"。在"特征"栏中单击"圆角"按钮,系统弹出"圆角"属性管理器,在"圆角类型"中选择"等半径",分别对模型添加 R3 和 R2 圆角,如图 7-77 中①②所示。圆角结果如图 7-77 中③所示。

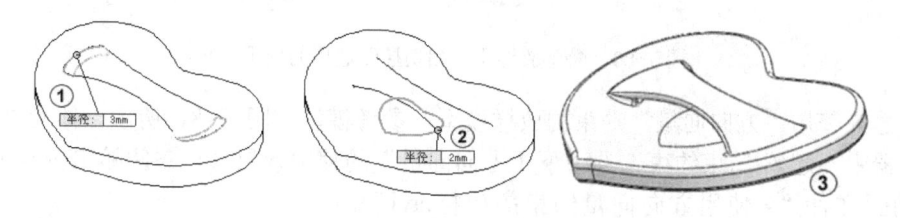

图 7-77 建立"圆角"

(16)建立"圆顶"。选择菜单"插入"→"特征"→"圆顶"命令,系统弹出"圆顶"属性管理器,在"参数"栏的"到圆顶面"选择框中输入要圆顶的面,在"深度"文本框中输入 3,取消选中"连续圆顶"复选框,其他采用默认设置,如图 7-78 中①所示。单击"确定"按钮✔完成圆顶操作,对圆顶后边线添加 R2 圆角,如图 7-78 中②所示。

181

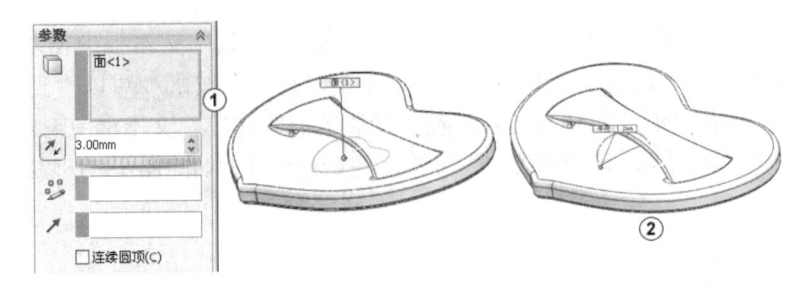

图 7-78 建立"圆顶"和"圆角"

创建好的"点心盘"模型如图 7-79 所示。

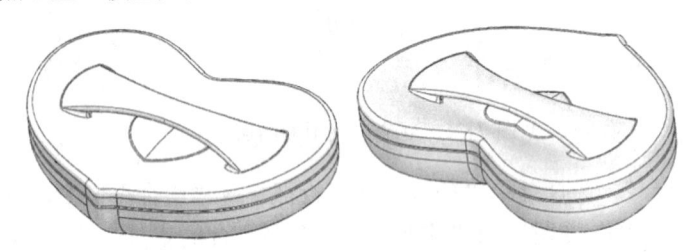

图 7-79 创建完成的"点心盘"模型

（17）保存文件。单击"保存"按钮🖫，在弹出的"另存为"对话框的"文件名"文本框中输入"点心盘"，单击"保存"按钮完成对"点心盘"模型的保存。

7.5 思考与练习

（1）完成如图 7-80 所示的简单放样及其相切控制选项的使用，体验"放样"属性管理器中"起始/结束约束"选项下"垂直于轮廓"的使用效果（可参阅随书光盘中相应章节的动画文件"1 无约束放样和垂直于轮廓的放样.avi"）。

图 7-80 简单放样及其相切控制选项的使用

（2）建立使用"方向向量"约束的放样模型，参考模型如图 7-81 所示。体验"放样"属性管理器中"起始/结束约束"选项下"方向向量"的使用效果（可参阅随书光盘中相应章节的动画文件"2 使用方向向量约束的放样.avi"）。

图 7-81 创建好的放样模型 1

（3）建立使用"与面相切"约束的放样模型，参考模型如图 7-82 所示（可参阅随书光盘中相应章节的动画文件"3 使用与面相切约束的放样.avi")。

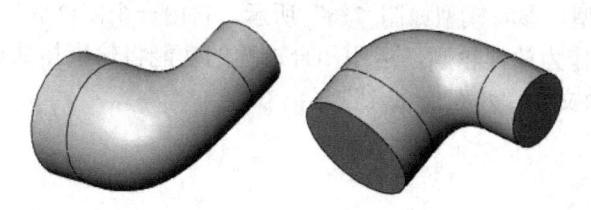

图 7-82 创建好的放样模型 2

（4）建立使用"与面曲率"约束的放样模型，参考模型如图 7-83 所示（可参阅随书光盘中相应章节的动画文件"4 使用与面曲率约束的放样.avi"）。

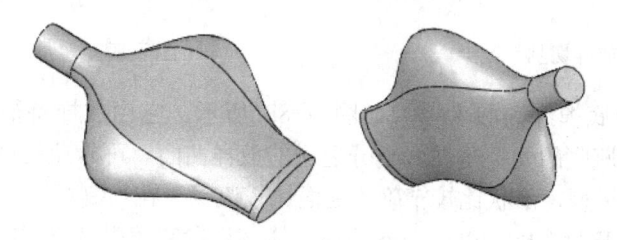

图 7-83 创建好的放样模型 3

（5）创建使用中心线控制的放样模型，参考模型如图 7-84 所示（可参阅随书光盘中相应章节的动画文件"5 使用中心线的放样.avi"）。

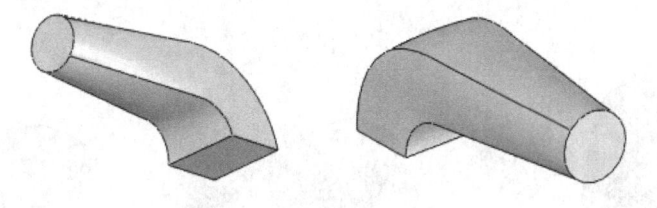

图 7-84 创建好的放样模型 4

（6）创建吊钩模型，参考模型如图 7-85 所示。

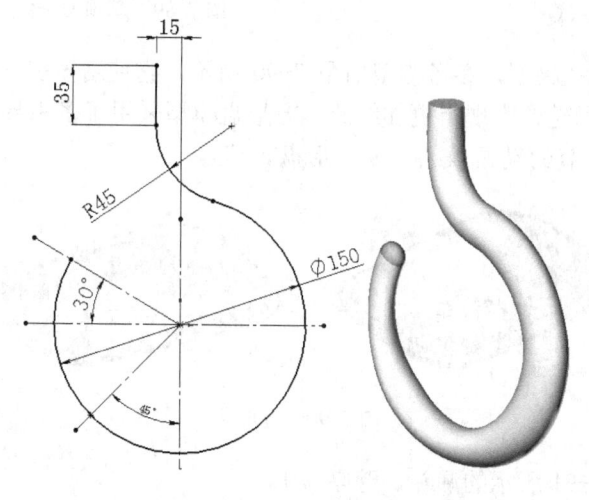

图 7-85 吊钩

183

（7）完成如图7-86所示的放样切割。

（8）建立纽带模型，参考模型如图7-87所示。它由一个闭合放样创建而成，其特点是利用了两个拉伸实体作为放样轮廓，运用闭合放样的功能将轮廓扭曲放样（可参阅随书光盘中相应章节的动画文件"6纽带.avi"）。

图7-86 放样切割 　　　　　　　　　　图7-87 纽带

（9）建立可乐瓶底模型，参考模型如图7-88所示。它由放样特征加圆周阵列创建而成，用放样创建可乐瓶底的关键是做好十分之一的放样曲面。可乐瓶的创建方法有多种，用放样法创建的可乐瓶模型，形状比较精确，曲面比较流畅。在绘制草图1和草图2时要注意曲线的流畅，最好打开曲率梳，以便观察调整曲线（可参阅随书光盘中相应章节的动画文件"7可乐瓶底.avi"）。

（10）建立剃须刀基体的模型，参考模型如图7-89所示。它采用了多轮廓方式放样，多轮廓放样适用于模型轮廓变化较大时的建模（可参阅随书光盘中相应章节的动画文件"8剃须刀基体.avi"）。

图7-88 可乐瓶底  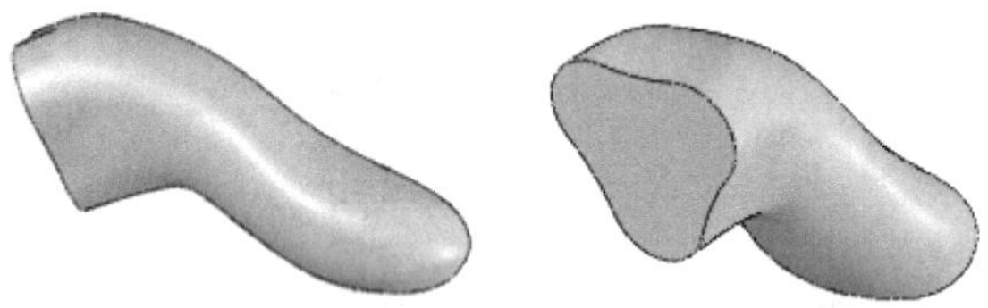　　　　　　　　　　图7-89 剃须刀基体

（11）建立方形盘的模型，参考模型如图7-90所示。它使用多引导线控制模型的轮廓线形，可以将模型的空间轮廓表现得更加细致。方形盘模型采用了多引导线控制的放样（可参阅随书光盘中相应章节的动画文件"9方形盘.avi"）。

图7-90 方形盘

（12）完成如图7-91所示的漏斗，壁厚为1。

（13）完成如图7-92所示的风扇。

操作提示：
① 画出内基圆，做出螺旋线。
② 画出外基圆，做出螺旋线。
③ 放样出螺旋曲面，厚度为 2，在前视基准面绘制切除草图，进行切除。

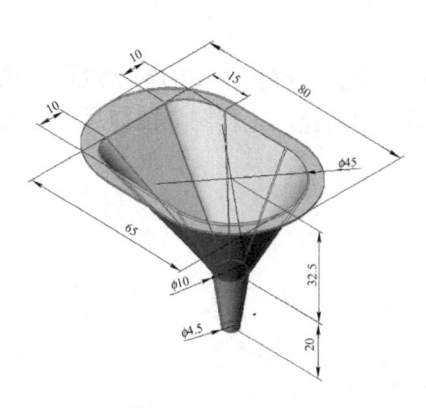

图 7-91 漏斗 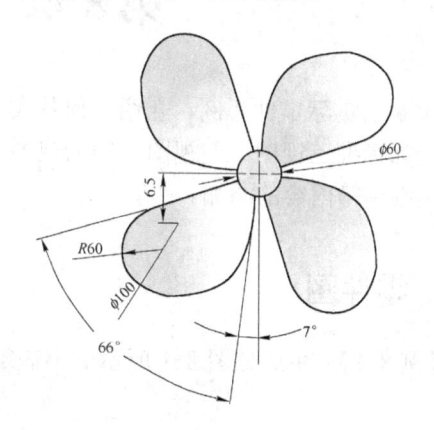　　　　　　　　　　　图 7-92 风扇

（14）根据光盘中相应章节的动画文件"[教程]一个特征彩球 2.gif"，生成彩色球的模型（参考模型请参阅光盘上相应章节中的零件文件）。

（15）充分发挥想象力，修改"南方古亭.SLDPRT"的顶部，使之美观。修改前后的参考模型如图 7-93 所示。

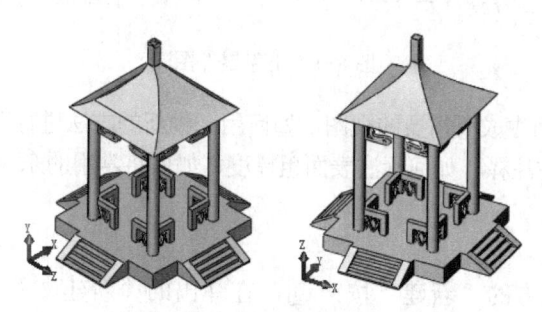

图 7-93 南方古亭修改前后的模型

（16）建立凉亭的模型，参考模型如图 7-94 所示。

图 7-94 凉亭模型

第 8 章 工 程 图

本章以实际零件为例，介绍如何从实际零件直接转换为二维工程图的基本过程。包括基本视图如标准三视图、剖视图、辅助视图、局部视图等的创建，工程图详图如尺寸标注、注解及明细栏等内容的添加。

8.1 零件图

【例 8-1】 生成如图 8-1 所示的小盖零件图。

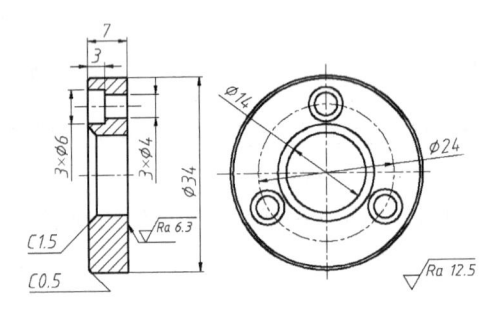

图 8-1 小盖零件图

本节的重点在于如何生成所需要的视图，如何用一种新的方法进行全剖视，如何处理尺寸、如何标注倒角、如何标注注释、如何标注表面粗糙度、如何将常用的东西添加到库中并调用。

8.1.1 生成视图

（1）单击屏幕最上方的"新建"按钮，在弹出的"新建文件"对话框中选择"工程图"，如图 8-2 中①②所示，单击"确定"按钮。选择"A4(GB)"模板，单击"确定"按钮，如图 8-2 中④⑤所示。

图 8-2 新建工程图并选择模板

(2)在弹出的"模型视图"属性管理器中单击"浏览"按钮,如图 8-3 中①所示。在弹出的"打开"对话框中找到光盘中相应文件夹里的"27 小盖.SLDPRT"文件,单击"打开"按钮,如图 8-3 中②③所示。

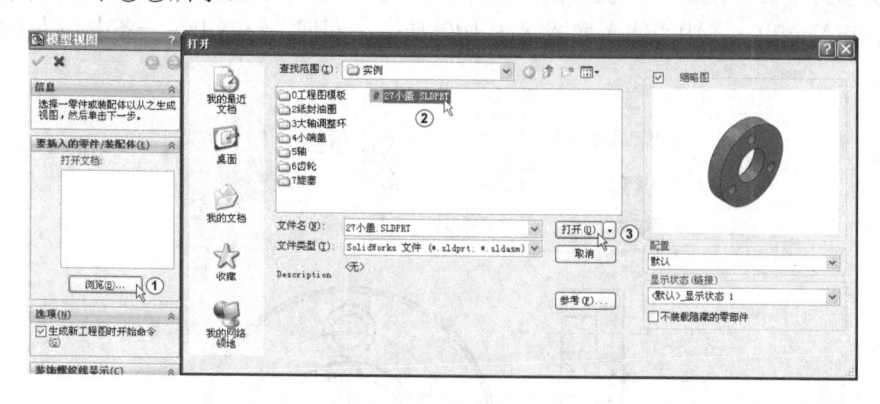

图 8-3 打开模型

(3)在绘图区中适当位置单击以确定主视图的位置,如图 8-4 中①所示。向左移动鼠标到适当的位置后单击生成左视图,如图 8-4 中②所示。单击"确定"按钮✓,如图 8-4 中③所示。

图 8-4 生成视图

8.1.2 生成剖视图

(1)按<F10>键可调出面板,再按<F10>键可关闭面板。单击"草图"面板中的"边角矩形"按钮▫,绘制出一个包围主视图的矩形,如图 8-5 中①②所示。单击"视图布局",如图 8-5 中③所示。单击"断开的剖视图"按钮▣,在绘图区中选择圆连线,选中"预览"复选框,如图 8-5 中④~⑥所示。单击"确定"按钮✓,生成全剖视图,如图 8-5 中⑦⑧所示。

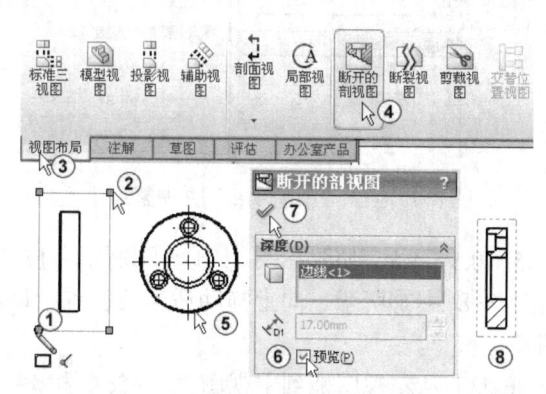

图 8-5 生成"断开的剖视图"

（2）单击"草图"面板中的"圆"按钮⊙，在左视图绘制出一个通过 3 个小孔圆的圆。右击刚绘制的圆，从弹出的快捷菜单中选择"构造几何线"命令，将其转化为构造线，如图 8-6 中①所示。单击"注解"面板中的"中心线"，如图 8-6 中②所示，在绘图区中分别单击两条直线，可绘制出一条中心线，如图 8-6 中③所示。同理，绘制出另一条中心线，如图 8-6 中④所示。

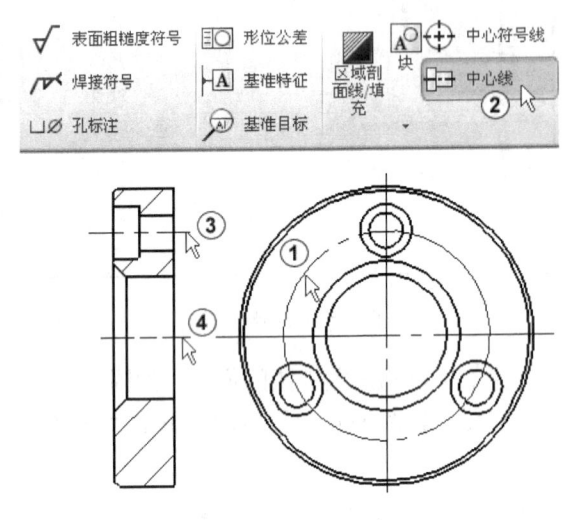

图 8-6　添加中心线

8.1.3　添加尺寸

（1）选择菜单"插入"→"模型项目"命令，如图 8-7 中①～③所示。在弹出的"模型项目"属性管理器中选择"整个模型"，其他取默认值，单击"确定"按钮✓，如图 8-7 中④⑤所示。

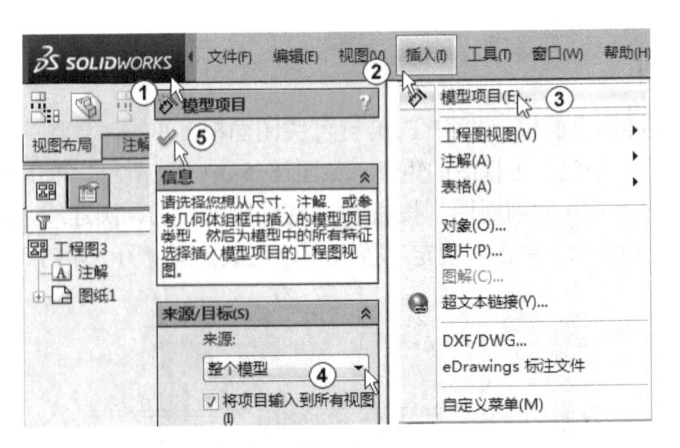

图 8-7　插入"模型项目"并调整尺寸

（2）分别选择两个 45°、0.5、1.5，如图 8-8 中①～④所示。按<Delete>键删除。选择尺寸"3"后按住不放，如图 8-8 中⑤所示。向上拖动适当的位置，调整完毕在图纸空白区域单击，如图 8-8 中⑥所示。

（3）按住<Shift>键，将φ34 从左视图拖到主视图上，将φ6 和φ4 也做同样的处理。单击选择φ6，在"标注尺寸文字"下输入"3-"，如图 8-9 中①所示。单击"确定"按钮✓，结

188

果如图 8-9 中②③所示。对φ4 也做同样的处理，结果如图 8-9 中④所示。

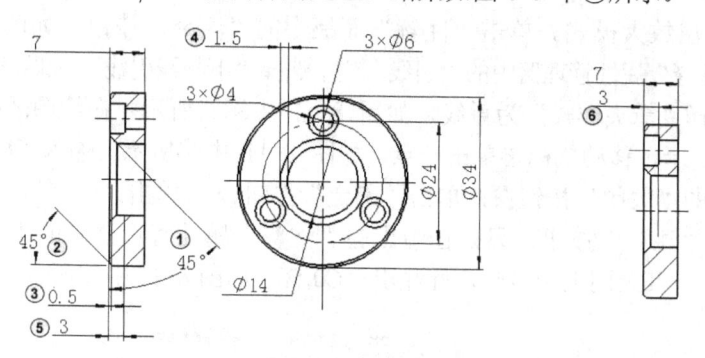

图 8-8　调整尺寸

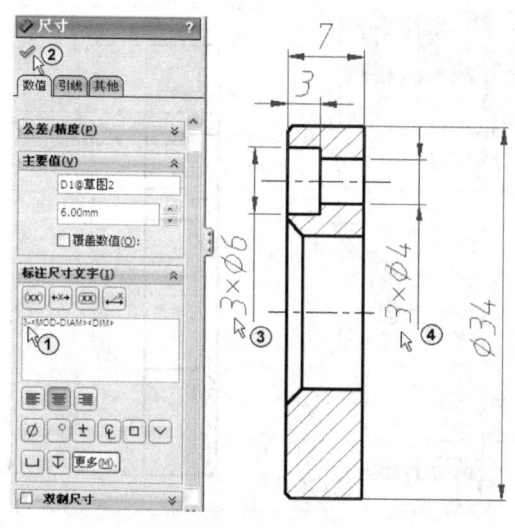

图 8-9　调整尺寸

（4）选择φ24，在"尺寸"属性管理器中单击"引线"，选择"双箭头/实引线"，如图 8-10 中①②所示。取消选中"使用文档第二箭头"复选框，如图 8-10 中③所示。选中"自定义文字位置"复选框，如图 8-10 中④所示。选择"实引线，文字对齐"，单击"确定"按钮，如图 8-10 中⑤⑥所示。

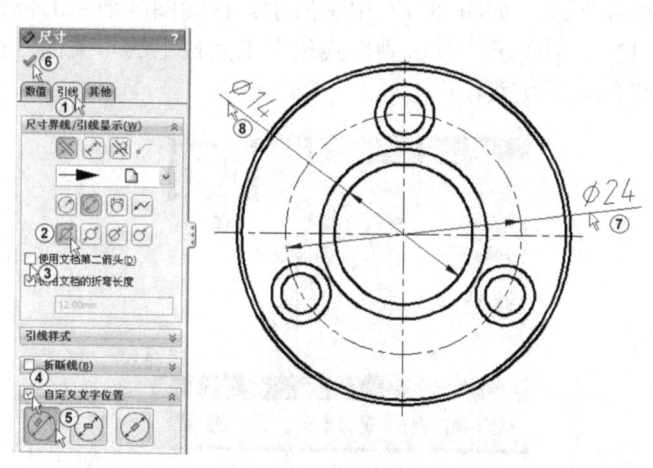

图 8-10　调整引线

（5）单击"局部放大"按钮🔍，框选有倒角的要标注的图形矩形区域，再次单击"局部放大"按钮🔍退出放大模式。单击"注解"面板上的"注释"按钮，如图 8-11 中①②所示。在弹出的"注释"属性管理器中的"引线"栏下选择"下画线引线"，如图 8-11 中③所示。单击按钮，选择"箭头样式"为直线，如图 8-11 中④⑤所示。在绘图区中单击倒角点，如图 8-11 中⑥所示，移动鼠标再单击一点，如图 8-11 中⑦所示。输入"C1.5"，单击"格式化"对话框上的"关闭"按钮，单击"确定"按钮。单击"C1.5"，将其拖动适当的位置。再次单击"注释"按钮，只是在弹出的"注释"属性管理器中的"引线"栏下选择"引线为向右"，其余同上一步骤，标注出"C0.5"，如图 8-11 中⑨所示。

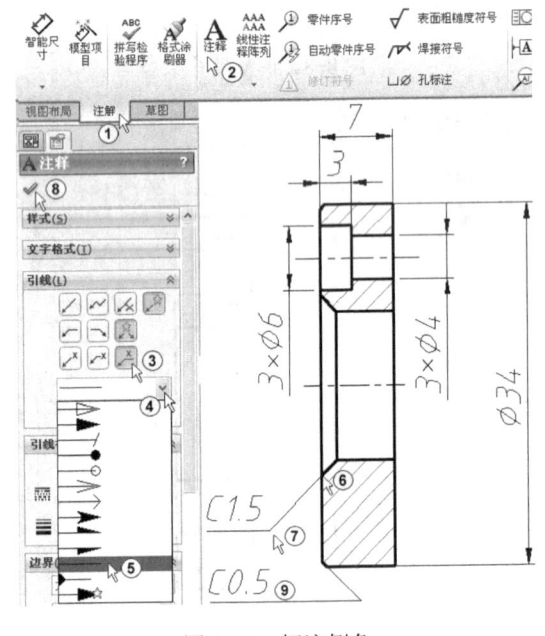

图 8-11 标注倒角

8.1.4 添加注释和尺寸公差

（1）单击"注解"工具栏上的"注释"按钮，在弹出的"注释"属性管理器中的"引线"栏下选择"无引线"，如图 8-12 中①所示。在绘图区适当的位置单击，输入"其余"两字，如图 8-12 中②所示。单击"格式化"工具栏上的"关闭"按钮，然后单击"确定"按钮，如图 8-12 中③④所示。

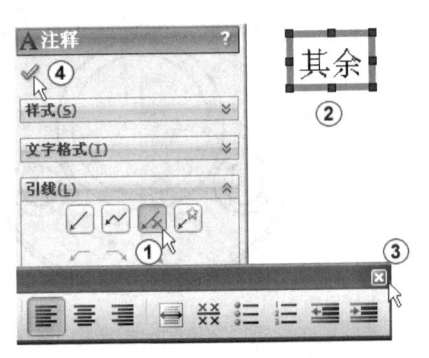

图 8-12 设置引线样式

190

（2）由于"其余"两字在以后的工程图中经常要用到，故将它添加到设计库中，以便用到时拖出即可。单击屏幕最右边的"设计库"按钮，如图 8-13 中①所示。在弹出的"设计库"属性管理器中单击"添加到库"按钮，如图 8-13 中②所示。选择"其余"两字，如图 8-13 中③所示。在"设计库文件夹"栏下选择"Design Library"，单击"确定"按钮✓，如图 8-13 中④⑤所示。

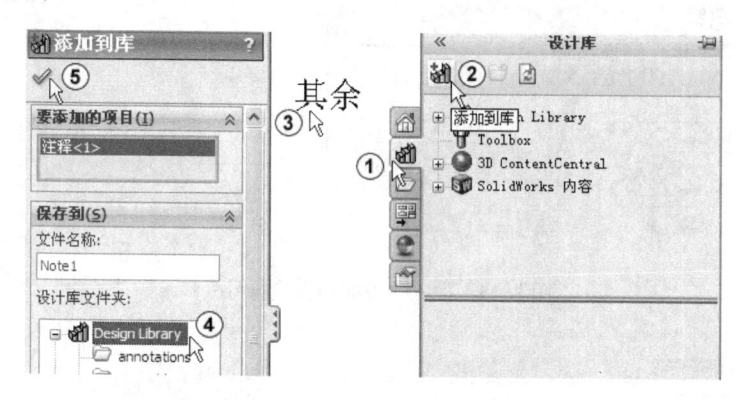

图 8-13　输入"其余"并添加到库中

（3）单击屏幕最右边的"设计库"按钮后将看到"设计库"属性管理器中增加了注释图标，如图 8-14 中①②所示。单击选择后按住左键不放将其拖到绘图区中适当的位置，如图 8-14 中③所示。单击"插入注解"属性管理器上的"关闭"按钮✕，如图 8-14 中④所示。若要删除添加到"设计库"中的"其余"，只需右击新加入的"其余"，从弹出的快捷菜单中选择"删除"命令，即可将它从库中移出。

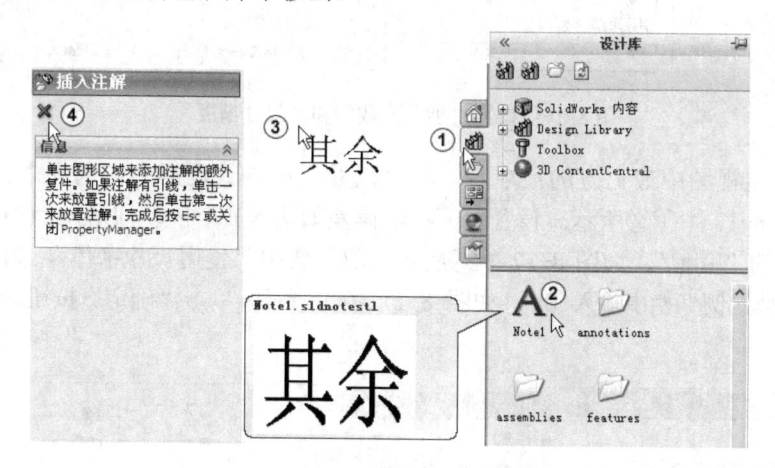

图 8-14　添加"其余"两字到"设计库"

（4）单击"注解"工具栏上的"表面粗糙度符号"按钮，如图 8-15 中①所示。在弹出的"表面粗糙度"属性管理器中选择"要求切削加工"，如图 8-15 中②所示。在"符号布局"栏中输入"Ra"和"12.5"，如图 8-15 中③④所示。然后在绘图区右下角适当位置单击，再单击"确定"按钮✓，如图 8-15 中⑤⑥所示。

（5）选择菜单"工具"→"选项"→"文件属性"→"单位"命令，如图 8-16 中①所示。选择长度中的小数为 0.1，如图 8-16 中②所示。单击"尺寸"，如图 8-16 中③所示。选择"主要精度"为 0.1，如图 8-16 中④所示，单击"确定"按钮。

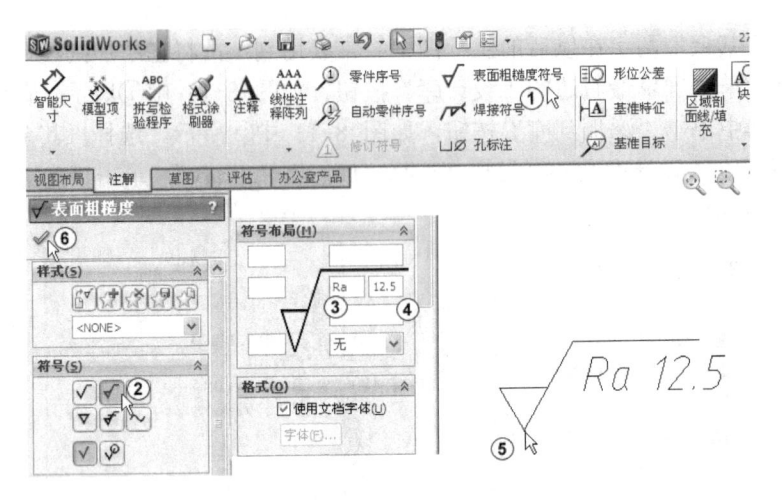

图 8-15 插入"表面粗糙度符号"

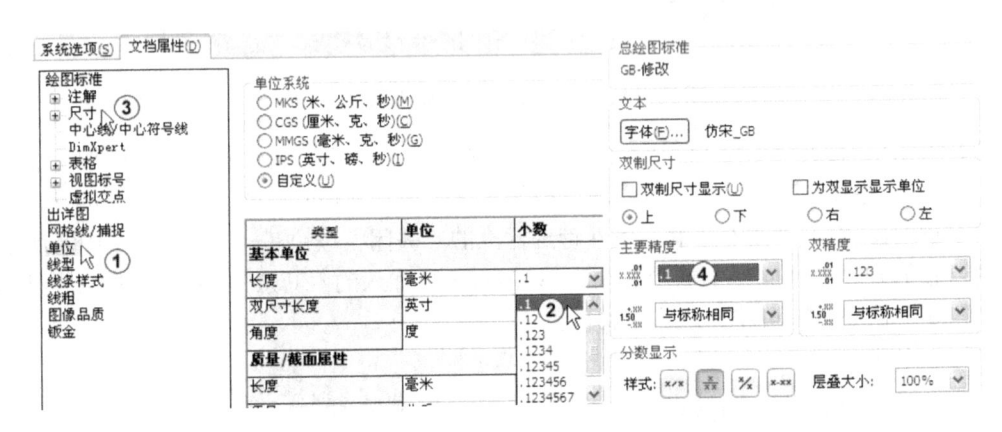

图 8-16 设置"小数位数"和"尺寸精度"

（6）选择主视图中最上方的尺寸 7，在"尺寸"属性管理器中，选择"公差类型"为"双边"，如图 8-17 中①②所示。设置上下极限偏差如图 8-17 中③④所示。切换到"尺寸"属性管理器中的"其他"，如图 8-17 中⑤所示。取消选中"使用尺寸字体"，如图 8-17 中⑥所示。在"字体比例"栏中输入 0.6，如图 8-17 中⑦所示。单击"确定"按钮，如图 8-17 中⑧⑨所示。

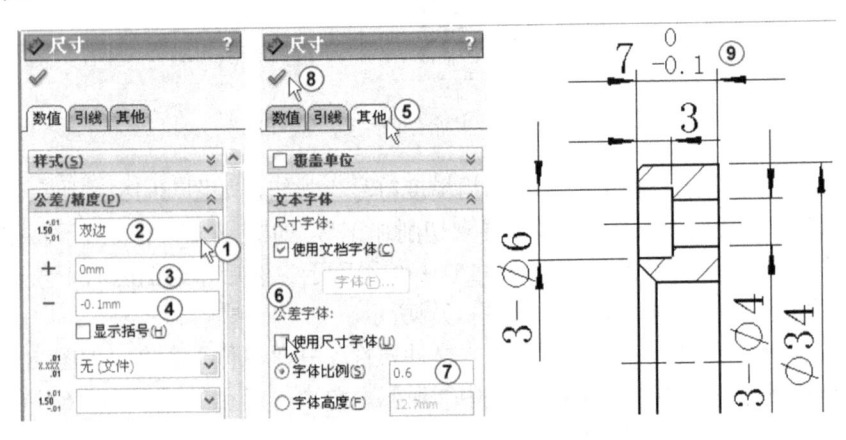

图 8-17 尺寸公差字体比例

（7）选择菜单"文件"→"另存为"命令，在"另存为"对话框的"文件名"文本框中输入"27 小盖.SLDDRW"，单击"保存"按钮。

8.2 装配图

8.2.1 生成装配视图

【例 8-2】 创建旋塞装配体。

（1）选择菜单"文件"→"打开"命令，在弹出的"打开"对话框中选择随书光盘中的"旋塞装配体.SLDASM"，单击"打开"按钮，如图 8-18 所示，它由 6 个零件组成。

（2）单击标准工具栏上的"从零件/装配体制作工程图"按钮，在弹出"新建 SolidWorks 文件"对话框中选择"A3"模板，单击"确定"按钮。

（3）单击选择"前视"后按住鼠标左键不放，将其拖到绘图区内，鼠标向下移，生成"下视"，单击"确定"按钮。

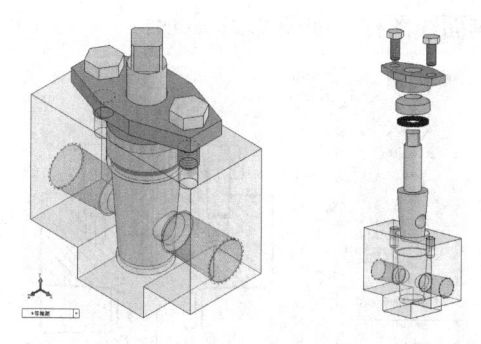

图 8-18 打开旋塞装配体

8.2.2 生成局部剖视图

（1）单击"草图绘制"→"边角矩形"按钮，绘制一个矩形，将"前视"完全包围在内。单击"工程图"→"断开的剖视图"按钮，弹出"剖面视图"对话框，在"工程视图1"属性管理器中选择特征，如图 8-19 中①所示。选中"自动打剖面线"复选框，单击"确定"按钮，如图 8-19 中的②～④所示，选中"预览"复选框，选择边线，如图 8-19 中⑤所示，单击"确定"按钮。

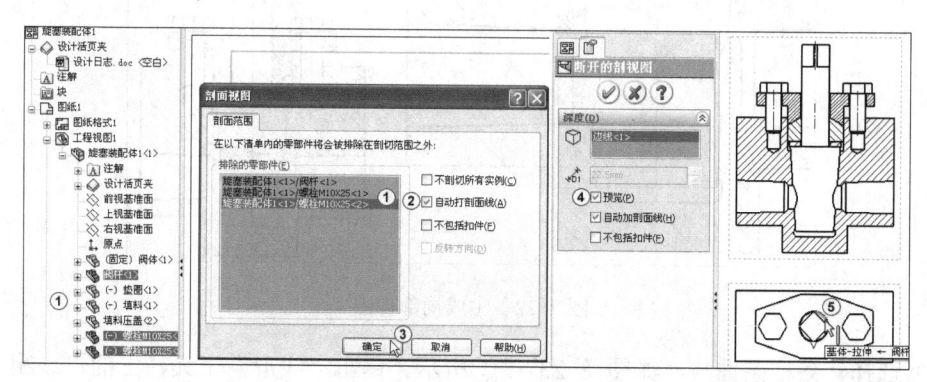

图 8-19 生成"断开的剖视图"

（2）选择主视图，单击"工程图"工具栏上的"投影视图"按钮图或选择菜单"插入"→"工程视图"→"投影视图"命令，在主视图的右侧单击生成左视图。对左视图进行半剖视，类似于前一步骤选择不要进行剖切的零件，结果如图 8-20 所示。

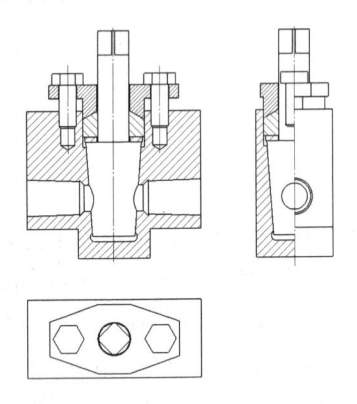

图 8-20　生成半剖视图

（3）修改"填料"的剖面线图样，如图 8-21 所示。

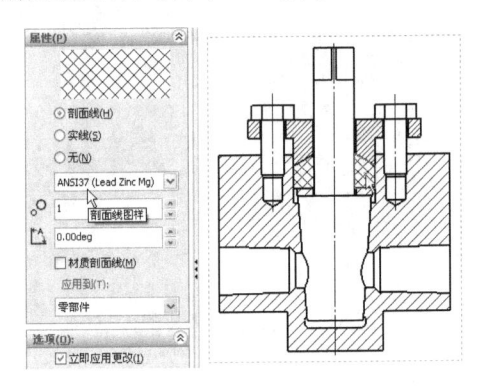

图 8-21　修改"填料"的剖面线图样

（4）选择主视图，用"样条曲线"工具绘制出如图 8-22 中①所示的封闭区域，单击"工程图"→"断开的剖视图"按钮图，类似于前面的步骤 4 选择不需要进行剖切的零件，结果如图 8-22 中②所示。

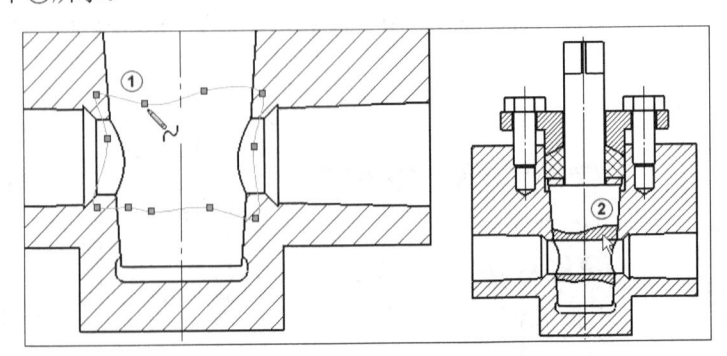

图 8-22　生成局部视图

（5）选择一条样条曲线，如图 8-23 中①所示。单击"线形"工具栏上的"线粗"按钮，选择线形，如图 8-23 中②③所示，在绘图区空白区域单击完成线形的变更。对另一条曲线也做类似的处理。

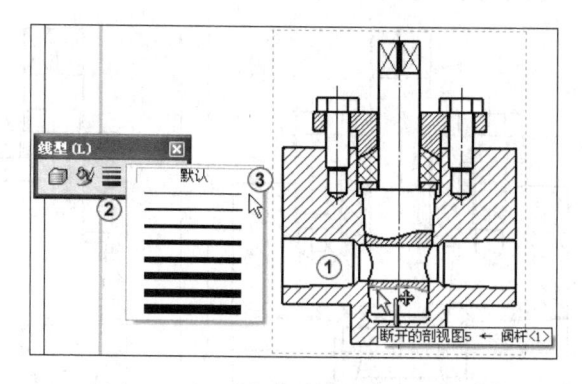

图 8-23 改变线形

（6）分别选择主视图和左视图，手工添加 8 条线以表示平面，结果如图 8-24 所示。

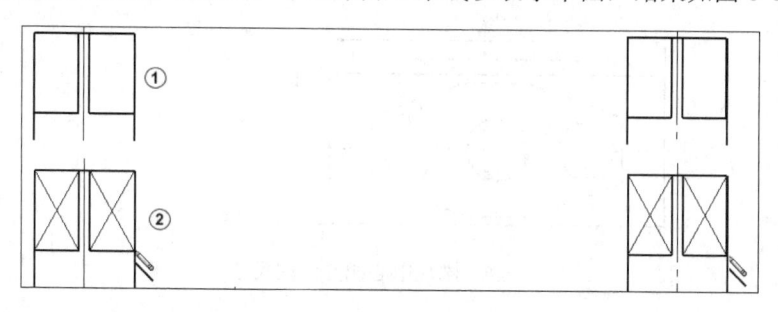

图 8-24 绘制 8 条线段

8.2.3 添加螺纹线和中心线等

（1）在装配体中，默认是不显示螺纹线的，因此需要有一个插入装饰螺纹线的操作。选择菜单"插入"→"模型项目"命令，弹出"模型项目"属性管理器。在属性管理器中，"来源"选择"整个模型"；在"尺寸"中，单击"设为工程图标注"按钮；在"注解"中，单击"装饰螺纹线"按钮 U，其他取默认值，如图 8-25 中①~③所示。单击"确定"按钮 ✓，结果如图 8-25 中④所示。

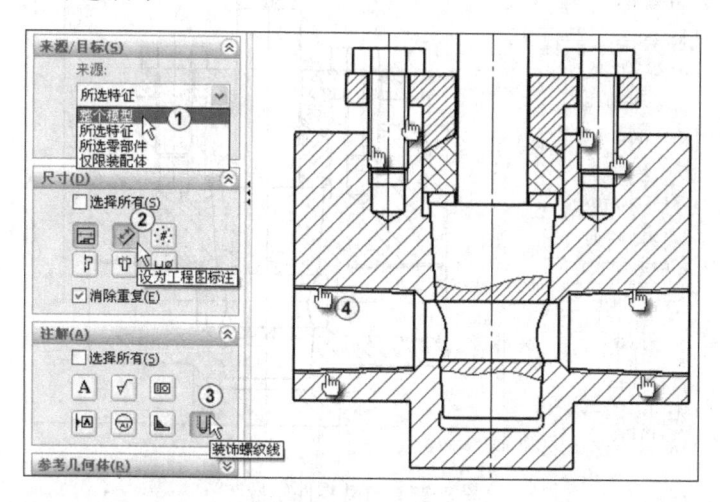

图 8-25 插入螺纹线

（2）添加中心线，标注尺寸如图 8-26 所示。

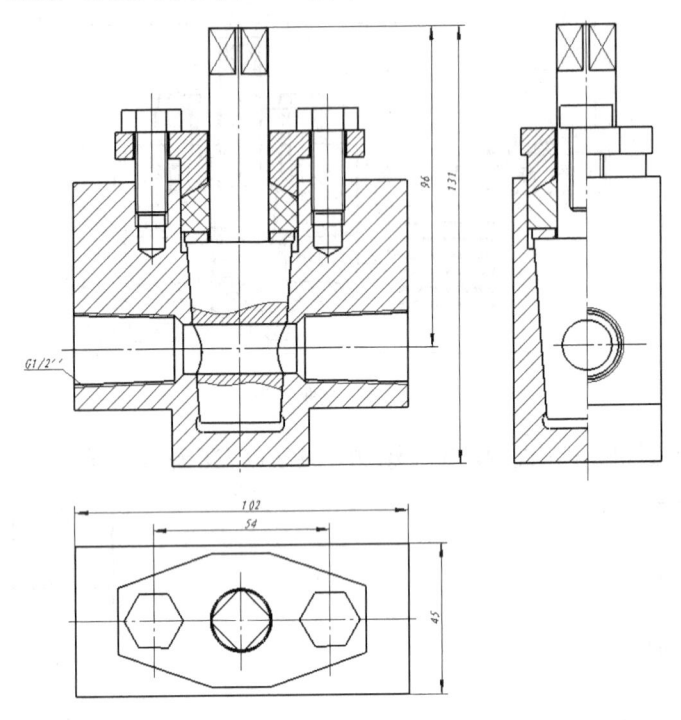

图 8-26　添加中心线并标注尺寸

8.2.4　添加零件序号

（1）选择主视图，单击"注解"工具栏上的"自动零件序号"按钮，或选择菜单"插入"→"注解"→"自动零件序号"命令。在"自动零件序号"属性管理器中设定属性，如图 8-27 所示，单击"确定"按钮。

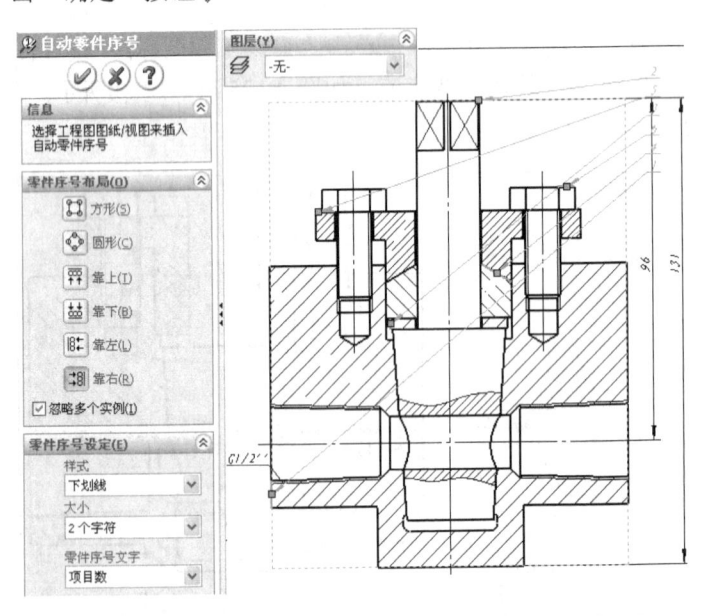

图 8-27　自动零件序号

（2）分别选择零件序号指引线端的箭头，按住鼠标左键拖动引线，调整后的情况如图 8-28 所示。

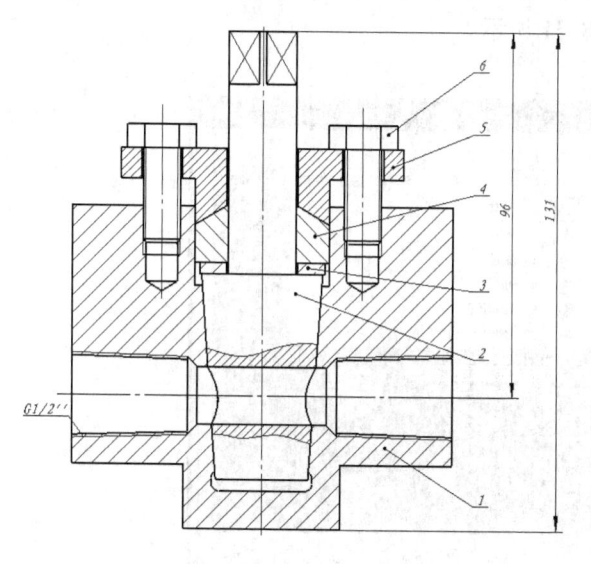

图 8-28　调整"自动零件序号"

8.2.5　添加明细栏

（1）单击"注解"工具栏上的"材料明细表"按钮，或选择菜单"插入"→"表格"→"材料明细表"命令。弹出"材料明细表"属性管理器，如图 8-29 中①所示。在绘图区域中选择主视图，选择"表模板"为"螺纹联接"，单击"确定"按钮，如图 8-29 中②③所示。在合适的地方放置材料明细表，如图 8-29 中④所示，结果如图 8-29 中⑤所示。利用鼠标拖动角点控标，可以调整表格的整体大小。在绘图中单击材料明细栏的标题栏，单击"材料明细表"属性管理器中的"材料明细表内容"或"表格格式"，可以对材料明细栏进行一系列的设置，最后单击"确定"按钮。

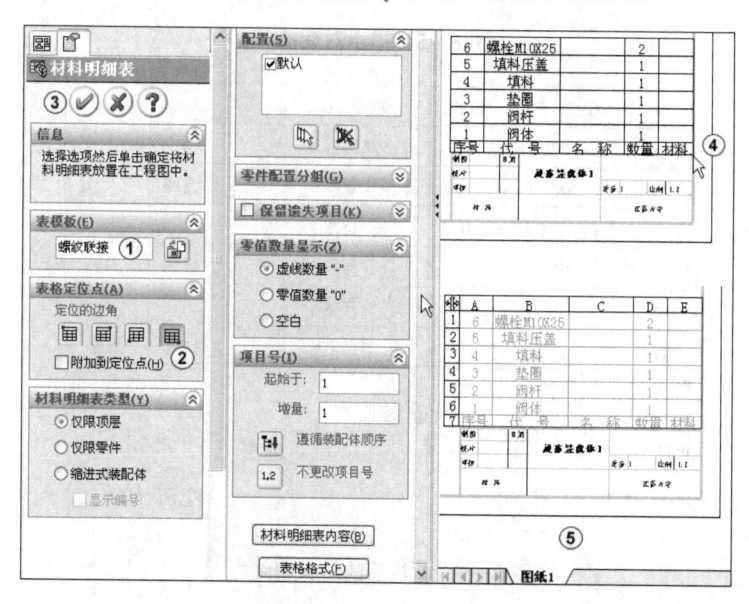

图 8-29　插入"材料明细表"

（2）在此材料明细栏内容显示中，可对行上下移动，将行分组或解除组，并隐藏或显示列，如图 8-30 所示。在表格格式中，设置表格中文字的显示属性，例如页眉可以位于表格的上部或下部，如图 8-31 所示。

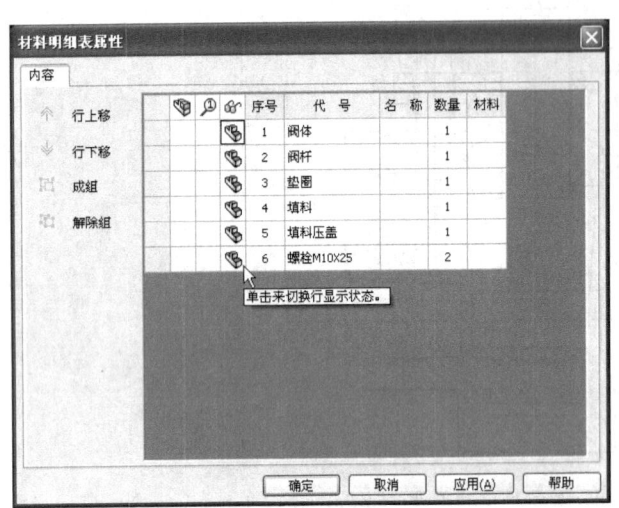

图 8-30　材料明细栏属性

图 8-31　表格属性

（3）双击材料明细栏中的单元格弹出如图 8-32 所示的对话框，单击"是"按钮，输入或修改文字，对模板中的文字进行调整，以便统一。调整后的材料明细栏如图 8-33 所示。

图 8-32　提示对话框

图 8-33　调整后的材料明细栏

198

（4）添加注释，如图 8-34 所示。最终的旋塞装配体如图 8-35 所示。

技术要求
1. 旋塞关闭位置时，不得有泄漏。
2. 工作压力为0.25MPa。
3. 填料压紧后的高度约为12 mm。

图 8-34 注释

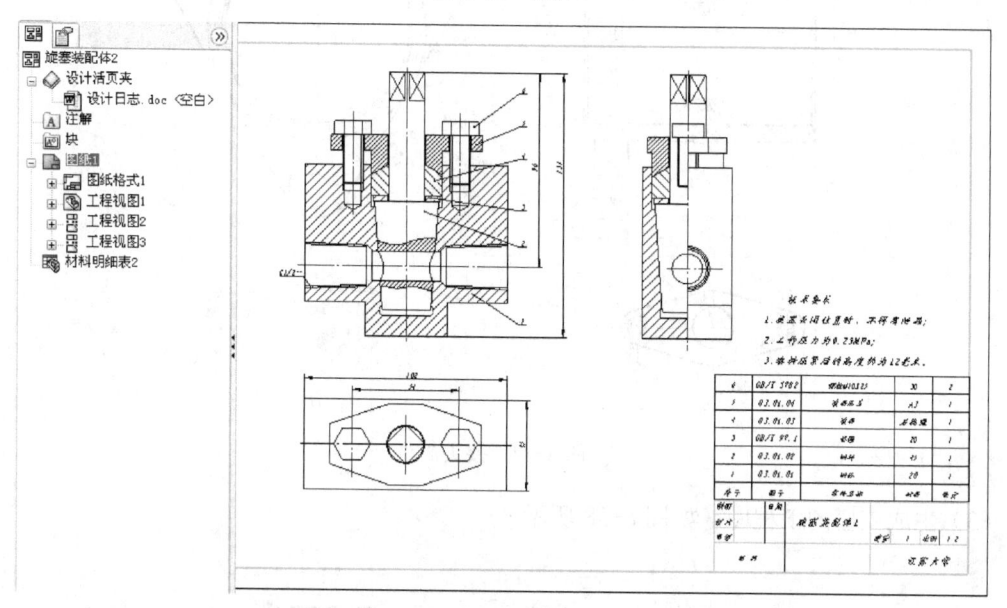

图 8-35 旋塞装配体

8.3 思考与练习

（1）生成接头 1 的工程图，如图 8-36 所示。

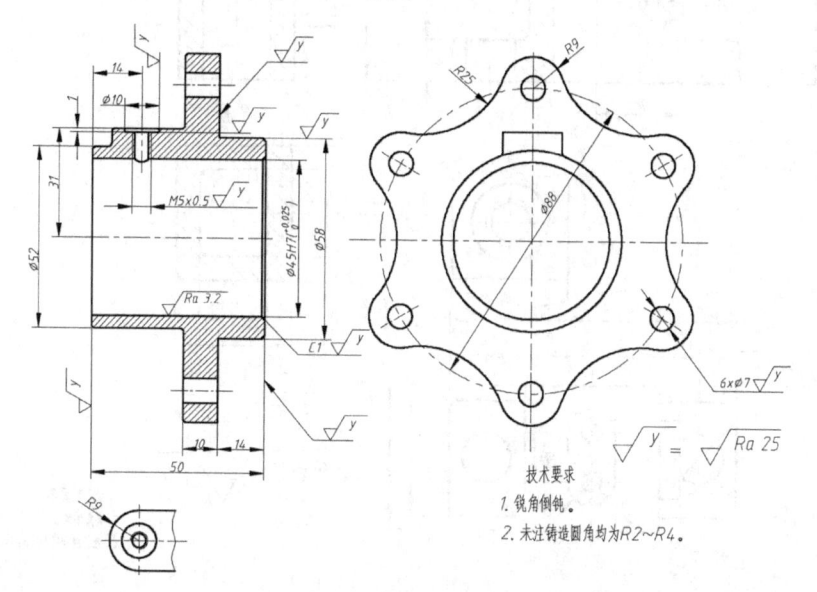

图 8-36 接头 1

（2）生成接头 2 的工程图，如图 8-37 所示。

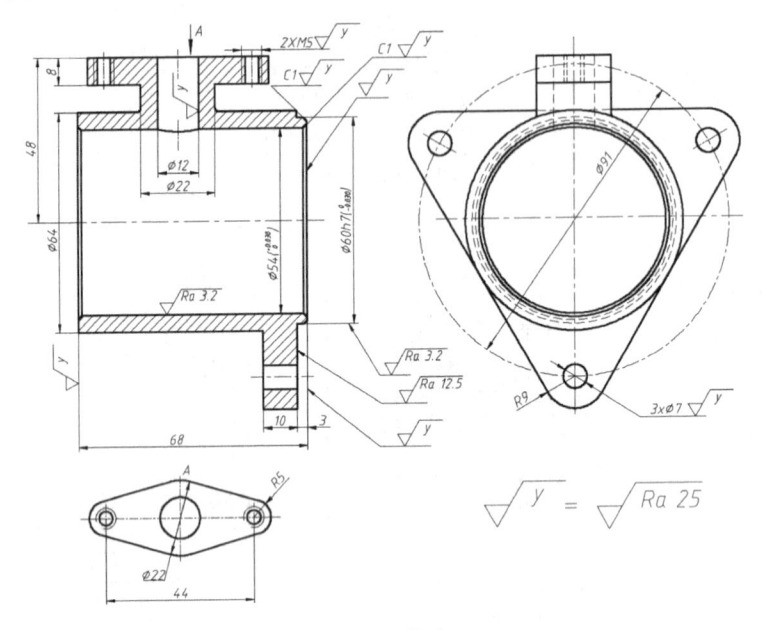

图 8-37　接头 2

（3）生成支座的工程图，如图 8-38 所示。

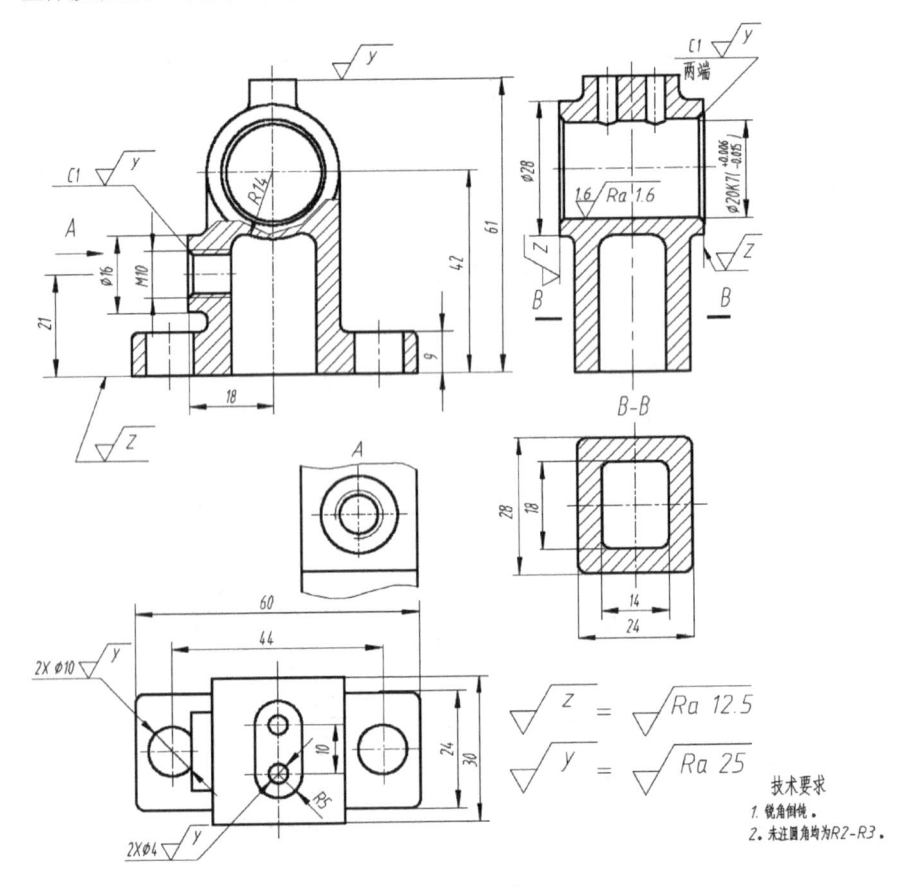

图 8-38　支座

（4）生成壳体的工程图，如图 8-39 所示。

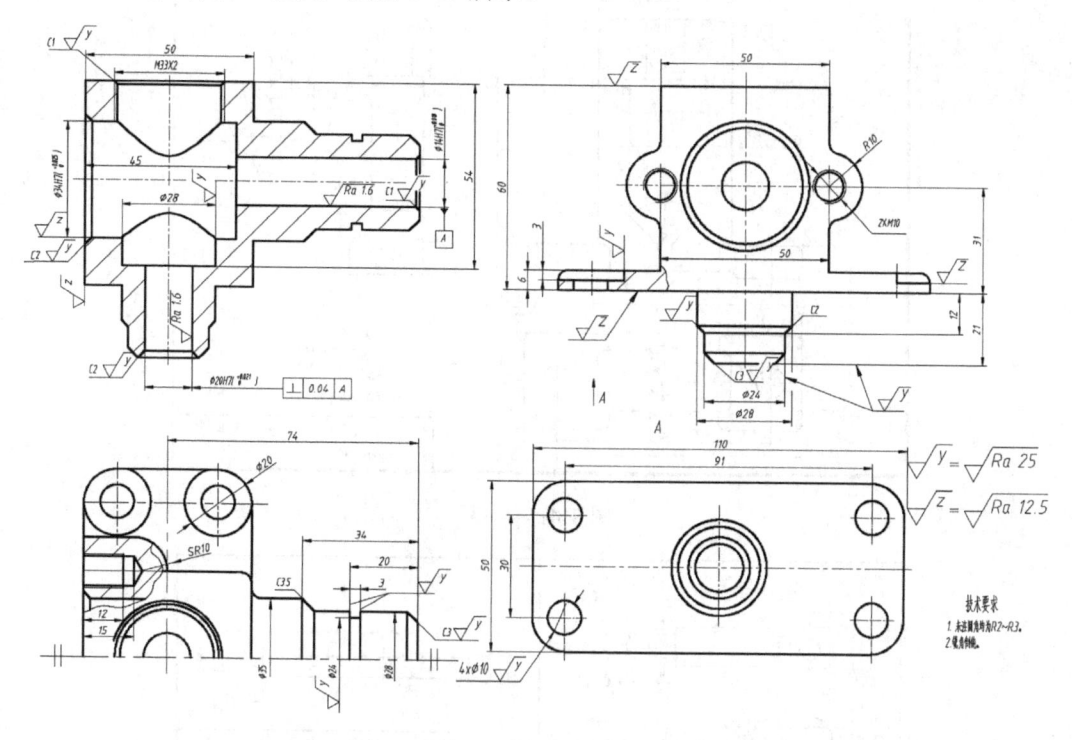

图 8-39　壳体

（5）生成螺纹联接装配图，如图 8-40 所示。

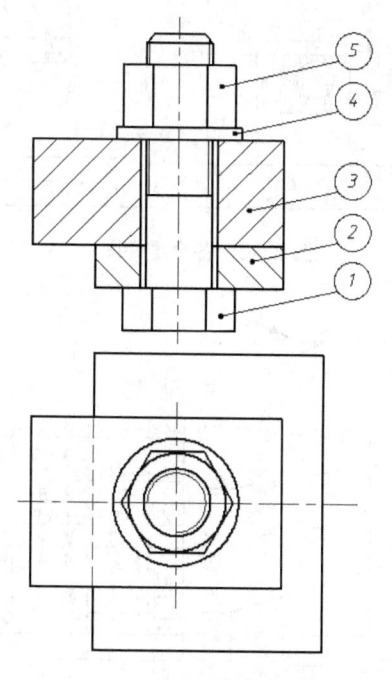

图 8-40　螺纹联接装配图

（6）生成管钳各零件及组装后的工程图，如图 8-41～图 8-43 所示。

201

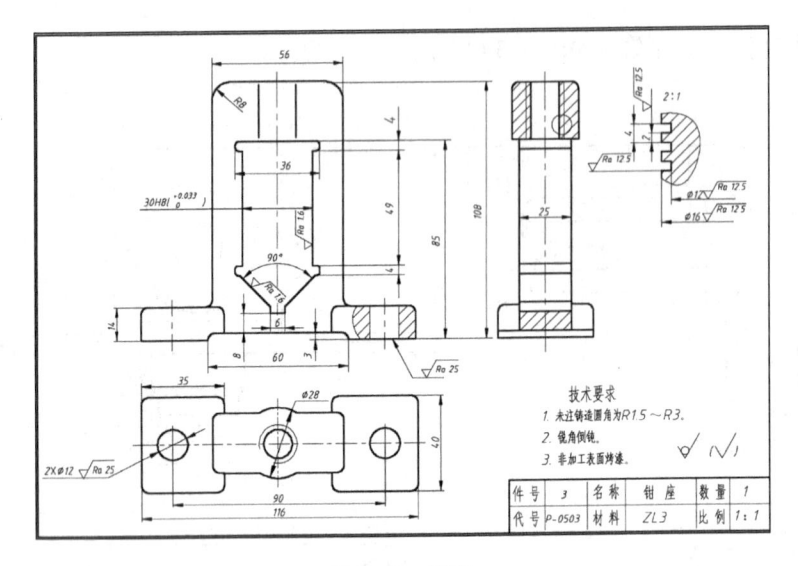

图 8-41 钳座

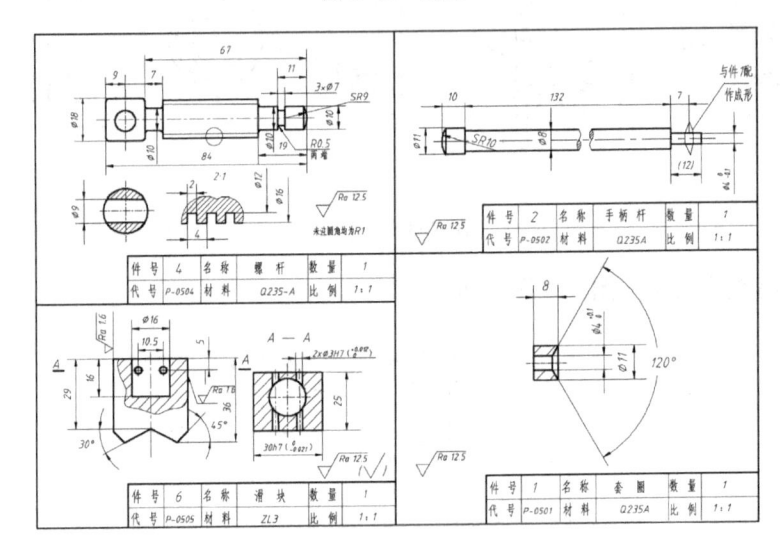

图 8-42 各个零件图

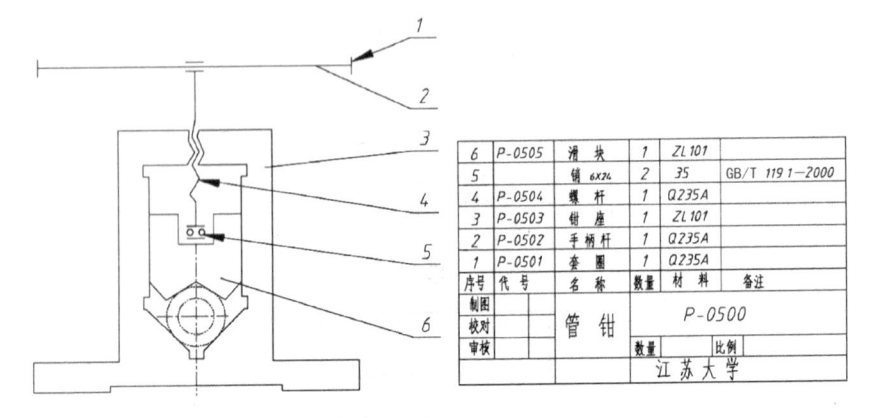

图 8-43 装配简图及明细栏

第 9 章 钣　　金

本章将介绍钣金特征的操作步骤和创建方法。内容涉及钣金基础知识、钣金工具的应用、参数介绍、成型工具、镜像、阵列、在展开状态下设计和放样折弯等内容。

9.1 钣金基础知识

用 SolidWorks 建立钣金零件可分为以下两种方法。

1. 使用钣金特征建立钣金零件

从最初的基体法兰特征开始建模，利用钣金设计的功能和特殊工具、命令和选项等。对于设计钣金零件来说，这是最佳的设计方法。本章实例"长尾夹"是采用钣金特征直接建模的。

2. 先设计成实体零件，然后转换成钣金零件

先按照常规的方法建立零件，然后将它转换成钣金零件，这样可以将零件展开，以便于应用钣金零件的特定特征。将一个输入的零件转换成钣金零件是此方法的典型应用，实例 2 "五角星"即是先建立实体零件然后转换成钣金零件的。

直接使用钣金特征建立钣金零件的方法如下：

（1）使用钣金特征

SolidWorks 提供了一些专门应用于钣金零件的特征，如基体法兰（薄片）、边线法兰、斜接法兰、褶边、转折、绘制的折弯、闭合边角、断开边角、展开、折叠、放样折弯、折弯、切口工具等。

（2）使用成型工具

用户可以使用成型工具建立各种钣金形状，也可以修改或建立成型工具。成形工具包括 embosses（凸起）、extruded flanges（冲孔）、louvers（百叶窗板）、ribs（筋）、lances（切开）。

（3）使用镜像

对于那些对称的钣金零件，可以先建立其中的一半，然后用镜像的方法完成整个零件。

（4）使用阵列

对于那些相同的钣金形状，可以使用线性阵列或圆周阵列的方法来创建。

（5）在展开状态下设计

钣金零件可在展开状态下设计，然后再返回到折叠状态。

（6）放样折弯

通过放样的薄壁特征建立放样折弯。

9.2 钣金工具应用

9.2.1 钣金工具

"钣金"工具栏如图 9-1 所示，其上各按钮的功能如表 9-1 所示。

图 9-1 "钣金"工具栏

表 9-1 "钣金"工具栏的功能

名　称	按　钮	功　能
基体-法兰/薄片		生成钣金零件，或将材质添加到现有钣金零件中
边线法兰		将法兰加到钣金零件边线上
斜接法兰		将法兰添加到钣金零件的一个边或多个相连的边上
褶边		卷曲钣金零件的边线
绘制的折弯		钣金零件中从绘制的直线添加一折弯
闭合角		在开口的角部延伸钣金零件的面
转折		在钣金零件中从绘制的一条直线添加两个折弯
断开边角/边角剪裁		对钣金的边角进行倒角或倒圆
放样折弯		用放样特征在两个草图之间生成钣金零件
切除拉伸		以一个方向或两个方向切除钣金零件
简单直孔		在钣金零件平面上生成圆柱孔
展开		在钣金零件中展开折弯
折叠		在钣金零件中折叠展开的折弯
平展		为现有钣金显示平板形式
不折弯		退回钣金零件中的所有折弯
插入折弯		从现有零件生成钣金零件
切口		从钣金零件的两条边线之间生成一条缝隙
通风口		使用草图实体在钣金零件中生成通风口

9.2.2 基体-法兰/薄片工具

基体-法兰是新钣金零件的第一个特征。基体-法兰被添加到 SolidWorks 零件后，系统就会将该零件标记为钣金零件。折弯添加到适当位置，并且将特定的钣金特征添加到特征管理器中。基体-法兰特征是从草图生成的，而且草图可以是单一开环、单一闭环或多重闭环轮廓。在一个 SolidWorks 零件中，只能有一个基体-法兰特征。当第二次使用基体-法兰工具时产生的是薄片特征，如图 9-2 所示。基体-法兰特征的厚度和折弯半径设成为 1，其他钣金参数设成默认值。

建立基体-法兰的方法如下。

选择菜单"插入"→"钣金"→"基体-法兰"命令，或单击"钣金"工具栏中的"基体-法兰"按钮，系统要求选择绘制好的草图，如果没有绘制好的草图就选择绘制草图基准面进入草图绘制。单击 前视基准面 →选择"矩形"工具、"三点弧"工具和"中心线"工具绘制草图 1。单击按钮退出草图绘制。系统弹出"基体法兰"属性管理器，在属性管理器中输入厚度为 1，勾选"反向"，如图 9-3 所示。单击"确定"按钮。

204

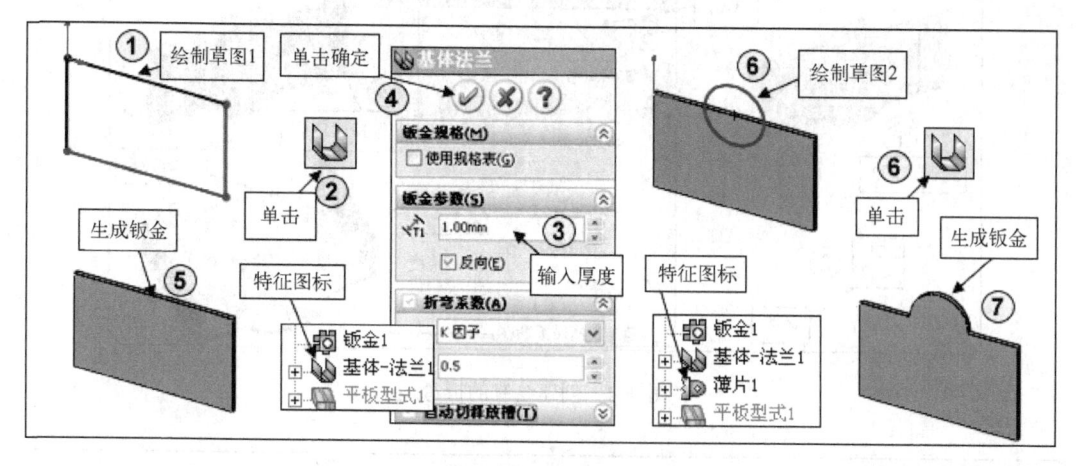

图 9-2 第一次选基体法兰，第二次选用薄片

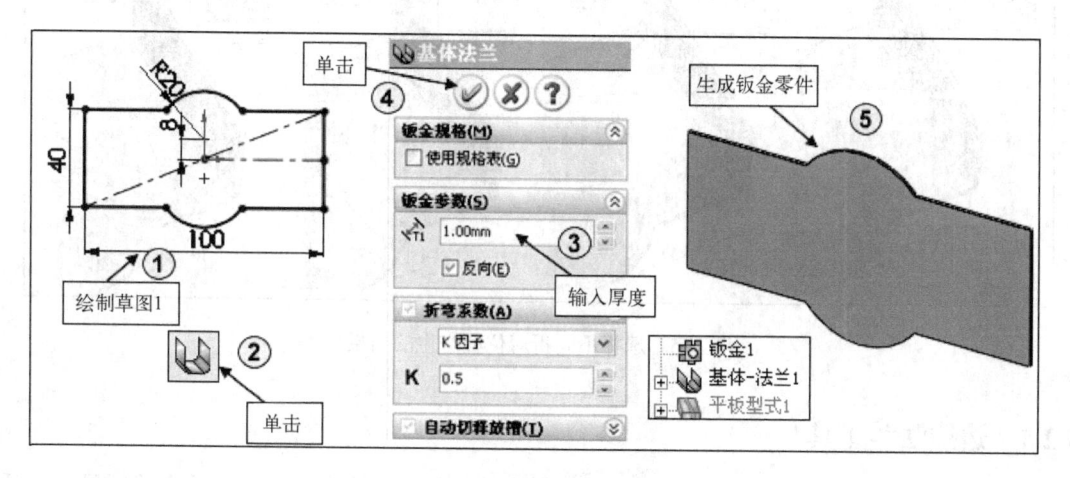

图 9-3 创建基体-法兰

9.2.3 绘制的折弯工具

使用绘制的折弯特征在钣金零件上绘制直线草图，在直线处产生折弯特征。在草图中只允许使用直线，可为每个草图添加多条直线。折弯线长度不一定要与正在折弯的面的长度相等。

建立绘制折弯的方法具体如下。

选择菜单"插入"→"钣金"→"绘制的折弯"命令，或单击"钣金"工具栏中的"绘制的折弯"按钮，系统要求选择绘制好的草图，如果没有绘制好的草图就选择绘制草图基准面进入草图绘制。选择"基体法兰1"的上表面作为绘制草图基准面，单击，选择"直线"工具绘制出两条竖线。单击"退出草图"按钮退出草图绘制。系统弹出"绘制的折弯 1"属性管理器，输入角度 90，在绘图区选择箭头所指的面作为固定面，如图 9-4 所示。

在属性管理器中"折弯位置"选项有"折弯中心线"、"材料在内"、"材料在外"、"折弯在外" 4 个选项，选择不同选项时折弯位置不同，如图 9-5 所示。

205

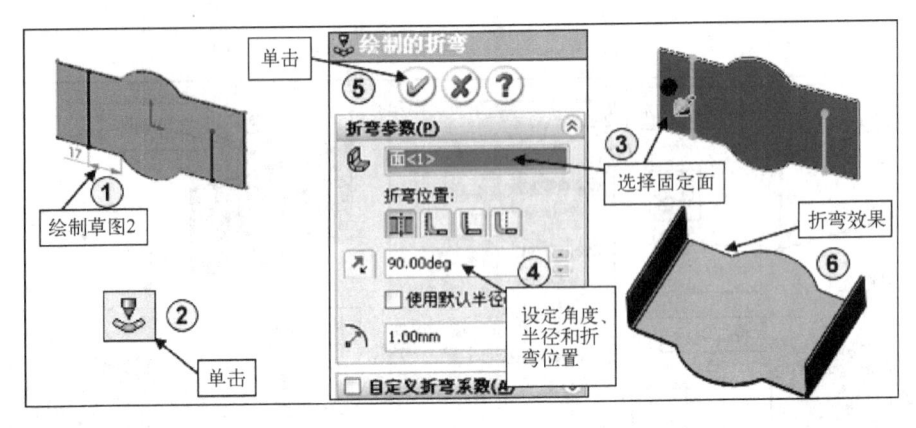

图 9-4 创建绘制的折弯

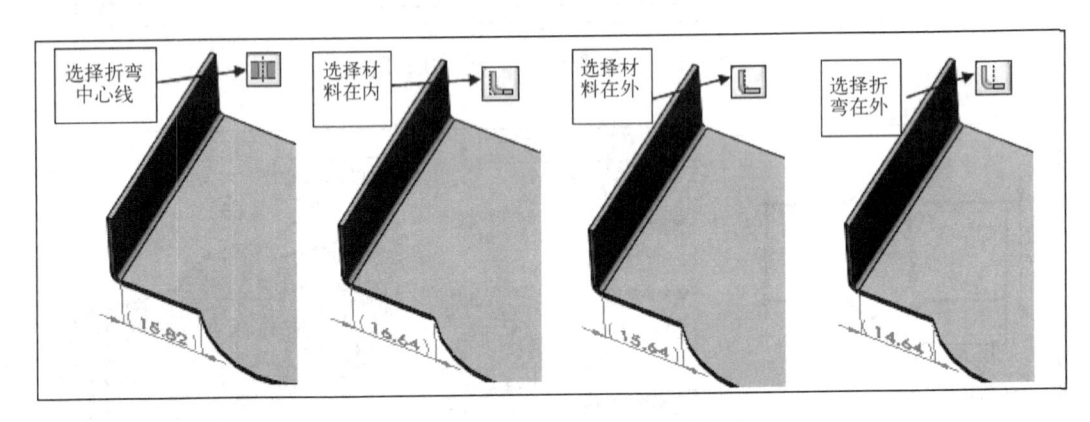

图 9-5 选择不同折弯位置产生的结果

9.2.4 边线法兰工具

边线法兰特征可将法兰添加到钣金零件的所选边线上。所选边线可以是直线或圆弧，系统会自动将法兰厚度链接到钣金零件的厚度上，轮廓的一条草图直线或圆弧必须位于所选边线上。

建立边线法兰的步骤如下。

选择菜单"插入"→"钣金"→"边线法兰"命令，或单击"钣金"工具栏中的"边线法兰"按钮，弹出"边线法兰 1"属性管理器，在绘图区选择需要折弯的边线，在属性管理器中输入角度 60，选择定义法兰长度方式为"给定深度"，输入长度 8。"法兰长度"选项中有"外部虚线"和"内部虚线"两个选项，选择不同选项时效果也不一样，如图 9-6 所示。

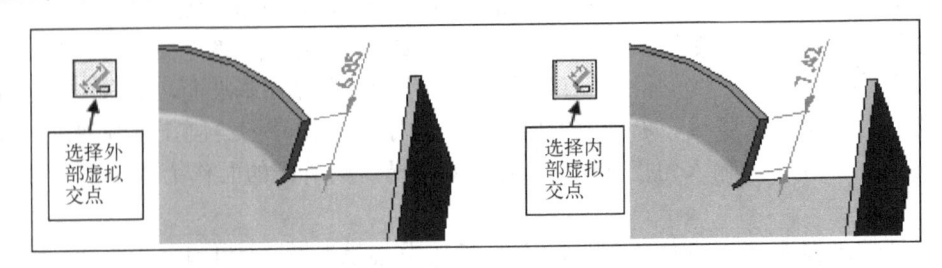

图 9-6 选择"外部虚线"和"内部虚线"时的法兰效果

在属性管理器中"折弯位置"有"材料在内"、"材料在外"、"折弯在外"和"虚拟交点的折弯" 4个选项，选择不同选项时产生的法兰效果也不一样。如图9-7所示。单击"确定"按钮 完成边线法兰操作，如图9-8所示。

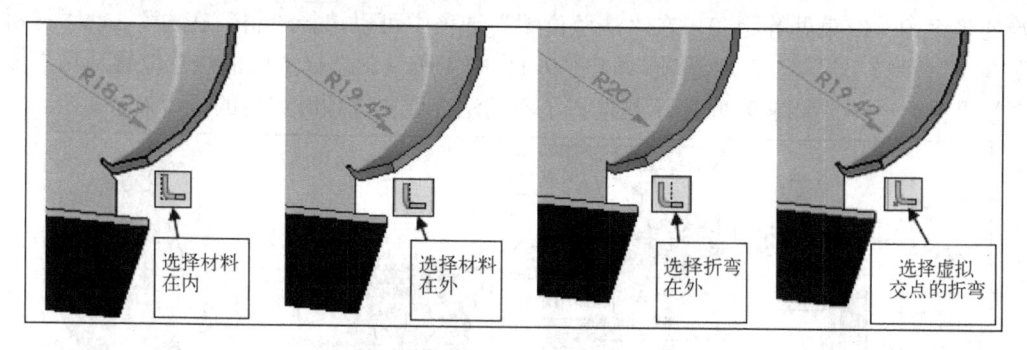

图9-7 选择不同法兰位置时的法兰效果

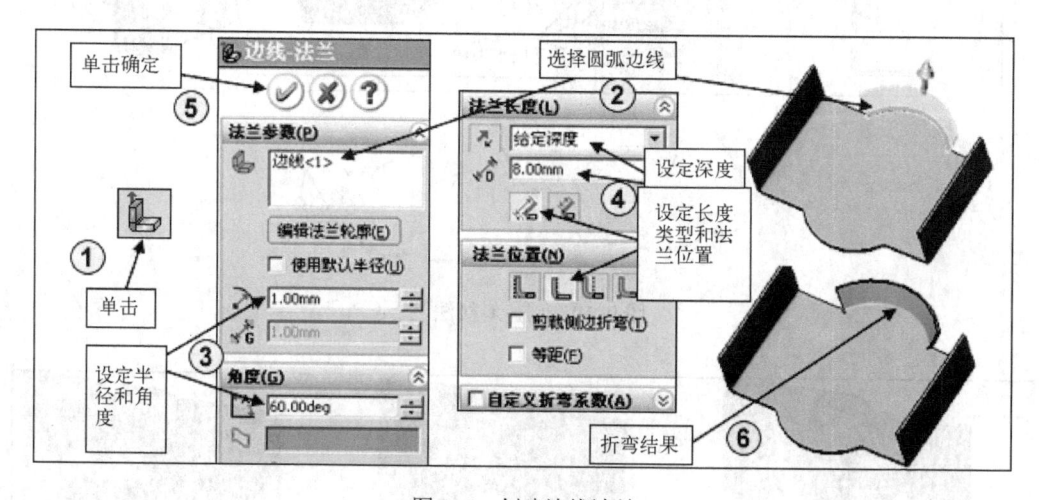

图9-8 创建边线法兰

9.2.5 斜接法兰工具

斜接法兰特征可将法兰添加到钣金零件的一条或多条边线上。草图包括直线或圆弧，斜接法兰轮廓是连续直线。使用圆弧生成斜接法兰时，圆弧不能与厚度边线相切，圆弧可与长边线相切，或通过在圆弧和厚度边线之间放置一小段草图直线，如图9-9所示。

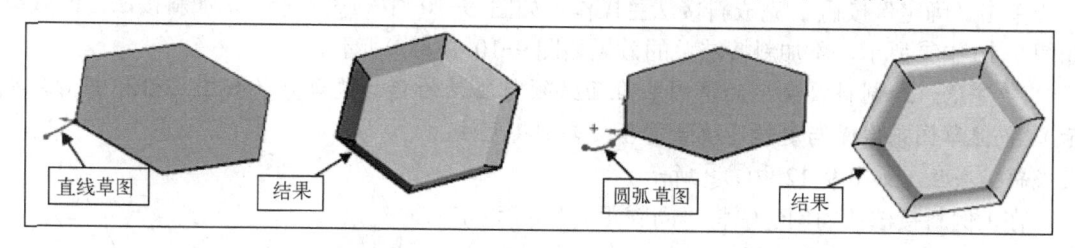

图9-9 斜接法兰可以用直线草图也可以用圆弧加直线草图

建立斜接法兰的方法如下。

先绘制一直线草图以确定法兰的长度，如图9-10中①所示然后选择菜单"插入"→

"钣金"→"斜接法兰"命令，或单击"钣金"工具栏中的"斜接法兰"按钮，如图 9-11 中②所示。在绘图区选择刚绘制的草图，系统弹出"斜接法兰 1"属性管理器。在绘图区选择要建立"边线法兰1"的 2 条边，如图 9-11 中③所示。在属性管理器输入缝隙距离 0.25，起始处等距 0，结束处等距 0，在"法兰位置"选项中可以选择"材料在内"、"材料在外"、"折弯在外" 3 种选项，如图 9-11 中④所示。选择不同的法兰位置选项生成的折弯效果也不一样。如图 9-11 所示是选择了不同法兰位置选项时产生的折弯效果。

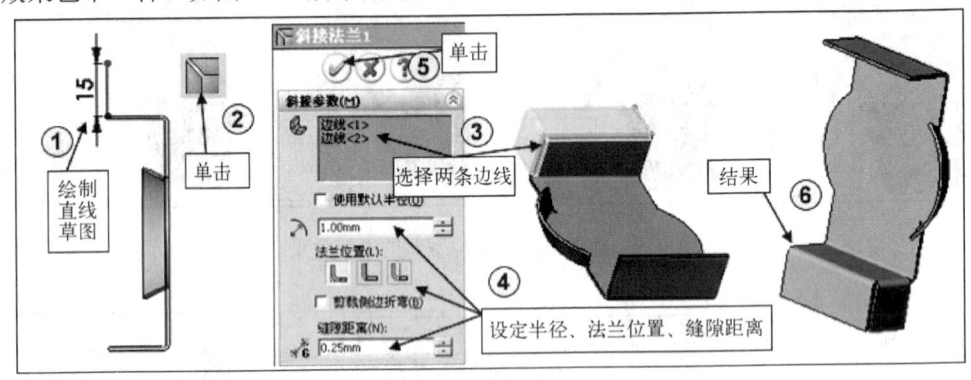

图 9-10 创建斜接法兰

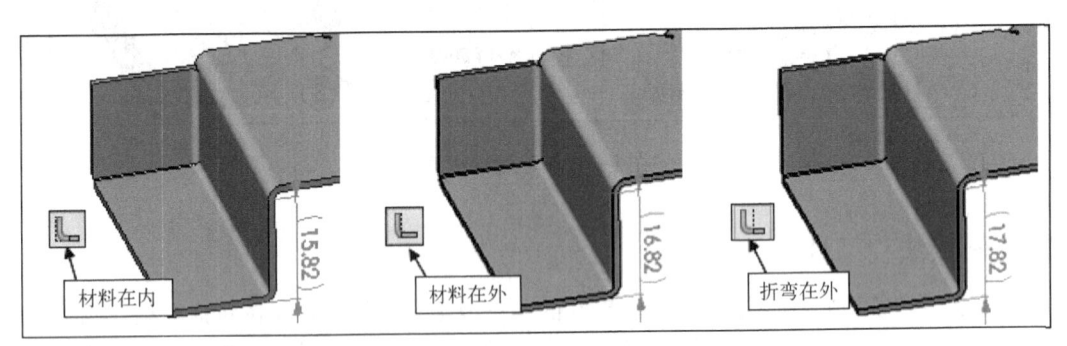

图 9-11 选择不同法兰位置选项时产生的折弯效果

单击"确定"按钮完成斜接法兰操作，如图 9-10 中⑤⑥所示。未加斜接法兰的效果如图 9-10 中⑦所示，添加斜接法兰的效果如图 9-10 中⑧⑨所示。

注意：绘制斜接法兰的草图基准面必须与法兰的起始边垂直（如图 9-12 中①②所示），而且草图基准面与起始边端点重合。否则将无法生成斜接法兰（如图 9-12 中①③所示）。

在上例斜接法兰的创建中将"间隙距离"设定为 0.25，也可以将间隙距离设定得大一些，比如 5。

可以为斜接法兰指定等距距离。在"起始/结束处等距"栏中设定"起始等距距离"和"结束等距距离"。

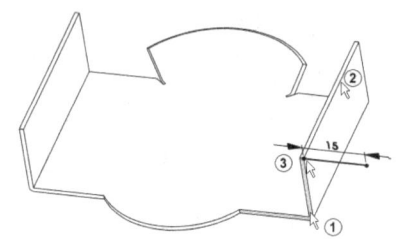

图 9-12 斜接法兰草图基准面的选择要求

208

"自定义释放槽类型"中包括矩形、撕裂形和矩圆形 3 种。选择使用释放槽比例，然后为比率设定一个数值；或消除使用释放槽比例，然后为释放槽宽度和释放槽深度设定一个数值。

下面对斜接法兰 1 进行编辑。在特征管理器中右击"斜接法兰 1"特征，在弹出的快捷菜单中选择"编辑特征"命令，在"斜接法兰"属性管理器中将"缝隙距离"改为 5，"起始处等距"改为 5，"结束处等距"改为 5，单击"确定"按钮完成斜接法兰编辑，如图 9-13 所示。

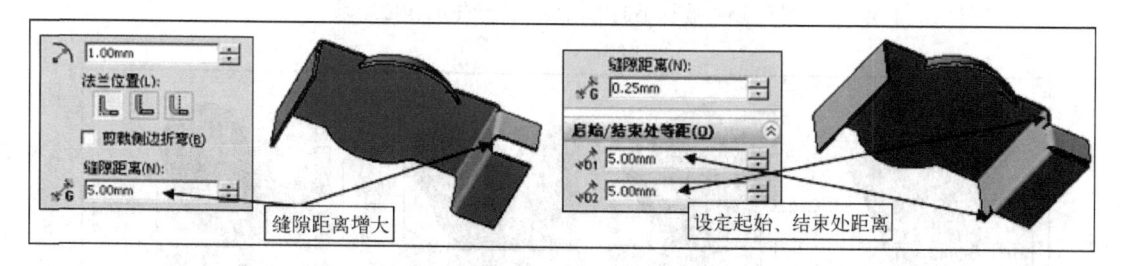

图 9-13 修改斜接法兰参数

上面的例子是用直线草图来创建斜接法兰 1，下面用圆弧加直线草图来创建斜接法兰。先绘制圆弧加直线草图，然后选择菜单"插入"→"钣金"→"斜接法兰"命令，或单击"钣金"工具栏中的"斜接法兰"按钮，系统要求选择绘制好的草图，在绘图区选择刚绘制的草图，系统弹出"斜接法兰"属性管理器。在绘图区选择要建立"边线法兰"的 6 条边，在属性管理器输入缝隙距离 0.25，起始处等距 0，结束处等距 0，单击"确定"按钮完成斜接法兰操作，如图 9-14 所示。

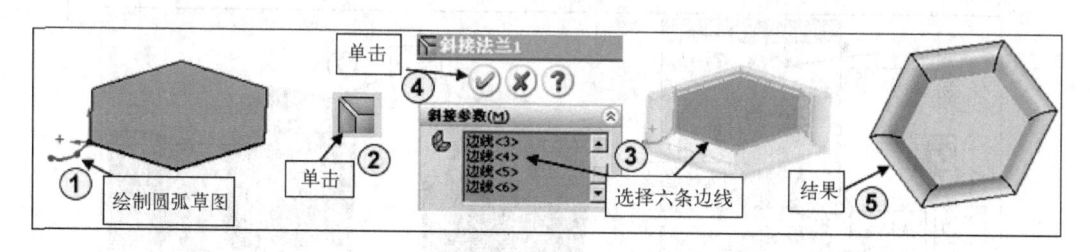

图 9-14 用圆弧加直线草图创建斜接法兰

9.2.6 褶边工具

褶边工具可将褶边添加到钣金零件的所选边线上。所选边线必须为直线，斜接边角被自动添加到交叉褶边上，如果选择多个要添加褶边的边线，则这些边线必须在同一个面上。

选择菜单"插入"→"钣金"→"褶边"命令，或单击"钣金"工具栏中的"褶边"按钮，弹出"褶边 1"属性管理器，在绘图区选择"斜接法兰"的一条边，在属性管理器中褶边方式有"材料在内"和"折弯在外"两个选项，选择不同的褶边方式产生的褶边效果也不一样，如图 9-15 所示。在这里选择"材料在内"褶边方式，在类型和大小栏中有"闭环"、"开环"、"撕裂形"、"滚扎" 4 个选项，选择不同的类型弹出的类型和大小输入框不一样，产生的褶边效果也不一样，如图 9-16 所示。

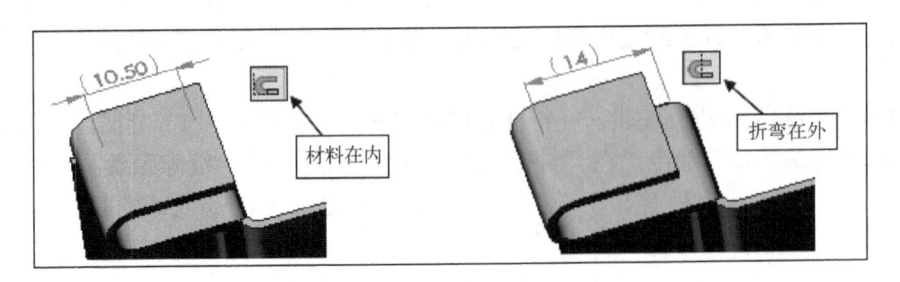

图 9-15 选择不同的褶边方式产生的褶边结果

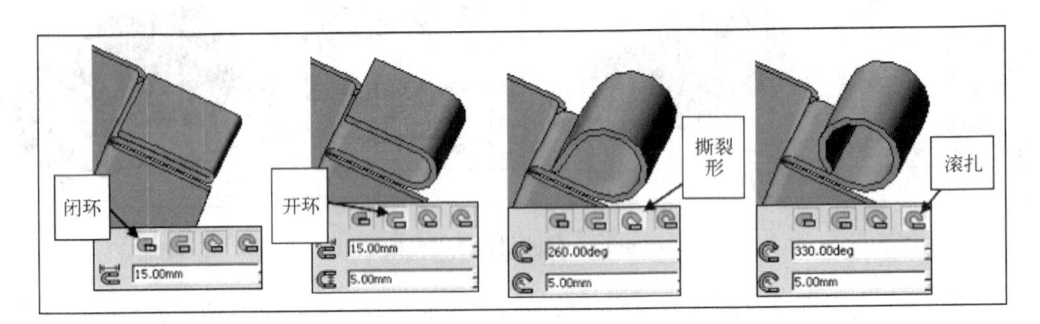

图 9-16 选择不同的褶边类型产生的褶边效果

选择"开环"褶边类型，在"长度"文本框中输入 15，在"缝隙距离"文本框中输入 5。单击"确定"按钮完成褶边操作，如图 9-17 所示。未加褶边的效果如图 9-17 中⑦所示，添加褶边的效果如图 9-17 中⑧所示。

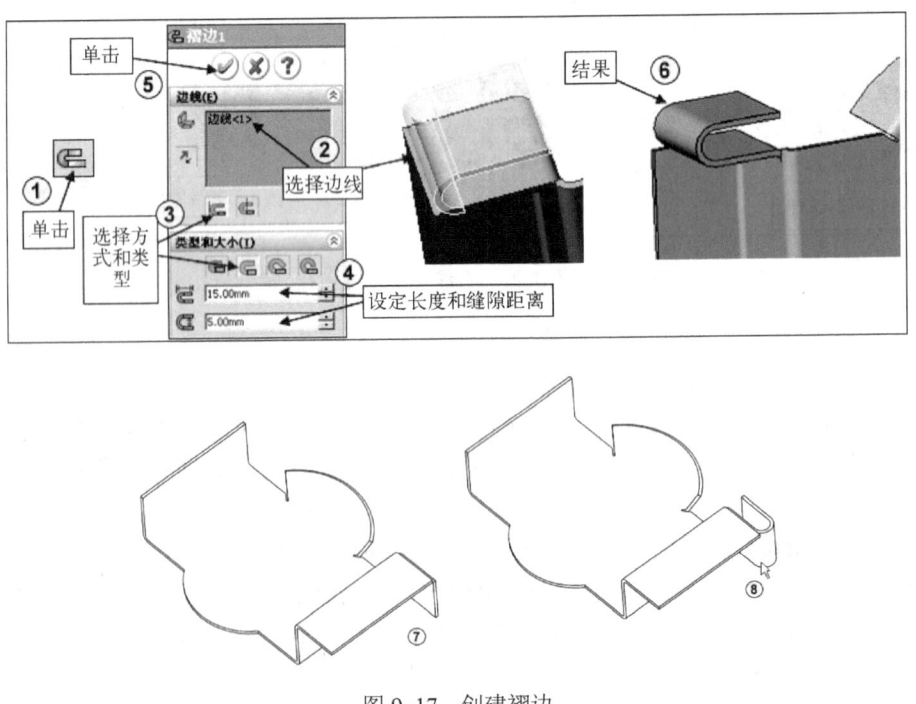

图 9-17 创建褶边

9.2.7 转折工具

转折工具通过从草图直线生成两个折弯而将材料添加到钣金零件上。草图必须只包含一根直线，直线不需要是水平和竖直直线，折弯线长度不一定要与折弯的面的长度相同。

选择要添加转折特征的面作为绘制草图基准面，用"直线"工具绘制出一条直线，然后选择菜单"插入"→"钣金"→"转折"命令，或单击"钣金"工具栏中的"转折"工具。系统要求选择绘制好的草图，在绘图区选择刚绘制的草图，系统弹出"转折 1"属性管理器。在绘图区选择箭头所指的面作为固定面。在属性管理器中选择"转折等距"类型为"给定深度"，输入距离10。在"尺寸位置"中选择"外部等距"选项，在"转折位置"栏中选择"折弯中心线"选项，在"转折角度"文本框中输入 90。取消"使用默认半径"选项，输入半径 1，选中"固定投影长度"复选框，单击"确定"按钮完成转折特征操作，如图 9-18 所示。

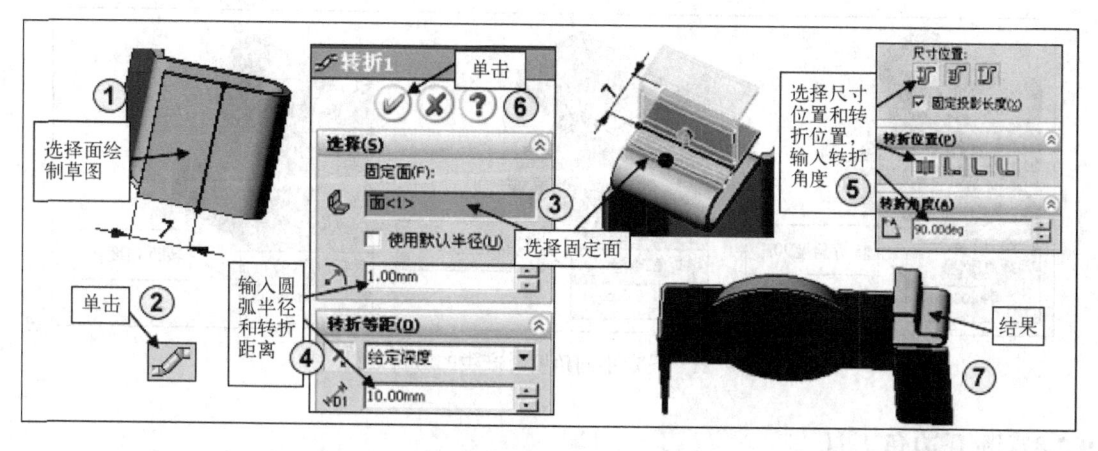

图 9-18 创建转折

在"转折"属性管理器中"尺寸位置"选项有"外部等距"、"内部等距"和"总尺寸" 3 个选项，选择不同的选项时产生的转折效果也不一样。如图 9-19 所示是选择了不同尺寸位置时产生的转折效果。

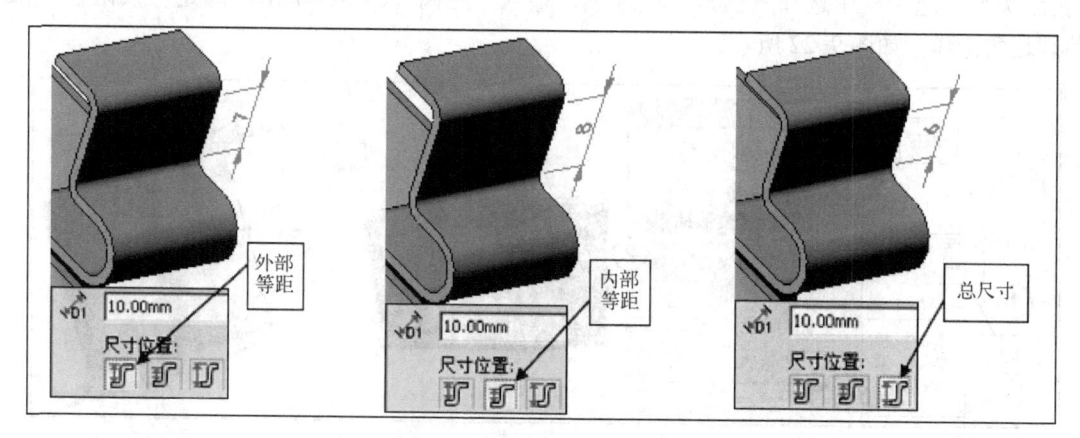

图 9-19 选择不同尺寸位置时产生的转折效果

在"转折位置"栏中有"折弯中心线"、"材料在内"、"材料在外"、"折弯在外" 4 个选项，选择不同的选项时产生的转折位置也不一样，如图 9-20 所示。

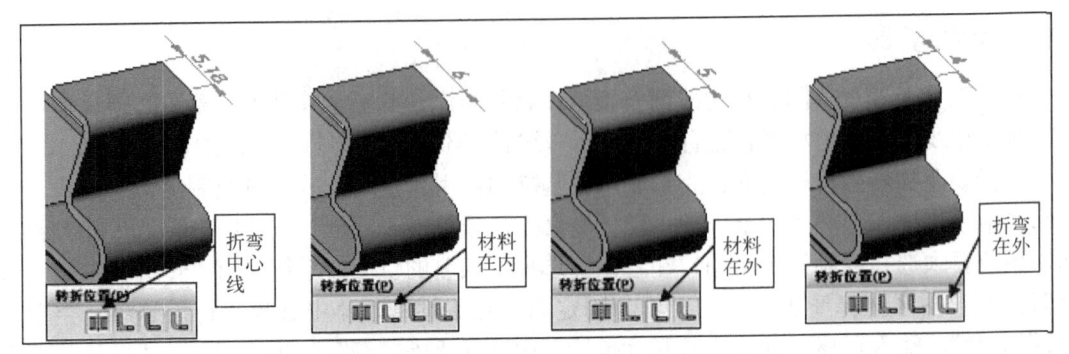

图 9-20 选择不同的转折位置时产生的转折效果

用户可以在转折属性管理器中改变转折角度，如图 9-21 所示是改变转折角度时产生的转折效果。

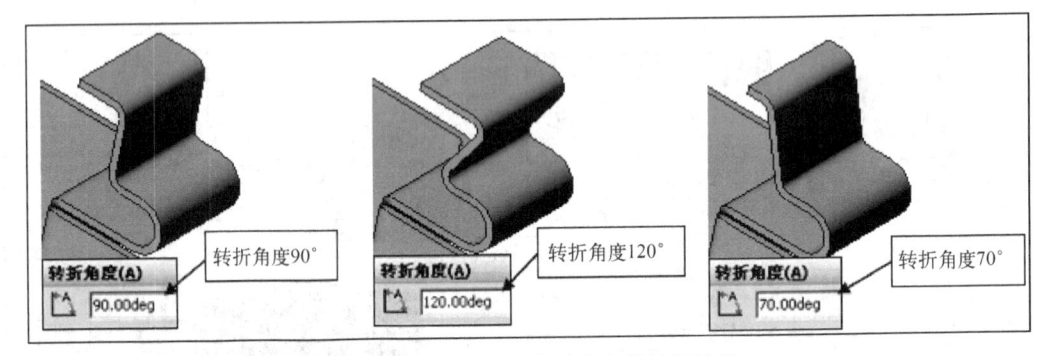

图 9-21 设定不同角度时产生的转折效果

9.2.8 断开边角工具

断开边角工具从折叠的钣金零件的边线或面切除材料。

选择菜单"插入"→"钣金"→"断开边角"命令，或单击"钣金"工具栏中的"断开边角"按钮，弹出"断开边角"属性管理器，在绘图区选择要倒角的面，在属性管理器的"折断类型"选项栏中选择"倒角"选项，输入"距离"3，单击"确定"按钮完成断裂边角操作，如图 9-22 所示。

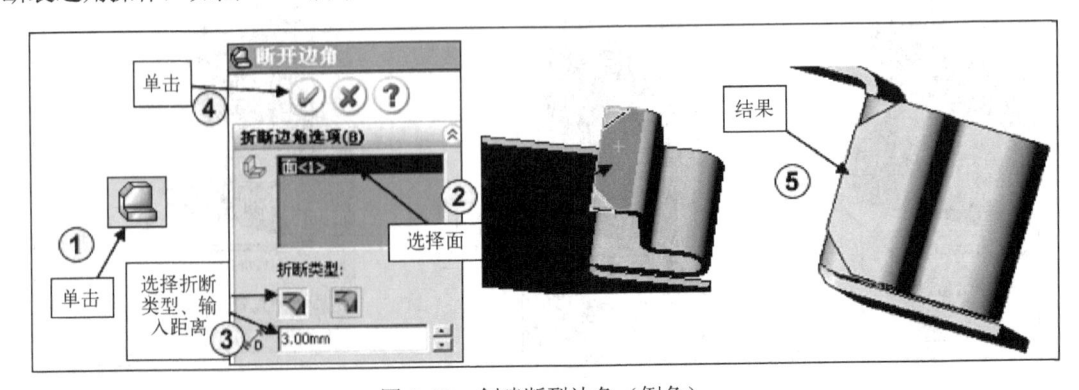

图 9-22 创建断裂边角（倒角）

在"断开边角"属性管理器的"折断类型"中有"倒角"和"圆角"两个选项，上例中选择了折断类型为"倒角"，下面把折断类型修改成"圆角"。在特征树中选择"断开边角 1"然后右击，在弹出的快捷菜单中选择"编辑特征"命令，弹出"断开边角 1"属性管理器，在属性管理器中将"折断类型"改变为"圆角"，在"半径"文本框中输入 3，如图 9-23 所示。单击"确定"按钮 完成编辑断裂边角特征操作。

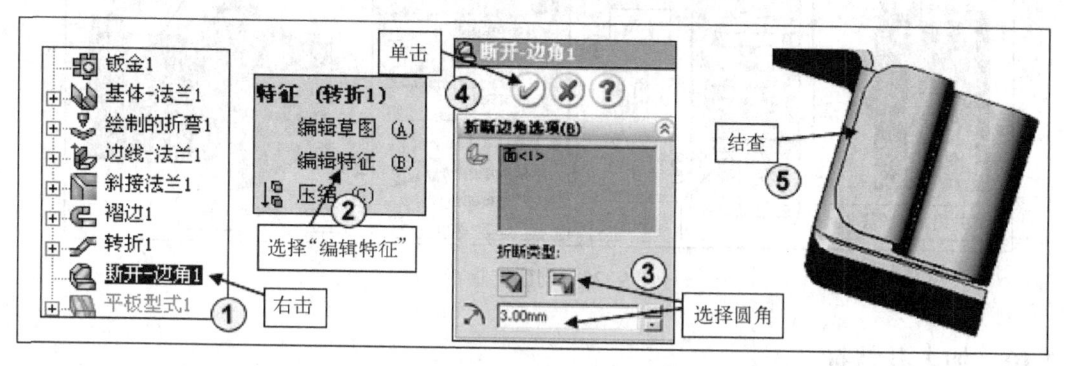

图 9-23 编辑断裂边角特征，将折断类型改为"圆角"

9.2.9 薄片工具和加入切除特征

1. 薄片工具

薄片特征可为钣金零件添加薄片。系统会自动将薄片特征的深度设置为钣金零件的厚度。至于深度的方向，系统会自动将其设置为与钣金零件重合，从而避免与实体脱节。草图可以是单一闭环、多重闭环或多重封闭轮廓，而且必须位于垂直于钣金零件厚度方向的基准面或平面上。用户可以编辑草图，但不能编辑定义，其原因是已将深度、方向及其他参数设置为与钣金零件参数相匹配。

选择菜单"插入"→"钣金"→"薄片"命令，或单击"钣金"工具栏中的"薄片"按钮，系统要求选择绘制好的草图，如果没有绘制好的草图就选择草图基准面进入草图绘制。这里选择要放置薄片特征的面作为草图基准面，用"圆"工具绘制出一个圆。单击"退出草图"按钮退出草图绘制，系统立即显示加入薄片特征后的模型。在特征树中显示出薄片1特征，如图 9-24 所示。

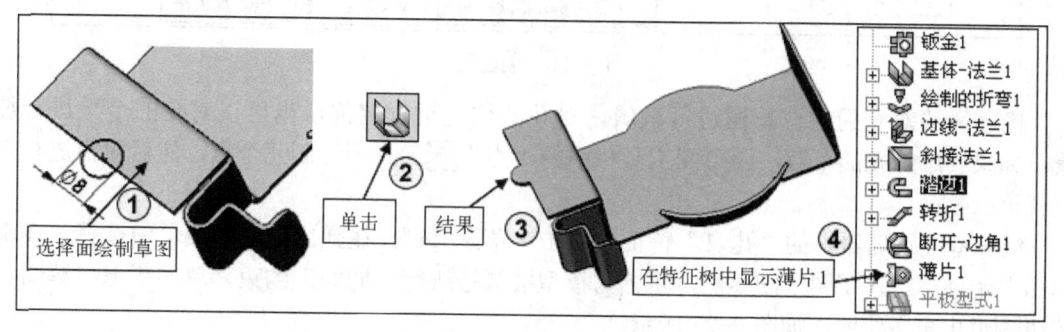

图 9-24 创建薄片特征

2. 加入切除特征

用户可以对钣金零件加入切除特征，可以在展开后加入也可以在未展开时加入，选择箭头所指的面作为草图基准面，用"矩形"工具绘制 3 个矩形。单击"退出草图"按钮退出草图绘制。

在设计树中选择刚绘制的草图，在"钣金"工具栏中单击"切除拉伸"按钮，系统弹出"切除拉伸"属性管理器，选择拉伸类型为"给定深度"，选中"与厚度相等"复选框，取消选中"正交切除"选项，单击"确定"按钮 完成拉伸切除操作，如图 9-25 所示。

213

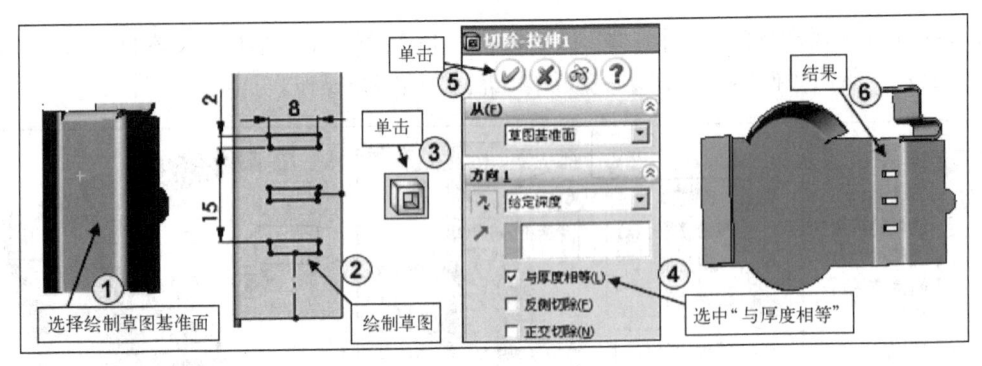

图 9-25 创建切除特征

9.2.10 加入孔特征

用户可以对钣金零件加入孔特征，可以在钣金开展时加入也可以在钣金折叠时加入。加入孔的面必须是平面。

选择要加入孔的平面，然后在"钣金"工具栏中单击"孔"按钮，系统弹出"孔"属性管理器，在属性管理器中选择创建孔的方式为"给定深度"，在"孔直径"文本框中输入4，选中"与厚度相等"复选框，将孔的深度设定为与钣金件厚度相等，然后单击"确定"按钮 完成拉伸切除操作。如图 9-26 所示。

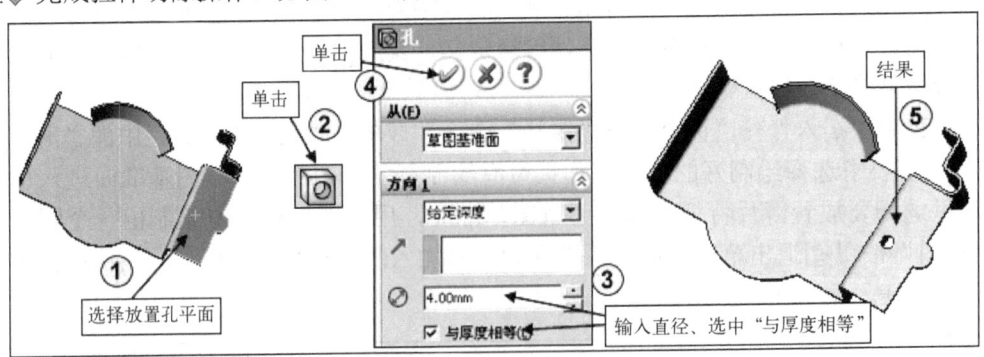

图 9-26 创建孔

接下来要对孔的定位草图进行编辑，对孔的位置进行定位，也可以对孔的个数进行编辑。如果要添加孔的个数，用草图工具栏中的"点"工具再绘制几个点，然后对点进行定位就可以了。

展开特征管理器中的"孔 1"特征，右击"草图 11"，在弹出的快捷菜单中选择"编辑草图"命令，进入草图绘制界面，将圆与模型圆弧边进行"同心"约束，单击"退出草图"按钮 退出草图绘制，如图 9-27 所示。

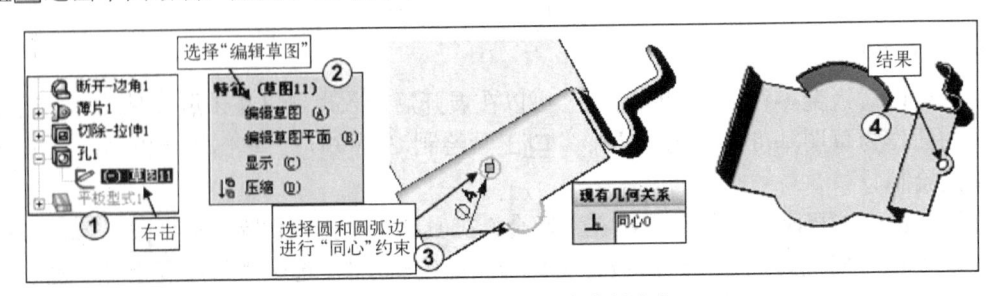

图 9-27 编辑孔草图对孔进行定位

9.2.11 闭合角工具

用户可以在钣金法兰之间添加闭合角，闭合角特征在钣金特征之间添加材料。通过闭合角工具可以将相邻且带角度的边线法兰之间的开口空间闭合；可以将90°以外折弯的法兰边角闭合；可以调整缝隙距离，由边界角特征所添加的两个材料截面之间的距离；可以调整重叠/欠重叠比率，即重叠的材料与欠重叠材料之间的比率（数值 1 表示重叠和欠重叠相等）；可以闭合或打开折弯区域。

打开随书光盘中的"3 闭合角（未加）"零件。选择菜单"插入"→"钣金"→"闭合角"命令，或单击"钣金"工具栏中的"闭合角"命令，系统弹出"闭合角"属性管理器，在"要延伸的面"文本框中输入要闭合的面，如图 9-28 中箭头指示。在"边角类型"选项中有"对接"、"重叠"和"欠重叠" 3 个选项，选择不同选项产生的闭合角效果也不一样，在这里选择"对接"类型，在"间隙距离"文本框中输入 0.1，单击"确定"按钮完成闭合角操作，如图 9-28 所示。

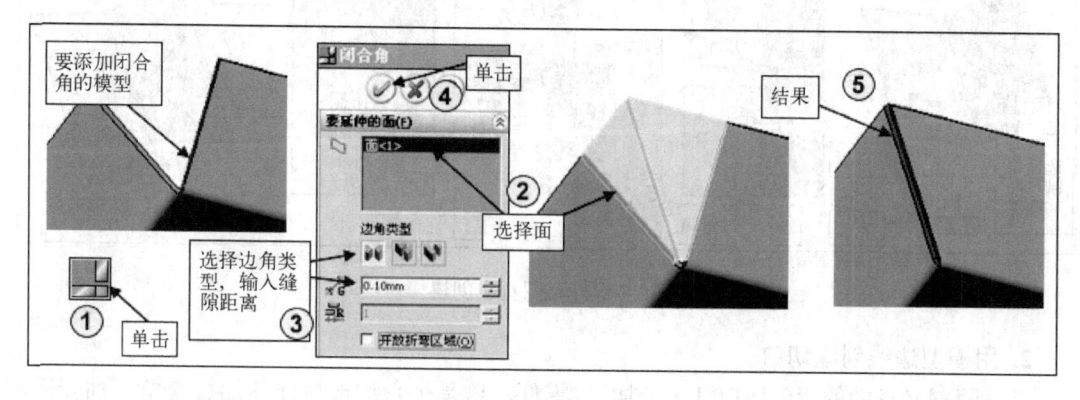

图 9-28　创建闭合角

选择了不同的边角类型时产生的闭合角效果如图 9-29 所示。

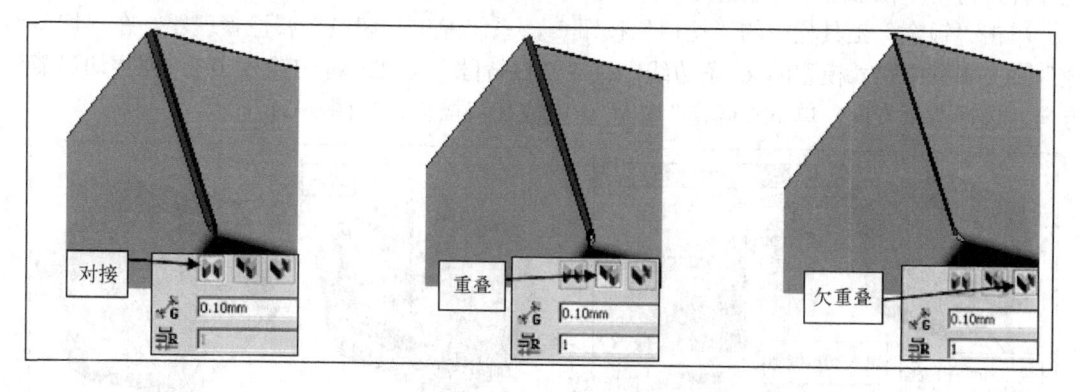

图 9-29　选择不同闭合角类型时的结果

9.2.12 切口工具

切口特征通常用于生成钣金零件，但可以将切口特征添加到任何零件。能够生成切口特征的零件，应该具有一个相邻平面且厚度一致，这些相邻平面形成一条或多条线性边线或一组连续的线性边线，而且是通过平面的单一线性实体。

在零件上生成切口特征时，可以沿所选内部或外部模型边线生成，或者从线性草图实体生成，也可以通过组合模型边线和单一线性草图实体生成切口特征。

1. 用草图直线创建切口

打开随书光盘中的"4 切口（未加）"零件。选择如图 9-30 中①所示的面作为绘制草图基准面，用"中心线" 工具和"直线" 工具绘制出两条对称的直线，单击"退出草图"按钮 退出草图绘制。

选择菜单"插入"→"钣金"→"切口"命令，或单击"钣金"工具栏中的"切口"按钮 ，系统弹出"切口"属性管理器，在"切口参数" 文本框中输入刚才绘制的两条直线作为切口边线，在"切口缝隙" 文本框中输入 0.1。观察切口箭头方向，可以单击"改变方向"按钮来改变切口方向，每次单击更改方向时，切口方向都切换到一个方向，接着是另一方向，然后返回到两个方向。单击"确定"按钮 完成切口操作，如图 9-30 所示。

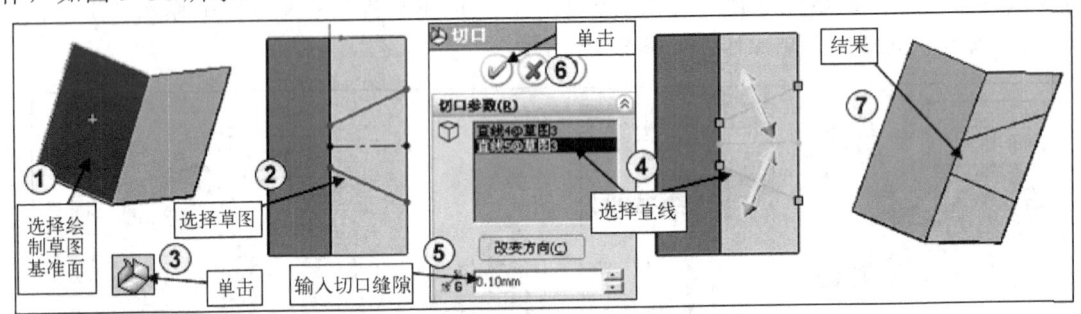

图 9-30　选择草图直线创建切口

2. 用模型边线创建切口

打开随书光盘中的"5 切口 1（未加）"零件，这是个六边形拉伸体加拔模角，抽壳后成为六边形壳体。要对这个六边形壳体的 6 条边加上切口特征，然后用插入折弯特征转换成钣金零件，再用平板形式展开钣金零件。

单击"钣金"工具栏中的"切口"按钮 ，系统弹出"切口"属性管理器，在"切口参数" 文本框中输入模型的 6 条边线，在"切口缝隙" 文本框中输入 0.1。观察切口箭头方向，选择两个方向，单击"确定"按钮 完成切口操作，如图 9-31 所示。

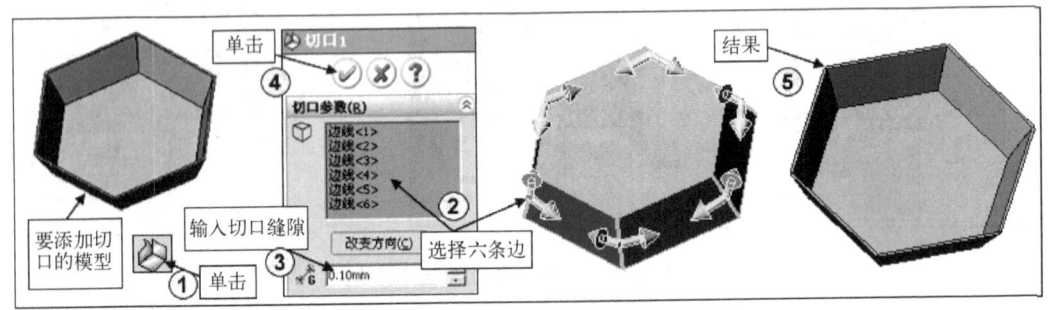

图 9-31　选择模型边线创建切口

将添加了切口的零件转换成钣金零件。单击"钣金"工具栏中的"插入折弯"按钮 ，系统弹出"折弯"属性管理器，在"固定的面或边线" 文本框中输入零件的底面作为固定面，输入折弯半径 1，其他采用默认设置，单击"确定"按钮 完成插入折弯操作。在特征管理器中右击"平板形式"，在弹出的快捷菜单中选择"解除压缩"命令，钣金零件被展开，如图 9-32 所示。

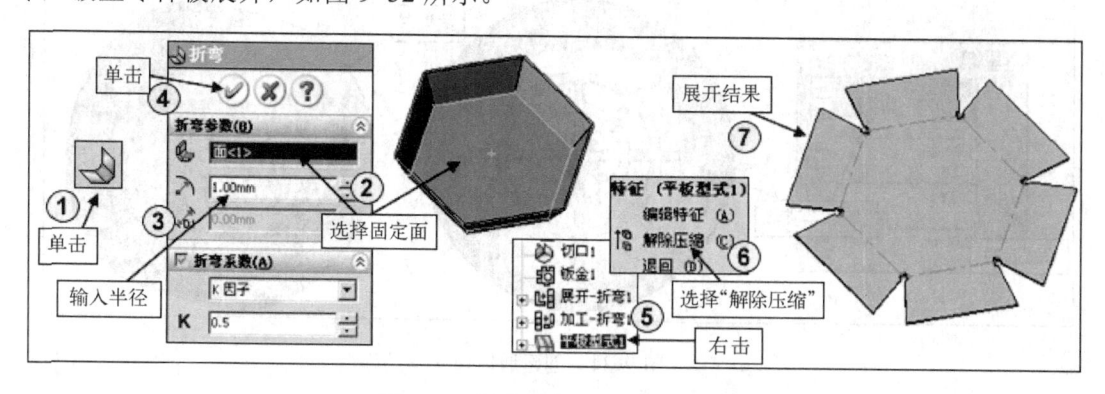

图 9-32 插入折弯、展开钣金零件

9.2.13 通风口工具

用户可以对零件或钣金零件加入通风口特征。创建通风口特征要先建立一个草图，草图中包括边界、筋和翼梁草图轮廓。

打开随书光盘中的"6 通风窗（未加）"零件，选择如图 9-33 中①所示的面作为绘制草图基准面，用"直线"工具与"圆"工具绘制出如图 9-33 中②所示的草图。单击"退出草图"按钮退出草图绘制。

单击"钣金"工具栏中的"通风口"按钮，系统弹出"通风口"属性管理器。在"边界"文本框中已自动输入刚才绘制的草图的最大圆作为边界轮廓，选择边界轮廓时，"几何体属性"栏中的"放置面"文本框中自动输入绘制草图的基准面作为放置面，如图 9-33 中③④所示。

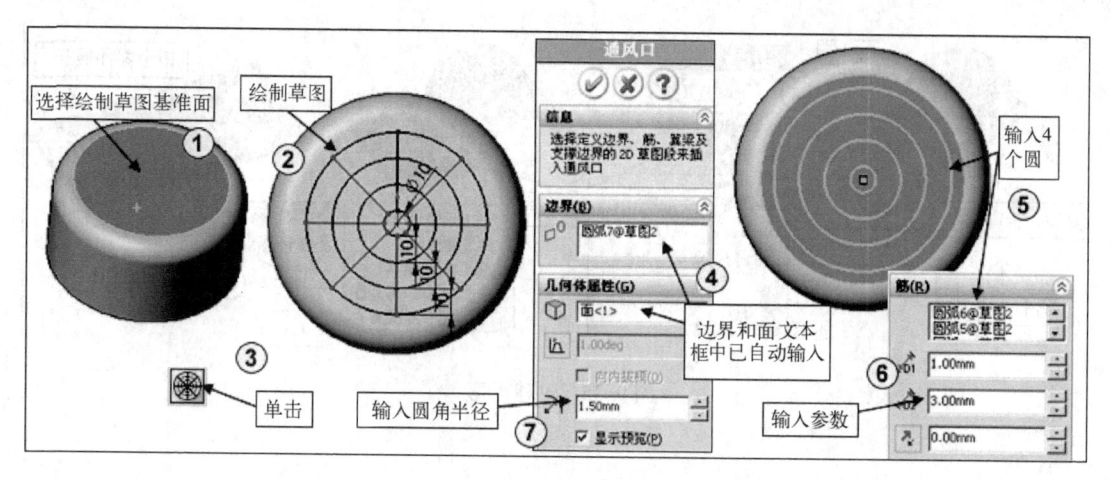

图 9-33 绘制草图，在通风口属性管理器中设置筋参数

接下来在"筋"文本框中输入 4 个圆作为筋轮廓，在"筋宽度"文本框中输入 3，深度文本框中已自动输入和厚度一致的数值。在半径文本框中输入 1.5，如图 9-33 中⑤～⑦所示。

下面在"翼梁"文本框中输入 8 条直线作为翼梁轮廓，在"翼梁宽度"文本框中输入 3，深度文本框中已自动输入与厚度相等的数值，如图 9-34 中①②所示。单击"确定"按钮完成通风口创建操作，结果如图 9-34 中③所示。

217

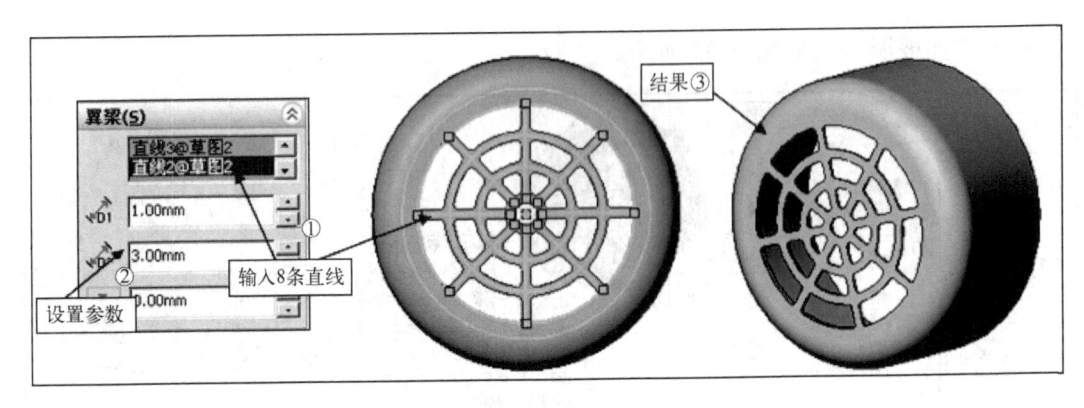

图 9-34 创建通风口

9.2.14 插入折弯工具

用户可以用拉伸特征做出一个薄壁零件，然后用插入折弯工具将它转换成钣金零件。转换成钣金零件后，零件中具有的折弯可以展开。

打开随书光盘中的"7 插入折弯（未加）"零件。选择菜单"插入"→"钣金"→"插入折弯"命令，或单击"钣金"工具栏中的"插入折弯"按钮，系统弹出"折弯"属性管理器，在"固定的面或边线"文本框中输入零件的平面作为固定面，输入折弯半径 1，其他采用默认设置，单击"确定"按钮 完成插入折弯操作，如图 9-35 所示。

插入折弯后在特征管理器中增加了钣金特征。在特征管理器右击"平板形式"，在弹出的快捷菜单中选择"解除压缩"命令，这时折弯的钣金零件被展开，如图 9-35 所示。

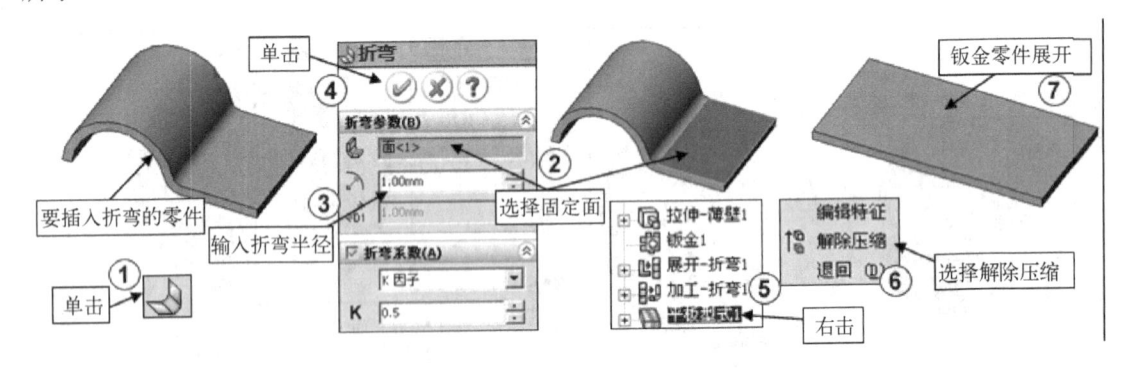

图 9-35 创建折弯

9.3 参数介绍

折弯参数解释如下。

"固定的边线或面"：该选项中被选中的边线或面在展开时保持不变。

"折弯半径"：该选项定义了建立其他钣金特征时默认的折弯半径，也可以针对不同的折弯设定不同的半径值。

"折弯系数"：下拉列表框中有以下 4 种类型供用户选择。

(1)"折弯系数表":是一种指定材料(如钢、铝等)的表格,它包含基于板厚和折弯半径的折弯运算。折弯系数表是 Excel 表格文件,扩展名为"xls"。

(2)"K-因子":在折弯计算中是一个常数,它是内表面到中性面的距离与材料厚度的比率。

(3)"折弯系数"和"折弯扣除":可以根据用户的经验和实际情况给定一个实际的数值。

"释放槽类型":下拉列表框中可以选择以下 3 种释放槽类型。

(1)"矩形":在需要进行折弯释放的边上生成一个矩形切除。

(2)"矩圆形":在需要进行折弯释放的边上生成一个矩圆形切除。

(3)"撕裂形":在需要撕裂的边和面之间生成撕裂口,而不是切除。

"释放槽比例":是释放槽切除的尺寸与板厚之比,默认比例是 0.5,即释放槽切除宽度是板厚的 1/2。

9.4 成型工具

在钣金设计中可以使用成型工具建立各种钣金形状,也可以修改或建立成型工具。成型工具包括:embosses(凸起)、extruded flanges(冲孔)、louvers(百叶窗板)、ribs(筋)、lances(切开)5 个类型。

在钣金件中加入成型工具的方法如下。

(1)打开成型工具。单击屏幕右边的"设计库"按钮,弹出"设计库"面板,展开"Design Library"→"forming tools"→"louvers"(百叶窗板)文件夹,将鼠标移到百叶窗板图标上,显示出大图标,如图 9-36 中①~④所示。注意:设计库中的成型工具的尺寸和需要的有可能不一样,需要用户自行修改。

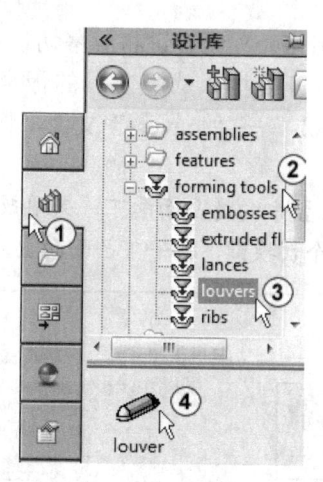

图 9-36 选择成型工具

(2)修改成型工具。双击"louver"成型图标,如图 9-37 中①中箭头所示。进入"louver"成型特征编辑界面,在特征管理器中右击"Layout Sketch",在弹出的快捷菜单中选择"编辑草图"命令,如图 9-37 中①~③所示。将草图中的尺寸修改成 20 和 3,如图 9-37 中④所示。单击按钮退出草图绘制。

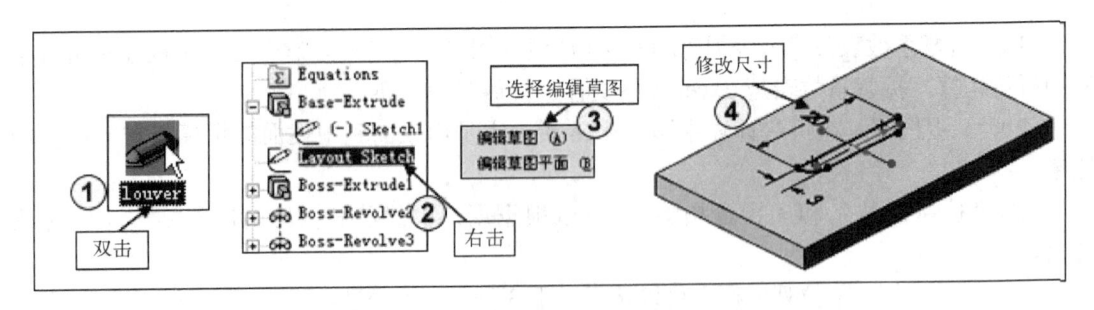

图 9-37 编辑成型工具尺寸

在特征管理器右击"Fillet1",在弹出的快捷菜单中选择"编辑特征"命令,如图 9-38 中①②所示。在"圆角"属性管理器将半径改成 1.5,如图 9-38 中③所示。单击"确定"按钮 ✓ 完成圆角编辑操作,如图 9-38 中④所示。结果如图 9-38 中⑤所示。单击"保存"按钮,如图 9-38 中⑥所示。

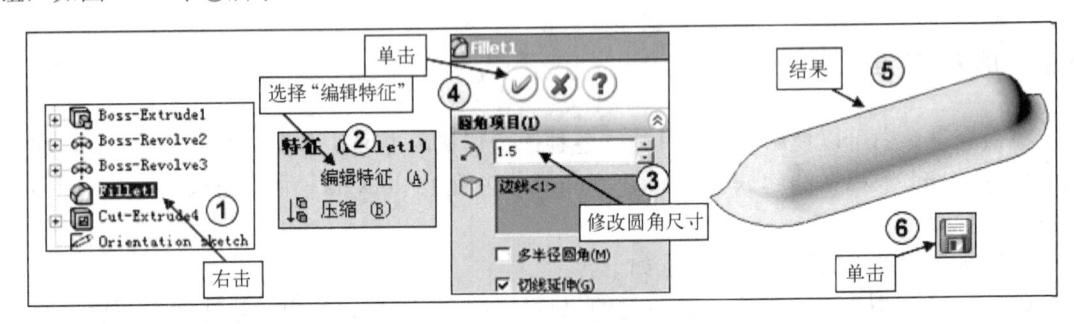

图 9-38 修改圆角半径

其他保持原来设置。在"标准"工具栏中单击"保存"按钮,将修改后的成型特征保存。

(3) 插入成型工具。按〈Ctrl+Tab〉组合键将屏幕切换到钣金零件界面。如果钣金零件没有打开,单击"打开"按钮打开要插入成型工具的钣金零件,然后选择"设计库"→"Design Library"→"forming tools"→"louvers"文件,将"louver"成型特征拖到绘图区的零件表面上,如图 9-39 所示。

 注意:成型工具默认的放置方向是凸面向下,若要改为凸面向上,可在拖动放置成型工具时按一下〈Tab〉键,这是一个切换键,按一下凸面向上,再按一下又改为凸面向下。

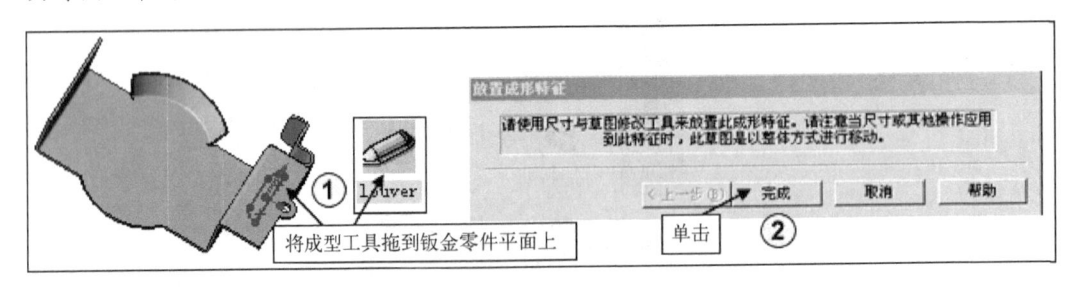

图 9-39 插入成型工具

(4) 定位成型工具。用"智能尺寸" 工具标注出成型工具与钣金零件两个边的距离尺寸,这时草图完全定义,单击"完成"按钮。也可以先单击"完成"按钮,退出成型工具放置界面,然后在特征管理器中右击成型工具产生的草图,在弹出的快捷菜单选择"编辑草

220

图"命令,在编辑草图环境中用智能尺寸工具将草图定位,如图 9-40 所示。

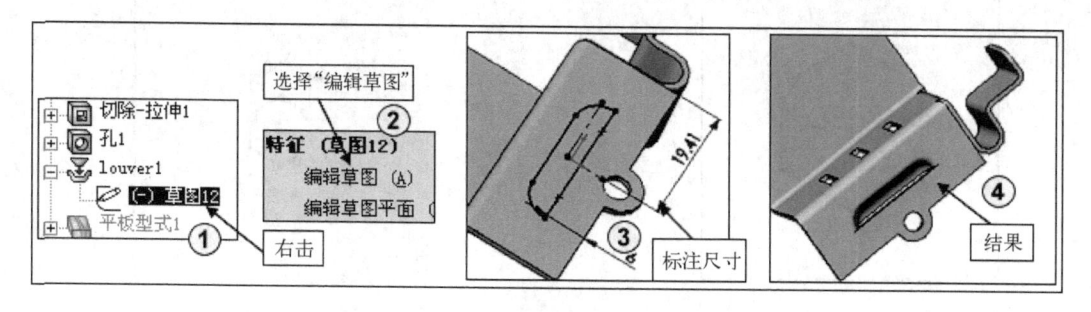

图 9-40 加入尺寸定位成型工具

下面介绍创建成型工具的方法。创建成型工具和创建基本零件一样,先绘制一个拉伸草图拉伸出一块平板;然后在平板上拉伸出一个六角凸台,对六角凸台作圆角装饰;再把平板切除;然后以六角凸台底面为绘制草图基准面,绘制六角凸台定位草图。

注意:注意这一步很重要,没有这个定位草图,成型工具将不能成功地放置到钣金零件平面上。然后将它保存到设计库中,保存的文件扩展名为 sldprt。

(1) 建立新文件。单击"标准"工具栏上的"新建"按钮,选择"零件"选项,单击"确定"按钮。

(2) 绘制"草图 1"。从特征管理器中选择 上视基准面,用"矩形"工具和"智能尺寸"工具绘制出如图 9-41 所示的草图。单击"退出草图"按钮退出草图绘制。

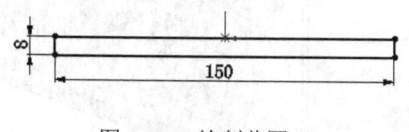

图 9-41 绘制草图 1

(3) 建立"拉伸 1"。在特征管理器选择草图 1,然后在"特征"工具栏中单击"拉伸"按钮,系统弹出"拉伸"属性管理器,在"方向 1"栏的"终止条件"选择框中选择"两侧对称",在"深度"文本框中输入 150,如图 9-42 所示。其他采用默认设置,单击"确定"按钮完成拉伸操作。

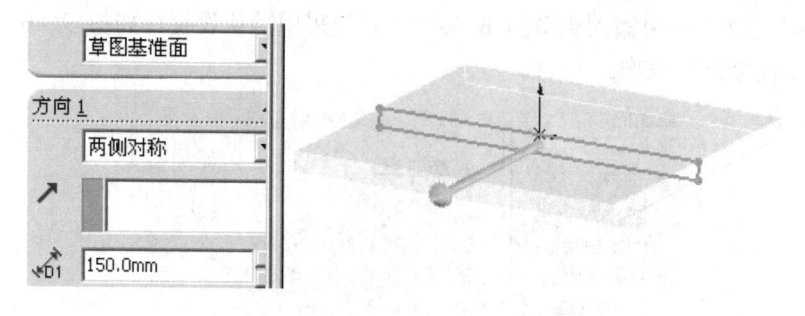

图 9-42 "拉伸"属性管理器

(4) 绘制"草图 2"。从特征管理器中选择 上视基准面;单击"正视于"按钮,然后单击"绘制草图"按钮,进入草图绘制界面。进入草图绘制界面。用"多边形"工具绘制出一个六边形,圆心与原点重合,如图 9-43 所示。将图 9-44 中①所指的边作竖直约束,用"智能尺寸"工具标注出六边形内切圆的直径,如图 9-44 中②所示。

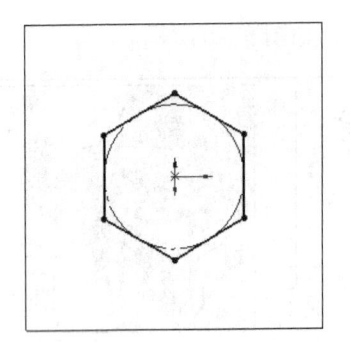

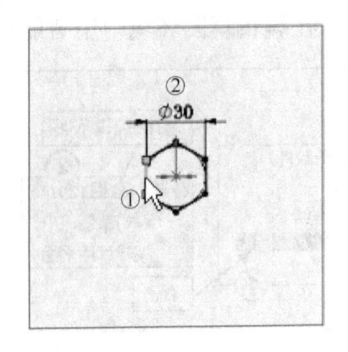

图 9-43 绘制一个六边形　　　　　　　　图 9-44 将箭头所指的边作竖直约束，标注尺寸

(5)建立"拉伸 2"。在特征管理器选择草图 2，然后在特征工具栏中单击"拉伸"图标，系统弹出"拉伸"属性管理器，在"方向 1"栏的"终止条件"选择框中选择"给定深度"，在"深度"文本框中输入 15，打开"拔模开/关"，在"拔模角度"文本框中输入 15。选中"合并结果"复选框，如图 9-45 所示。其他采用默认设置，单击"确定"按钮完成拉伸操作。

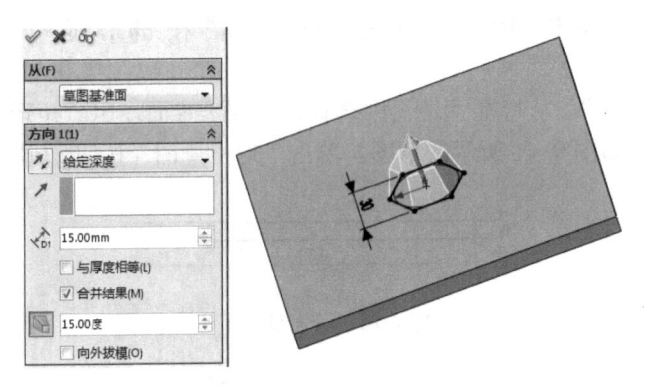

图 9-45 建立拉伸 2

(6)建立"圆角 1"。在"特征"工具栏中单击"圆角"按钮，系统弹出"圆角"属性管理器，选择"圆角类型"为"等半径"，在"圆角半径"文本框中输入 3，在"边线、面、特征和环"文本框中输入模型的 6 条边，其他采用默认设置，如图 9-46 所示。单击"确定"按钮完成圆角操作。

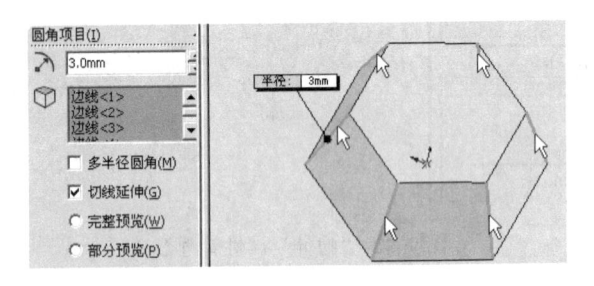

图 9-46 建立圆角 1

(7)建立"圆角 2"。在特征工具栏中单击"圆角"按钮，系统弹出"圆角"属性管理器，选择"圆角类型"为"等半径"，在"圆角半径"文本框中输入 4，在"边线、面、特征和环"文本框中输入模型的一条边，选中"切线延伸"复选框，其他采用默认设置，如

图 9-47 所示。单击"确定"按钮 ✓ 完成圆角操作。

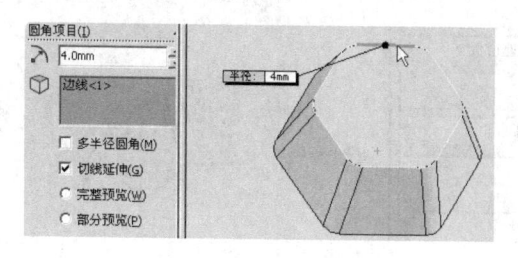

图 9-47 建立圆角 2

（8）建立"圆角 3"。在"特征"工具栏中单击"圆角"按钮，系统弹出"圆角"属性管理器，选择"圆角类型"为"等半径"，在"圆角半径"文本框中输入 5，在"边线、面、特征和环"文本框中输入模型的一条边，选中"切线延伸"复选框。其他采用默认设置，如图 9-48 所示。单击"确定"按钮 ✓ 完成圆角操作。

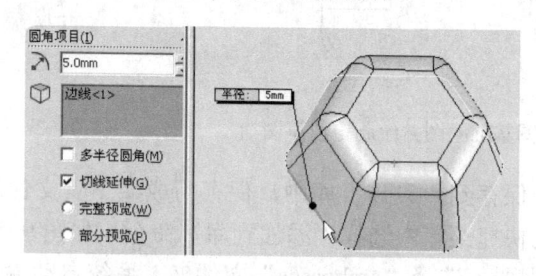

图 9-48 建立圆角 3

（9）绘制"草图 3"。从特征管理器中选择 上视基准面，单击"正视于"按钮，然后单击"绘制草图"按钮，进入草图绘制界面。进入草图绘制界面。选择底板面（如图 9-49 所示），用"转换实体引用"工具转换成草图 3 图元，单击"退出草图"按钮 退出绘制草图。

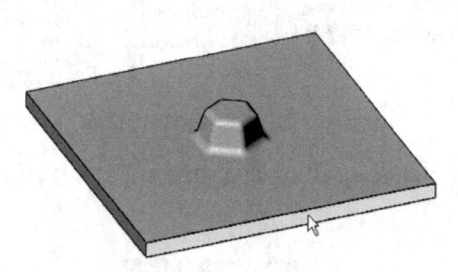

图 9-49 绘制草图 3

（10）建立"拉伸切除 1"。在特征管理器选择草图 3，然后在"特征"工具栏中单击"拉伸切除"按钮，系统弹出"切除拉伸"属性管理器，在"方向 1"栏的"终止条件"选择框中选择"两侧对称"，在"深度"文本框中输入 200，其他采用默认设置，如图 9-50 所示。单击"确定"按钮 ✓ 完成切除拉伸操作。

（11）绘制"草图 4"。在绘图区选择如图 9-51 中箭头所指的面作为绘制草图 4 基准面，单击"正视于"按钮，然后单击"绘制草图"按钮，进入草图绘制界面。用"圆"工具绘制出一个圆，圆心与原点重合。用"直线"工具绘制出一条水平线和一条竖线，两条线的起点与原点重合，终点与圆重合，如图 9-51 所示。单击"退出草图"按钮 退出绘制草图，这个草图是成型工具的定位草图。

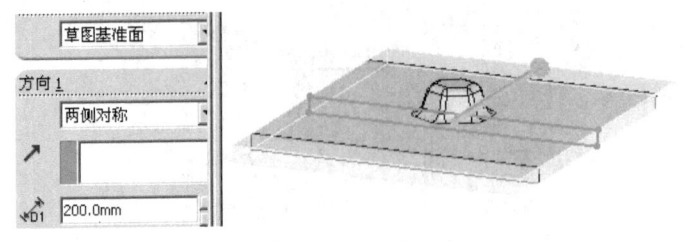

图 9-50 建立拉伸切除 1

绘制好的六角凸台模型如图 9-52 所示。单击"标准"工具栏中的"另存为"按钮，将其保存为"8 六角凸台.SLDPRT"。

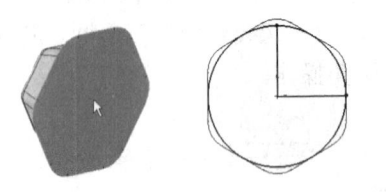

图 9-51 选择绘制草图基准面图并绘制定位草图   图 9-52 创建好的六角凸台

（12）把此六角凸台保存到"设计"库中，保存为成型工具文件。在特征管理器中右击"8 六角凸台"，在弹出的快捷菜单中选择"添加到库"命令，如图 9-53 中①②所示。系统弹出"添加到库"属性管理器，选择"embosses"文件夹，系统自动输入零件名为"8 六角凸台.SLDPRT"，单击"确定"按钮，如图 9-53 中③④所示。

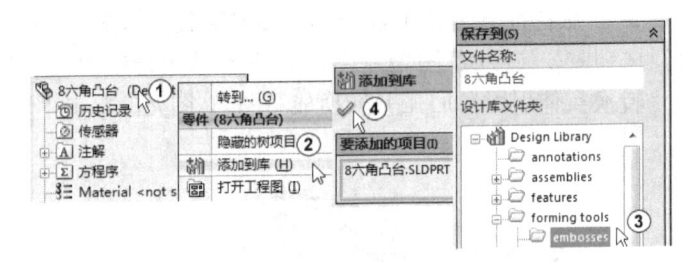

图 9-53 将零件添加到设计库

在"设计库"的成型工具"embosses"文件夹中增加了"8 六角凸台"成型工具，如图 9-54 中①②所示。

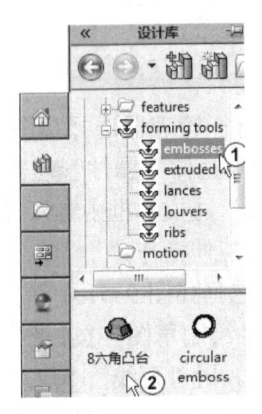

图 9-54 在成型工具"embosses"文件夹中增加了"8 六角凸台"工具

（13）使用自定义的成型工具。打开随书光盘中的"9 六角凸台（未加）.SLDPRT"钣金零件，选择上表面，单击"正视于"按钮。将"8 六角凸台"成型工具从"设计库"拖动到刚刚选择的上表面，在松开鼠标按钮前，请用以下键调整成型工具的位置：按〈Tab〉键反转成型工具；箭头以 90°为增量旋转成型工具。注意放置位置为原点（如图 9-55 中①②所示）。系统弹出"成型工具特征"属性管理器，其他采用默认设置，单击"确定"按钮，如图 9-55 中③所示。

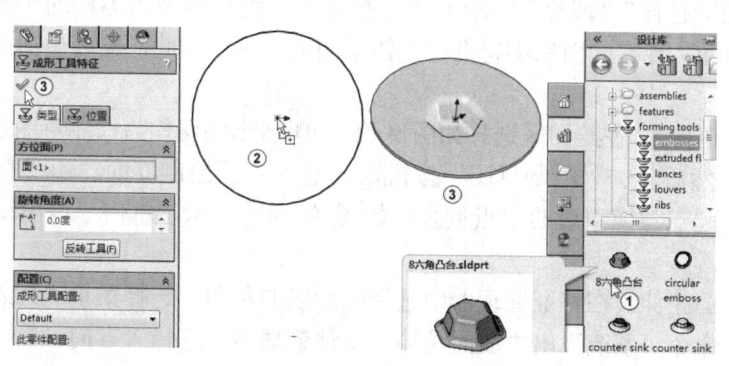

图 9-55　将六角凸台成型工具拖到钣金零件平面上

（14）成型工具特征具有两个不同的草图。第一个草图设置位置，第二个草图设置方向。可以使用尺寸设置第一个草图中成型工具特征的位置。展开第二个草图，右击，从弹出的快捷菜单中选择"编辑草图"命令，如图 9-56 中①②所示。单击"显示/删除几何关系"按钮，选择"角度 0"，如图 9-56 中③④所示，单击"删除"按钮，然后单击"确定"按钮。

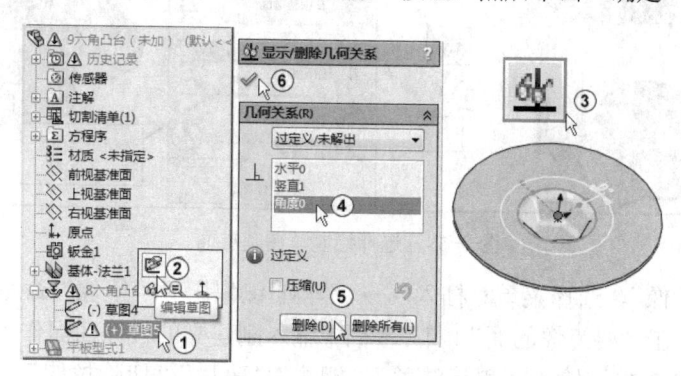

图 9-56　编辑草图

加入"六角凸台"成型特征后的钣金零件如图 9-57 所示。

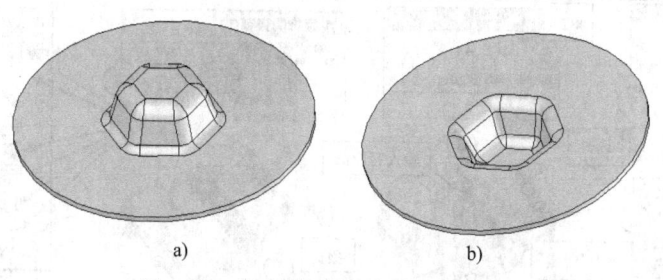

图 9-57　加入成型特征后的钣金零件

a) 钣金零件正面　b) 钣金零件反面

9.5 使用镜像

在钣金设计中如遇到对称的特征，可以采用镜像工具方便地达到设计要求。值得注意的是，在钣金设计中只能镜像特征。

打开随书光盘中的"10 镜像应用（未加）.SLDPRT"文件。需要把钣金零件中的"百叶窗""孔""切除拉伸""薄片""褶边""斜接法兰"特征镜像到零件的对面。当然要镜像必须有一个基准面，现有的面都不符合作为镜像面的要求，因此，需要用曲面拉伸工具建立一个镜像面。

（1）绘制"草图"。在绘图区选择如图9-58中①所示的面作为绘制草图基准面单击"正视于"按钮，然后单击"绘制草图"按钮，进入草图绘制界面。用"直线"工具绘制出一条直线，起点与模型边的中点重合。如图9-58②所示。单击"退出草图"按钮退出绘制草图。

（2）建立曲面拉伸。在特征管理器中选择刚绘制的草图，选择菜单"插入"→"曲面"→"拉伸曲面"命令，系统弹出"曲面拉伸"属性管理器，选择"方向 1"中的拉伸类型为"给定深度"，在"距离"文本框中输入30，其他采用默认设置，如图9-58中③④所示，单击"确定"按钮。

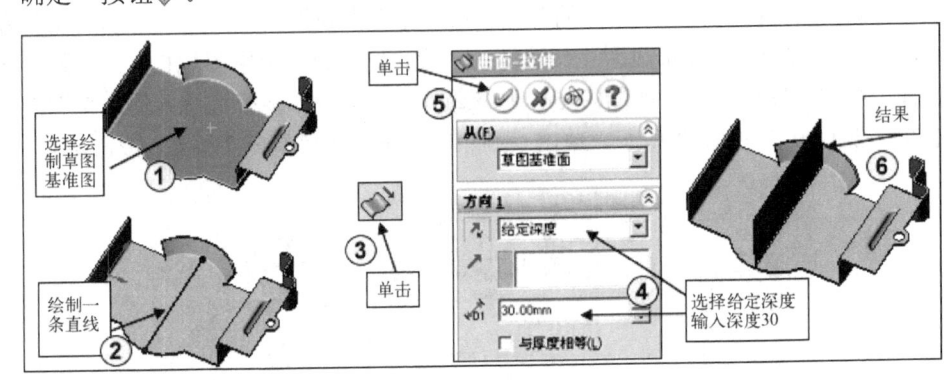

图9-58 选择绘制草图基准面

（3）建立"镜像"。选择菜单"插入"→"阵列/镜像"→"镜像"命令，系统弹出"镜像"属性管理器。在"要镜像的面"文本框中输入刚建立的拉伸曲面作为镜像面，在"要镜像的特征"文本框中输入"斜接法兰""褶边""薄片""切除拉伸""孔""louve1"成型特征，其他采用默认设置，单击"确定"按钮完成镜像操作，如图9-59中①~⑥所示。加入镜像特征后的钣金零件，如图9-60所示。

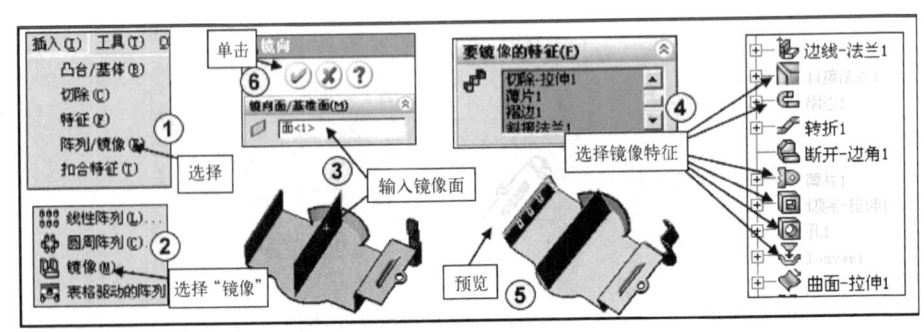

图9-59 创建镜像

!注意：创建镜像特征时需要用到镜像面，这个面可以是基准面、模型平面，也可以用曲面拉伸特征拉伸出一个平面来作为镜像面。

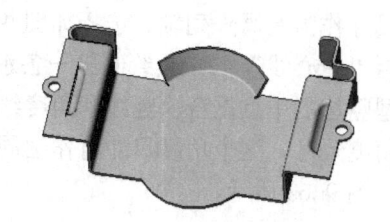

9.6 使用阵列

图 9-60 加入镜像特征后的钣金零件

在钣金设计中，对于某些有一定规律的特征可以运用阵列功能来达到设计要求。运用阵列可以减少建模特征数，也可以减少工作量，节约时间。

在钣金零件中创建阵列的方法和在实体零件中创建阵列的方法大致相同，所不同的是在钣金中不能进行"实体特征"的阵列。因为，在钣金零件中只能是一个实体，不允许多个实体出现。

用户可以在钣金零件中创建"线性阵列""圆周阵列""填充阵列"等。

1. 在钣金零件中添加线性阵列

（1）打开随书光盘中的"11 线性阵列（未加）.SLDPRT"文件。

（2）建立"线性阵列 1"。在特征工具栏中单击"线性阵列"按钮，系统弹出"线性阵列"属性管理器，在"方向 1"栏的"阵列方向"文本框中单击，文本框变成红色，在绘图区钣金零件的水平边线上单击，在"间距"文本框中输入 50，在"实例数"文本框中输入 2；在"方向 2"栏的"阵列方向"文本框中单击，文本框变成红色，在绘图区钣金零件的竖直边线上单击，在"间距"文本框中输入 24，在"实例数"文本框中输入 2；在"要阵列的特征"文本框中单击，文本框变成红色，在绘图区展开特征树，选择成型特征"dimple1"，其他采用默认设置，如图 9-61 所示。单击"确定"按钮完成线性阵列。

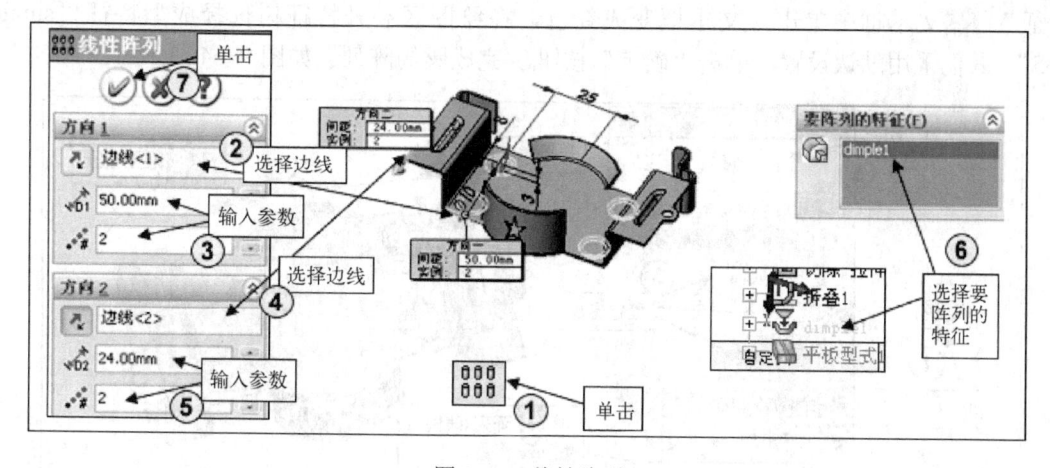

图 9-61 线性阵列

加入线性阵列后的钣金零件如图 9-62 所示。

2. 在钣金零件中添加圆周阵列

（1）打开随书光盘中的"12 圆周阵列（未加）.SLDPRT"文件。

（2）绘制辅助草图。因为圆周阵列需要一个中心轴，在这个零件中建立基准轴比较麻烦，可以用草图中的角度

图 9-62 加入线性阵列后的钣金零件

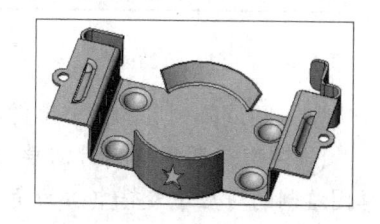

227

尺寸作为圆周阵列轴。选择如图 9-63 所示的面作为绘制草图基准面，进入草图绘制界面。用"中心线"⫶工具绘制出一条水平线、一条竖线和一条角度线，水平线的起点和终点与模型竖边的中点重合，竖线和角度线的起点落在水平线的中点上。用"智能尺寸"⌀工具标注角度尺寸，这个角度尺寸将作圆周阵列的中心轴，单击"退出草图"按钮⌀退出绘制草图。如图 9-63 所示。

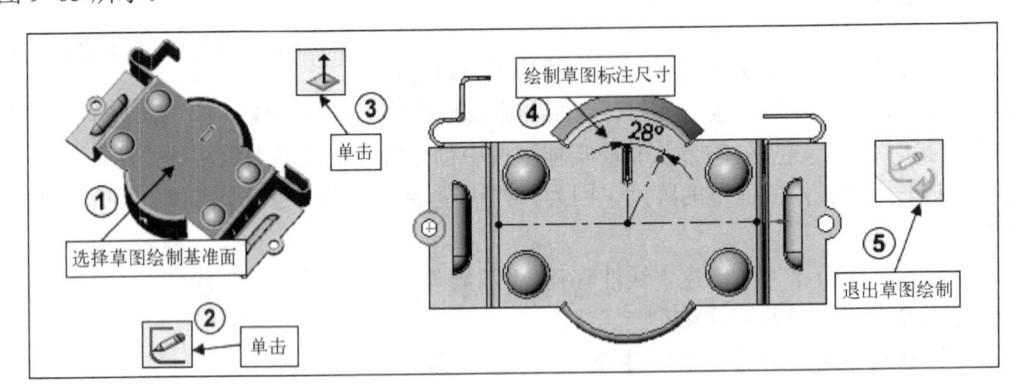

图 9-63　绘制辅助草图

（3）建立"圆周阵列"。在特征管理器中右击"注释"，在弹出的快捷菜单中选择"显示特征尺寸"命令，所有特征尺寸显示出来，为了图面的清晰，可以将不需要的尺寸隐藏。隐藏的方法是右击需要隐藏的尺寸，在弹出的快捷菜单中选择"隐藏"命令即可。

在"特征"工具栏中单击"圆周阵列"按钮❖，系统弹出"阵列圆周"属性管理器，在"旋转轴"文本框中单击，文本框变成红色，在绘图区选择角度尺寸 28，选中"等间距"复选框，在"总角度"⌀文本框中输入 360，在"阵列数"❖文本框中输入 6；在"要阵列的特征"⌀文本框中单击，文本框变成红色，在绘图区展开特征树选择成型特征"single rib5"，其他采用默认设置，单击"确定"按钮✓完成圆周阵列。如图 9-64 所示。

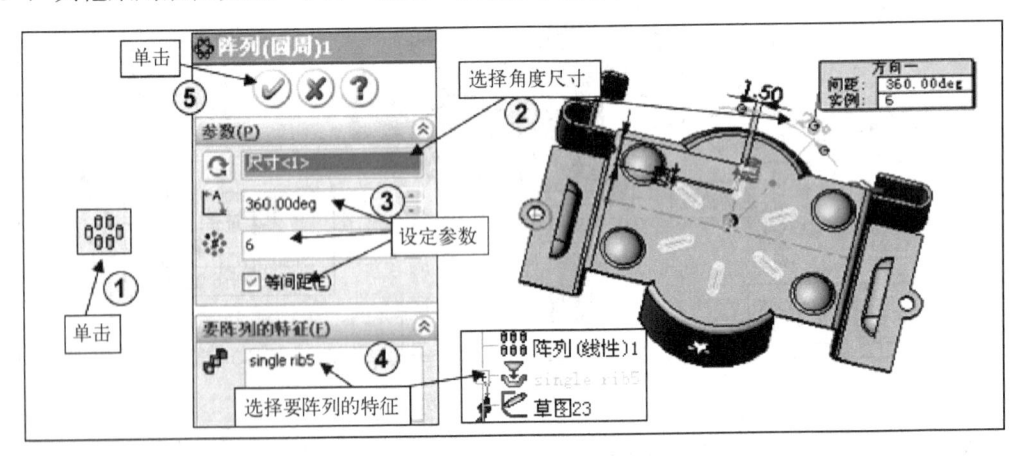

图 9-64　"阵列（圆周）"属性管理器

加入圆周阵列后的钣金零件如图 9-65 所示。

⚠**注意：**圆周阵列时需要用到旋转轴，这个轴可以是临时轴、基准轴，也可以是平面草图绘制的对应于旋转中心的角度尺寸。

228

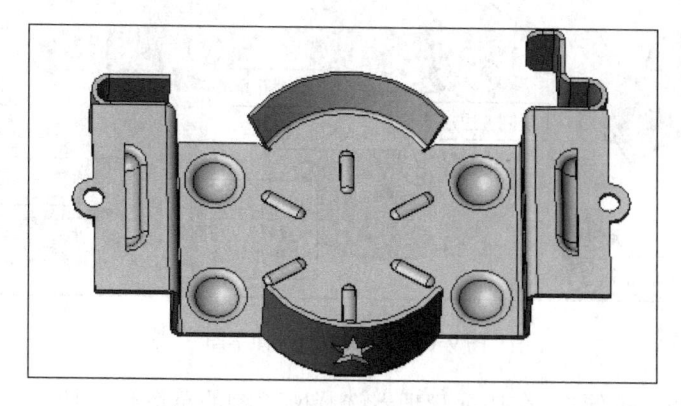

图 9-65　加入圆周阵列后的钣金零件

9.7　在展开状态下设计

用户可以将钣金零件展开进行设计，有些效果只有在展开状态下设计才能达到，如切除特征的添加。但在切除时要必须注意，不能将固定边或固定面全部切除掉，要留有一点，否则钣金零件不能折叠。

（1）打开随书光盘中的"13 展开设计（未加）.SLDPRT"文件。

（2）展开钣金零件。单击钣金工具栏中的"展开"按钮，系统弹出"展开"属性管理器，在"固定面"文本框中输入固定面，单击"收集所有折弯"按钮，在"要展开的折弯"文本框中自动显示出钣金零件中所有折弯，单击"确定"按钮完成展开操作。如图 9-66 所示。

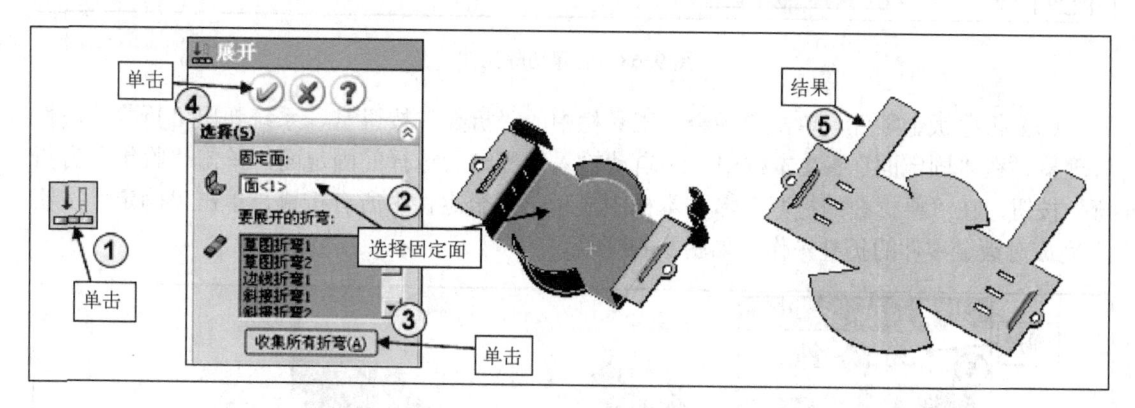

图 9-66　展开钣金零件

（3）绘制草图。在展开的钣金零件上选择一个面作为绘制草图基准面，单击"正视于"按钮，然后单击"绘制草图"按钮，进入草图绘制界面，用"多边形"工具绘制一个五边形；用"构造几何线"工具将五边形转换成构造线；用"直线"工具绘制一个五角星；用"中心线"工具绘制出一条直线，直线的起点与圆弧边线的中点重合，终点与五边形内接圆的圆心重合，将直线作竖直约束；用"智能尺寸"工具标注尺寸，如图 9-67 所示。单击"退出草图"按钮退出绘制草图。

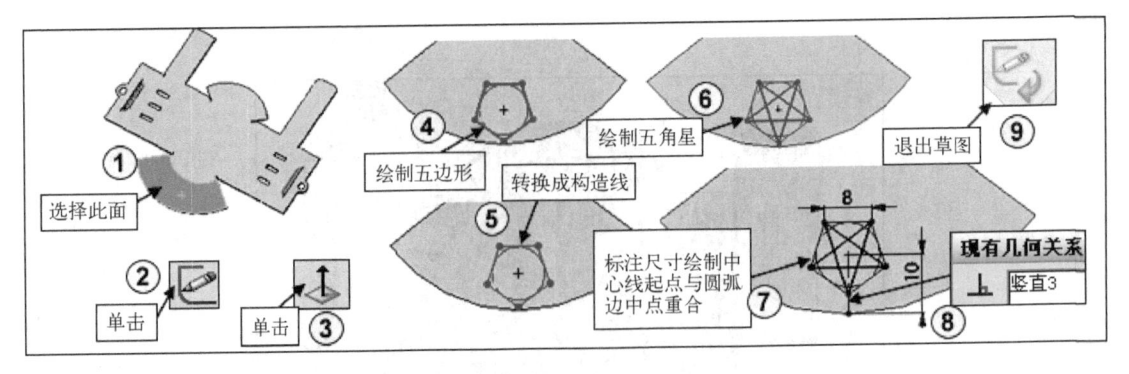

图 9-67 绘制切除拉伸草图

(4) 建立"切除拉伸"。在特征管理器选择刚绘制的草图作为切除拉伸草图，然后在"特征"工具栏中单击"拉伸切除"按钮，系统弹出"切除拉伸"属性管理器，在"方向1"栏的"终止条件"选择框中选择"给定深度"，选中"与厚度相等"及"正交切除"复选框，其他采用默认设置，如图 9-68 所示。单击"确定"按钮 完成切除拉伸。

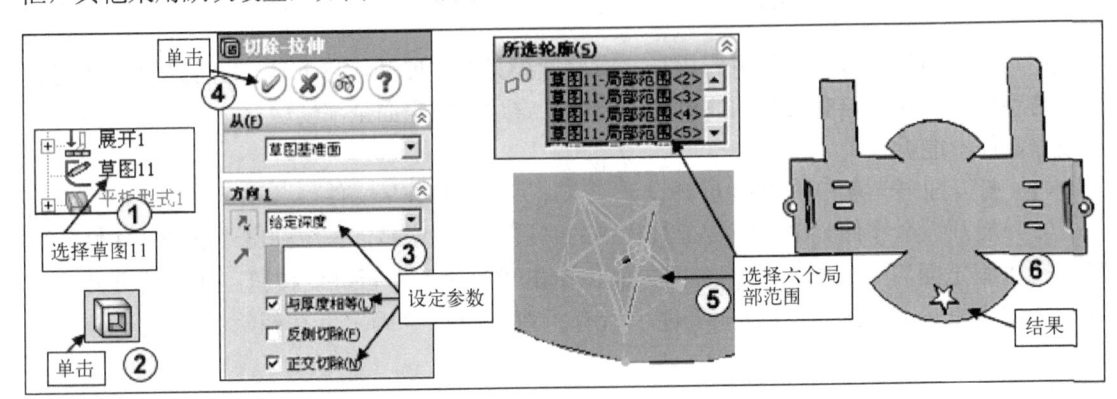

图 9-68 创建切除拉伸

(5) 折叠钣金零件。单击"钣金"工具栏中的"折叠"按钮，系统弹出"折叠"属性管理器，在"固定面"文本框中系统自动输入展开时所选择的固定面，单击"收集所有折弯"按钮，在"要折叠的折弯"文本框中显示出钣金零件中所有折弯，单击"确定"按钮 完成对钣金零件的折叠操作，如图 9-69 所示。

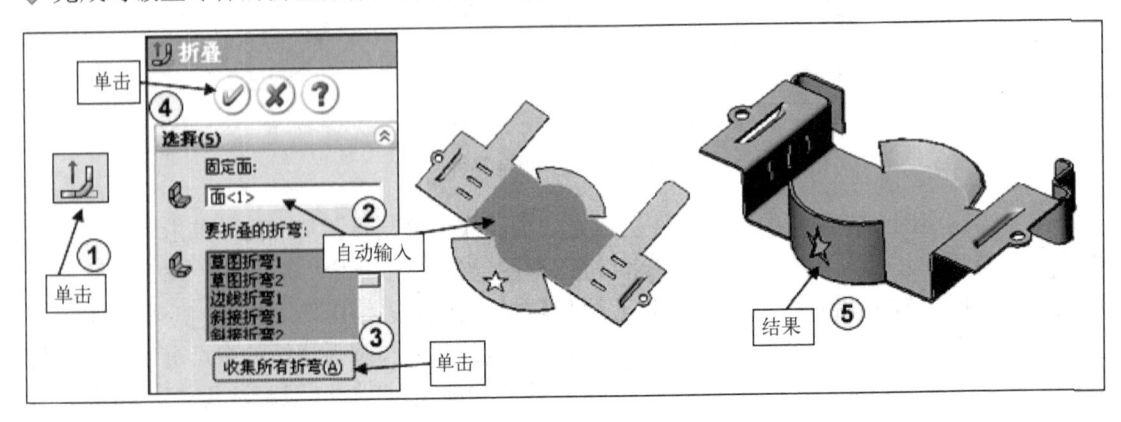

图 9-69 折叠钣金零件

> **注意**：不能在"平板形式"下展开钣金零件并对其进行设计操作。在"平板形式"状态下进行的所有设计，将在折叠后发生错误。

9.8 放样折弯

用户可以在钣金零件中生成放样的折弯。放样的折弯如同放样特征，使用由放样连接的两个草图。基体法兰特征不与放样的折弯特征一起使用。

1. 创建放样折弯一般步骤

放样的折弯对草图的要求如下。

（1）需要两个草图。

（2）草图必须为开环轮廓。

（3）轮廓开口应同向对齐。

（4）草图不能有尖锐边线。

建立放样折弯的步骤如下。

（1）选择菜单"插入"→"钣金"→"放样的折弯"命令。

（2）在绘图区选择两个放样轮廓，确认放样路径经过的点。

（3）为钣金设定厚度。

（4）可单击"反向"图标改变厚度方向。

（5）单击"确定"按钮完成放样折弯。

2. 创建放样折弯钣金零件

下面介绍创建一个放样折弯钣金零件的步骤。

（1）新建文件。选择"文件"→"新建"命令，选择"零件"，单击"确定"按钮。

（2）绘制"草图 1"。从特征管理器中选择上视基准面，单击"正视于"按钮，然后单击"绘制草图"按钮，进入草图绘制界面。用"矩形"工具和"中心线"工具绘制出一个矩形和一条矩形对角线。用"添加几何关系"工具将对角线与原点作"中点"约束。用"绘制圆角"工具对矩形的 4 个角倒圆角。用"添加几何关系"工具将矩形的水平边和竖边作"相等"约束。用"中心线"工具绘制出一条水平线和一条角度线，它们的起点与原点重合，终点与矩形右竖边重合。用"剪裁实体"工具修剪草图，将矩形右竖边剪裁出一个缺口。用"智能尺寸"工具标注出矩形的边长和开口处的缝隙尺寸，单击"退出草图"按钮退出绘制草图。如图 9-70 所示。

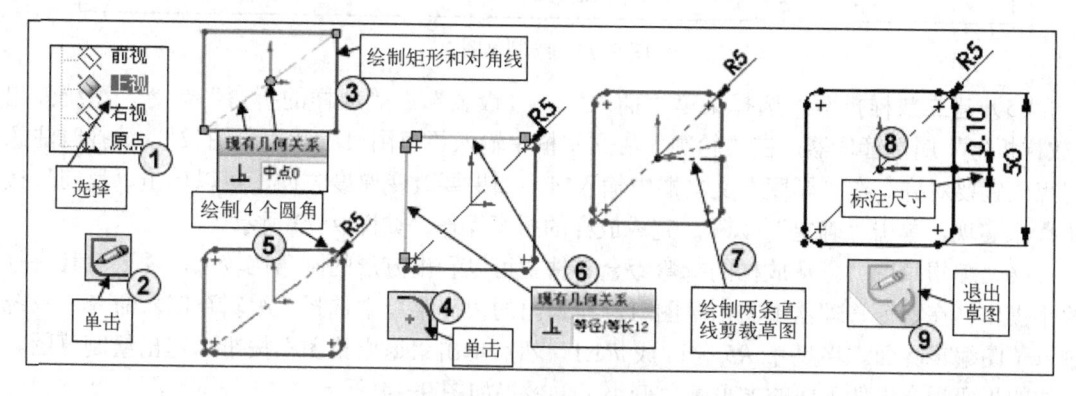

图 9-70　绘制草图 1

（3）建立"基准面 1"。在"特征"工具栏中单击"参考几何体"→"基准面"按钮 ◊，系统弹出"基准面"属性管理器，在"参考实体"输入框中输入"上视"，在"距离"文本框中输入 40，其他采用默认设置，如图 9-71 所示。单击"确定"按钮 ✔ 完成基准面 1 的创建。

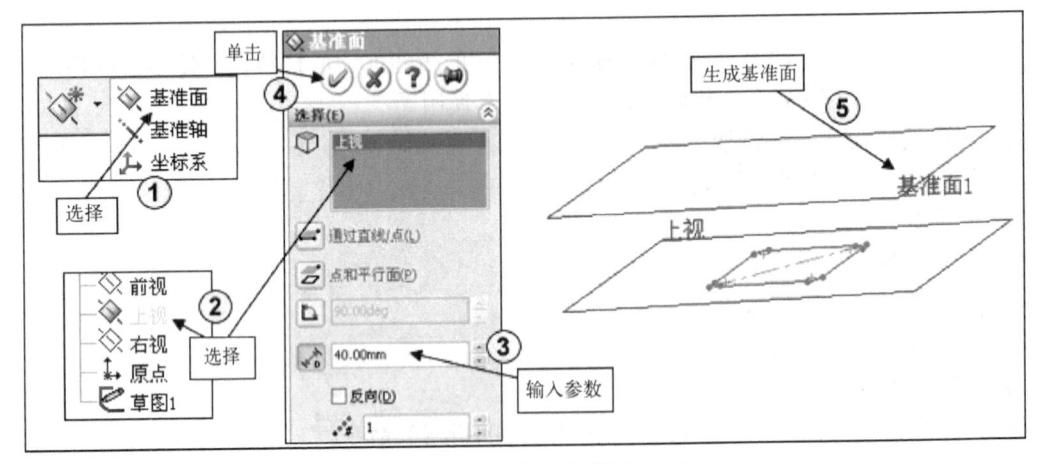

图 9-71 创建基准面

（4）绘制"草图 2"。从特征管理器中选择 ◊ 基准面1，单击"正视于"按钮，然后单击"绘制草图"按钮，进入草图绘制界面。用"圆"工具绘制出一个圆，圆心与原点重合。用"中心线"工具绘制出一条水平线和一条角度线，它们的起点与原点重合，终点与圆重合。用"剪裁实体"工具将圆剪裁出一个缺口。用"智能尺寸"工具标注出圆弧的半径尺寸和圆弧开口的距离尺寸，单击"退出草图"按钮 退出绘制草图。如图 9-72 所示。

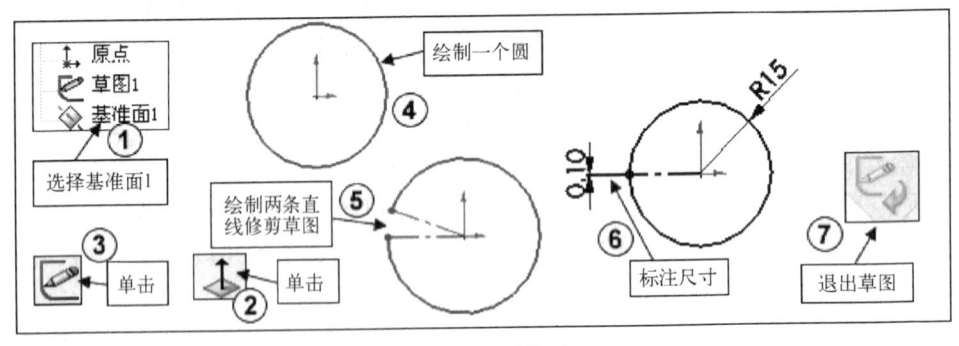

图 9-72 绘制草图 2

（5）建立放样折弯。选择菜单"插入"→"钣金"→"放样的折弯"命令，系统弹出"放样折弯"属性管理器，在"轮廓"文本框中输入"草图 1"和"草图 2"，选择时注意起点位置要对齐。在"厚度"文本框中输入 1，如果要改变厚度方向，可以单击"反向"按钮 来实现，单击"确定"按钮 ✔ 完成放样的折弯操作。如图 9-73 所示。

（6）编辑草图 1。从放样的折弯钣金零件中可以看出方形的圆角比较大，需要对其进行改小操作。在特征管理器中右击草图 1，在弹出的快捷菜单中选择"编辑草图"命令，系统进入草图编辑界面。将尺寸 $R5$ 修改成 $R1.1$，然后单击"退出草图"按钮 退出绘制草图。放样的折弯钣金零件下面的方形圆角变小了，效果如图 9-74 所示。

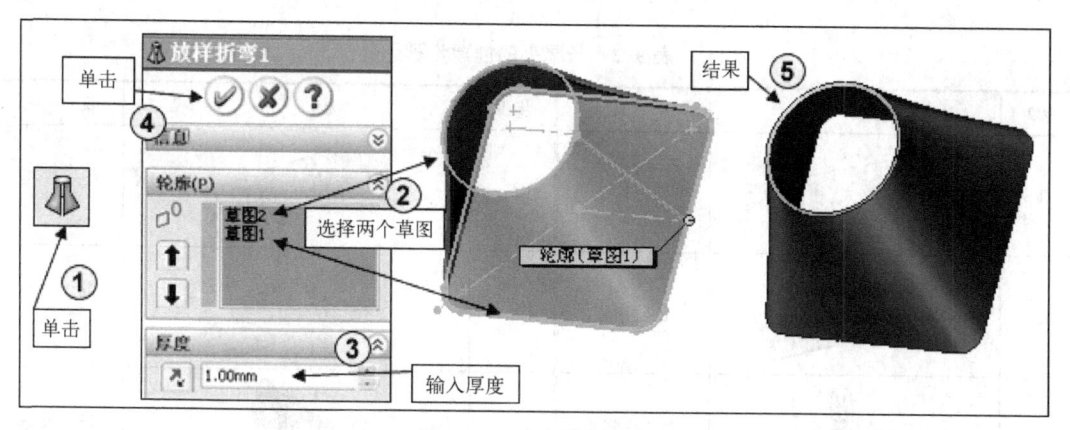

图 9-73 建立放样折弯

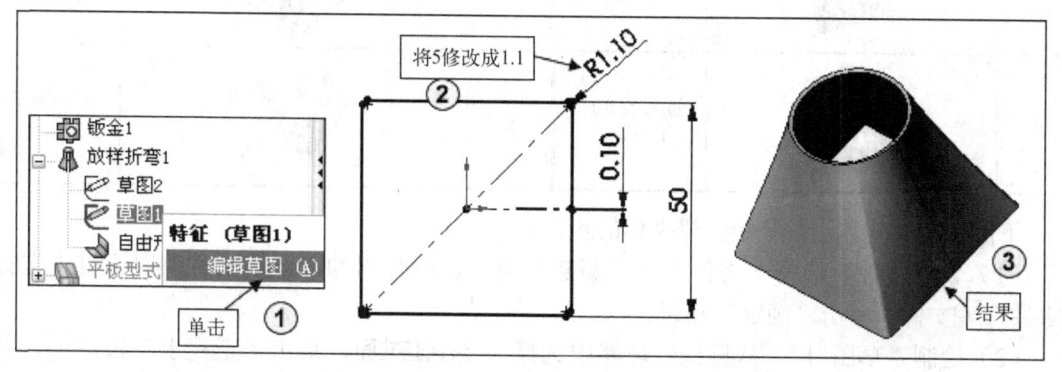

图 9-74 编辑草图 1

（7）展开放样的折弯。在特征管理器中右击"平板形式"特征，在弹出的快捷菜单中选择"解除压缩"命令，如图 9-75 所示。放样的折弯钣金零件被展开了。"展开折弯"和"平板形式"在用法上不一样，但在意义上是一样的。

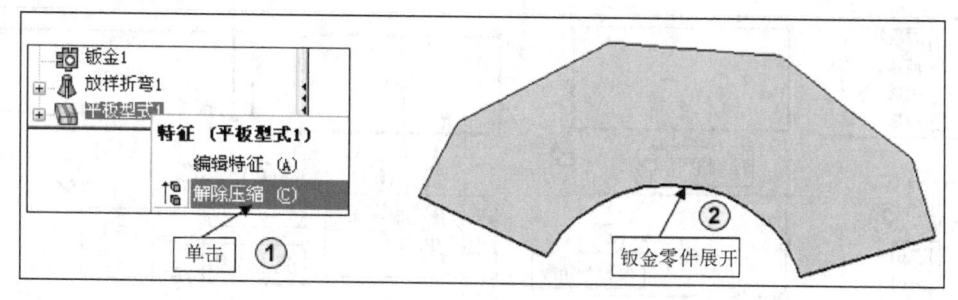

图 9-75 展开放样的折弯钣金零件

9.9 实例

钣金在实际工作当中占了很大的比重，本节介绍长尾夹和五角星钣金件的建模过程。

9.9.1 长尾夹

长尾夹是常用的文具用品，它由夹体和夹柄两部分组成，夹体是钣金零件，夹柄是实体零件。创建夹体的方法有多种，可以先拉伸成实体零件，再插入折弯转换成钣金零件；也可以直接从基体法兰开始创建夹体。创建长尾夹的步骤如表 9-2 所示。

表 9-2 长尾夹的创建步骤

步骤	模型	说明	步骤	模型	说明
1		创建基体法兰	5		展开钣金零件
2		创建褶边	6		创建切除拉伸
3		创建绘制的折弯 1	7		折叠钣金零件
4		创建绘制的折弯 2	8		加入夹柄的长尾夹

下面介绍从基体法兰开始创建夹体的步骤。

（1）新建文件。选择"文件"→"新建"命令，在弹出的"新建文件"对话框中选择"零件"文件，单击"确定"按钮。

（2）绘制"草图 1"。从特征管理器中选择 前视基准面，单击"正视于"按钮，单击"绘制草图"按钮，进入草图绘制界面。用"矩形"工具绘制出一个矩形。用"中心线"工具绘制出一条矩形的对角线。用"添加几何关系"工具将对角线与原点作"中点"约束。用"智能尺寸"工具标注出矩形的长和宽。单击"退出草图"按钮退出绘制草图。如图 9-76 所示。

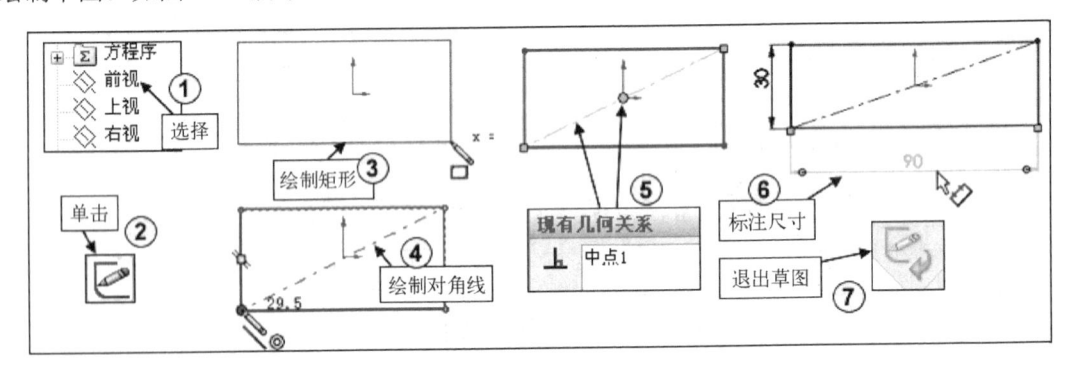

图 9-76 绘制草图 1

（3）建立基体法兰。在特征管理器选择刚绘制的草图 1，选择菜单"插入"→"钣金"→"基体法兰"命令，或在"钣金"工具栏中单击"基体法兰"按钮，系统弹出"基体法兰"属性管理器。在属性管理器中输入厚度为 0.5，选中"反向"复选框，其他选择默认设置，如图 9-77 所示。单击"确定"按钮完成基体法兰创建。

（4）建立褶边。选择菜单"插入"→"钣金"→"褶边"命令，或单击"钣金"工具栏中的"褶边"按钮，系统弹出"褶边 1"属性管理器，在绘图区选择要褶边的两条边，在属性管理器中选择褶边方式为"材料在内"选项，选择"类型和大小"栏中的"滚扎"

选项，在"角度"文本框中输入 330（只对于撕裂形和滚轧褶边），在"半径"文本框中输入 1.1（只对于撕裂形和滚轧褶边），输入"斜接缝隙"为 0.1。如图 9-78 所示。单击"确定"按钮完成褶边操作。

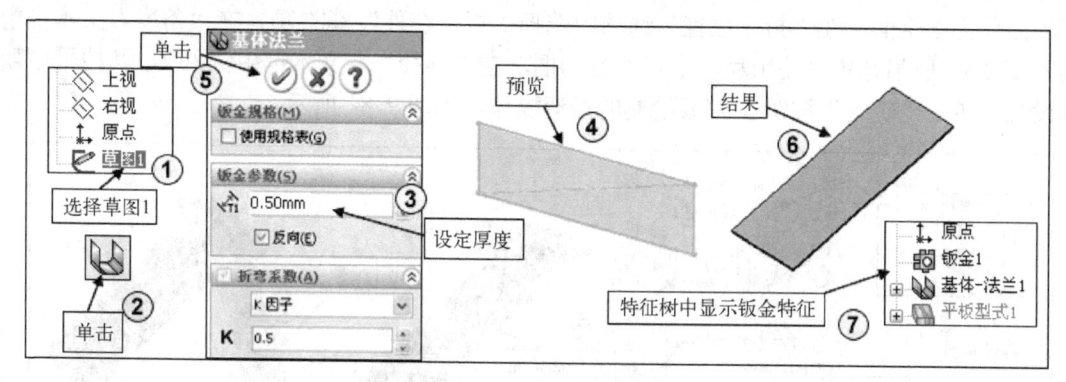

图 9-77 创建基体法兰

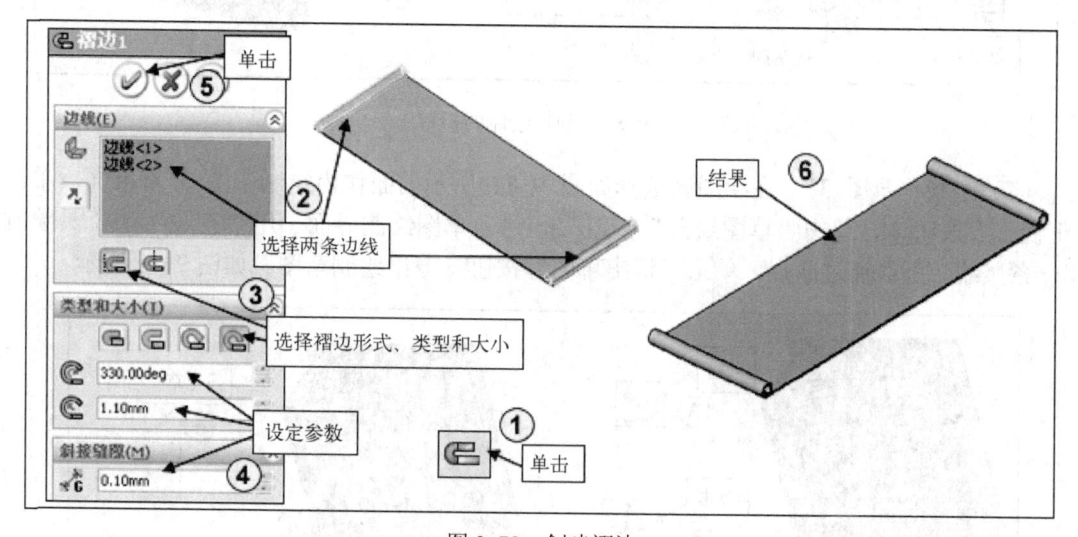

图 9-78 创建褶边

（5）绘制"草图 2"。在绘图区选择如图 9-79 所示的面作为绘制草图 2 基准面，单击"正视于"按钮，单击"草图绘制"按钮，进入草图绘制界面。用"直线"工具绘制出两条竖线。用"智能尺寸"工具标注尺寸。单击"退出草图"按钮退出绘制草图，如图 9-79 所示。

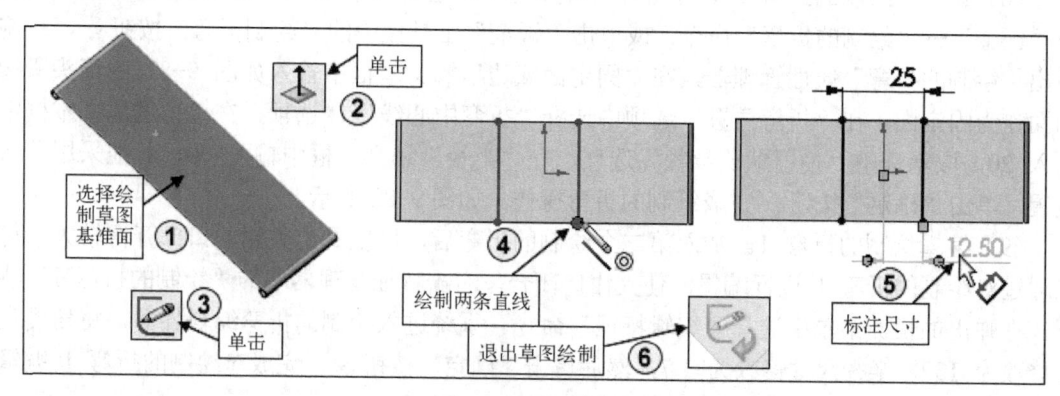

图 9-79 绘制草图 2

235

（6）建立"绘制的折弯1"。在特征管理器选中刚绘制的草图2，然后选择菜单"插入"→"钣金"→"绘制的折弯"命令，或单击"钣金"工具栏中的"绘制折弯"按钮，系统弹出"绘制的折弯1"属性管理器。在"固定面或边"文本框中输入如图9-80中箭头所指的面作为固定面。在"折弯位置"选项中选择"折弯在外"选项，在"角度"文本框中输入122.5，取消选中"使用默认半径"复选框，在"半径"文本框中输入2，其他采用默认设置，单击"确定"按钮完成绘制的折弯操作。如图9-81所示。

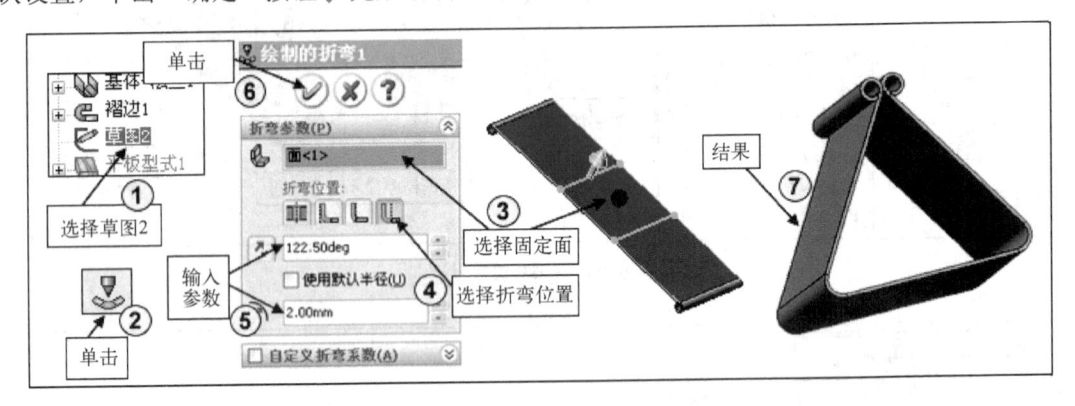

图 9-80　创建绘制的折弯

（7）绘制"草图3"。在绘图区选择如图9-81所示的面作为绘制草图3基准面，单击"正视于"按钮，单击"草图绘制"按钮，进入草图绘制界面。用"直线"工具绘制出一条竖线，竖线通过原点。单击"退出草图"按钮退出绘制草图。如图9-81所示。

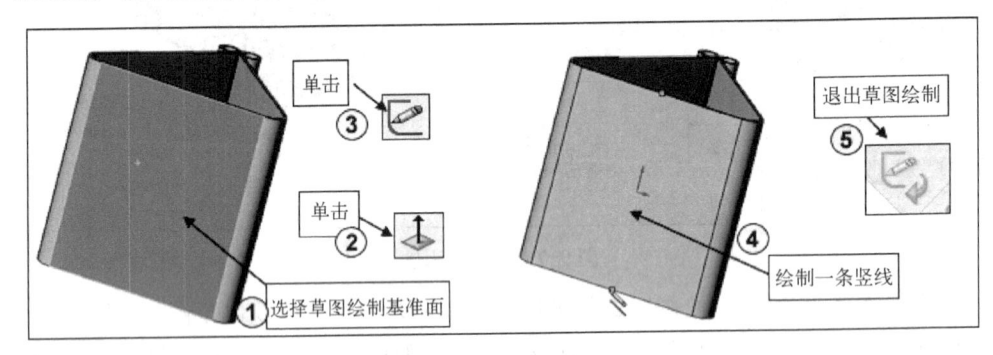

图 9-81　绘制草图 3

（8）建立"绘制的折弯2"。在特征管理器选中刚绘制的草图3，然后选择菜单"插入"→"钣金"→"绘制的折弯"命令，或单击"钣金"工具栏中的"绘制折弯"按钮，系统弹出"绘制的折弯"属性管理器，在"固定面或边"文本框中输入如图9-82中箭头所指的面作为固定面。在"折弯位置"选项中选择"折弯中心线"选项，在"角度"文本框中输入20，取消选中"使用默认半径"选项，在"半径"文本框中输入70，其他采用默认设置，单击"确定"按钮完成绘制的折弯操作。如图9-82所示。

（9）编辑绘制的折弯1。加入第二个绘制的折弯后，可以看出夹钳的口部开得较大，可以通过对绘制的折弯1进行编辑，使夹钳口闭合。右击特征管理器中的"绘制的折弯1"特征，在弹出的快捷菜单中选择"编辑特征"命令。系统进入绘制的折弯编辑界面，将角度尺寸修改为132，半径尺寸修改为1.7，然后单击"确定"按钮，完成对绘制的折弯1编辑操作。如图9-83所示，此时可以看到夹钳的口部已经闭合了。

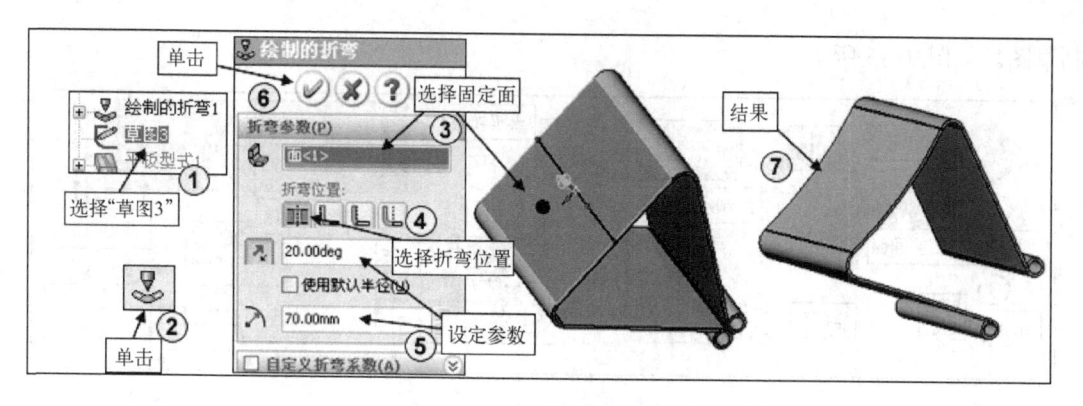

图 9-82 创建绘制的折弯 2

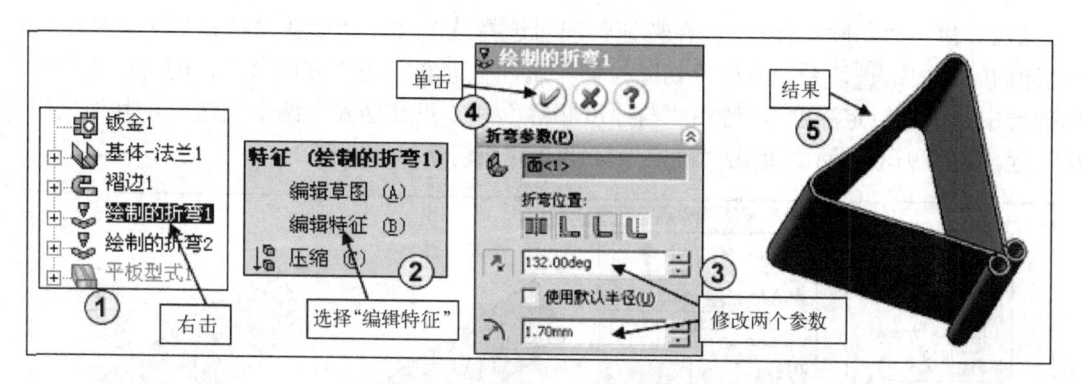

图 9-83 编辑绘制的折弯 1

（10）插入"展开"特征。接下来要将钣金零件展开，然后切除夹柄放置部分。选择菜单"插入"→"钣金"→"展开"命令，或单击"钣金"工具栏中的"展开"按钮，弹出"展开"属性管理器。在"固定面"文本框中输入钣金零件中的一个面作为固定面，单击"收集所有折弯"按钮，钣金零件中所有要展开的折弯显示在"要展开的折弯"文本框中，如图 9-84 所示。单击"确定"按钮完成展开钣金零件操作。

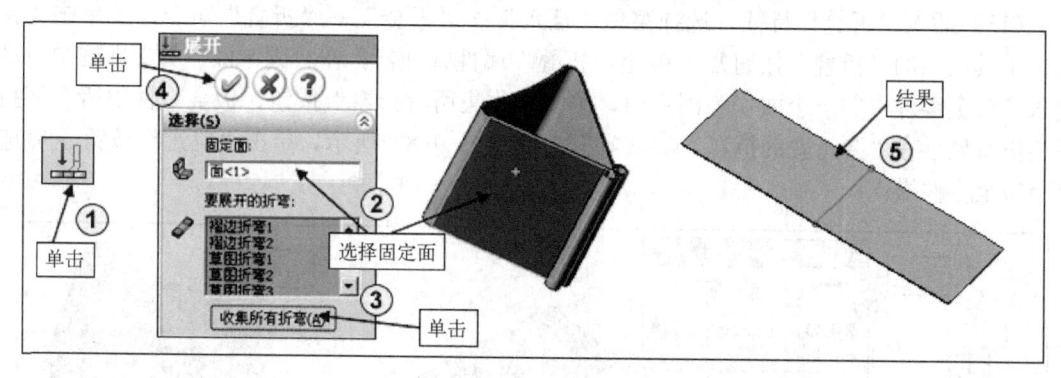

图 9-84 展开钣金零件

（11）绘制"草图 5"。在绘图区选择如图 9-85 所示的面作为绘制草图 5 基准面，单击"正视于"按钮，单击"草图绘制"按钮，进入草图绘制界面。用"中心线"工具绘制出一条竖线和一条水平线，竖线和水平线的起点与原点重合。用"直线"工具绘制出一个四边形，其中一条边是斜边。用"智能尺寸"工具标注尺寸。用"镜像"工具将 4 边形竖直镜像，再用"镜像"工具将两个 4 边形水平镜像，单击"退出草图"按钮退出绘

237

制草图。如图 9-85 所示。

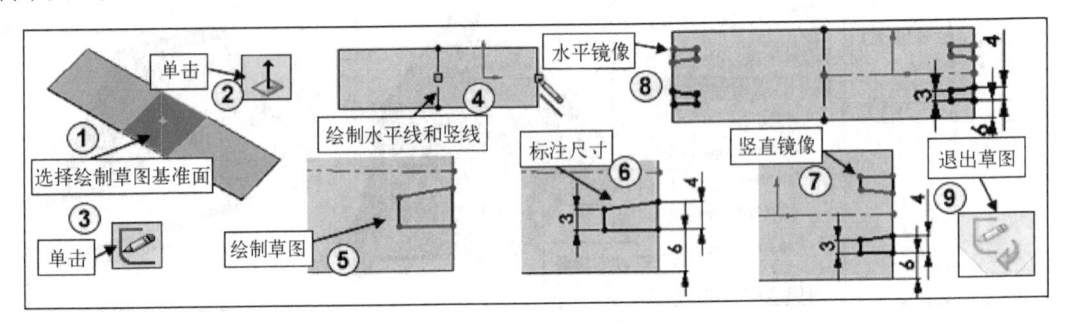

图 9-85　绘制草图 5

（12）建立"切除拉伸 1"。在特征管理器选择草图 5，然后在"特征"工具栏中单击"拉伸切除"按钮，系统弹出"切除拉伸"属性管理器，在"方向 1"栏的"终止条件"选择框中选择"给定深度"，选中"与厚度相等"和"正交切除"两个复选框，其他采用默认设置，如图 9-86 所示。单击"确定"按钮 完成切除拉伸操作。

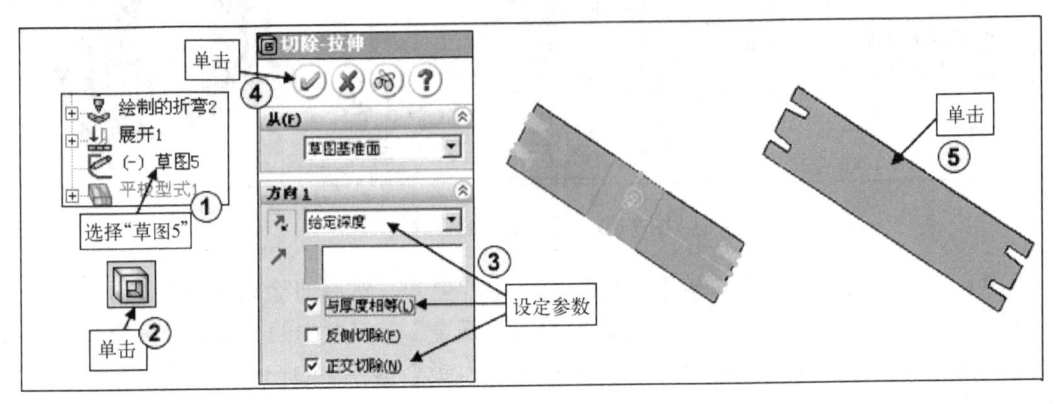

图 9-86　创建切除拉伸 1

（13）插入"折叠"特征。选择菜单"插入"→"钣金"→"折叠"命令，或单击"钣金"工具栏中的"折叠"按钮，弹出"折叠"属性管理器。在"固定面" 文本框中自动输入了钣金零件中的一个面作为固定面，单击"收集所有折弯"按钮，钣金零件中所有要折叠的折弯显示在"要折叠的折弯" 文本框中，如图 9-87 所示。单击"确定"按钮 完成折叠钣金零件操作。

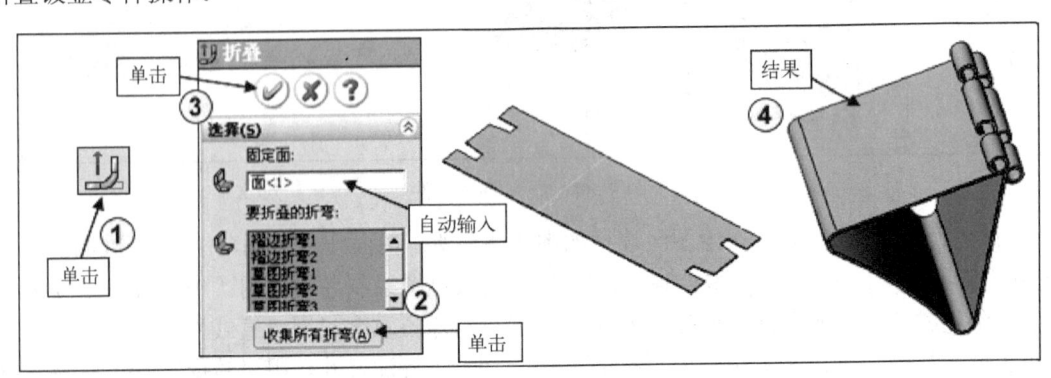

图 9-87　折叠钣金零件

夹柄由扫描特征创建，由于它是实体零件，本实例中将不作介绍。光盘中有夹的制作模型，读者可以对照操作。加入夹柄后的长尾夹模型如图9-88所示。

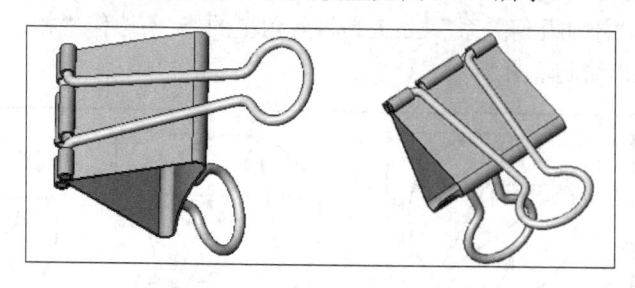

图 9-88　加手柄的长尾夹

9.9.2　钣金五角星

钣金五角星是先拉伸出五角星实体零件，然后切除拉伸余下五角星的一个角，将其抽壳、切口；其次插入折弯将其转换成钣金零件；最后在装配体环境中圆周阵列出 5 个，组成钣金五角星。创建钣金五角星的步骤如表 9-3 所示。

表 9-3　钣金五角星的创建步骤

步骤	模　型	说　明	步骤	模　型	说　明
1		拉伸一个五角星实体	6		展开钣金零件
2		切除出五角星一角	7		切除角部
3		创建抽壳	8		折叠钣金零件
4		创建切口	9		建立装配体创建基准轴
5		插入折弯	10		创建圆周阵列

下面介绍创建钣金五角星的具体操作步骤。

（1）新建文件。选择"文件"→"新建"命令，在弹出的"新建文件"对话框中选择"零件"文件，单击"确定"按钮。

（2）绘制"草图 1"。从特征管理器中选择 前视基准面，单击"正视于"按钮，单击"绘制草图"按钮，进入草图绘制界面。用"圆"⊙工具绘制出一个 ϕ120 的圆，圆心与原点重合。用"直线"工具绘制一个五角星，五角星的五个角点与圆重合。将五角星的一条边作水平约束。用"添加几何关系"工具将五角星的 5 条边作"相等"约束。如图 9-89 所示。单击图标退出绘制草图。

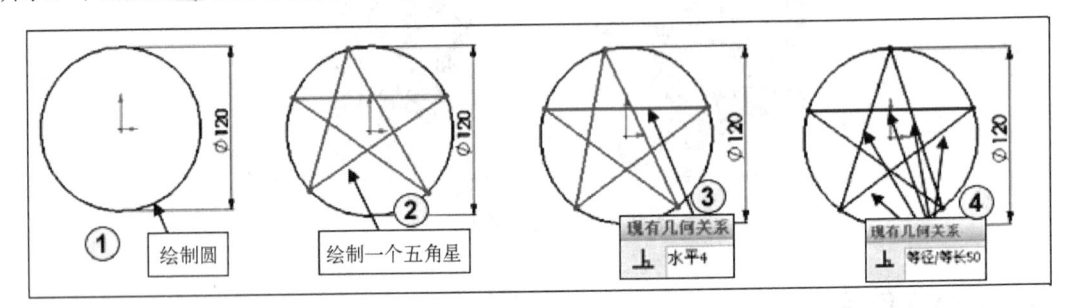

图 9-89 绘制草图 1

（3）建立"拉伸 1"。在特征管理器选择草图 1，然后在"特征"工具栏中单击"拉伸"按钮，系统弹出"拉伸"属性管理器。在"方向 1"栏的"终止条件"选择框中选择"两侧对称"，在"深度"文本框中输入 40；打开"拔模开/关"，在拔模角度文本框中文本 45，在"所选轮廓"文本框中单击，文本框变成红色，将鼠标移到草图 1 的五角星的 6 个局部轮廓上单击；其他采用默认设置，如图 9-90 所示。单击"确定"按钮完成拉伸。

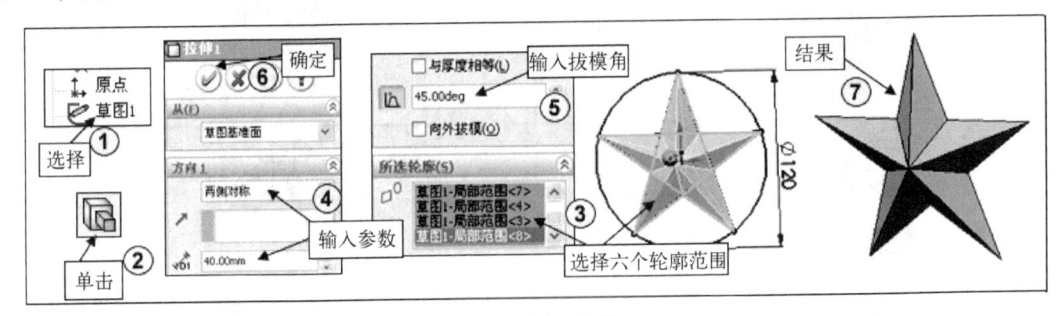

图 9-90 创建拉伸 1

（4）绘制"草图 2"。从特征管理器中选择前视基准面，单击"正视于"按钮，单击"绘制草图"按钮，进入草图绘制界面。选择五角星模型的 4 条边，选择时按住〈Ctrl〉键，然后单击草图工具栏中的"转换实体引用"按钮，将 4 条边转换成草图 2 图元。用"直线"工具绘制出 3 条直线，这 3 条直线通过五角星的 4 个角点，单击图标退出绘制草图。如图 9-91 所示。

图 9-91 绘制草图 2

(5) 建立"切除拉伸 1"。在特征管理器选择草图 2，然后在"特征"工具栏中单击"拉伸切除"按钮，系统弹出"切除拉伸"属性管理器，在"方向 1"栏的"终止条件"选择框中选择"两侧对称"，在"深度"文本框中输入 40，其他采用默认设置，如图 9-92 所示。单击"确定"按钮完成切除拉伸操作。

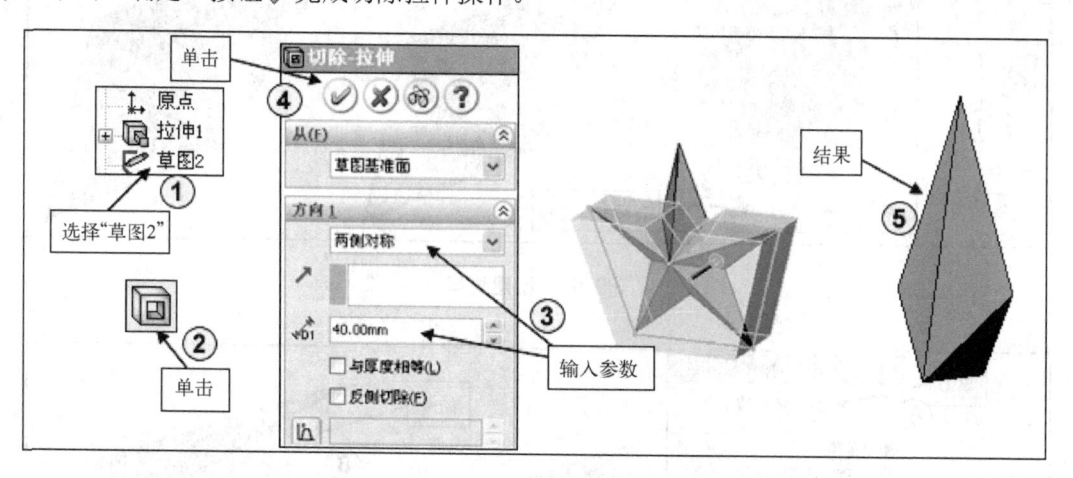

图 9-92 创建切除拉伸 1

(6) 建立"抽壳 1"。在"特征"工具栏中单击"抽壳"按钮，系统弹出"抽壳"属性管理器，在"厚度"输入框中输入 0.3，在"要移除的面"输入框中输入要移除的两个面，其他采用默认设置，如图 9-93 所示。单击"确定"按钮完成抽壳。

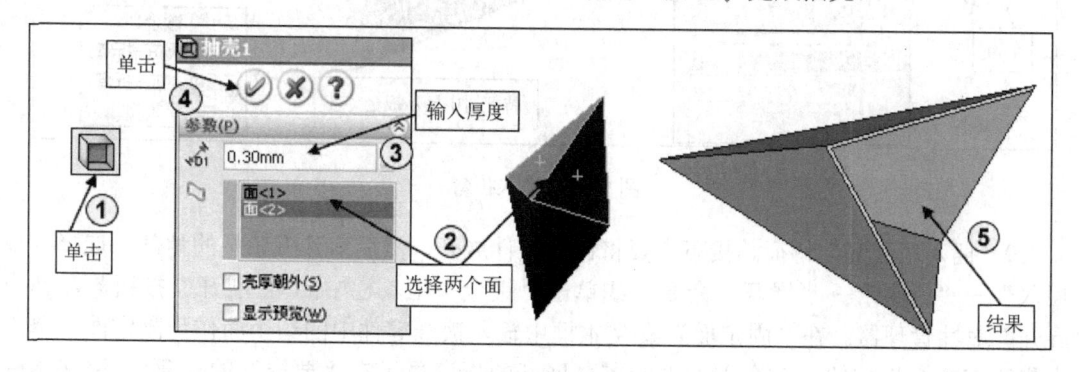

图 9-93 创建抽壳 1

(7) 建立切口特征。选择菜单"插入"→"钣金"→"切口"命令，或单击"钣金"工具栏中的"切口"按钮，系统弹出"切口"属性管理器，在"切口参数"输入框中输入模型的一条边作为切口边线，在"切口缝隙"文本框中输入 0.1。观察切口箭头方向，可以单击"改变方向"按钮来改变切口方向，每次单击更改方向时，切口方向切换到一个方向，接着是另一方向，然后返回到两个方向。单击"确定"按钮完成切口操作。如图 9-94 所示。

(8) 建立插入折弯。选择菜单"插入"→"钣金"→"插入折弯"命令，或单击"钣金"工具栏中的"插入折弯"按钮，系统弹出"钣金"属性管理器，在"固定的面或边线"文本框中输入零件的一个面作为固定面，输入折弯半径为 0.1，其他采用默认设置。单击"确定"按钮完成插入折弯操作。如图 9-95 所示。插入折弯后在特征管理器中增加了"钣金"特征。

241

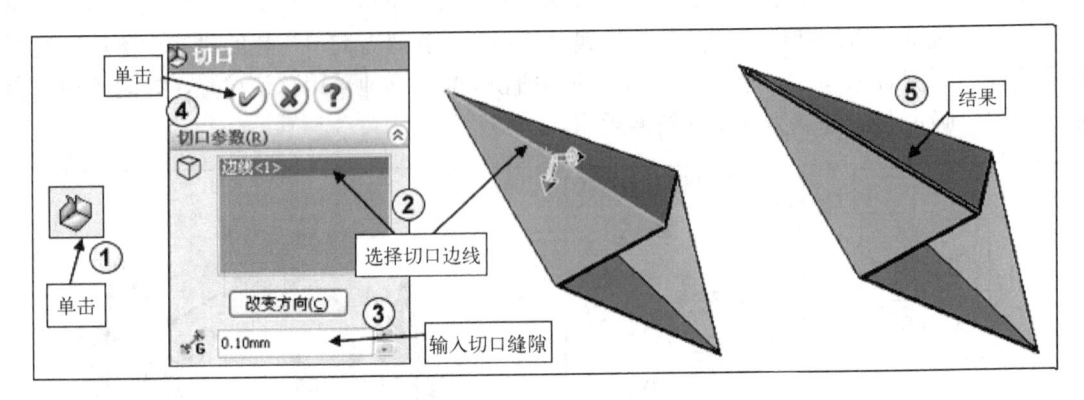

图 9-94 创建切口

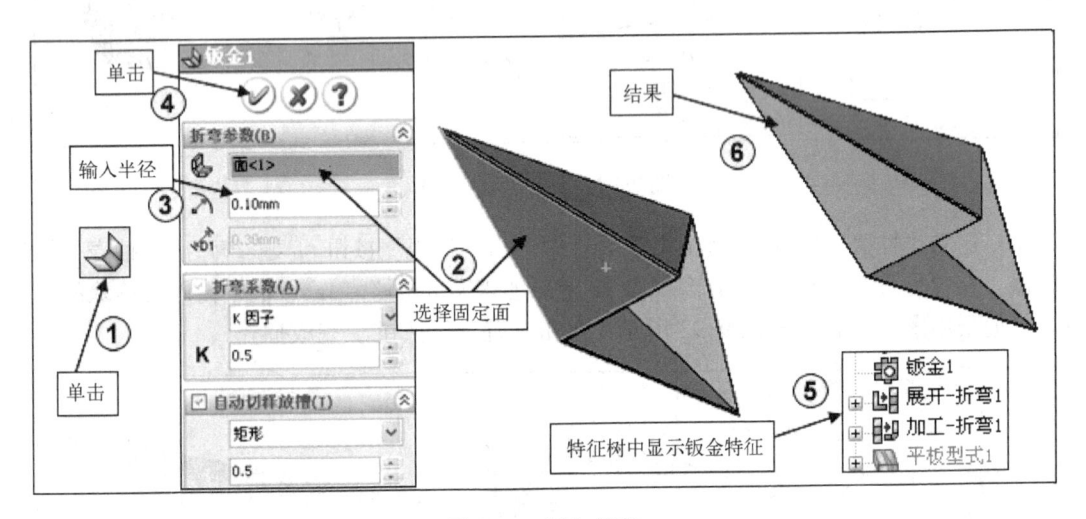

图 9-95 插入折弯

（9）插入"展开"特征。接下来要将钣金零件展开，然后切除五角星的角部。选择菜单"插入"→"钣金"→"展开"命令，或单击"钣金"工具栏中的"展开"按钮，弹出"展开"属性管理器。在"固定面"文本框中输入钣金零件中的一个面作为固定面，单击"收集所有折弯"按钮，钣金零件中所有要展开的折弯显示在"要展开的折弯"文本框中，如图 9-96 所示。单击"确定"按钮完成展开钣金零件操作。

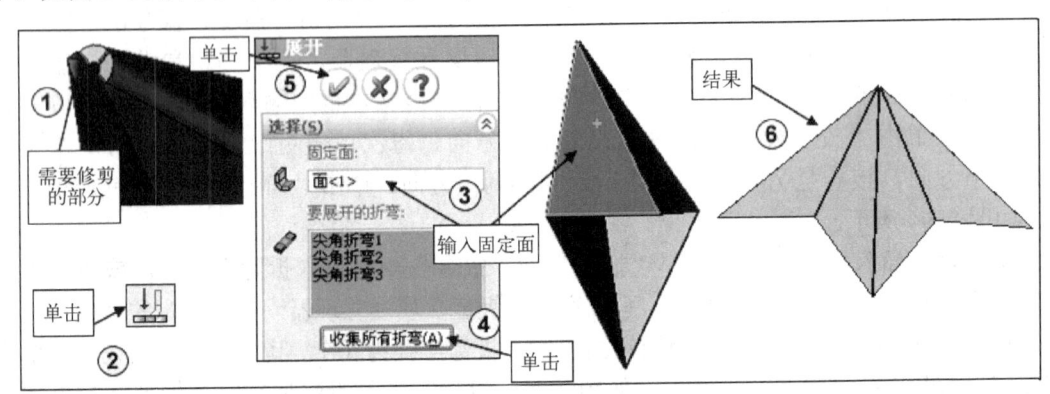

图 9-96 展开钣金零件

242

（10）绘制"草图 3"。从特征管理器中选择如图 9-97 所示的面作为绘制草图基准面，进入草图绘制界面。选择五角星模型角部的 4 条边，选择时按住〈Ctrl〉键，然后单击"草图"工具栏中的"转换实体引用"按钮![]，将 4 条边转换成草图 3 图元。用"直线"![]工具绘制出两条直线。用"中心线"![]工具绘制出一条直线，直线的起点与模型边线的中点重合，终点与直线端点重合。用"添加几何关系"![]工具将中心线与模型边线作"垂直"约束。用"镜像"![]工具将中心线上边的图元镜像到中心线的下边。如图 9-98 所示。单击"退出草图"按钮![]退出绘制草图。

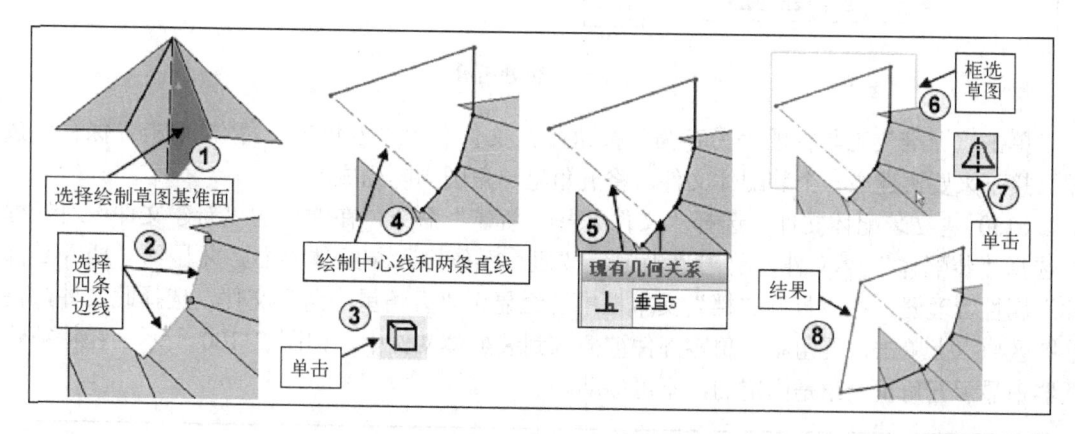

图 9-97 绘制草图 3

（11）建立"切除拉伸 2"。在特征管理器选择草图 3，然后在"特征"工具栏中单击"拉伸切除"按钮![]，系统弹出"拉伸切除"属性管理器，在"方向 1"栏的"终止条件"选择框中选择"给定深度"，选中"与厚度相等"和"正交切除"复选框，其他采用默认设置，如图 9-98 所示。单击"确定"按钮![]完成切除拉伸操作。

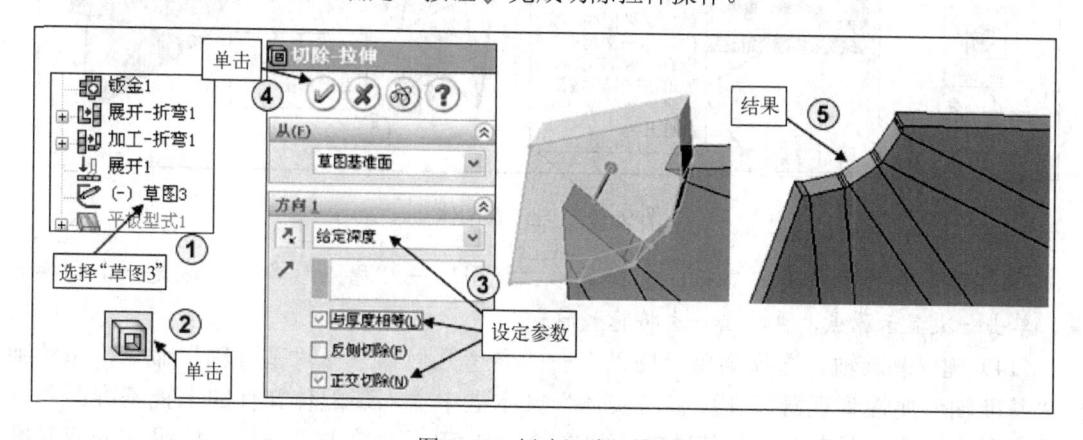

图 9-98 创建切除拉伸 2

（12）插入"折叠"特征。选择菜单"插入"→"钣金"→"折叠"命令，或单击"钣金"工具栏中的"折叠"按钮![]，弹出"折叠"属性管理器，在"固定面"![]文本框中自动输入了钣金零件中的一个面作为固定面，单击"收集所有折弯"按钮，钣金零件中所有要折叠的折弯显示在"要折叠的折弯"![]文本框中，如图 9-99 所示。单击"确定"按钮![]完成折叠钣金零件操作。

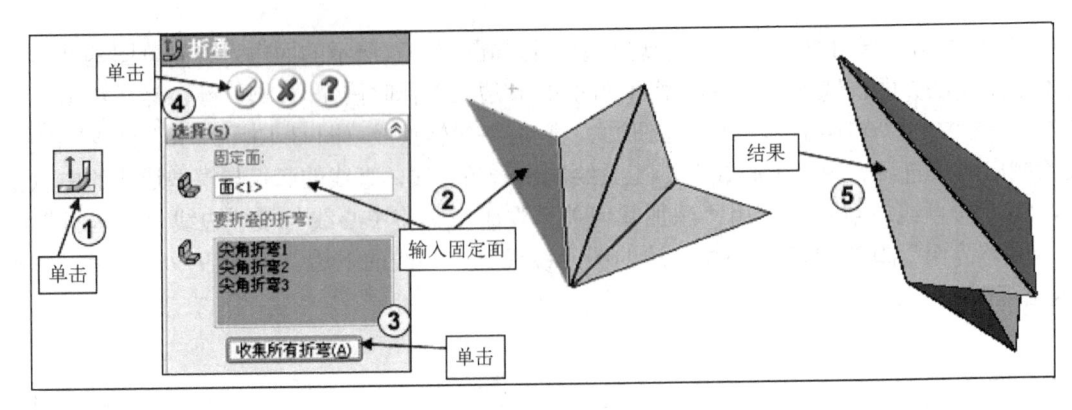

图 9-99 创建折叠

单击"标准"工具栏的"另存为"按钮,文件名为"五角星一角",单击"保存"按钮。接下来要再建立一个装配体文件,将五角星一角圆周阵列成 5 个。

(13)建立装配体文件。选择"文件"→"新建"命令,在弹出的"新建文件"对话框中选择"装配体"文件,单击"确定"按钮。系统进入装配体界面,并显示"插入零部件"属性管理器,在"打开文档"文本框中已经显示"五角星一角"文件,选择此文件,在绘图区原点上单击,五角星一角零部件被插入到装配体文件中,如图 9-100 所示。在特征管理器中显示五角星一角是固定的,不可移动。

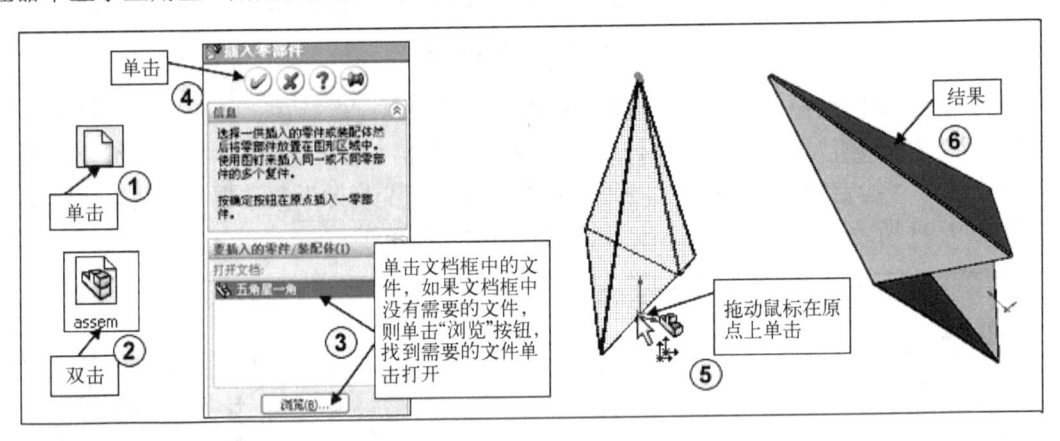

图 9-100 建立装配体

注意:如果原点没有显示,选择菜单"视图"→"原点"命令,这是一个切换开关,单击一次显示原点,再单击一次将隐藏原点。

(14)建立基准轴。选择菜单"插入"→"参考几何体"→"基准轴"命令,系统弹出"基准轴"属性管理器,在"参考实体"文本框中输入装配体文件的上视基准面和右视基准面,以两平面产生一条基准轴,如图 9-101 所示。单击"确定"按钮完成基准轴创建。

(15)建立零部件圆周阵列。选择菜单"插入"→"零部件阵列"→"圆周阵列"命令,系统弹出"圆周阵列"属性管理器,在"阵列轴"文本框中输入"基准轴 1",在"总角度"文本框中输入 360,在"阵列数"文本框中输入 5,选中"等间距"复选框,在"要阵列的零部件"文本框中输入"五角星一角"零部件,其他采用默认设置,如图 9-102 所示。单击"确定"按钮完成零部件圆周阵列。

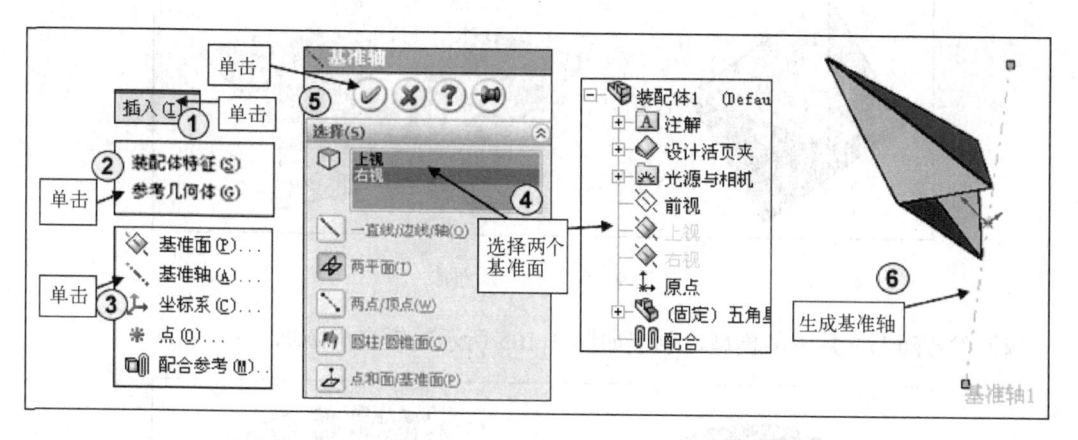

图 9-101 创建基准轴

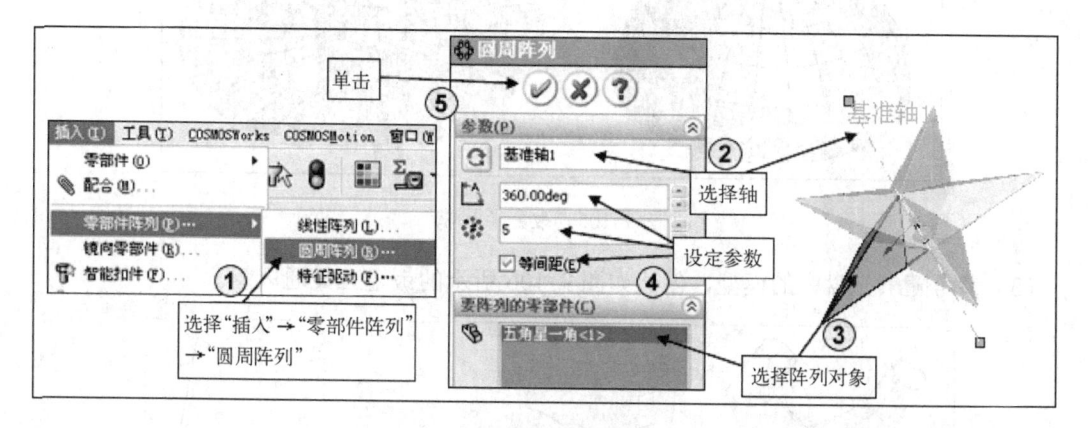

图 9-102 建立圆周阵列

装配完成的钣金五角星模型如图 9-103 所示。

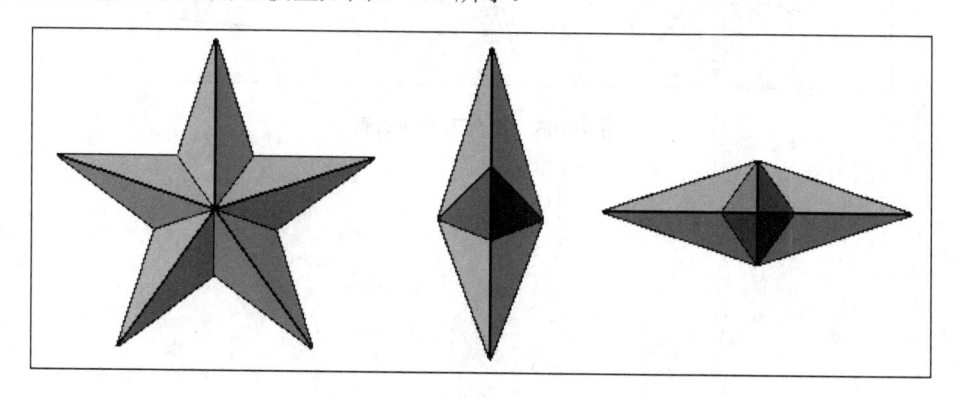

图 9-103 装配后的五角星钣金模型

9.10 上机练习

(1) 参考随书光盘中的模型,创建如图 9-104 所示的钣金八面体。

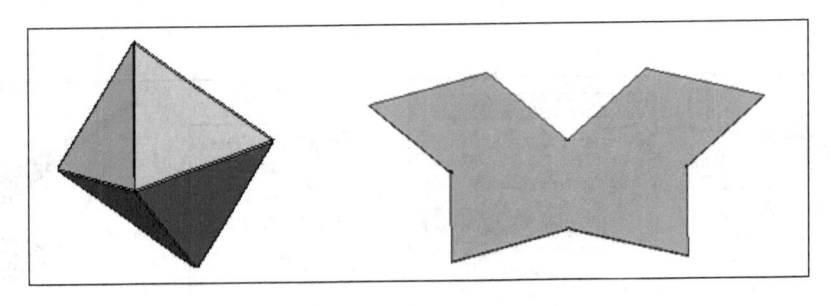

图 9-104 钣金八面体

（2）参考随书光盘中的模型，创建如图 9-105 所示的钣金半圆球。

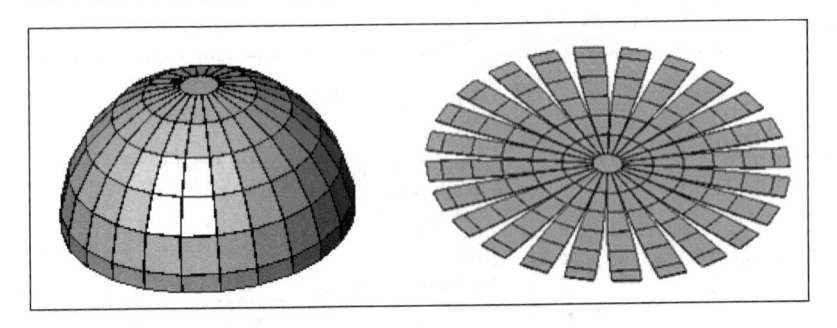

图 9-105 钣金半圆球

（3）参考随书光盘中的模型，创建如图 9-106 所示的钣金三叉通风管。

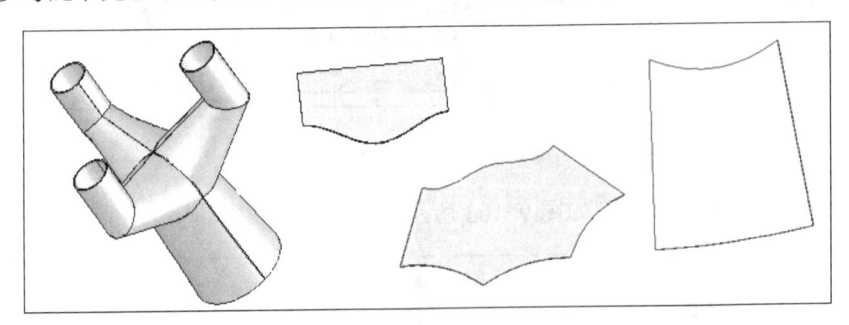

图 9-106 钣金三叉通风管

第10章 工艺品建模和渲染

如图 10-1 所示的"工艺品"模型，是由两个"心"模型以流畅的曲面创建而成的。小"心"以飘逸的姿势依附在婀娜多姿的大"心"上，象征着心连心。如何创建出曲面形状流畅的"心"并渲染出具有瓷器质感的外观，是本实例的焦点和知识点。

图 10-1　工艺品

10.1　设计思路

根据"工艺品"模型的特点，决定在"零件"环境下采用多实体建模的方式来完成，并在创建过程中力求外观美观、完整。

"工艺品"模型由两个"心"零件组成，大"心"左边伸出一个"托台"勾住小"心"，右边伸出两条"支撑腿"稳固基础，另一个小"心"套在大"心"上。这两个"心"模型都是流畅的曲面形状，建模难点是模型中相交部分的连接，以及"托台"和"支撑腿"的建模。根据大"心"模型的特点，决定先用"曲面放样"做出左、右主体曲面，相交部分用"曲面放样"和"边界曲面"命令来完成。对于托台用"自由形"命令做出，然后再用"变形"命令完善"托台"形状。对于两条"支撑腿"同样用"自由形"和"变形"命令来完成。对于小"心"模型先用"曲面放样"做出左、右主体曲面，相交部分用"边界曲面"命令来完成。用"变形"命令将"心"模型变形，使之形状略显飘逸，然后用"实体移动复制"命令将小"心"套在大"心"上。

"工艺品"的大"心"是瓷制品，对它赋予绿色"瓷器"外观；对于套在大"心"上的小"心"模型也是瓷制品，对它赋予红色"瓷器"外观。渲染出"瓷器"质感效果是本实例的重要课题，为了充分体现瓷器质感，可以利用一幅高动态图像作为环境反射，并加大渲染照明度和环境反射值。在背景设置中使用一幅"窗边"图片作为背景衬托，使最后渲染结果达到设计要求。

"工艺品"建模-渲染步骤如表 10-1 所示。

表 10-1 工艺品建模-渲染步骤

序号	图示	说明	序号	图示	说明
1		建立大"心"左边曲面主体	12		用变形命令完善托台形状
2		用曲面放样和曲面填充完善大"心"左边曲面主体形状	13		建立小"心"左边曲面主体
3		建立大"心"右边曲面主体	14		用曲面填充完成小"心"左边曲面主体
4		切除左、右曲面主体	15		建立小"心"右边曲面主体
5		建立大"心"上部相交曲面	16		切除小"心"左、右曲面主体
6		建立大"心"下部相交曲面	17		建立小"心"相交部分曲面
7		用自由形命令建立托台	18		将小"心"实体变形扭曲
8		用自由形命令建立左边支撑腿	19		将小"心"套在大"心"上
9		用自由形命令建立右边支撑腿	20		对大"心"赋予绿色"瓷器"外观
10		用变形命令完善左边支撑腿形状	21		对小"心"赋予红色"瓷器"外观
11		用变形命令完善右边支撑腿形状	22		用"窗边"图片衬托工艺品

10.2 创建大"心"模型

（1）新建文件。选择"文件"→"新建"命令，在弹出的"新建文件"对话框中选择"零件"或"模板"文件，单击"确定"按钮，如图 10-2 所示。

图 10-2 新建零件文件

可以将模板设置成符合自己设计要求的配置，这样可以使绘图设计更加方便、高效。

（2）绘制"草图 1"。从特征管理器中选择"前视基准面"，单击"正视于"按钮，单击"草图"面板中的"样条曲线"和"智能尺寸"绘制出如图 10-3 所示的工艺品中两个"心"模型的正面轮廓"草图1"。单击"退出草图"按钮退出绘制草图。

先绘制出模型的整体轮廓草图，然后围绕草图展开各部位的建模。这样做可以提高模型整体配合的和谐性，方便调整模型的整体形状。

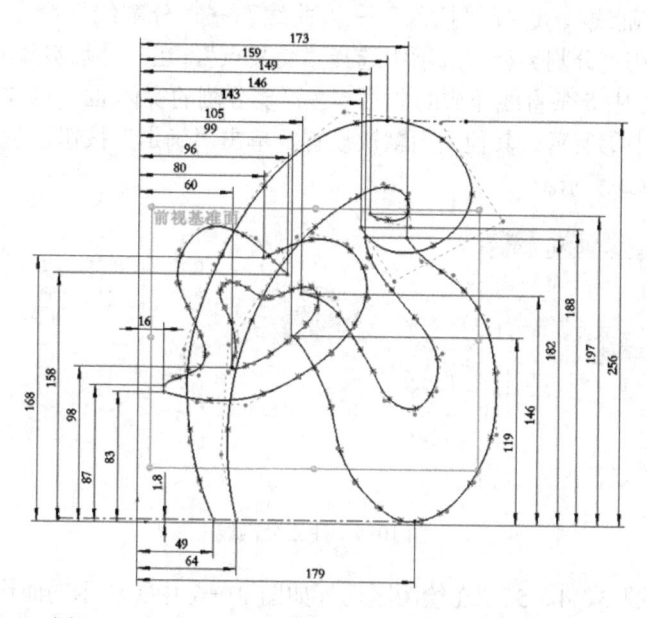

图 10-3 绘制两个"心"模型的正面轮廓"草图 1"

（3）绘制"草图 2"。从特征管理器中选择"前视基准面"，单击"正视于"按钮，切换到"草图"面板，引用"草图 1"中的两条样条曲线。用"直线"绘制出 5 条直线，这 5 条直线拉伸成曲面后作为放样草图绘制基准面。如果 9-4 中①所示。单击"退出草图"按钮退出绘制草图。

注意：引用已存在的对象时，先选中要引用的对象，然后单击"转换实体引用"按钮。如果要引用多个对象，可按住<Ctrl>键选择多个引用对象；也可以只选择一个引用对象，然后单击"转换实体引用"按钮，这时系统会弹出"转换实体引用"对话框，接着选择要引用的对象，选中的对象显示在"要转换的实体"文本框中，单击"确定"按钮即可。要注意这时候不可单击"转换实体引用"按钮，否则对话框中选中的对象会消失，而且也不会将对象转换。

（4）建立"曲面拉伸"。在特征管理器中选择"草图 2"，在"曲面"栏中单击"曲面拉伸"按钮，系统弹出"曲面拉伸"属性管理器。单击"方向 1"中的拉伸类型选择框，在弹出的菜单中选择"给定深度"，在"距离"文本框中输入 10，单击"反向"按钮，使曲面向下拉伸，其他采用默认设置，如图 10-4 中②所示。单击"确定"按钮完成曲面拉伸操作。结果如图 10-4 中③所示。

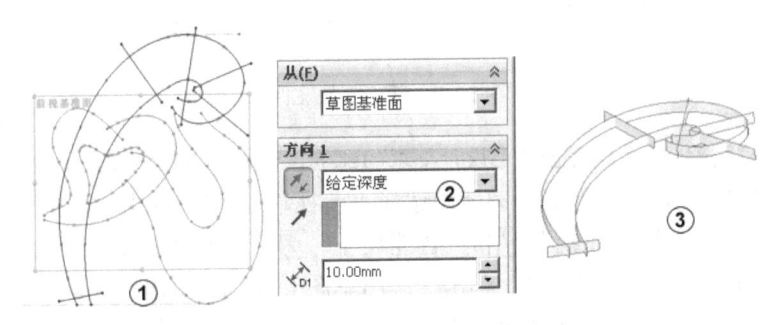

图 10-4　绘制草图 2，建立曲面拉伸

（5）建立"分割线"。选择"插入"→"曲线"→"分割线"命令，系统弹出"分割线"属性管理器。在"分割类型"选项中选择"交叉点"，在"分割实体/面/基准面"文本框中输入"草图 2"中 5 条直线拉成的曲面，在"要分割的实体/面"文本框中输入要分割的面，如图 10-5 中①所示，其他采用默认设置，单击"确定"按钮完成分割线操作。分割结果如图 10-5 中②所示。

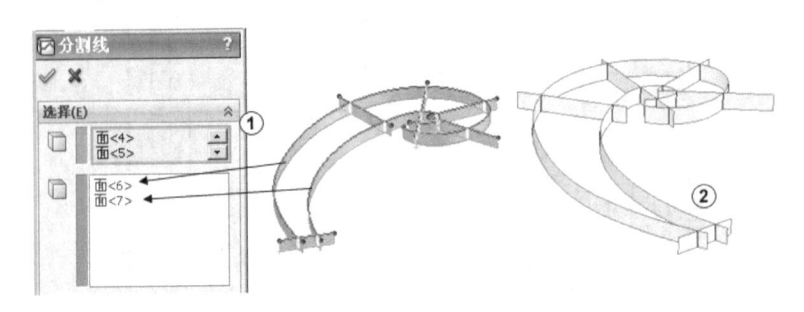

图 10-5　建立分割线

（6）绘制"草图 3、4、5"。在绘图区选择如图 10-6 中①所示的面作为绘制"草图 3"基准面，单击"正视于"按钮，切换到草图绘制面板。用"中心线"绘制出一条直线，

直线的两个端点分别与分割线产生的边线端点重合。用"圆"⊙绘制圆,圆心与直线的中点重合,圆边线与直线端点重合。用"剪裁实体"⚡剪去圆下半部,如图 10-6 中①所示。单击"退出草图"按钮退出绘制草图。用同样的方法绘制"草图 4"和"草图 5",如图 10-6 中②③所示。

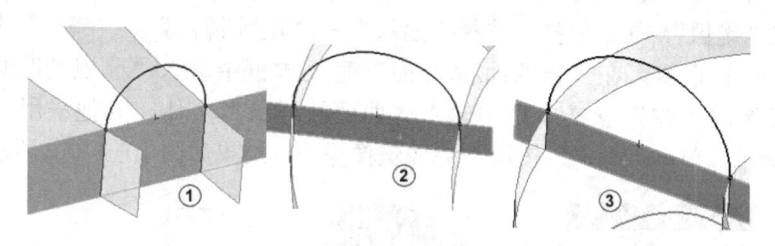

图 10-6 绘制草图 3、4、5

(7) 绘制"草图 6、7、8"。在绘图区选择如图 10-7 中①所示的面作为绘制"草图 6"基准面,单击"正视于"按钮,"草图 6"的绘制方法与"草图 3"的绘制方法一样,绘制好的"草图 6"如图 10-7 中①所示。用同样的方法绘制"草图 7"和"草图 8",如图 10-7 中②③所示。

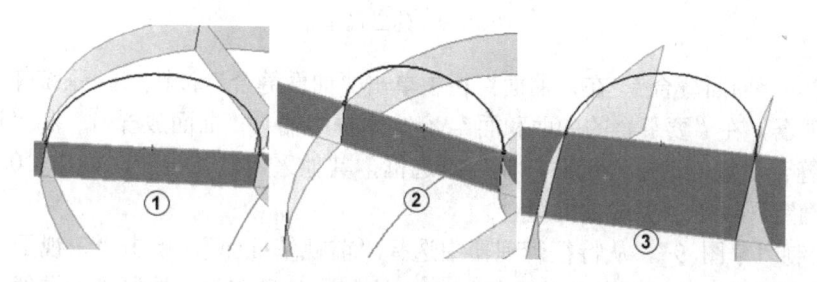

图 10-7 绘制草图 6、7、8

(8) 建立"曲面放样"。在"曲面"栏中单击"曲面放样"按钮,系统弹出"曲面放样"属性管理器,在"轮廓"文本框中依次输入"草图 3、4、5、6、7、8",在"起始/结束约束"栏的"开始约束"选择框中选择"无",在"结束约束"选择框中选择"无"。在"引导线"文本框中输入两组边线(选择边线组时使用 SelectionManager 选择组功能),并设置两条引导线的约束方式均为"与面相切",其他采用默认设置,如图 10-8 所示。单击"确定"按钮✓完成曲面放样操作。

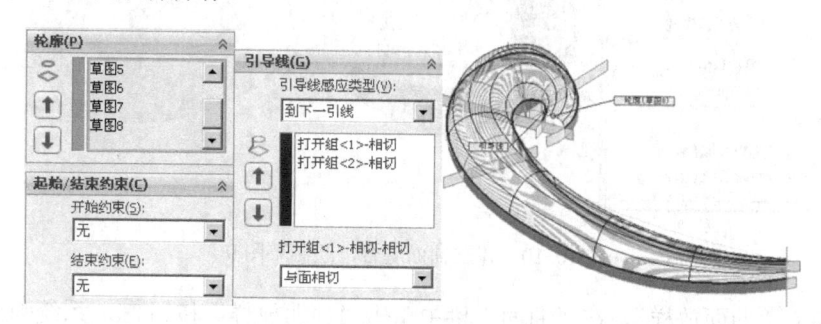

图 10-8 建立曲面放样

⚠ **注意**:在绘图区空白处右击,在弹出的快捷菜单中选择 SelectionManager,系统弹出 SelectionManager 对话框,单击"组"按钮,选择曲面的 5 条边线作为放样轮廓,单击"确

251

定"按钮 ✓ ，系统接受组输入，并在"轮廓"文本框中以"打开组"名称显示。

应用"组"命令 ⑤ ，可以选择由一组曲线、一组草图、一组边线组成的轮廓，这个选择功能非常实用。在以前的版本中，对于不是一条边线组合成的一个轮廓，必须先用"组合曲线"命令组合成曲线，或者绘制成3D草图后才能作为轮廓或引导线。

（9）建立"镜像"。在菜单栏中选择"插入"→"阵列/镜像"→"镜像"命令，系统弹出"镜像"属性管理器，在"镜像面/基准面" ⬚ 文本框中输入"前视基准面"作为镜像面，在"要镜像的实体" ⬚ 文本框中输入"曲面放样 1"实体，其他采用默认设置，如图10-9中①所示，单击"确定"按钮 ✓ 完成镜像操作，结果如图10-9中②所示。

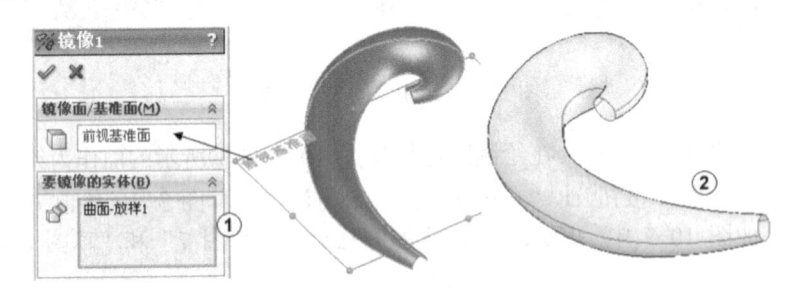

图10-9 建立镜像

（10）建立"曲面缝合"。在"曲面"栏中单击"曲面缝合"按钮 ⬚ ，系统弹出"曲面缝合"属性管理器，在"要缝合的曲面和面" ⬚ 文本框中输入"曲面放样 1"和"镜像 1"两个曲面作为缝合对象，选中"缝隙控制"复选框，其他采用默认设置，如图10-10中①所示。单击"确定"按钮 ✓ 完成曲面缝合。

（11）绘制"草图 9"。从特征管理器中选择"前视基准面"，单击"正视于"按钮 ⬚ ，单击"草图"，面板中的"样条曲线"按钮 ⬚ ，绘制一条只有两个控制点的曲线，曲线的两个端点分别与模型边线端点重合，分别将曲线与模型边线作"相切"约束，如图10-10中②所示。单击"退出草图"按钮 ⬚ 退出绘制草图。

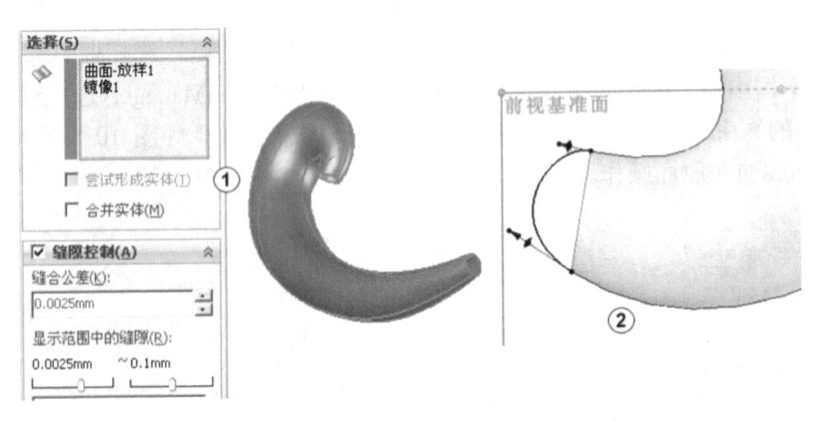

图10-10 建立曲面缝合，绘制草图9

（12）建立"曲面放样"。在"曲面"栏中单击"曲面放样"按钮 ⬚ ，系统弹出"曲面放样"属性管理器，在"轮廓" ⬚ 文本框中依次输入"边线 1""草图 9"和"边线 2"，在"起始/结束约束"栏的"开始约束"选择框中选择"与面相切"，在"相切长度"文本框中输入 1。在"结束约束"选择框中选择"与面相切"，在"相切长度"文本框中输入 1。其他

252

采用默认设置,如图 10-11 所示。单击"确定"按钮✓完成曲面放样操作。

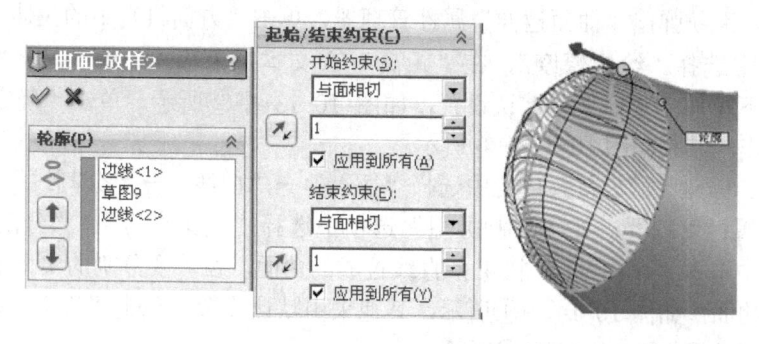

图 10-11 建立曲面放样

(13) 绘制"草图 10"。从特征管理器中选择"前视基准面",单击"正视于"按钮，单击"草图"面板中的"样条曲线"按钮，绘制一条只有两个控制点的曲线,曲线的两个端点分别与模型边线端点重合,分别将曲线与模型边线作"相切"约束。如图 10-12 中①所示。单击"退出草图"按钮退出绘制草图。

(14) 建立"曲面填充"。在"曲面"栏中单击"曲面填充"按钮，系统弹出"曲面填充"属性管理器,在"修补边界"文本框中输入两条边线,在"曲率控制"选择框中选择"相切",在"约束曲线"文本框中输入"草图 10",其他采用默认设置,如图 10-12 中②所示。单击"确定"按钮✓完成曲面填充操作。

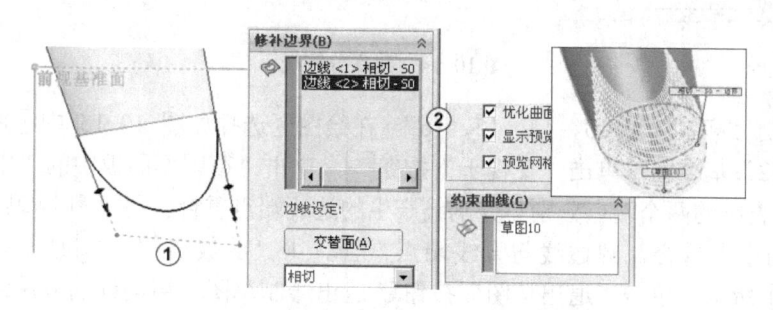

图 10-12 绘制草图 10,建立曲面填充

(15) 绘制"草图 11"。从特征管理器中选择"前视基准面",单击"正视于"按钮，切换到草图绘制面板,引用"草图 1"中的两条样条曲线,用"直线"绘制出 4 条直线,这 4 条直线拉伸成曲面后作为放样草图绘制基准面,如图 10-13 中①中所示。单击"退出草图"按钮退出绘制草图。

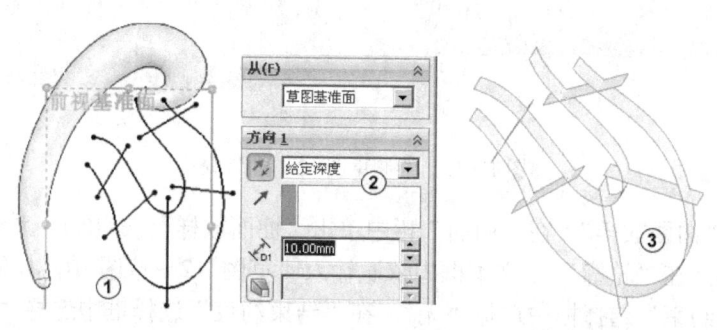

图 10-13 绘制草图 11,建立曲面拉伸

253

(16) 建立"曲面拉伸"。在特征管理器中选择"草图 11",在"曲面"栏中单击"曲面拉伸"按钮,系统弹出"曲面拉伸"属性管理器,单击"方向 1"中的拉伸类型选择框,在弹出的菜单中选择"给定深度",在"距离"文本框中输入 10,单击"反向"图标,使曲面向下拉伸,其他采用默认设置,如图 10-13 中②所示。单击"确定"按钮完成曲面拉伸操作。结果如图 10-13 中③所示。

(17) 建立"分割线"。在菜单栏中选择"插入"→"曲线"→"分割线"命令,系统弹出"分割线"属性管理器。在"分割类型"选项中选择"交叉点",在"分割实体/面/基准面"文本框中输入"草图 11"中 4 条直线拉成的曲面,在"要分割的实体/面"文本框中输入要分割的面,如图 10-14 中①所示,其他采用默认设置,单击"确定"按钮完成分割线操作。分割结果如图 10-14 中②所示。

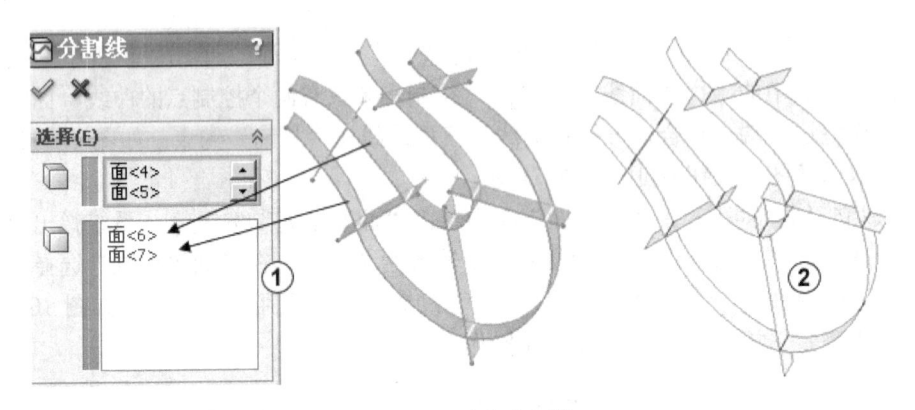

图 10-14 建立分割线

(18) 绘制"草图 12、13、14、15、16"。在绘图区选择如图 10-15 中①所示的面作为绘制"草图 12"基准面,单击"正视于"按钮,单击"草图"面板中的"中心线"绘制一条直线,直线的两个端点分别与分割线产生的边线端点重合。用"圆"绘制一个圆,圆心与直线的中点重合,圆边线与直线端点重合。用"剪裁实体"剪去圆下半部,如图 10-15 中①所示。单击"退出草图"按钮退出绘制草图。用同样的方法绘制出"草图 13""草图 14""草图 15""草图 16",如图 10-15 中②~⑤所示。

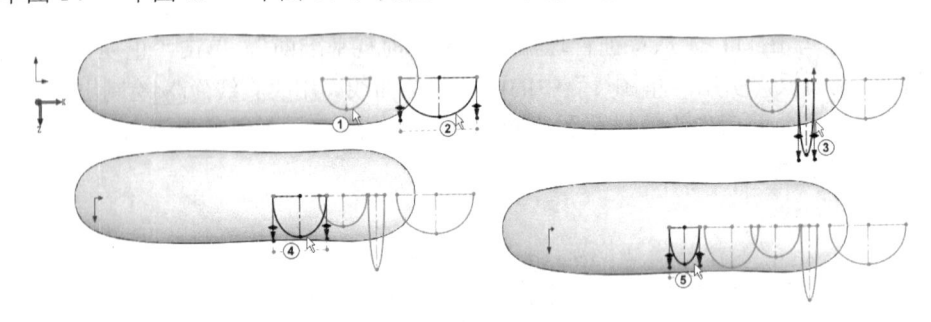

图 10-15 绘制草图 12~草图 16

(19) 建立"曲面放样"。在"曲面"栏中单击"曲面放样"按钮,系统弹出"曲面放样"属性管理器,在"轮廓"文本框中依次输入"草图 12~草图 16",在"起始/结束约束"栏的"开始约束"选择框中选择"无",在"结束约束"选择框中选择"无"。在"引导线"文本框中输入两组边线(选择边线组时使用 SelectionManager 选择组功能),并设置两条

254

引导线的约束方式均为"与面相切"。其他采用默认设置,如图 10-16 所示。单击"确定"按钮✓完成曲面放样操作。

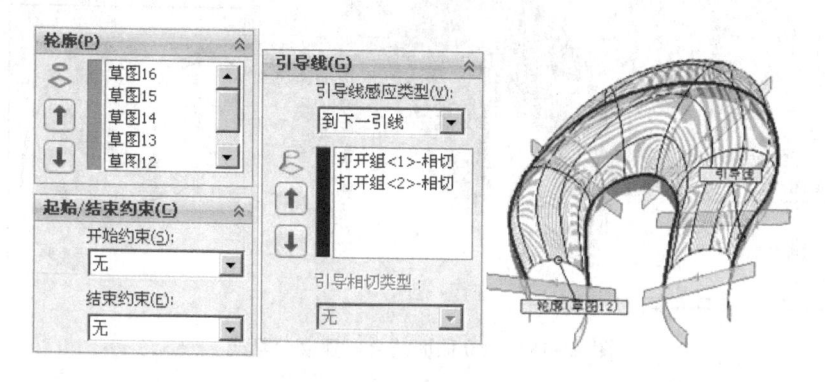

图 10-16 建立曲面放样

(20)建立"镜像"。在菜单栏中选择"插入"→"阵列/镜像"→"镜像"命令,系统弹出"镜像"属性管理器,在"镜像面/基准面"文本框中输入"前视基准面"作为镜像面,在"要镜像的实体"文本框中输入"曲面放样 3"实体,其他采用默认设置,如图 10-17 中①所示,单击"确定"按钮✓完成镜像操作,结果如图 10-17 中②所示。

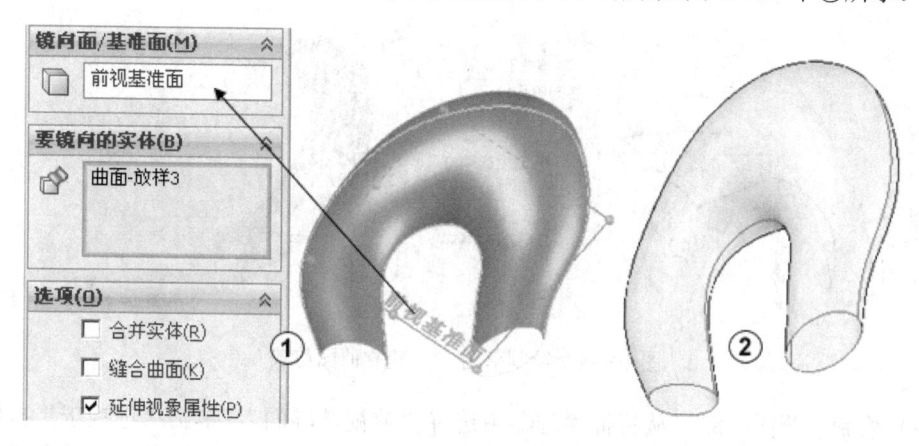

图 10-17 建立镜像

(21)建立"曲面缝合"。在"曲面"栏中单击"曲面缝合"按钮,系统弹出"曲面缝合"属性管理器,在"要缝合的曲面和面"文本框中输入"曲面放样 3"和"镜像 2"两个曲面作为缝合对象,选中"缝隙控制"复选框,其他采用默认设置,如图 10-18 中①所示。单击"确定"按钮✓完成曲面缝合操作。

(22)建立"分割线"。在菜单栏中选择"插入"→"曲线"→"分割线"命令,系统弹出"分割线"属性管理器。在"分割类型"选项中选择"交叉点",在"分割实体/面/基准面"文本框中输入"前视基准面",在"要分割的实体/面"文本框中输入要分割的面,如图 10-18 中②所示,其他采用默认设置,单击"确定"按钮✓完成分割线操作。

(23)绘制"草图 17"。从特征管理器中选择"前视基准面",单击"正视于"按钮,单击"草图"面板中的"三点弧"按钮,绘制两条圆弧,用"直线"绘制出两条直线,如果 10-19 中①中所示。单击"退出草图"按钮退出绘制草图。

255

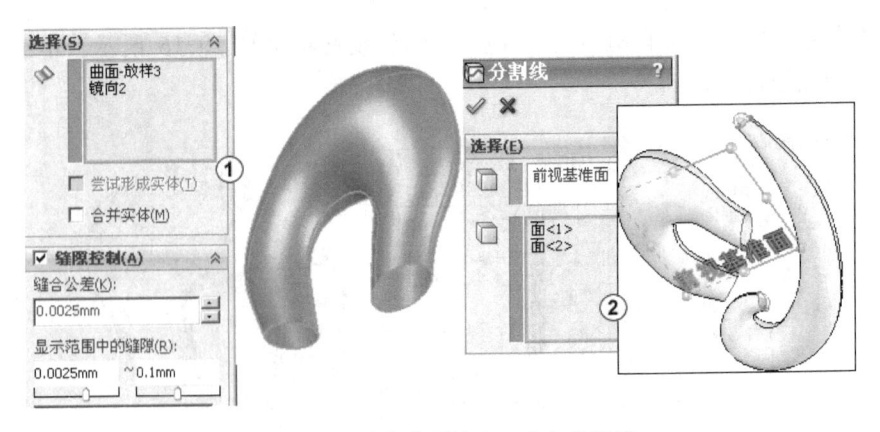

图 10-18 建立曲面缝合，建立分割线

（24）建立"曲面剪裁"。在"曲面"栏中单击"曲面剪裁"按钮，系统弹出"曲面剪裁"属性管理器。选择"剪裁类型"为"标准"，在"剪裁"文本框中输入"草图 17"作为剪裁，选中"保留选择"单选按钮，在绘图区选择要保留的曲面，保留面呈红色显示，并显示在"要保留的部分"文本框中，如图 10-19 中②所示，单击"确定"按钮完成曲面剪裁操作。

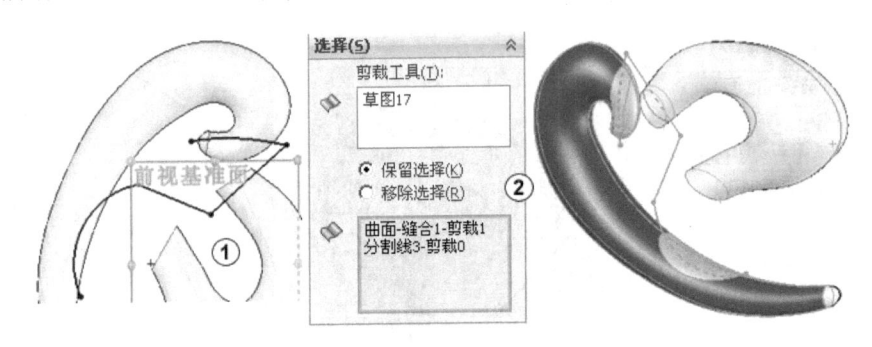

图 10-19 绘制草图 17，建立曲面剪裁

（25）绘制"草图 18"。从特征管理器中选择"前视基准面"，单击"正视于"按钮，切换到草图绘制面板。用"样条曲线"绘制两条只有两个控制点的曲线，曲线的两个端点分别与模型边线端点重合，分别将曲线与模型边线作"相切"约束，如图 10-20 中①所示。单击"退出草图"按钮退出绘制草图。

（26）建立"曲面拉伸"。在特征管理器中选择"草图 18"，在"曲面"栏中单击"曲面拉伸"按钮，系统弹出"曲面拉伸"属性管理器，单击"方向 1"中的拉伸类型选择框，在弹出的菜单中选择"给定深度"，在"距离"文本框中输入 10，单击"反向"按钮，使曲面向下拉伸，其他采用默认设置，如图 10-20 中②所示。单击"确定"按钮完成曲面拉伸操作。结果如图 10-20 中③所示。

（27）建立"曲面放样"。在"曲面"栏中单击"曲面放样"按钮，系统弹出"曲面放样"属性管理器，在"轮廓"文本框中依次输入"打开组"和"边线"，（选择边线组时使用 SelectionManager 选择组功能），在"起始/结束约束"栏的"开始约束"选择框中选择"与面相切"，在"相切长度"文本框中输入 1；在"结束约束"选择框中选择"与面相切"，在"相切长度"文本框中输入 1。在"引导线"文本框中输入两条边线，并设置两条引导线的约束方式均为"与面相切"。其他采用默认设置，如图 10-21 所示。单击"确定"按钮完成曲面放样操作。

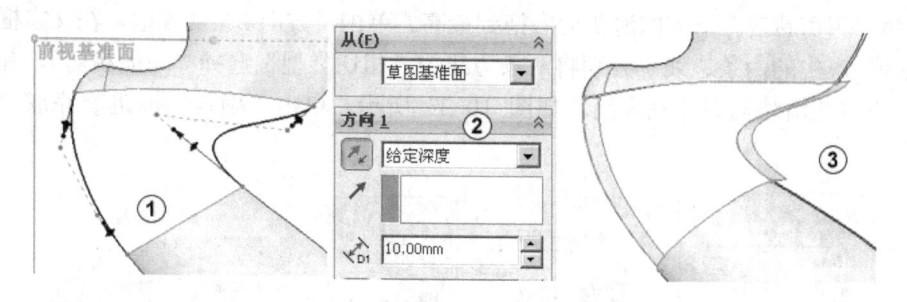

图 10-20 绘制草图 18，建立曲面拉伸

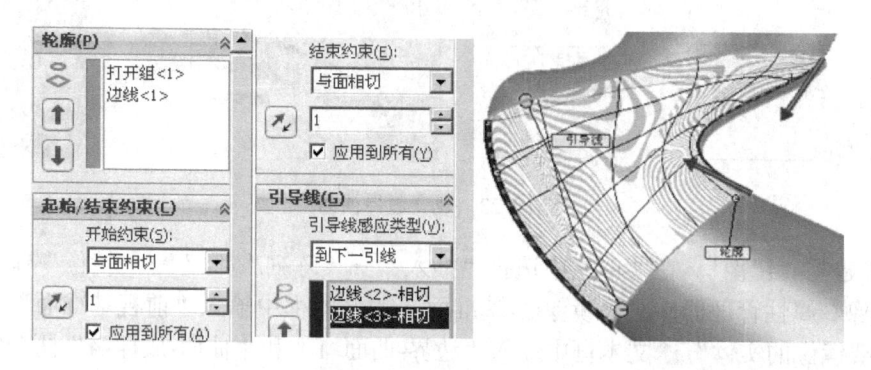

图 10-21 建立曲面放样

（28）绘制"草图 19"。从特征管理器中选择"前视基准面"，单击"正视于"按钮，切换到草图绘制面板。用"样条曲线"分别绘制出两条只有两个控制点的曲线，曲线的两个端点分别与模型边线端点重合，分别将曲线与模型边线作"相切"约束。如图 10-22 中①所示。单击"退出草图"按钮退出绘制草图。

（29）建立"曲面拉伸"。在特征管理器中选择"草图 19"，在"曲面"栏中单击"曲面拉伸"按钮，系统弹出"曲面拉伸"属性管理器。单击"方向 1"中的拉伸类型选择框，在弹出的菜单中选择"给定深度"，在"距离"文本框中输入 10，单击"反向"按钮，使曲面向下拉伸，其他采用默认设置，如图 10-22 中②所示。单击"确定"按钮完成曲面拉伸操作，结果如图 10-22 中③所示。

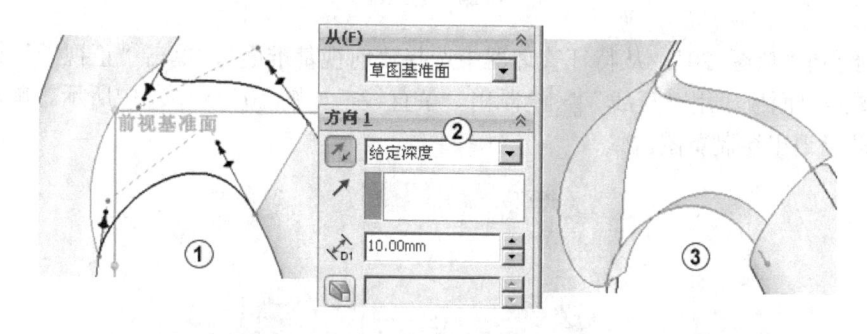

图 10-22 绘制草图 19，建立曲面拉伸

（30）建立"边界曲面"。单击"曲面"栏中的"边界曲面"按钮，或选择菜单栏中的"插入"→"曲面"→"边界曲面"命令，系统弹出"边界曲面"属性管理器，在"方向 1"

框中输入"曲面剪裁"产生的两条边线,然后分别将两条边线的"相切类型"选择"与面相切",并将"相切感应"下方的滑块向右拖到最高。单击"方向2"文本框,在文本框中输入"曲面拉伸"产生的两条边线,分别将两条边线的"相切类型"选择"与面相切",并将"相切感应"下方的滑块向右拖到最高。如图 10-23 所示。单击"确定"按钮 ✓ 完成"边界曲面"操作。

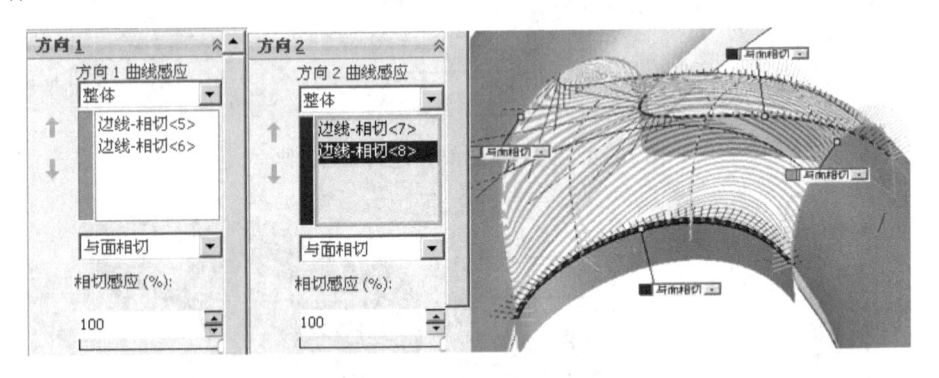

图 10-23 建立边界曲面

（31）建立"镜像"。在菜单栏中选择"插入"→"阵列/镜像"→"镜像"命令,系统弹出"镜像"属性管理器,在"镜像面/基准面" 文本框中输入"前视基准面"作为镜像面,在"要镜像的实体" 文本框中输入"边界-曲面 1"和"曲面-放样 4"两个实体,其他采用默认设置,如图 10-24 中①所示,单击"确定"按钮 ✓ 完成镜像操作,结果如图 10-24 中②所示。

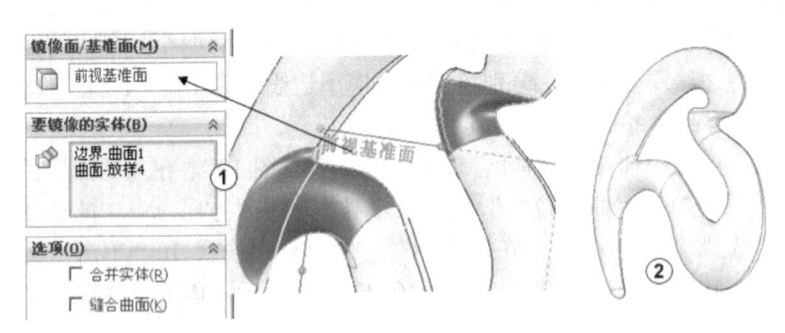

图 10-24 建立镜像

（32）绘制"草图 20"。从特征管理器中选择"前视基准面",单击"正视于"按钮 ,切换到草图绘制面板。用"直线" 绘制出一条直线,如图 10-25 中①中所示。单击"退出草图"按钮 退出绘制草图。

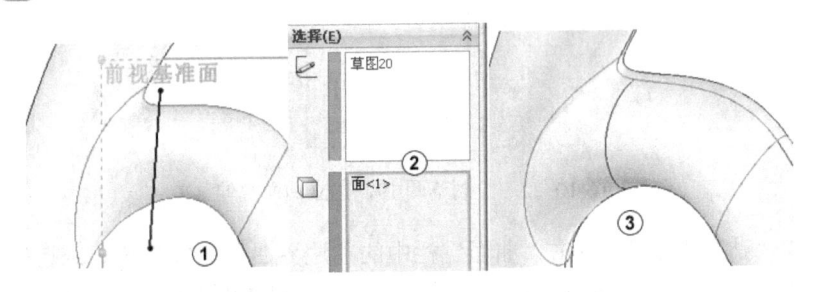

图 10-25 绘制草图 20,建立分割线

(33) 创建"分割线"。在菜单栏中选择"插入"→"曲线"→"分割线"命令，系统弹出"分割线"属性管理器。在"分割类型"选项中选择"投影"，在"要投影的草图" 文本框中输入"草图 20"，在"要投影的面" 文本框中输入要分割的面，如图 10-25 中②所示。其他采用默认设置，单击"确定"按钮 完成分割线操作，分割结果如图 10-25 中③所示。

(34) 建立"自由形"。选择菜单栏中的"插入"→"特征"→"自由形"命令，系统弹出"自由形"属性管理器。在"显示"栏选中"网格预览"复选框，输入网格密度为 5。在"在变形的面" 文本框中输入要变形的面，选择的曲面显示出网格。选择"控制类型"为"通过点"，单击"添加曲线"按钮，在要变形的面上合适的位置单击，则在其上添加了一条控制曲线，再次单击"添加曲线"按钮，取消曲线添加。将要变形的面四周的"连续性"控制都设为"曲率"，如图 10-26 所示。

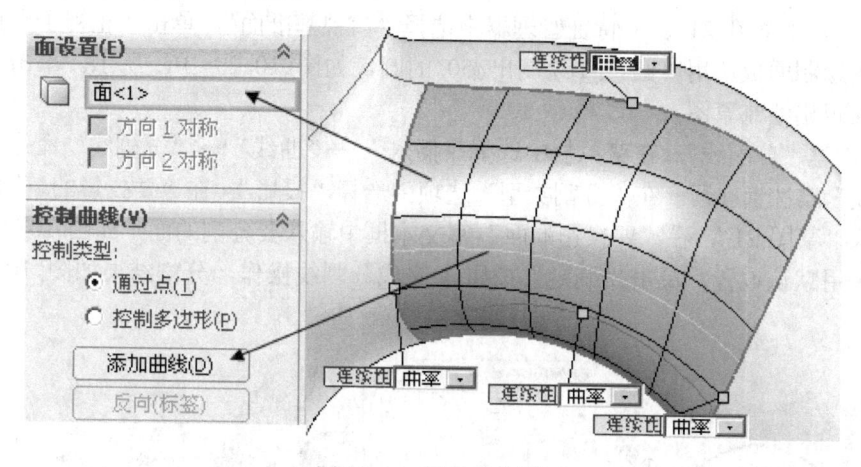

图 10-26　建立自由形 1

(35) 添加"控制点"。在"控制点"栏选中"捕捉到几何体"复选框，选择"三重轴方向"为"整体"，单击"添加点"按钮，在刚才添加的曲线中间单击，则在曲线中间产生一个控制点，如图 10-27 所示。

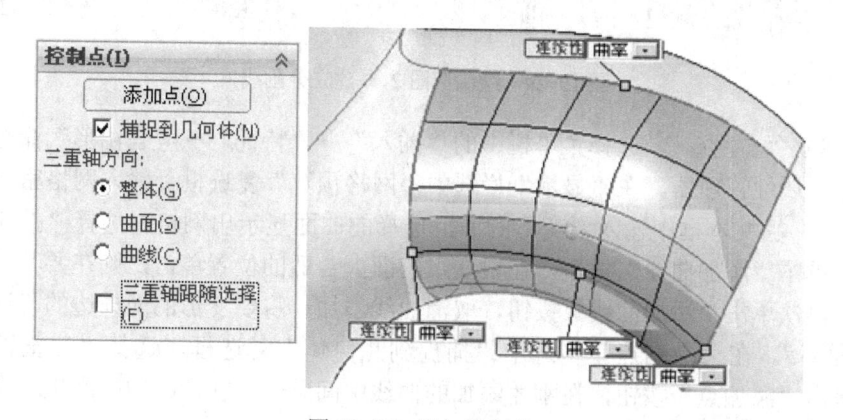

图 10-27　添加控制点

(36) 设置三重轴参数。再次单击"添加点"按钮，取消控制点添加。取消选中"三重轴跟随选择"复选框，在控制点上单击，鼠标光标处出现移动图标。在三重轴参数输入框中输入 X0，Y5，Z40，如图 10-28 所示。单击"确定"按钮 完成"自由形"操作。

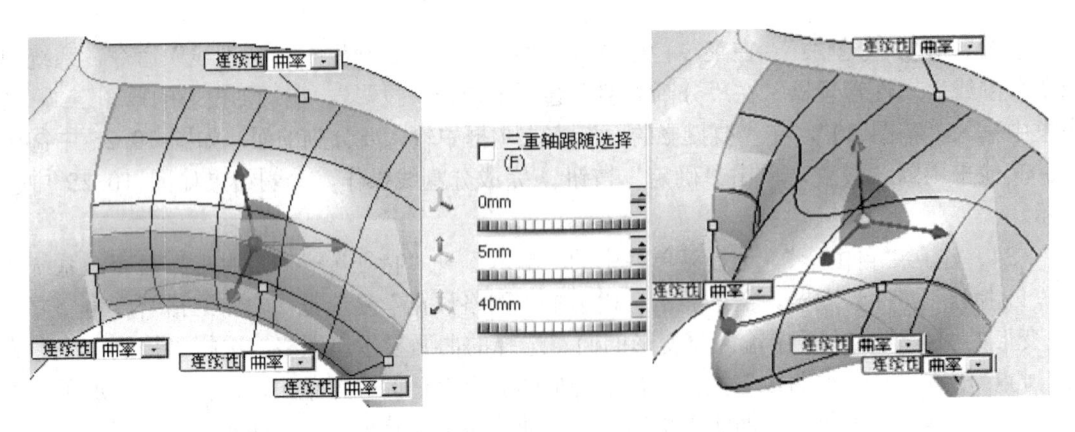

图 10-28 设置三重轴参数

（37）绘制"草图 21"。从特征管理器中选择"前视基准面"，单击"正视于"按钮，切换到草图绘制面板。用"圆"绘制出ϕ50 的圆，如图 10-29 中①所示。单击"退出草图"按钮退出绘制草图。

（38）创建"分割线"。在菜单栏中选择"插入"→"曲线"→"分割线"命令，系统弹出"分割线"属性管理器。在"分割类型"选项中选择"投影"，在"要投影的草图"文本框中输入"草图 21"，在"要投影的面"文本框中输入要分割的面，如图 10-29 中②所示。其他采用默认设置，单击"确定"按钮完成分割线操作，分割结果如图 10-29 中③所示。

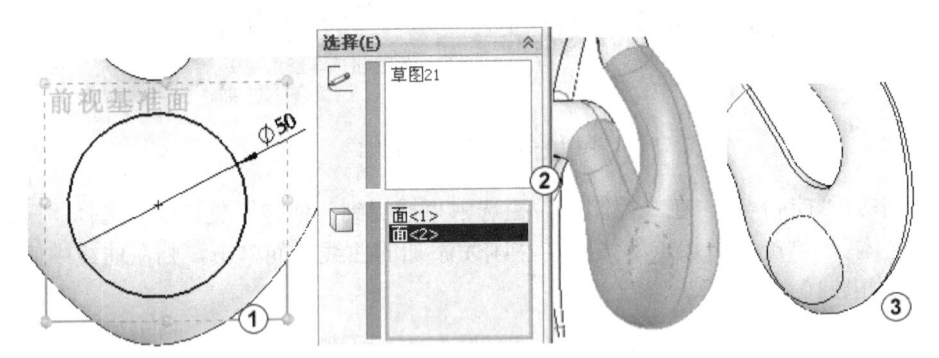

图 10-29 绘制草图 21，建立分割线

（39）建立"自由形"。选择菜单栏中的"插入"→"特征"→"自由形"命令，系统弹出"自由形"属性管理器。在"显示"栏选中"网格预览"复选框，输入网格密度为 5。在"在变形的面"文本框中输入要变形的面，选择的曲面显示出网格。选择"控制类型"为"通过点"，单击"添加曲线"按钮，在要变形的面上合适的位置单击，则在要其上添加一条控制曲线，再次单击"添加曲线"按钮，取消曲线添加。将要变形的面周边的"连续性"控制设为"曲率"。在"控制点"栏选中"捕捉到几何体"复选框，选择"三重轴方向"为"整体"，单击"添加点"按钮，在刚才添加的曲线中间单击，在曲线中间产生一个控制点，如图 10-30 所示。

（40）设置三重轴参数。再次单击"添加点"按钮，取消控制点添加。取消选中"三重轴跟随选择"复选框，在控制点上单击，鼠标光标处出现移动图标。在三重轴参数文本框中输入 X0，Y-10，Z40，如图 10-31 所示。单击"确定"按钮完成"自由形"操作，结果如图 10-31 中②所示。

260

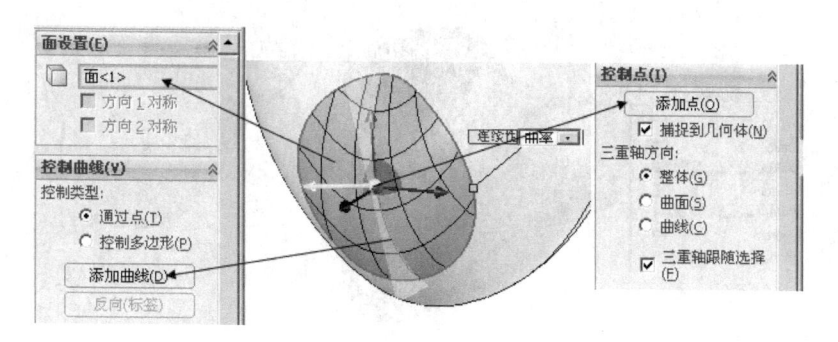

图 10-30　建立自由形 2

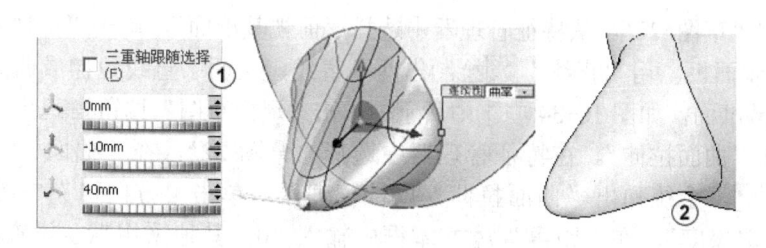

图 10-31　设置三重轴参数

（41）建立"自由形"。选择菜单栏中的"插入"→"特征"→"自由形"命令，系统弹出"自由形"属性管理器。在"显示"栏选中"网格预览"复选框，输入网格密度为 5。在"在变形的面" 文本框中输入要变形的面，选择的曲面显示出网格。选择"控制类型"为"通过点"，单击"添加曲线"按钮，在要变形的面上合适的位置单击，则在其上添加一条控制曲线，再次单击"添加曲线"按钮，取消曲线添加。将要变形的面周边的"连续性"控制设为"曲率"。在"控制点"栏选中"捕捉到几何体"复选框，选择"三重轴方向"为"整体"，单击"添加点"按钮，在刚添加的曲线中间单击，则在曲线中间产生一个控制点，如图 10-32 所示。

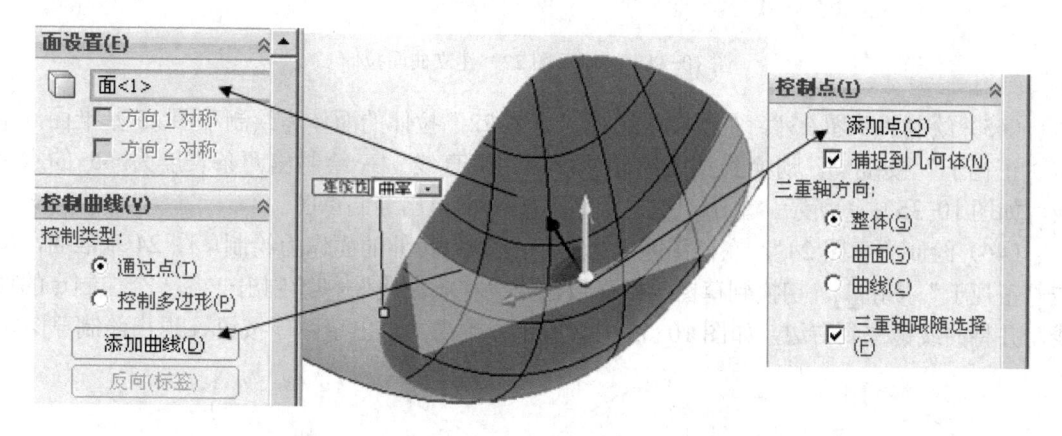

图 10-32　建立自由形 3

（42）设置三重轴参数。再次单击"添加点"按钮，取消控制点添加。取消选中"三重轴跟随选择"复选框，然后在控制点上单击，鼠标光标处出现移动图标。在三重轴参数文本框中输入 X0，Y-10，Z-40，如图 10-33 中①所示。单击"确定"按钮 完成"自由形"操作，结果如图 10-33 中②所示。

261

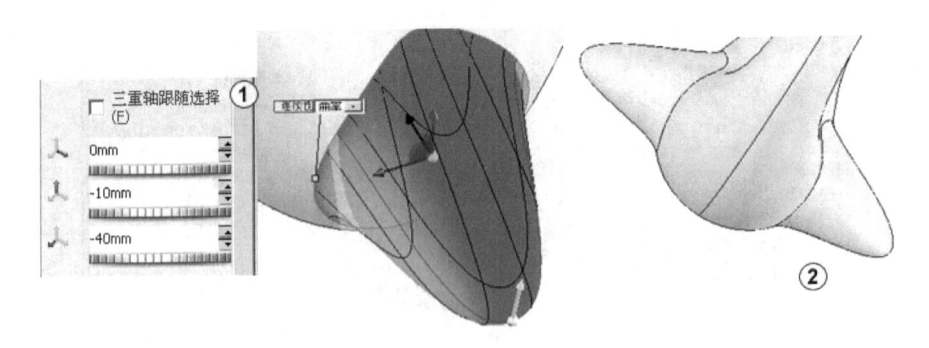

图 10-33　设置三重轴参数

（43）绘制"草图 22"。从特征管理器中选择"前视基准面"，单击"正视于"按钮，切换到草图绘制面板。用"直线"绘制出两条直线，这两条直线拉伸成曲面后作为"变形"草图绘制基准面，如图 10-34 中①中所示。单击"退出草图"按钮退出绘制草图。

（44）建立"曲面拉伸"。在特征管理器中选择"草图 22"，在"曲面"栏中单击"曲面拉伸"按钮，系统弹出"曲面拉伸"属性管理器，单击"方向 1"中的拉伸类型选择框选择"给定深度"，在"距离"文本框中输入 30，其他采用默认设置，如图 10-34 中②所示。单击"确定"按钮完成曲面拉伸操作，结果如图 10-34 中③所示。

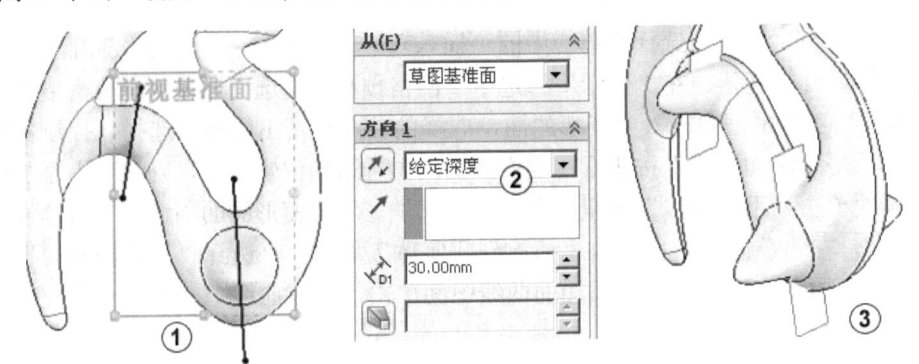

图 10-34　绘制草图 22，建立曲面拉伸

（45）绘制"草图 23"。在绘图区选择"草图 22"拉伸的面作为绘制草图 23 基准面，单击"正视于"按钮，切换到草图绘制面板，用"直线"绘制出两条长度为 55 的水平线，如图 10-35 中①所示。单击"退出草图"按钮退出绘制草图。

（46）绘制"草图 24"。在绘图区选择"草图 22"拉伸的面作为绘制草图 24 基准面，单击"正视于"按钮，切换到草图绘制面板，用"样条曲线"绘制出一条 3 个控制点的曲线，并将曲线镜像到右边，如图 10-35 中②所示。单击"退出草图"按钮退出绘制草图。

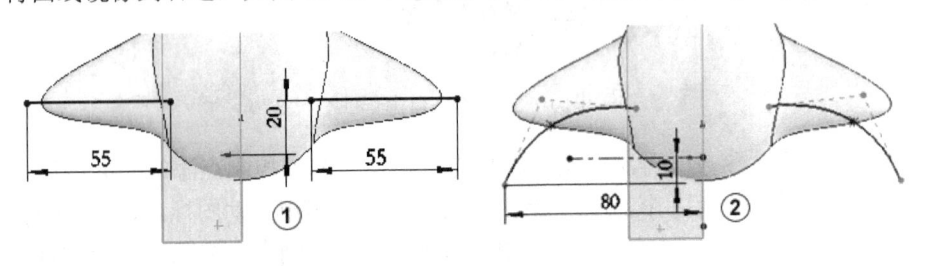

图 10-35　绘制草图 23 和草图 24

（47）建立变形。在菜单中选择"插入"→"特征"→"变形"命令，系统弹出"变形"属性管理器。选择"变形类型"为"曲线到曲线"，在变形曲线栏的"初始曲线"文本框中输入草图23绘制的水平线，在"目标曲线"文本框中输入草图24绘制的曲线，在"变形区域"选中"固定的边线"复选框，在"要变形的其他面"文本框中输入要变形的面，如图10-36所示。

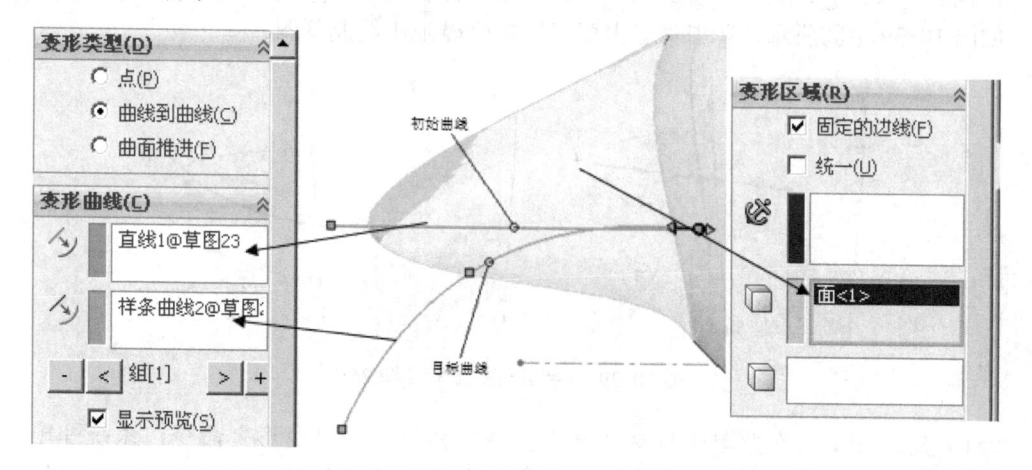

图10-36 建立变形

（48）设置形状选项。在"形状选项"栏中选择"刚度中等"，将"形状精度"的滑竿向右推到最大，在"匹配"栏中选择"曲线方向"，其他采用默认设置，如图10-37①所示。单击"确定"按钮完成变形操作，变形结果如图10-37中②所示。

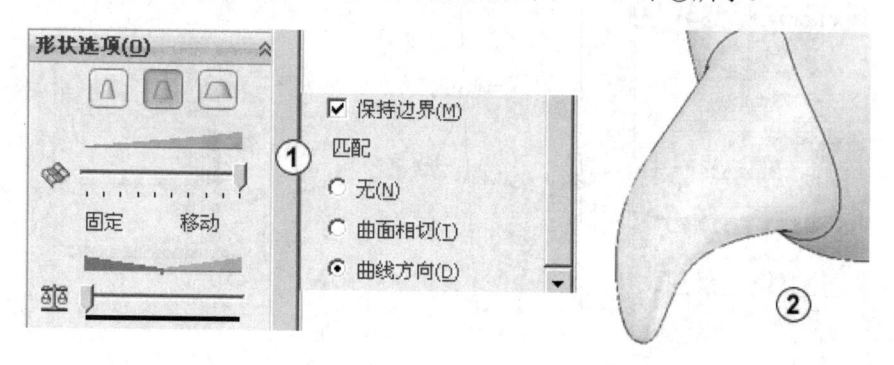

图10-37 设置形状选项

用同样的方法做出另一边的变形特征，结果如图10-38所示。

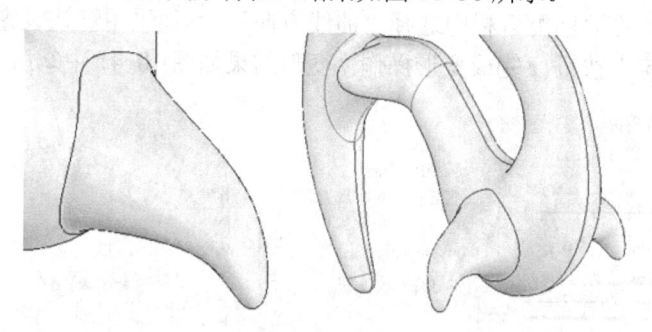

图10-38 用同样方法做出另一边的变形特征

263

(49）绘制"草图 25"。在绘图区选择"草图 22"拉伸的面作为绘制草图 25 基准面，单击"正视于"按钮，切换到草图绘制面板，用"直线"绘制出一条直线，如图 10-39 中①所示。单击"退出草图"按钮退出绘制草图。

(50）绘制"草图 26"。在绘图区选择"草图 22"拉伸的面作为绘制草图 26 基准面，单击"正视于"按钮，切换到草图绘制面板，用"样条曲线"绘制出一条两个控制点的曲线，如图 10-39 中②所示。单击"退出草图"按钮退出绘制草图。

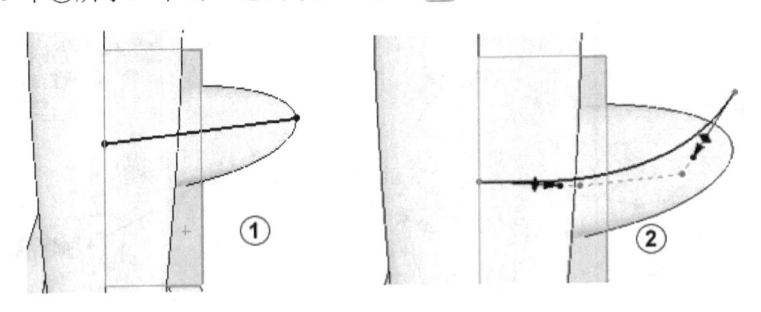

图 10-39　绘制草图 25 和草图 26

(51）建立变形。在菜单中选择"插入"→"特征"→"变形"命令，系统弹出"变形"属性管理器。选择"变形类型"为"曲线到曲线"，在变形曲线栏的"初始曲线"文本框中输入草图 25 绘制的直线，在"目标曲线"文本框中输入草图 26 绘制的曲线，在"变形区域"栏中勾选"固定的边线"选项，在"要变形的其他面"文本框中输入要变形的面，如图 10-40 所示。

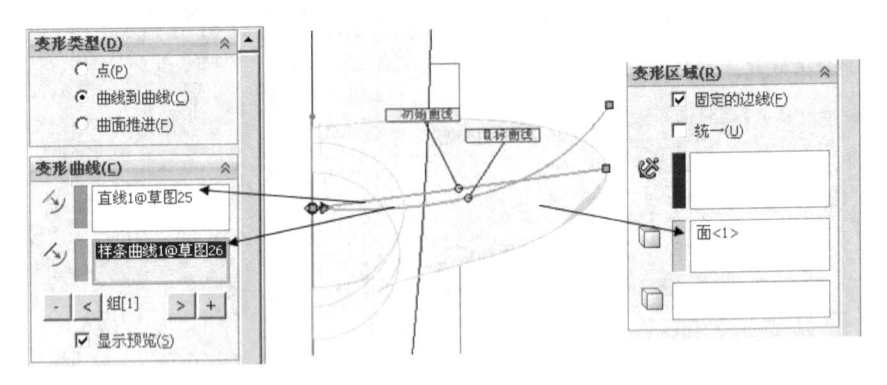

图 10-40　建立变形

(52）设置形状选项。在"形状选项"单击"刚度中等"按钮，将"形状精度"的滑竿向右推到最大，在"匹配"栏中选择"曲线方向"，其他采用默认设置，如图 10-41 中①所示。单击"确定"按钮完成变形操作，变形结果如图 10-41 中②所示。

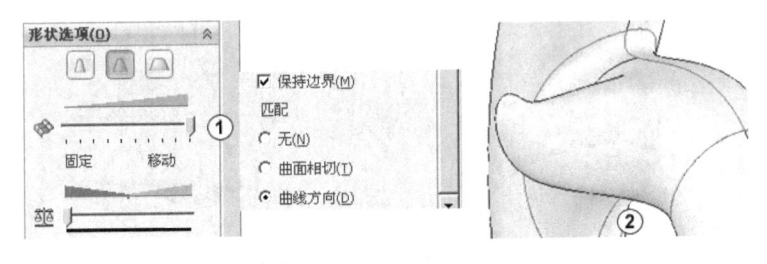

图 10-41　设置形状选项

264

（53）建立"曲面缝合"。在"曲面"栏中单击"曲面缝合"按钮，系统弹出"曲面缝合"属性管理器，在"要缝合的曲面和面"文本框中输入要缝合的 5 张面作为缝合对象，选中"尝试形成实体"复选框，将曲面缝合成实体。选中"缝隙控制"复选框，在缝隙列表中列出了所有"缝合公差"范围内的缝隙，在缝隙左边打上勾，将曲面中的缝隙缝合。其他采用默认设置，如图 10-42 所示。单击"确定"按钮完成曲面缝合操作。

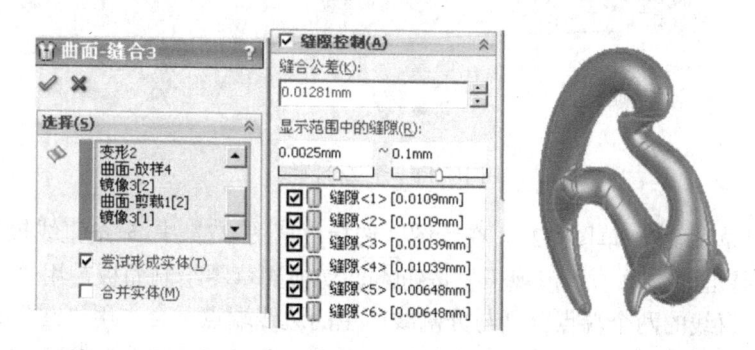

图 10-42　建立曲面缝合

10.3　创建小"心"模型

（1）绘制"草图 27"。从特征管理器中选择"前视基准面"，单击"正视于"按钮，切换到草图绘制面板，引用"草图 1"中的一条样条曲线，用"样条曲线"绘制出一条曲线，用"直线"绘制出 5 条直线，这 5 条直线拉伸成曲面后作为放样草图绘制基准面，如图 10-43 中①中所示。单击"退出草图"按钮退出绘制草图。

（2）建立"曲面拉伸"。在特征管理器中选择"草图 27"，在"曲面"栏中单击"曲面拉伸"按钮，系统弹出"曲面拉伸"属性管理器，单击"方向 1"中的拉伸类型选择"给定深度"，在"距离"文本框中输入 10，单击"反向"按钮，使曲面向下拉伸，其他采用默认设置，如图 10-43 中②所示。单击"确定"按钮完成曲面拉伸操作，结果如图 10-43 中③所示。

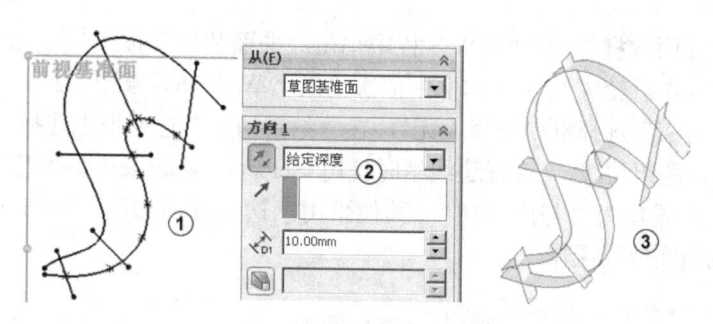

图 10-43　绘制草图 27，建立曲面拉伸

（3）建立"分割线"。在菜单栏中选择"插入"→"曲线"→"分割线"命令，系统弹出"分割线"属性管理器，在"分割类型"选项中选择"交叉点"，在"分割实体/面/基准面"文本框中输入"草图 27"中 5 条直线拉成的曲面，在"要分割的实体/面"文本框中输入要分割的面，如图 10-44 中①所示，其他采用默认设置，单击"确定"按钮完成分

割线操作。分割结果如图 10-44 中②所示。

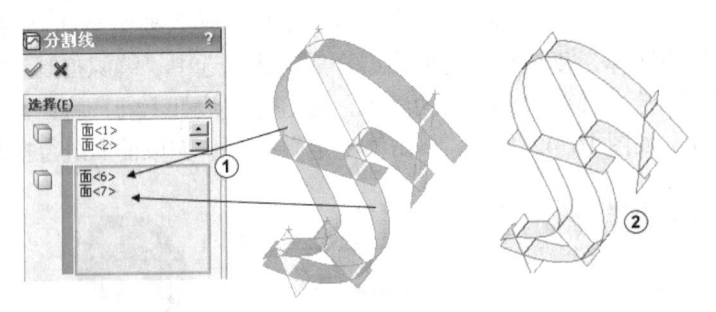

图 10-44 建立分割线

（4）绘制"草图 28～草图 32"。在绘图区选择"草图 27"中 5 条直线拉伸的面作为绘制"草图 28"基准面，单击"正视于"按钮，切换到草图绘制面板，用"中心线"绘制出一条直线，直线的两个端点分别与分割线产生的边线端点重合。用"圆"绘制出一个圆，圆心与直线的中点重合，圆边线与直线端点重合。用"剪裁实体"剪去圆下半部，如图 10-45 中①所示。单击"退出草图"按钮退出绘制草图。用同样的方法绘制出"草图 29""草图 30""草图 31"和"草图 32"，如图 10-45 中②～⑤所示。

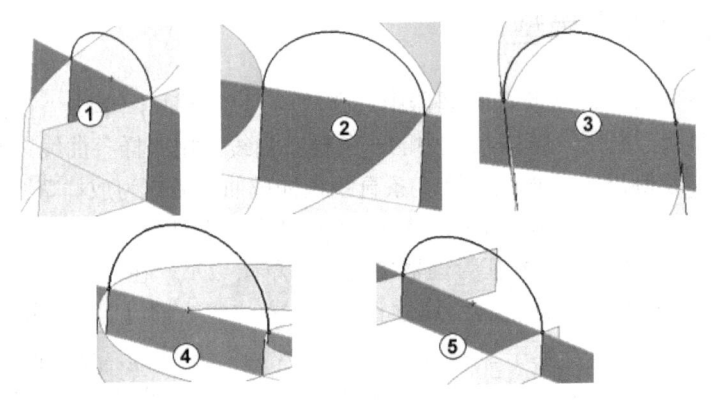

图 10-45 绘制草图 28、29、30、31、32

（5）建立"曲面放样"。在"曲面"栏中单击"曲面放样"按钮，系统弹出"曲面放样"属性管理器，在"轮廓"文本框中依次输入"草图 28～草图 32"，在"起始/结束约束"栏的"开始约束"选择框中选择"无"，在"结束约束"选择框中选择"无"。在"引导线"文本框中输入两组边线，（选择边线组时使用 SelectionManager 选择组功能），并设置两条引导线的约束方式均为"与面相切"。其他采用默认设置，如图 10-46 所示。单击"确定"按钮完成曲面放样操作。

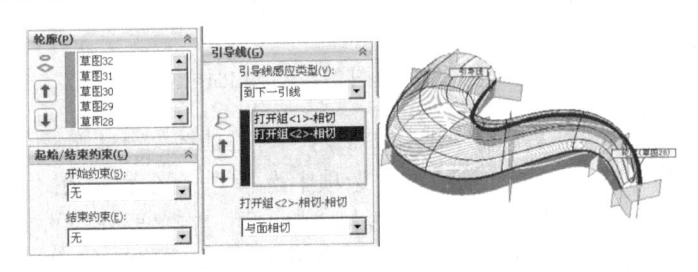

图 10-46 建立曲面放样

（6）建立"镜像"。在菜单栏中选择"插入"→"阵列/镜像"→"镜像"命令，系统弹出"镜像"属性管理器。在"镜像面/基准面"文本框中输入"前视基准面"作为镜像面，在"要镜像的实体"文本框中输入"曲面-放样 5"实体，其他采用默认设置，如图 10-47 中①所示。单击"确定"按钮完成镜像操作，结果如图 10-47 中②所示。

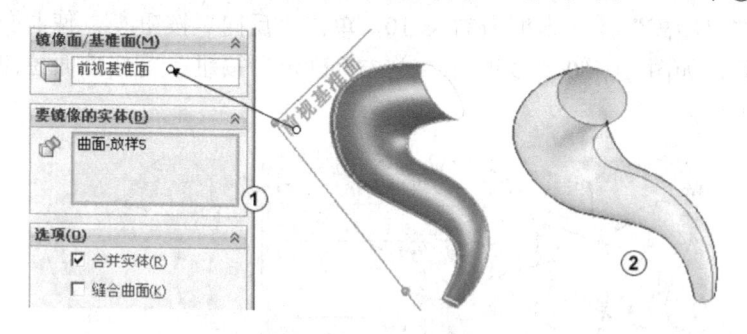

图 10-47　建立镜像

（7）建立"曲面缝合"。在"曲面"栏中单击"曲面缝合"按钮，系统弹出"曲面缝合"属性管理器。在"要缝合的曲面和面"文本框中输入"曲面-放样 5"和"镜像 4"两个曲面作为缝合对象，选中"缝隙控制"复选框，其他采用默认设置，如图 10-48 所示。单击"确定"按钮完成曲面缝合操作。

图 10-48　建立曲面缝合

（8）建立"曲面填充"。在"曲面"栏中单击"曲面填充"按钮，系统弹出"曲面填充"属性管理器，在"修补边界"文本框中输入两条边线，在"曲率控制"选择框中选择"相切"，其他采用默认设置，如图 10-49 中①所示。单击"确定"按钮完成曲面填充操作，结果如图 10-49 中②所示。

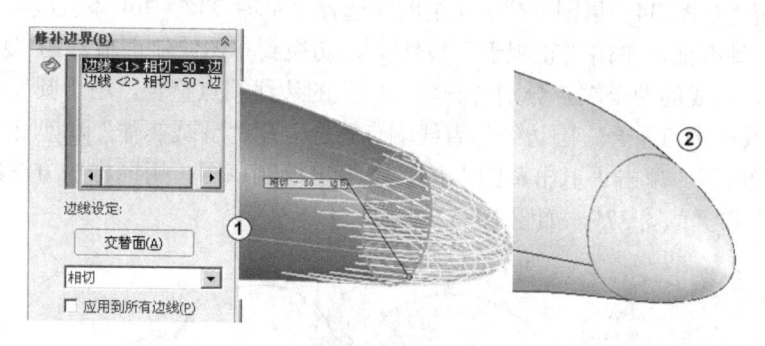

图 10-49　建立曲面填充

（9）绘制"草图 33"。从特征管理器中选择"前视基准面"，单击"正视于"按钮，切换到草图绘制面板，引用"草图 1"中的一条样条曲线，用"样条曲线"绘制出一条曲

267

线，用"直线" 绘制出 4 条直线，这 4 条直线拉伸成曲面后作为放样草图绘制基准面，如图 10-50 中①中所示。单击"退出草图"按钮 退出绘制草图。

（10）建立"曲面拉伸"。在特征管理器中选择"草图 33"，在"曲面"栏中单击"曲面拉伸"按钮 ，系统弹出"曲面拉伸"属性管理器。单击"方向 1"中的拉伸类型选择"给定深度"，在"距离" 文本框中输入 10，单击"反向"按钮 ，使曲面向下拉伸，其他采用默认设置，如图 10-50 中②所示。单击"确定"按钮 完成曲面拉伸操作，结果如图 10-50 中③所示。

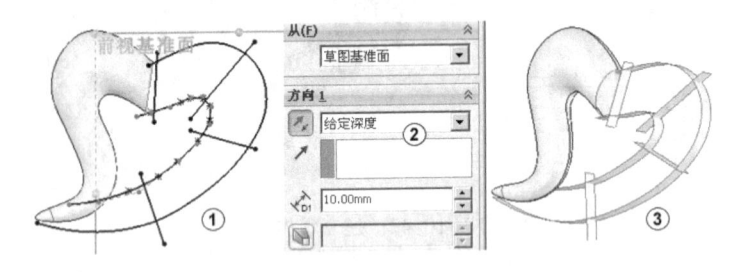

图 10-50　绘制草图 33，建立曲面拉伸

（11）建立"分割线"。在菜单栏中选择"插入"→"曲线"→"分割线"命令，系统弹出"分割线"属性管理器，在"分割类型"选项中选择"交叉点"，在"分割实体/面/基准面" 文本框中输入"草图 33"中 4 条直线拉成的曲面，在"要分割的实体/面" 文本框中输入要分割的面，如图 10-51 中①所示。其他采用默认设置，单击"确定"按钮 完成分割线操作，分割结果如图 10-51 中②所示。

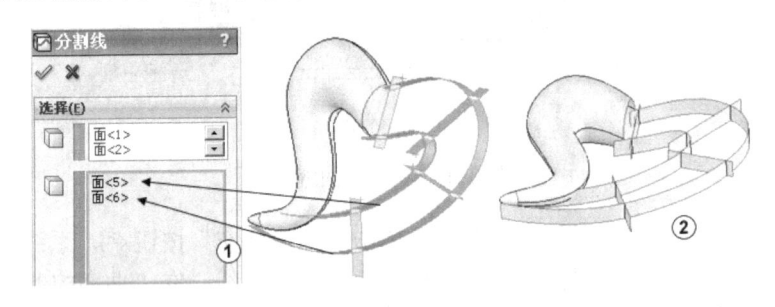

图 10-51　建立分割线

（12）绘制"草图 34～草图 37"。在绘图区选择"草图 33"中 4 条直线拉伸的面作为绘制"草图 34"基准面，单击"正视于"按钮 ，切换到草图绘制面板。用"中心线" 绘制出一条直线，直线的两个端点分别与分割线产生的边线端点重合。用"圆" 绘制出一个圆，圆心与直线的中点重合，圆边线与直线端点重合。用"剪裁实体" 剪去圆下半部，如图 10-52 中①所示。单击"退出草图"按钮 退出绘制草图。用同样的方法绘制出"草图 35""草图 36"和"草图 37"，如图 10-52 中②～④所示。

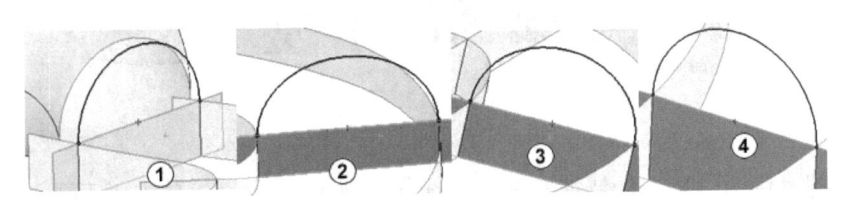

图 10-52　绘制草图 34、35、36、37

(13) 建立"曲面放样"。在"曲面"栏中单击"曲面放样"按钮，系统弹出"曲面放样"属性管理器。在"轮廓"文本框中依次输入"草图 34～草图 37"，在"起始/结束约束"栏的"开始约束"选择框中选择"无"，在"结束约束"选择框中选择"无"。在"引导线"文本框中输入两组边线，（选择边线组时使用 SelectionManager 选择组功能），并设置两条引导线的约束方式均为"与面相切"。其他采用默认设置，如图 10-53 所示。单击"确定"按钮完成曲面放样操作。

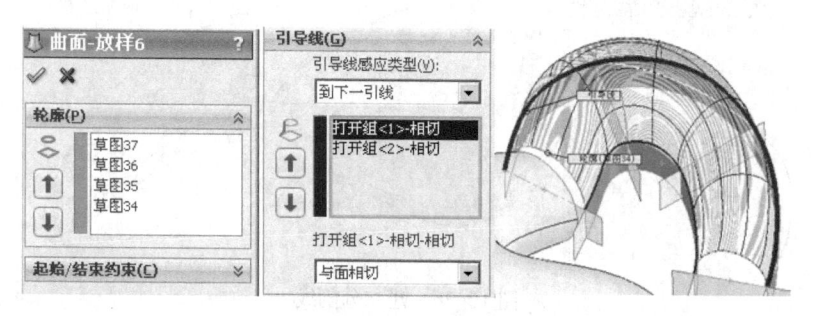

图 10-53　建立曲面放样

(14) 建立"镜像"。在菜单栏中选择"插入"→"阵列/镜像"→"镜像"命令，系统弹出"镜像"属性管理器，在"镜像面/基准面"文本框中输入"前视基准面"作为镜像面，在"要镜像的实体"文本框中输入"曲面-放样 6"实体，其他采用默认设置，如图 10-54 中①所示，单击"确定"按钮完成镜像操作，结果如图 10-54 中②所示。

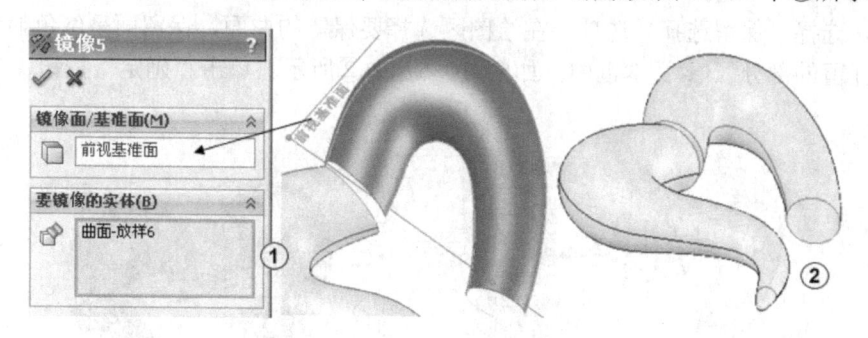

图 10-54　建立镜像

(15) 建立"曲面缝合"。在"曲面"栏中单击"曲面缝合"按钮，系统弹出"曲面缝合"属性管理器，在"要缝合的曲面和面"文本框中输入"曲面放样 6"和"镜像 5"两个曲面作为缝合对象，选中"缝隙控制"复选框，其他采用默认设置，如图 10-55 所示。单击"确定"按钮完成曲面缝合操作。

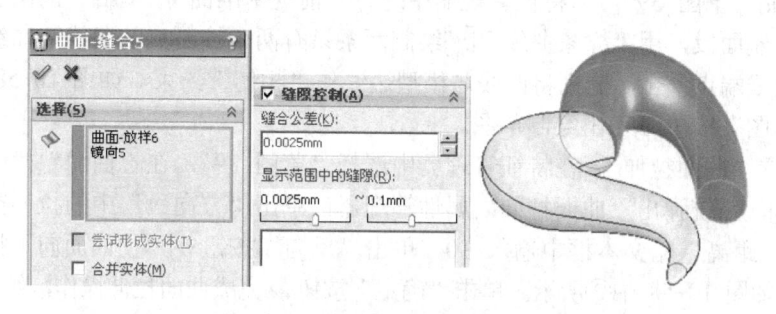

图 10-55　建立曲面缝合

（16）建立"分割线"。在菜单栏中选择"插入"→"曲线"→"分割线"命令，系统弹出"分割线"属性管理器。在"分割类型"选项中选择"交叉点"，在"分割实体/面/基准面" 输入框中输入"前视基准面"，在"要分割的实体/面" 文本框中输入要分割的面，如图 10-56 中①所示。其他采用默认设置，单击"确定"按钮 完成分割线操作，结果如图 10-56 中②所示。

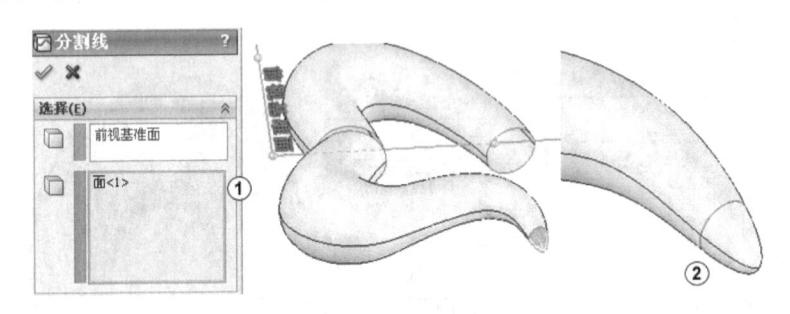

图 10-56 建立分割线

（17）绘制"草图 38"。从特征管理器中选择"前视基准面"，单击"正视于"按钮，切换到草图绘制面板。用"三点弧" 绘制出一条圆弧，用"直线" 绘制出 3 条直线，如图 10-57 中①中所示。单击"退出草图"按钮 退出绘制草图。

（18）建立"曲面剪裁"。在"曲面"栏中单击"曲面剪裁"按钮 ，系统弹出"曲面剪裁"属性管理器。选择"剪裁类型"为"标准"，在"剪裁" 文本框中输入"草图 38"作为剪裁，选择"保留选择"选项，在绘图区选择要保留的曲面，保留面呈红色显示，并显示在"要保留的部分" 文本框中，如图 10-57 中②所示。单击"确定"按钮 完成曲面剪裁操作。

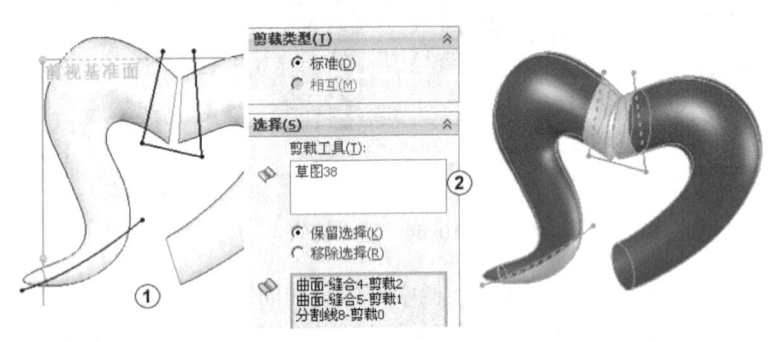

图 10-57 绘制草图 38，建立曲面剪裁

（19）绘制"草图 39"。从特征管理器中选择"前视基准面"，单击"正视于"按钮，切换到草图绘制面板，用"样条曲线" 绘制两条只有两个控制点的曲线，曲线的两个端点分别与模型边线端点重合，分别将曲线与模型边线作"相切"约束，如图 10-58 中①所示。单击"退出草图"按钮 退出绘制草图。

（20）建立"曲面拉伸"。在特征管理器中选择"草图 39"，在"曲面"栏中单击"曲面拉伸"按钮 ，系统弹出"曲面拉伸"属性管理器，单击"方向 1"中的拉伸类型选择"给定深度"，在"距离" 文本框中输入 10，单击"反向"按钮 ，使曲面向下拉伸，其他采用默认设置，如图 10-58 中②所示。单击"确定"按钮 完成曲面拉伸操作，结果如图 10-58 中③所示。

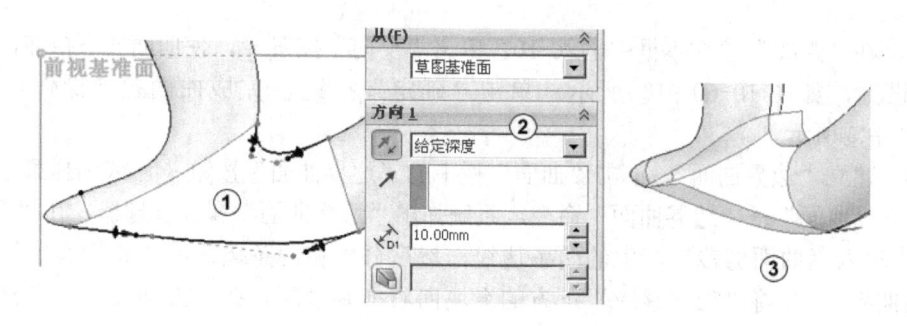

图 10-58　绘制草图 39，建立曲面拉伸

（21）建立"边界曲面"。单击"曲面"栏中的"边界曲面"按钮◈，或选择菜单栏中的"插入"→"曲面"→"边界曲面"命令，系统弹出"边界曲面"属性管理器。在"方向 1"文本框中输入"曲面剪裁"产生的一组边线和一条边线，（选择边线组时使用 SelectionManager 选择组功能），然后分别将两条边线的"相切类型"选择为"与面相切"，并将"相切感应"下方的滑块向右拖到最高。在"方向 2"文本框中输入"曲面拉伸"产生的两条边线，分别将两条边线的"相切类型"选择为"与面相切"，并将"相切感应"下方的滑块向右拖到最高，如图 10-59 所示。单击"确定"按钮✓完成"边界曲面"操作。

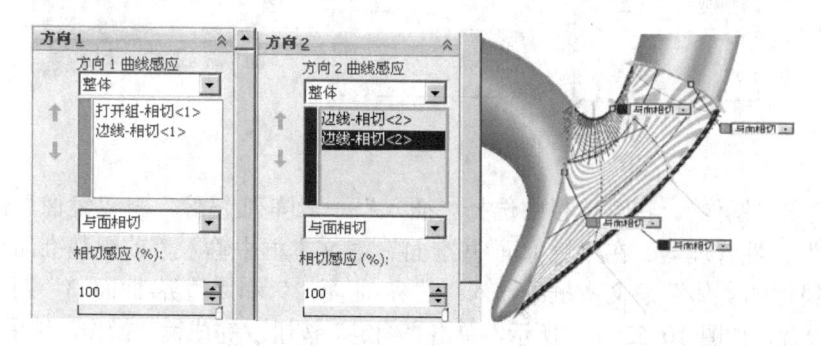

图 10-59　建立边界曲面

（22）绘制"草图 40"。从特征管理器中选择"前视基准面"，单击"正视于"按钮↧，切换到草图绘制面板，用"样条曲线"∧绘制两条只有两个控制点的曲线，曲线的两个端点分别与模型边线端点重合，分别将曲线与模型边线作"曲率"约束，如图 10-60 中①所示。单击"退出草图"按钮↰退出绘制草图。

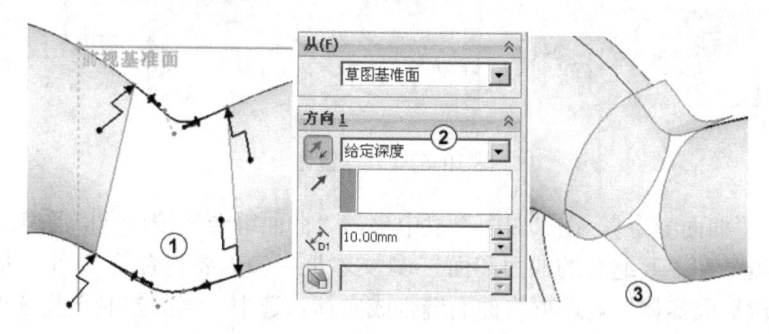

图 10-60　绘制草图 40，建立曲面拉伸

（23）建立"曲面拉伸"。在特征管理器中选择"草图 40"，在"曲面"栏中单击"曲面拉伸"按钮◈，系统弹出"曲面拉伸"属性管理器。单击"方向 1"中的拉伸类型选择"给

271

定深度",在"距离" 文本框中输入 10,单击"反向"按钮,使曲面向下拉伸,其他采用默认设置,如图 10-60 中②所示。单击"确定"按钮 完成曲面拉伸操作,结果如图 10-60 中③所示。

(24)建立"边界曲面"。单击"曲面"栏中的"边界曲面"按钮,或选择菜单栏中的"插入"→"曲面"→"边界曲面"命令,系统弹出"边界曲面"属性管理器,在"方向 1"文本框中输入"曲面剪裁"产生的两条边线,然后分别将两条边线的"相切类型"选择为"与面的曲率",并将"相切感应"下方的滑块向右拖到最高。在"方向 2"文本框中输入"曲面拉伸"产生的两条边线,分别将两条边线的"相切类型"选择为"与面相切",并将"相切感应"下方的滑块向右拖到最高,如图 10-61 所示。单击"确定"按钮 完成"边界曲面"操作。

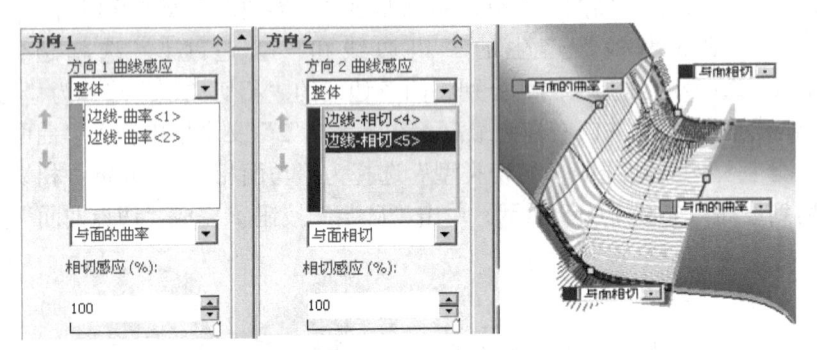

图 10-61 建立边界曲面

(25)建立"镜像"。在菜单栏中选择"插入"→"阵列/镜像"→"镜像"命令,系统弹出"镜像"属性管理器。在"镜像面/基准面" 文本框中输入"前视基准面"作为镜像面,在"要镜像的实体" 文本框中输入"边界-曲面 2"和"边界-曲面 3"两个实体,其他采用默认设置,如图 10-62 中①所示。单击"确定"按钮 完成镜像操作,结果如图 10-63 中②所示。

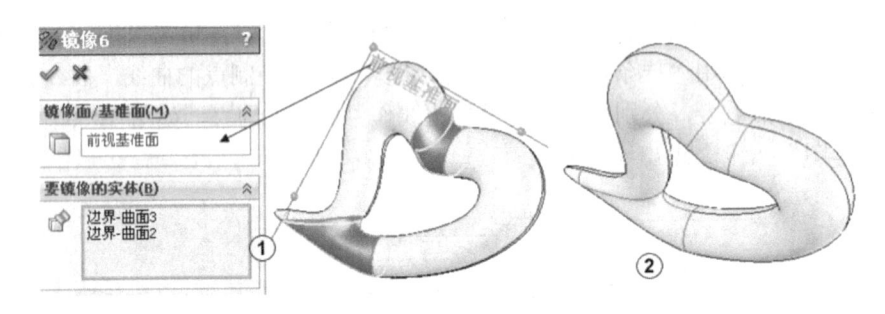

图 10-62 建立镜像

(26)建立"曲面缝合"。在"曲面"栏中单击"曲面缝合"按钮,系统弹出"曲面缝合"属性管理器,在"要缝合的曲面和面" 文本框中输入要缝合的 5 个曲面作为缝合对象,选中"尝试形成实体"复选框将曲面缝合成实体。选中"缝隙控制"复选框,其他采用默认设置,如图 10-63 所示。单击"确定"按钮 完成曲面缝合操作。

(27)绘制"草图 41"。从特征管理器中选择"前视基准面",单击"正视于"按钮,切换到草图绘制面板,用"直线" 绘制出一条直线,如图 10-64 中①中所示。单击"退出草图"按钮 退出绘制草图。

272

图 10-63 建立曲面缝合

（28）建立"曲面拉伸"。在特征管理器中选择"草图 41"，在"曲面"栏中单击"曲面拉伸"按钮，系统弹出"曲面拉伸"属性管理器。单击"方向 1"中的拉伸类型选择"给定深度"，在"距离"文本框中输入 25，其他采用默认设置，如图 10-64 中②所示。单击"确定"按钮完成曲面拉伸操作，结果如图 10-64 中③所示。

（29）绘制"草图 42"。在绘图区选择"草图 41"拉伸的面作为绘制草图 42 基准面，单击"正视于"按钮，切换到草图绘制面板，用"样条曲线"绘制出一条 4 个控制点的曲线，如图 10-64 中④所示。单击"退出草图"按钮退出绘制草图。

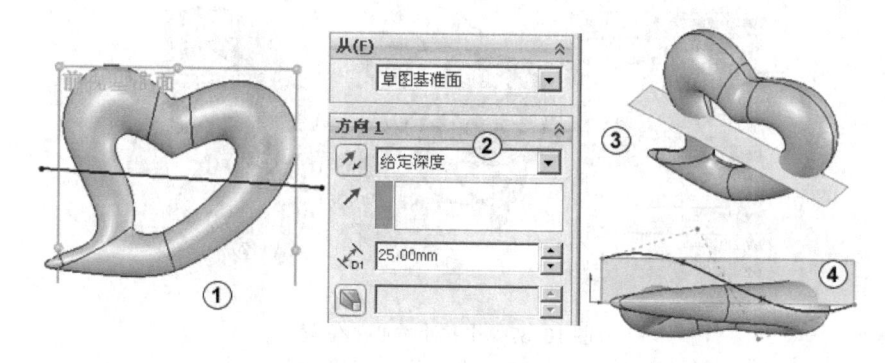

图 10-64　绘制草图 41，建立曲面拉伸，绘制草图 42

（30）建立变形。在菜单中选择"插入"→"特征"→"变形"命令，系统弹出"变形"属性管理器，选择"变形类型"为"曲线到曲线"，在变形曲线栏的"初始曲线"文本框中输入"草图 41"拉伸曲面的边线，在"目标曲线"文本框中输入"草图 42"绘制的曲线，在"变形区域"栏选中"固定的边线"复选框，在"要变形的实体"文本框中输入要变形的实体，如图 10-65 所示。

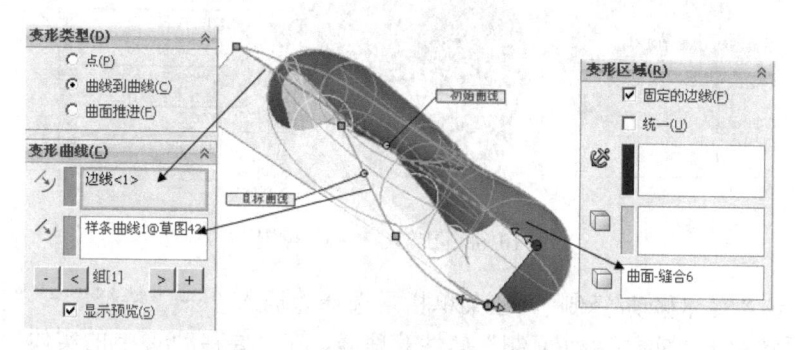

图 10-65　建立变形

（31）设置形状选项。在"形状选项"栏中选择"刚度中等"，将"形状精度"的滑竿向右推到最大，在"匹配"栏中选择"曲线方向"，其他采用默认设置，如图10-66①所示。单击"确定"按钮完成变形操作，变形结果如图10-66中②所示。

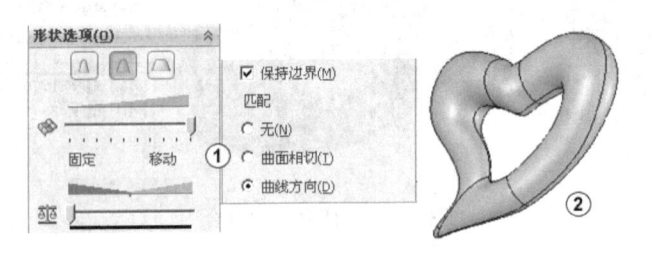

图10-66 设置形状选项

（32）建立"实体移动/复制"。在菜单栏中选择"插入"→"特征"→"实体移动/复制"命令，系统弹出"实体移动/复制"属性管理器，在"要移动/复制的实体"文本框中输入"变形4"实体。展开"平移"选项卡，输入 ΔX 为 25，ΔY 为 -1.5，ΔZ 为 20，其他采用默认设置，如图10-67中①所示。单击"确定"按钮完成实体平移操作，结果如图10-67中②所示。

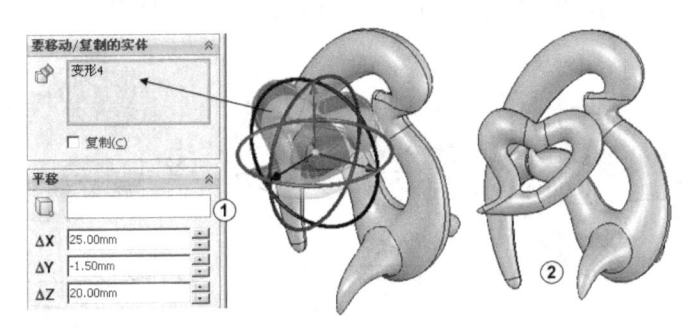

图10-67 平移小"心"位置

（33）建立"实体移动/复制"。在菜单栏中选择"插入"→"特征"→"实体移动/复制"命令，系统弹出"实体移动/复制"属性管理器。在"要移动/复制的实体"文本框中输入"实体移动复制1"实体。展开"旋转"选项卡，输入为 0，为 -13，为 0，其他采用默认设置，如图10-68所示。单击"确定"按钮完成实体旋转操作。

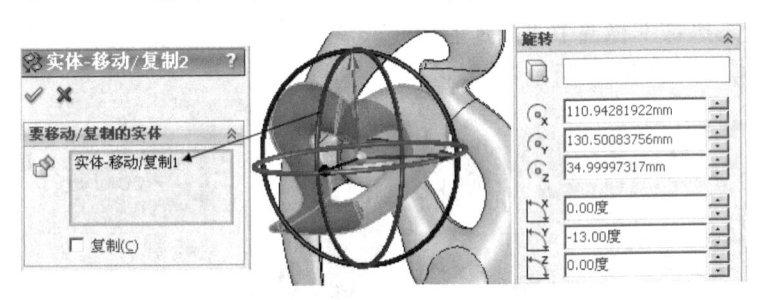

图10-68 旋转小"心"位置

（34）建立"实体移动/复制"。在菜单栏中选择"插入"→"特征"→"实体移动/复制"命令，系统弹出"实体移动/复制"属性管理器。在"要移动/复制的实体"文本框中输入"曲面-缝合 3"和"实体-移动/复制 2"两个实体。展开"旋转"选项卡，输入为

0，[图标]为 0，[图标]为 2，其他采用默认设置，如图 10-69 所示。单击"确定"按钮 ✓ 完成实体旋转操作。

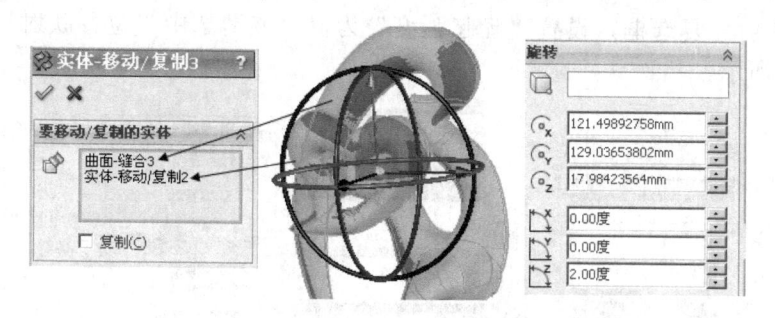

图 10-69 旋转"工艺品"位置

创建完成的"工艺品"模型如图 10-70 所示。

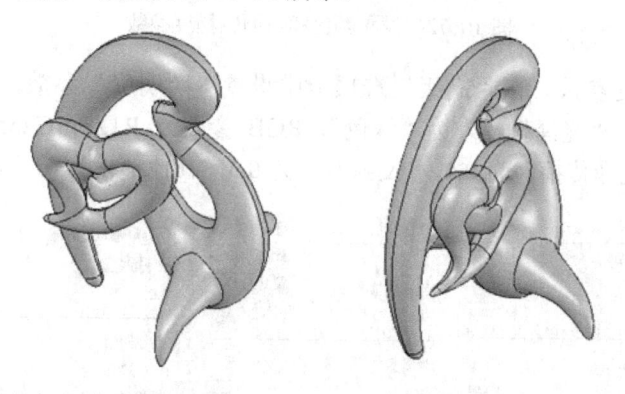

图 10-70 创建完成的"工艺品"模型

（35）保存文件。单击"保存"按钮，在弹出的"另存为"对话框的"文件名"文本框中输入"工艺品"，单击"保存"按钮，完成对"工艺品"模型的保存。

10.4 渲染

（1）给大"心"赋予绿色"瓷器"外观。在 FeatureManager 设计树中展开"实体"文件夹，选择"实体-移动/复制 3[1]"实体，如图 10-71 中①所示。单击"渲染"栏中的"编辑外观"按钮，在"外观、布景和贴图"管理器中选择"外观"→"石材"→"粗陶瓷"，如图 10-71 中②所示。双击"含骨灰瓷器"外观，如图 10-71 中③所示。

图 10-71 给大"心"赋予绿色"瓷器"外观

（2）设置颜色和表面粗糙度参数。在外观编辑管理器中设置颜色为"绿色"，RGB 参数为 R0、G192、B0，如图 10-72 中①所示。在"高级"选项卡中设置"表面粗糙度"参数，选中"隆起映射"复选框，设置"隆起强度"为 1，取消选中"位移映射"复选框，如图 10-72 中②所示。

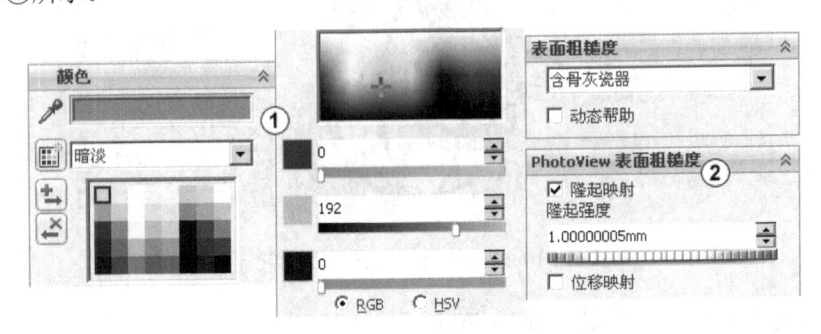

图 10-72　设置颜色和表面粗糙度参数

（3）设置照明度参数。在"高级"选项卡中设置"照明度"参数，设置"漫射量"为 0.7，"光泽量"为 1，"光泽颜色"为"绿色"，RGB 参数为 R128、G255、B0，如图 10-73 中①所示。设置"光泽传播"为 0.1，"反射量"为 0.3，其他都设为 0，如图 10-73 所示。

图 10-73　设置照明度参数

（4）给小"心"赋予红色"瓷器"外观。在"实体"文件夹中选择"实体-移动/复制 3[2]"实体，如图 10-74 中①所示。单击"渲染"栏中的"编辑外观"按钮，在"外观、布景和贴图"管理器中选择"外观"→"石材"→"粗陶瓷"，如图 10-74 中②所示。双击"含骨灰瓷器"外观，如图 10-74 中③所示。

图 10-74　给小"心"赋予红色"瓷器"外观

（5）设置颜色和表面粗糙度参数。在外观编辑管理器中设置颜色为"红色"，RGB 参数为 R255、G19、B7，如图 10-75 中①所示。在"高级"选项卡中设置"表面粗糙度"参数，选中"隆起映射"复选框，设置"隆起强度"为 1，取消选中"位移映射"复选框，如图 10-75 中②所示。

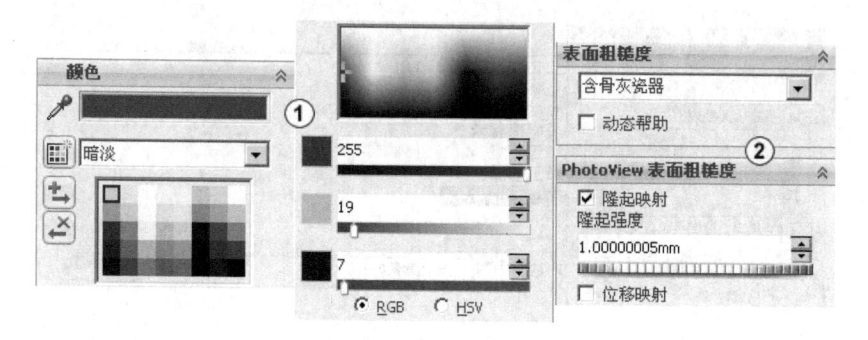

图 10-75 设置颜色和表面粗糙度参数

（6）设置照明度参数。在"高级"选项卡中设置"照明度"参数，设置"漫射量"为 0.8，"光泽量"为 1，"光泽颜色"为"红色"，RGB 参数为 R255，G0，B0，如图 10-76 中①所示。设置"光泽传播"为 0.1，"反射量"为 0.3，其他都设为 0，如图 10-76 所示。

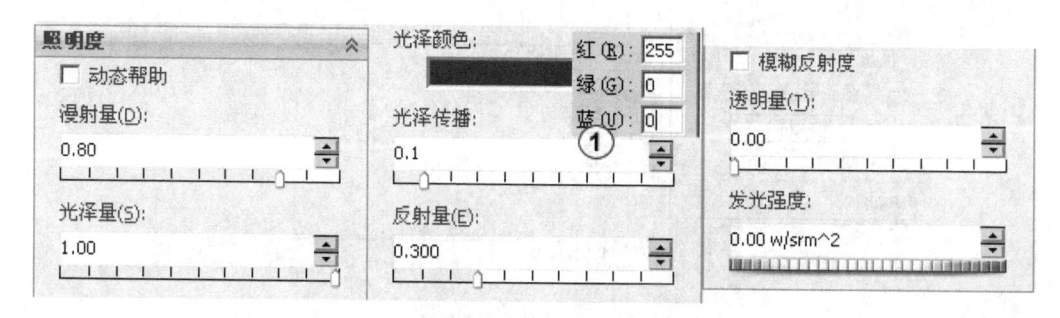

图 10-76 设置照明度参数

（7）使用"DisplayManager"查看、编辑。单击"DisplayManager"按钮和"查看外观"按钮，不同设置的外观呈树顺序分排在管理器中，如图 10-77 中①所示。单击"查看布景、光源和相机"按钮，系统弹出"布景、光源与相机"管理器，可以对"布景""光源"和"相机"进行查看和编辑。右击"布景"，在弹出的快捷菜单中选择"编辑布景"命令，如图 10-77 中②③所示。

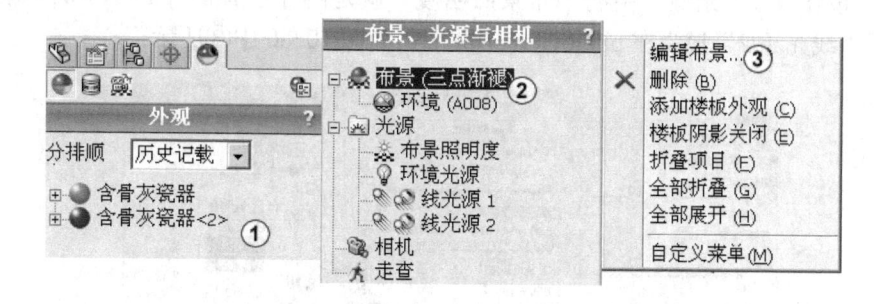

图 10-77 使用"DisplayManager"查看、编辑

（8）编辑背景。单击"编辑布景"后，系统弹出"编辑布景"编辑管理器，选择"背景"为"图像"，如图 10-78 中①所示。单击"浏览"按钮，在弹出的"打开"对话框中选择"工艺品背景 1"图片，单击"打开"按钮，如图 10-78 中②所示。

使用合适的图片作为背景衬托，能有效地提高模型的展示品位，使渲染效果更佳。

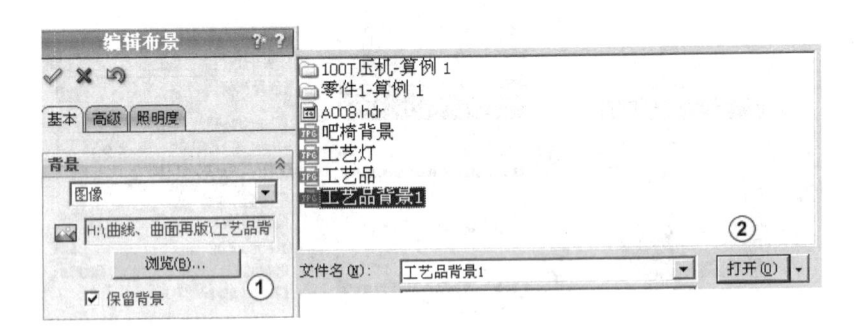

图 10-78 编辑背景参数

（9）编辑环境。单击"环境"选项中的"浏览"按钮，如图 10-79 中①所示。在弹出的"打开"对话框中选择"A008"高动态范围图片，单击"打开"按钮，如图 10-79 中②所示。

图 10-79 编辑环境参数

使用"高动态范围图像"作为环境反射，能有效地反映出自然光对渲染对象的反射，使渲染效果逼真。

（10）编辑楼板、photoview 昭明度参数，设置光源。在"楼板"选项中设置"将楼板与此对齐"为"XZ"，"楼板等距"为 0，如图 10-80 中①所示。单击"照明度"选项卡，设置"背景明暗度"为 1，"渲染明暗度"为 2，"布景反射度"为 1.5，如图 10-80 中②所示。单击"确定"按钮。"光源"中的"布景照明度"就是刚才设置的 photoview 照明度。将"线光源 1""线光源 2"设为在 photoview 中关闭，如图 10-80 中③所示。

图 10-80 编辑楼板、photoview 昭明度参数，设置光源

（11）设置渲染输出选项和视图设定。单击"渲染"栏中的"选项"按钮，设置输出图像大小为高"720"，宽"571"，如图 10-81 中①所示。设置"图像格式"为"JPEG"。设置"预览渲染品质"为"良好"，最终为"良好"，如图 10-81 中②所示。设置"灰度系"为 1.6，如图 10-81 中③所示。单击"确定"按钮。单击"视图设定"按钮，在弹出的菜

278

单中选择"透视图"命令，如图 10-81 中④所示。

图 10-81　设置渲染输出选项和视图设定

（12）最终渲染。调整好模型位置和大小，单击"渲染"栏中的"最终渲染"按钮，系统弹出最终渲染窗口，最后结果如图 10-82 所示。

图 10-82　最终渲染

经验　外观中的照明度参数、布景中的照明度参数以及光源的设置都需要反复多次的调试，才能最后确定取用哪些参数。灰度系数可以在渲染窗口中进行调整，调整灰度系数可以得到更加逼真的渲染输出图像。

10.5　思考与练习

（1）建立如图 10-83 所示的"卷尺"模型，由"壳体""止动滑键""卡扣"和"卷尺片"组成。"壳体"分为两个半部，在交合处分别建有"凹槽"和"唇缘"，用 3 颗"螺钉"锁紧固定壳体，使之成为一体，同时也将"卡扣"一起固定。在"壳体"上还建有"止动滑键座"。"卷尺片"上建有一个"卡头"和两颗连接"卡头"与"卷尺片"用的"铆钉"。"壳体"和"止动滑键"都是塑料制品；"卡扣""卡头""铆钉""螺钉"是金属制品；"卷尺片"是钢皮表面喷漆，"卷尺片"上的文字与刻度也是喷漆工艺。"卷尺"壳体的美观外形是本实例的重点（可参阅随书光盘中相应章节的文件"卷尺.pdf"）。

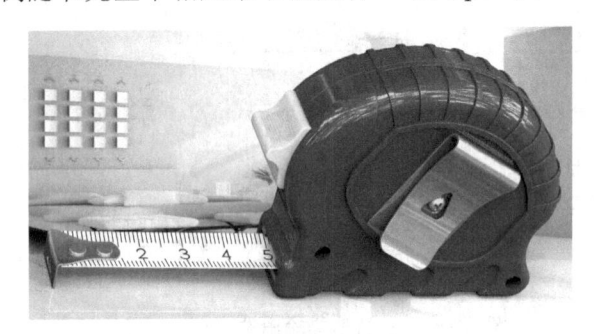

图 10-83 卷尺

（2）建立如图 10-84 所示的勺子，它由勺头和勺柄组成，建模的关键部分是勺头与勺柄的连接部分。建模思路：先用拉伸特征拉伸出勺柄，再用旋转特征旋转出勺头基体，然后切除、抽壳、圆角做出勺头实体。将勺头实体零等距出一个曲面实体，然后拆分勺头实体，将拆分后的勺头曲面实体与勺柄用放样法做出连接部分。最后补面、缝合成一个实体与勺柄组合成一体（可参阅随书光盘中相应章节的动画文件"勺子.avi"）。

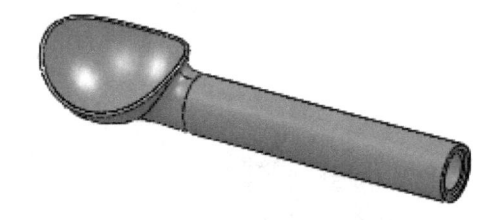

图 10-84 勺子

（3）建立如图 10-85 所示的百合花。百合花由花朵、花蕊、花叶和花茎组成。花朵建模是关键，花蕊的建模也有一定难度。建模思路：根据花朵的形状用曲面扫描创建出花朵，在扫描中用引导线控制花朵的形状；花蕊也用曲面扫描做出，花蕊头部的形状由引导线来控制；花叶用曲面旋转加曲面剪裁来完成；花茎同样用曲面扫描来创建（可参阅随书光盘中相应章节的动画文件"百合花.avi"）。

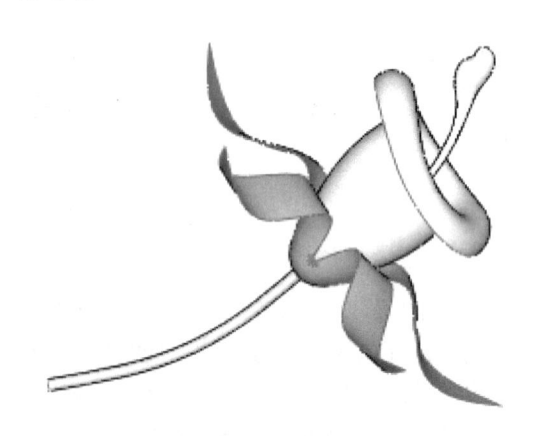

图 10-85 创建完成的百合花